DOJIN
SENSHO

99

タマムシの翅は
なぜ輝いているのか

自然への感性を育む生物学

針山孝彦 著

口絵①　森の宝石、ヤマトタマムシ*Chrysochroa fulgidissima*

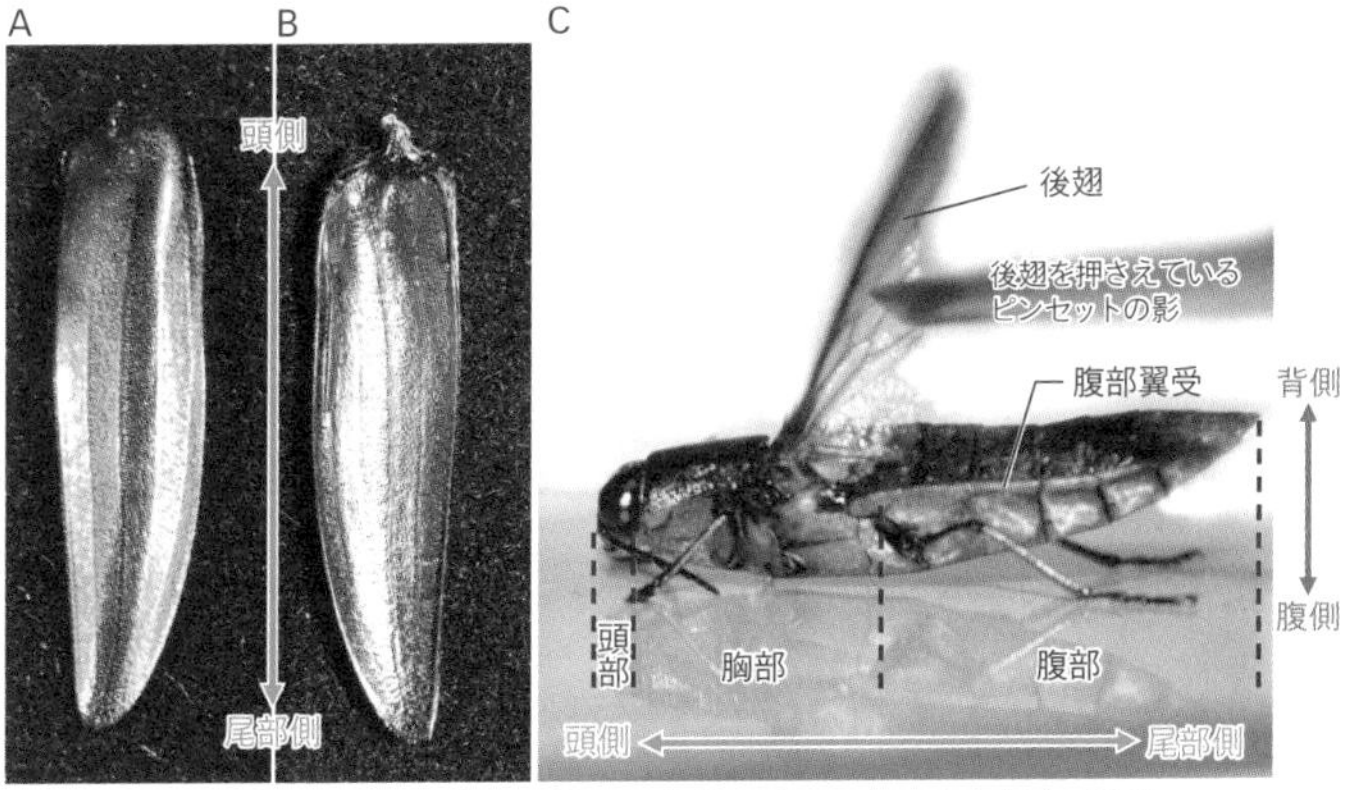

口絵②　タマムシの鞘翅を外して、後翅をピンセットでもちあげて撮影。
A：鞘翅表、B：鞘翅裏、C：横から見た像。

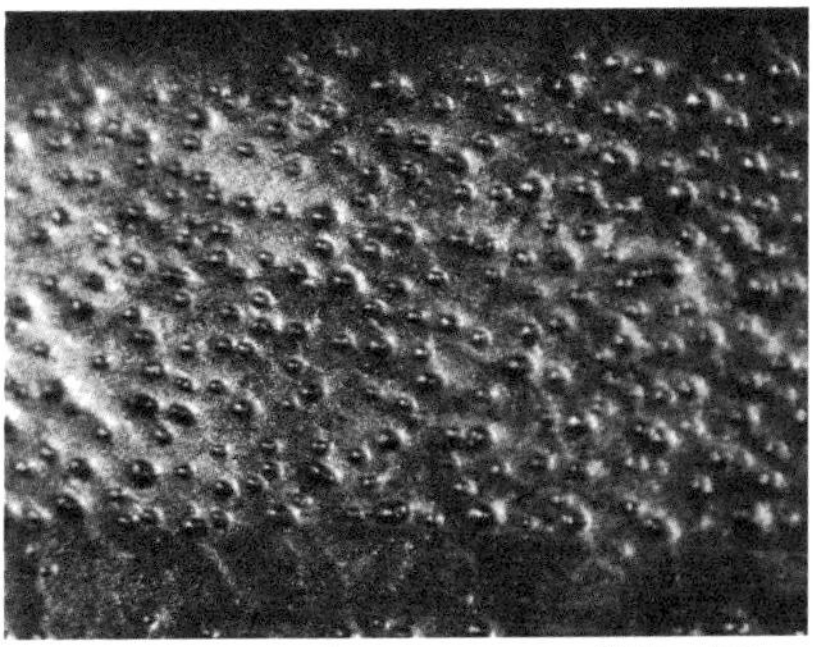

口絵③　実体顕微鏡で見たタマムシの鞘翅の表面

A B

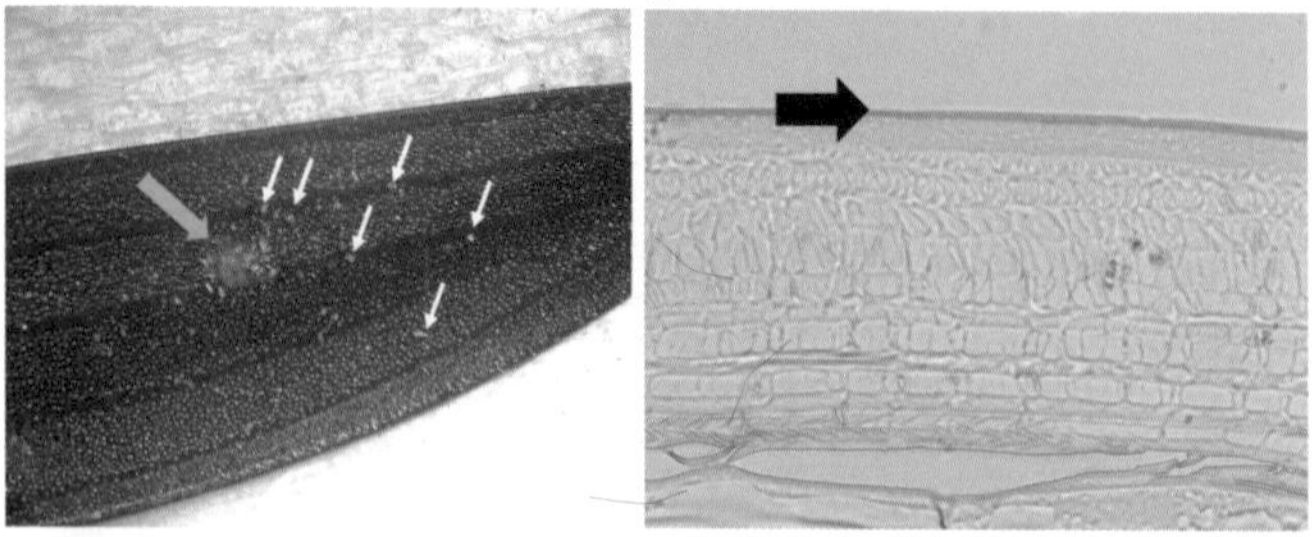

口絵④　「タマムシの翅の色は、色素によるものである」という仮説を検証するための実験。鞘翅の表面をピンセットで削ったところ（A）と、光学顕微鏡での観察（B）。

口絵⑤　虹色に輝くシャボン玉

口絵⑥　雌雄の外見の違い

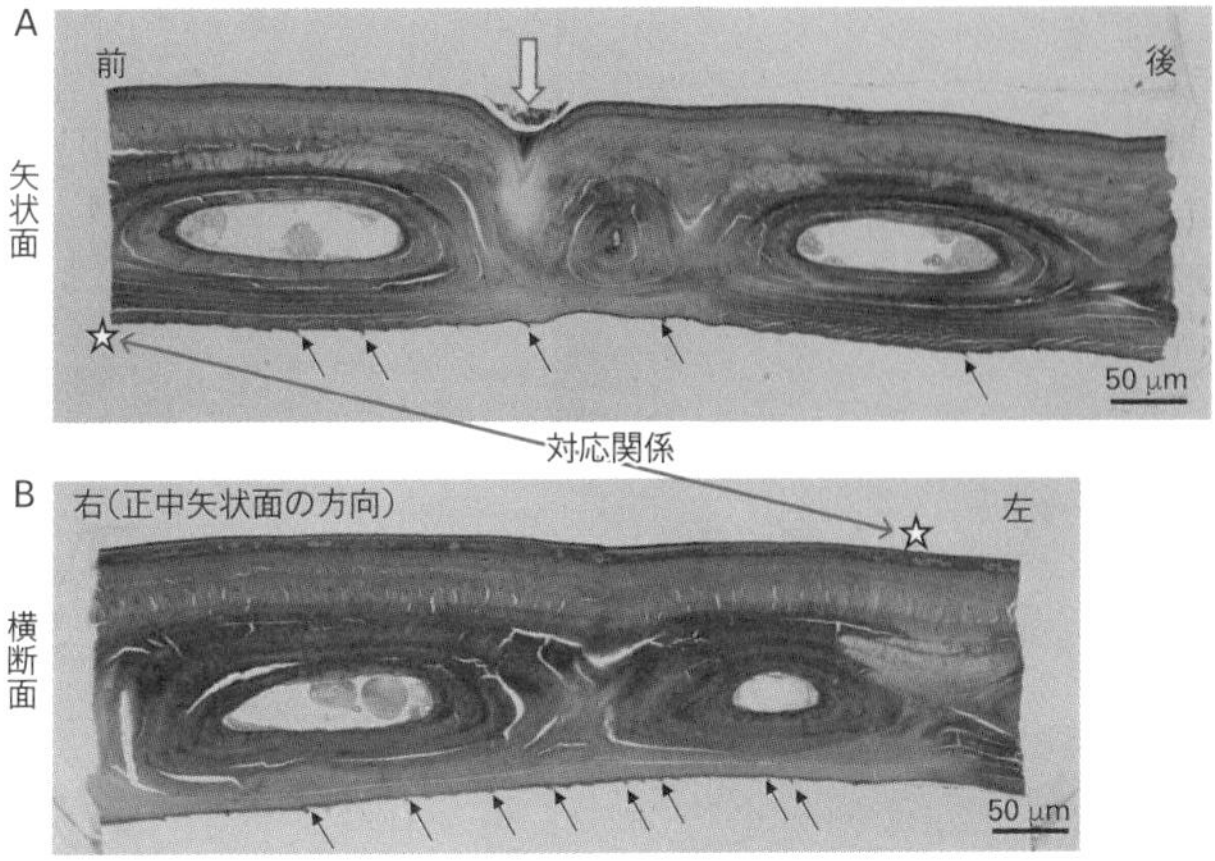

口絵⑦　トルイジンブルーで染めた鞘翅を矢状面（A）と横断面（B）から光学顕微鏡で観察した様子

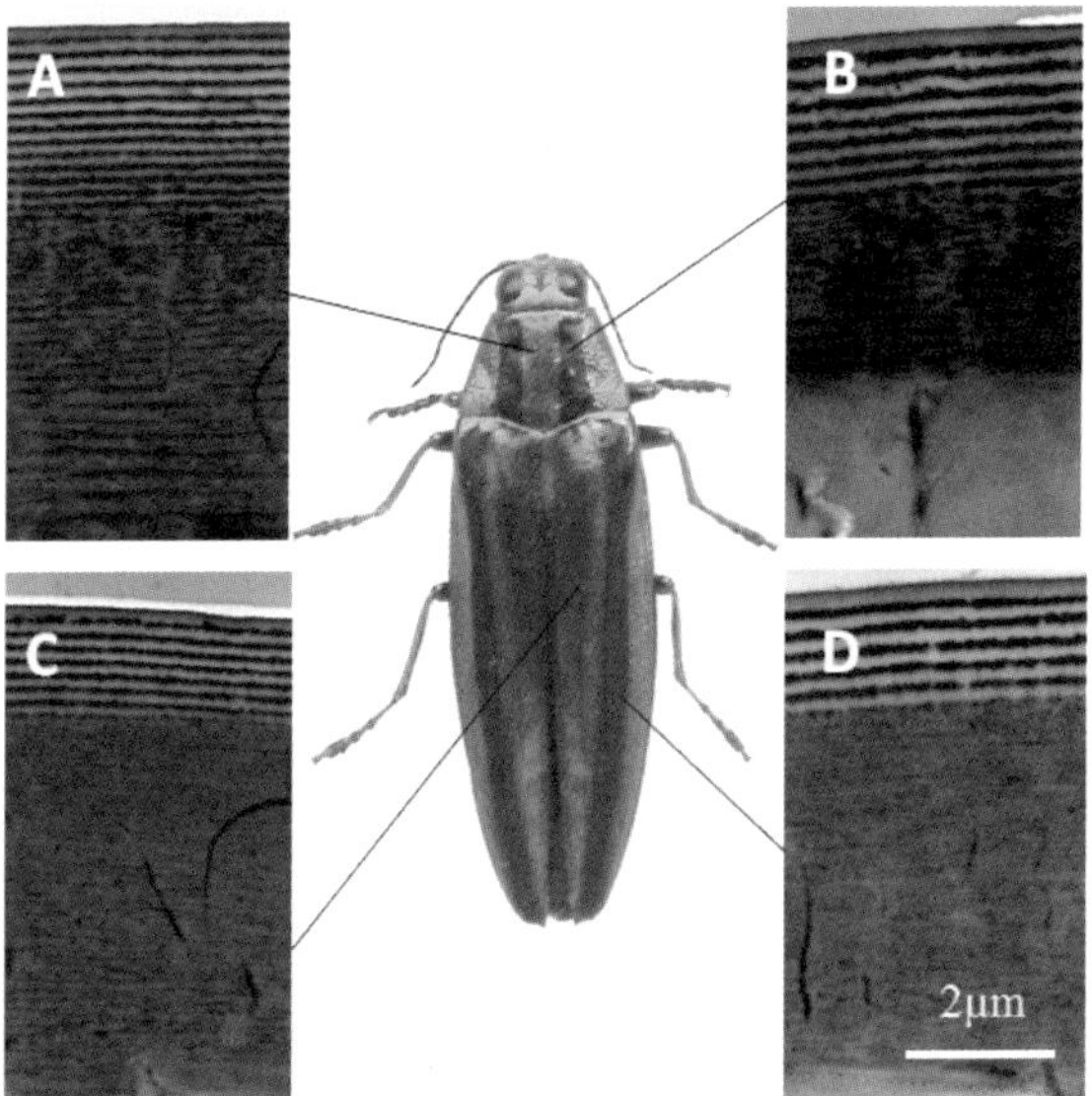

口絵⑧　ヤマトタマムシの表角皮と外角皮の透過型電子顕微鏡での観察結果。
A、C：緑色部、B、D：赤色部

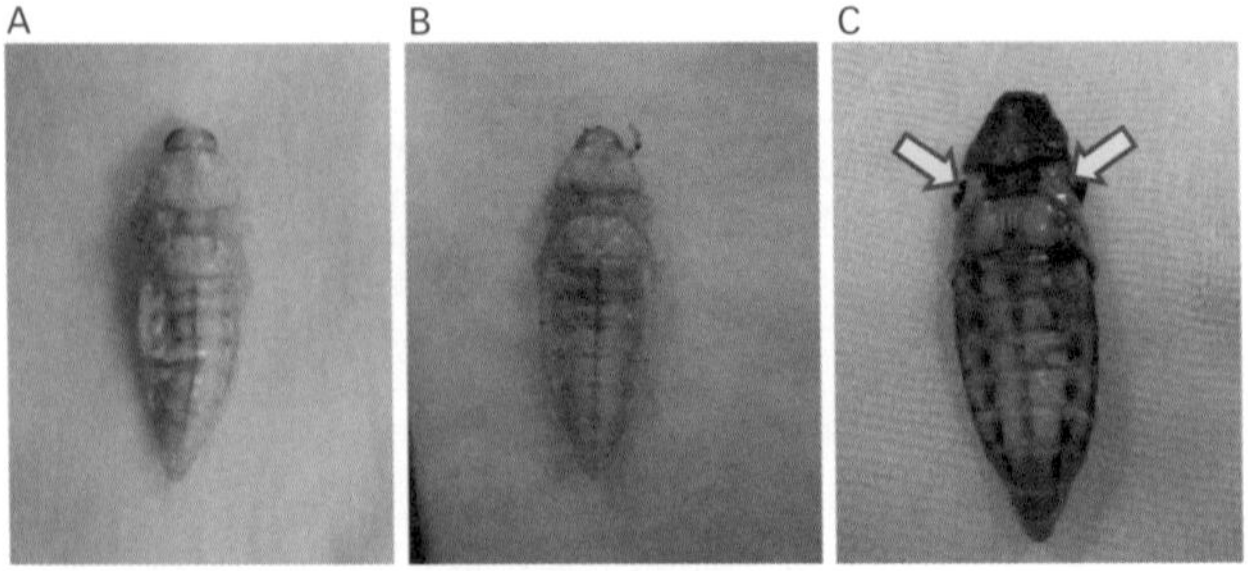

口絵⑨　蛹から成虫への変態の過程。まず複眼が着色し始め（A、B）、その次に頭部と胸部のクチクラも着色し始める（C）。鞘翅は頭部のすぐ下で丸まっているように見え（黄色矢印）、徐々に尾部側に拡がっていく。

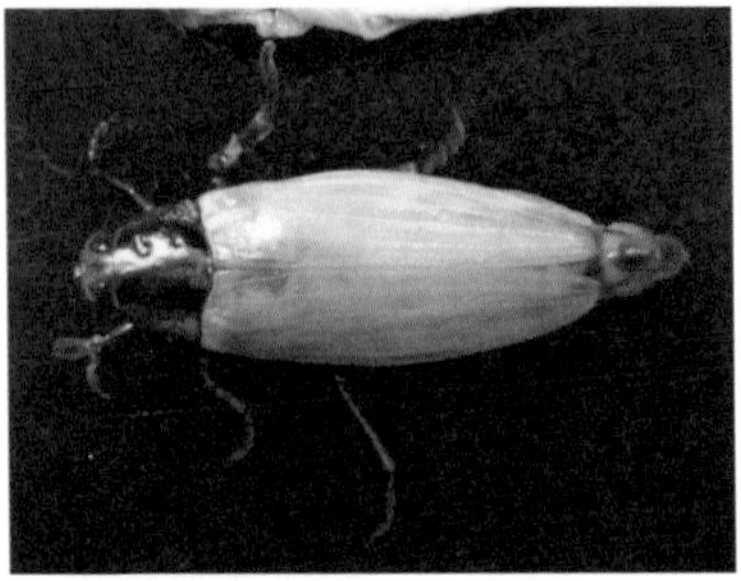

口絵⑩　タマムシ羽化後の鞘翅の変化。胸部のすぐ下にまとまっている鞘翅が伸び、胴部の上を覆う。

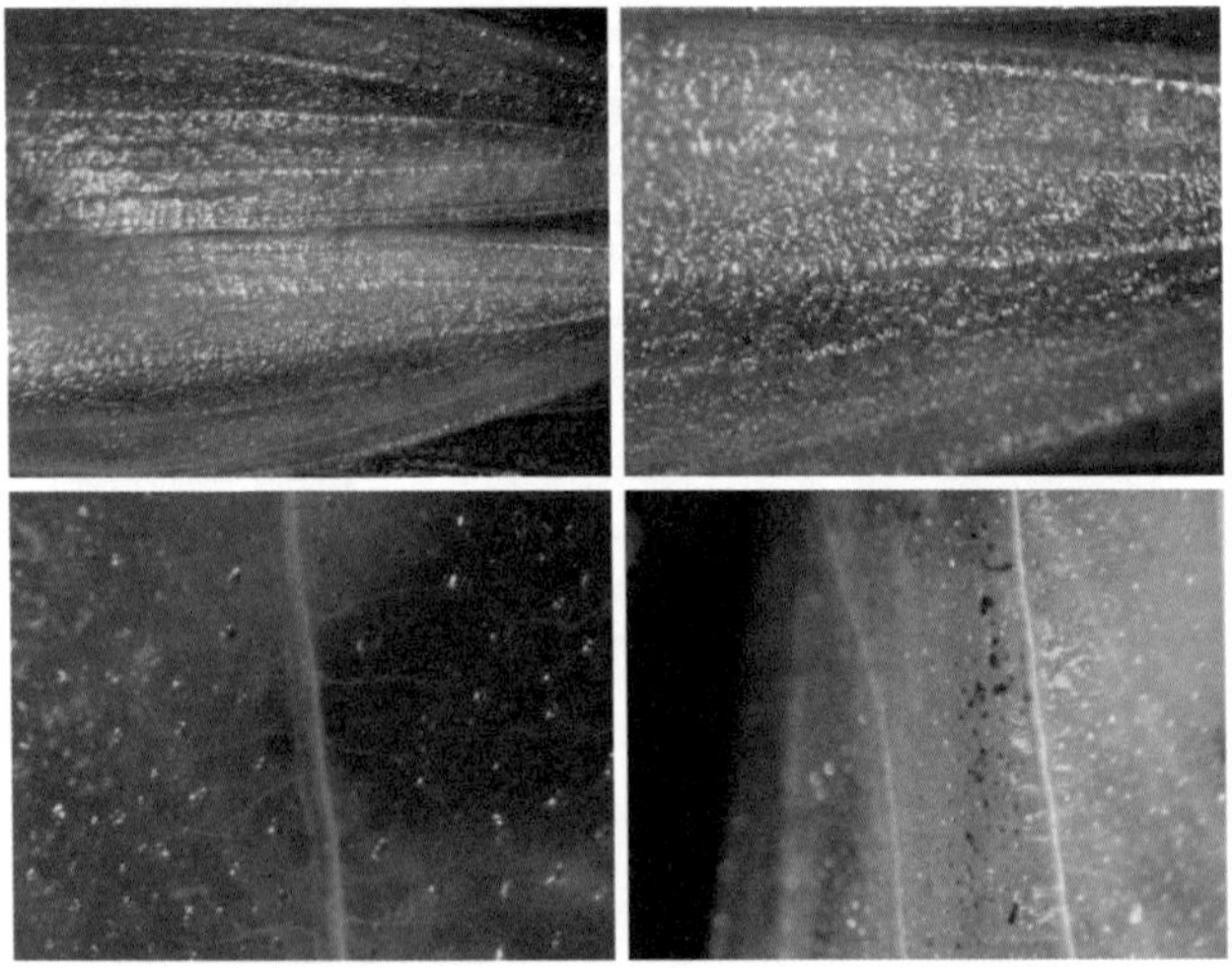

口絵⑪　脱皮からおよそ5時間後から色づき始める。

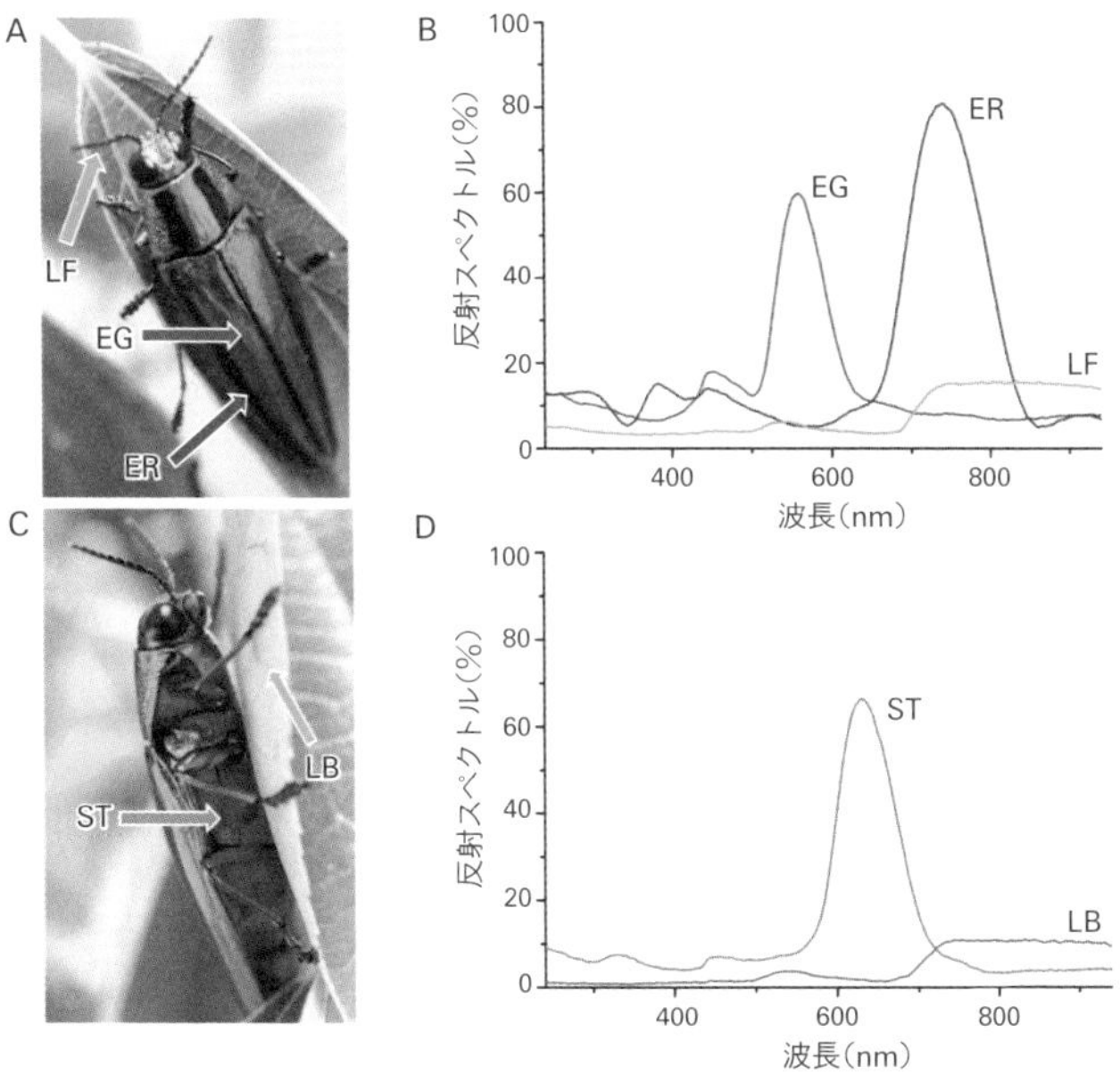

口絵⑫　反射スペクトルの測定。タマムシの鞘翅と榎木の葉の表側（A、B）、タマムシの腹側と榎木の葉の裏側（C、D）。EG：鞘翅緑、ER：鞘翅赤、LF：葉表、ST：腹側、LB：葉裏。

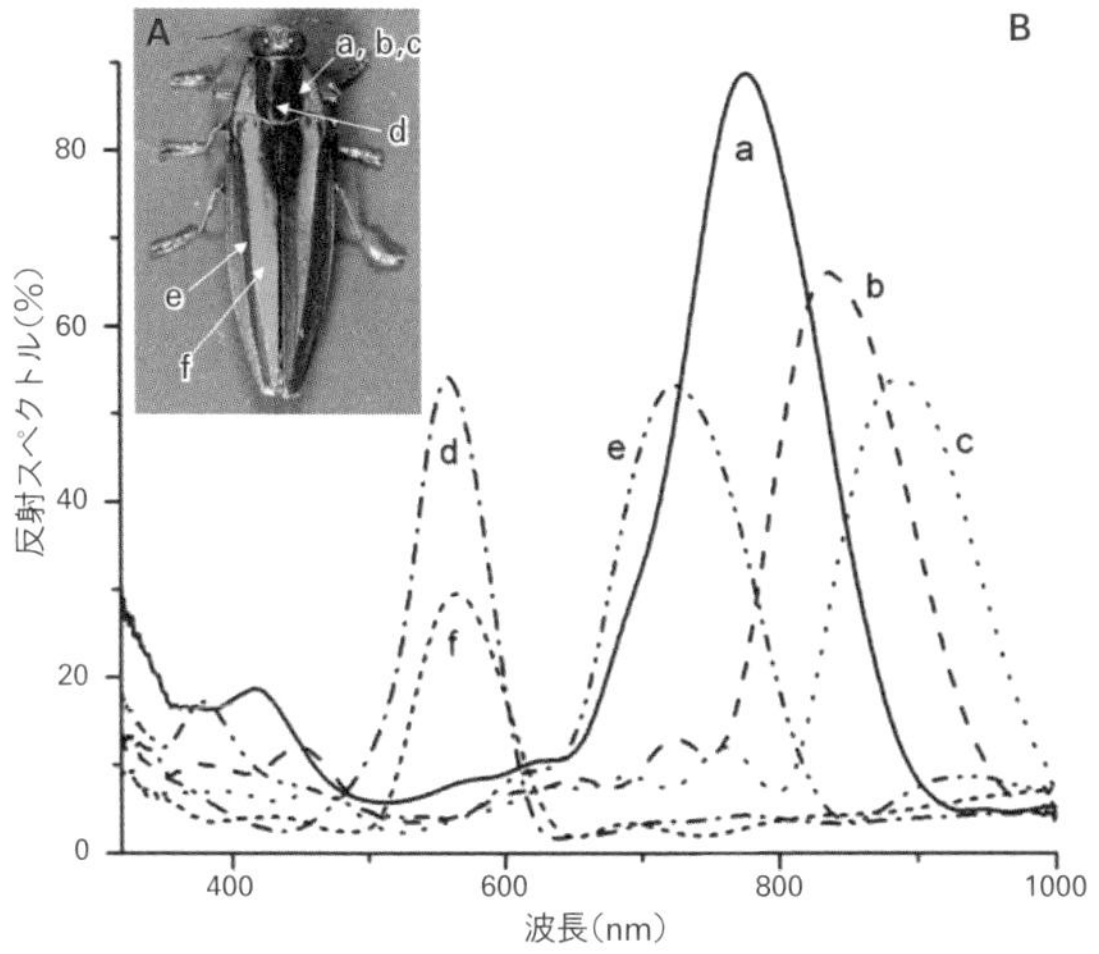

口絵⑬　タマムシの身体各所の反射スペクトル。Aで示した各所（a〜f）とBの反射スペクトルが対応。

口絵⑭　ドバトの首の周りに見られる輝き

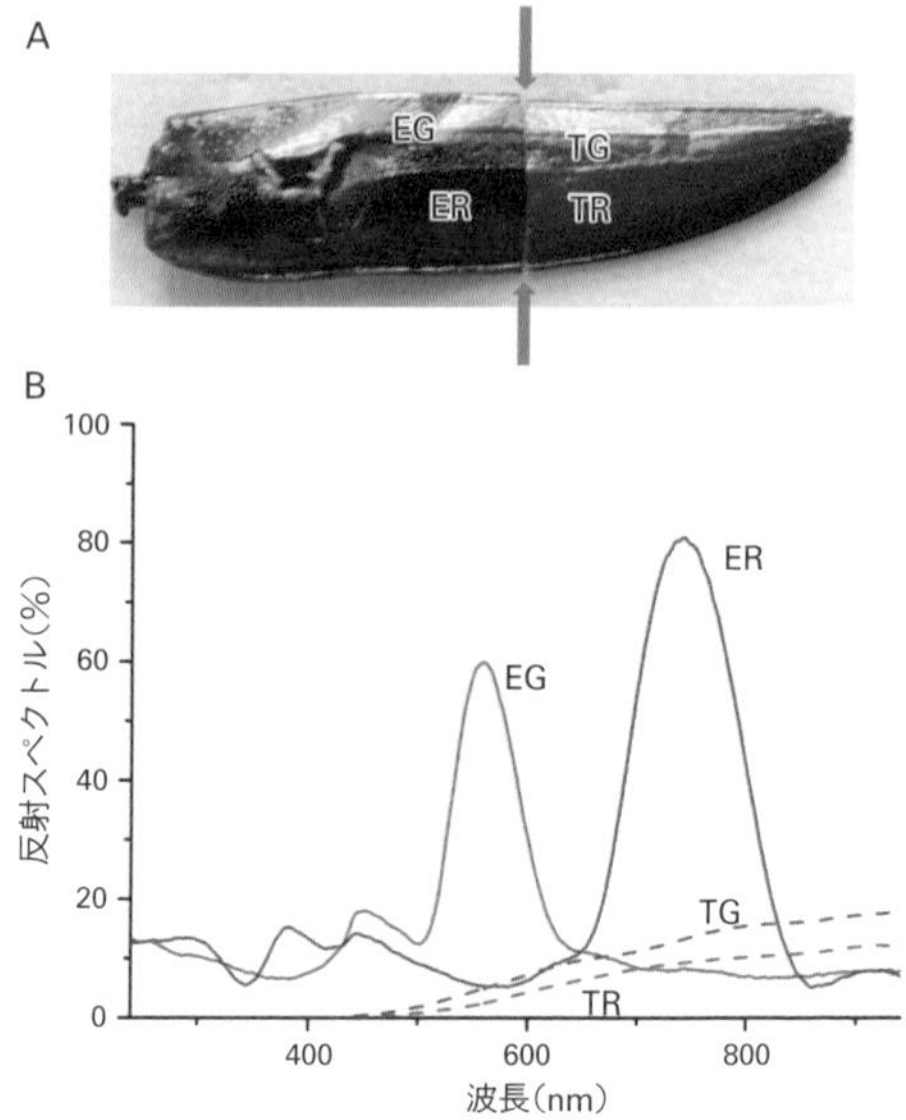

口絵⑮　タマムシの鞘翅を過酸化水素水で処理してみる。真ん中で切り、もとのままのもの(Aの左半分)と処理したもの(Aの右半分)の見た目の違い。各所の反射スペクトル(B)

口絵⑯　デコイ2号を使った実験

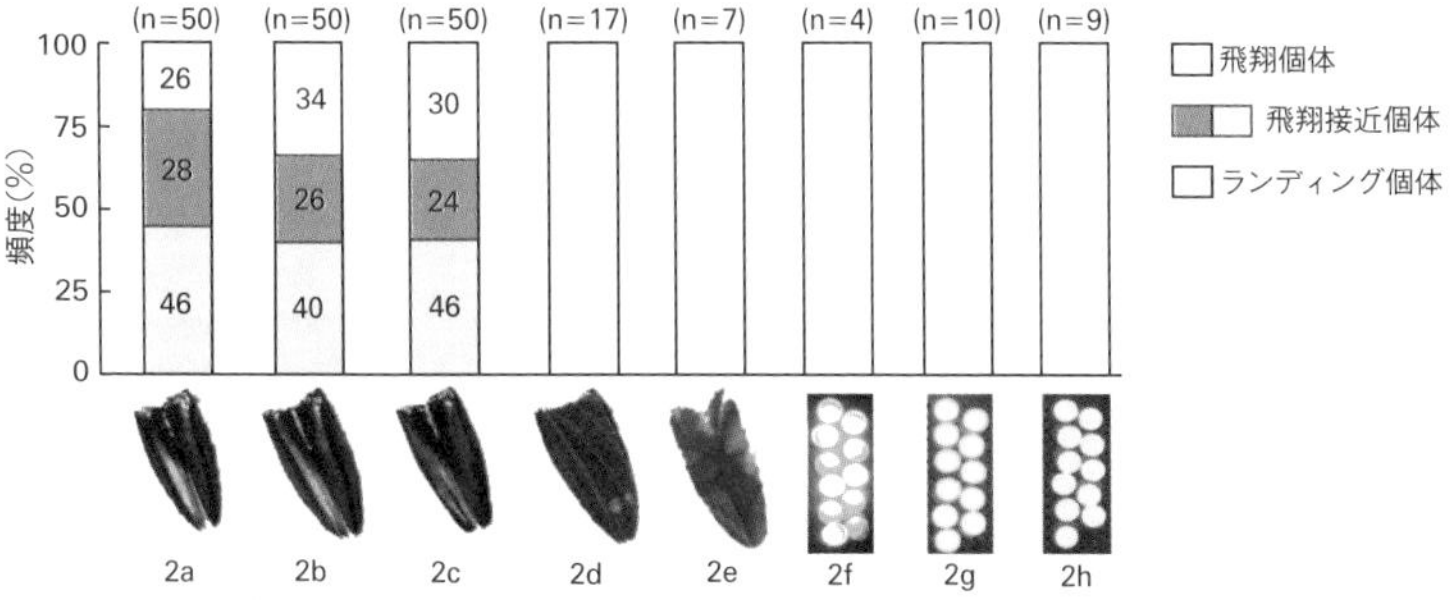

口絵⑰　三つの作業仮説を検証するために用意したデコイ（2a〜2h）。
そのデコイに飛翔接近した個体とランディングした個体の数。

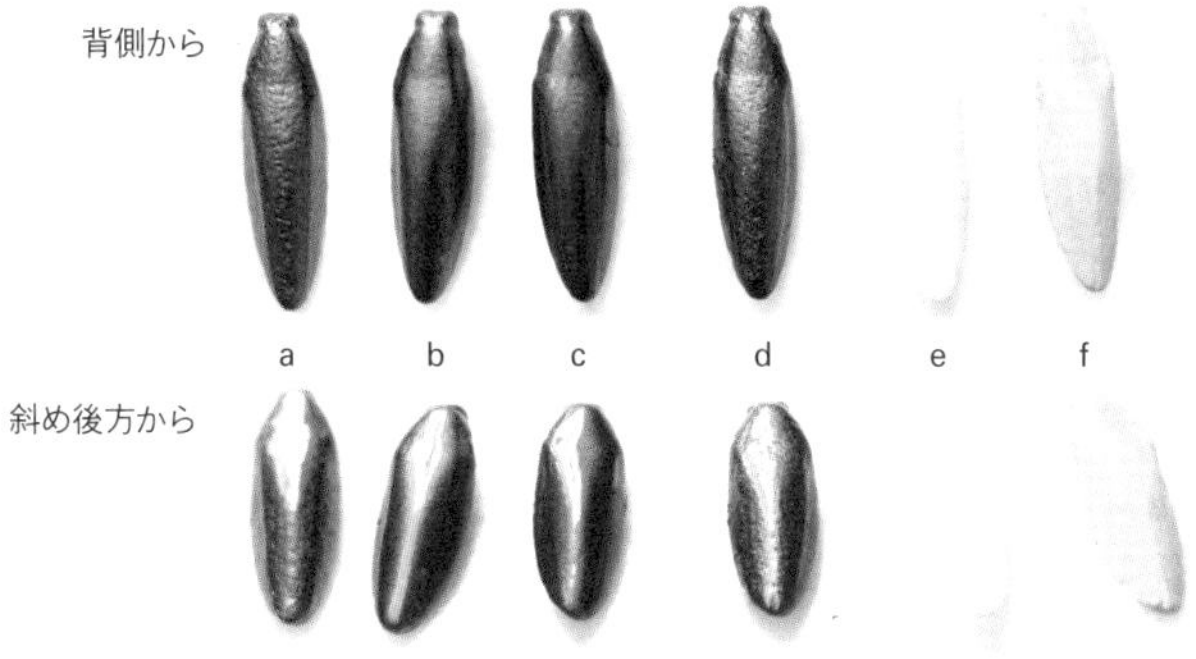

口絵⑱　粉体でタマムシに似せてつくったデコイにメタル系の塗料を塗ったデコイ

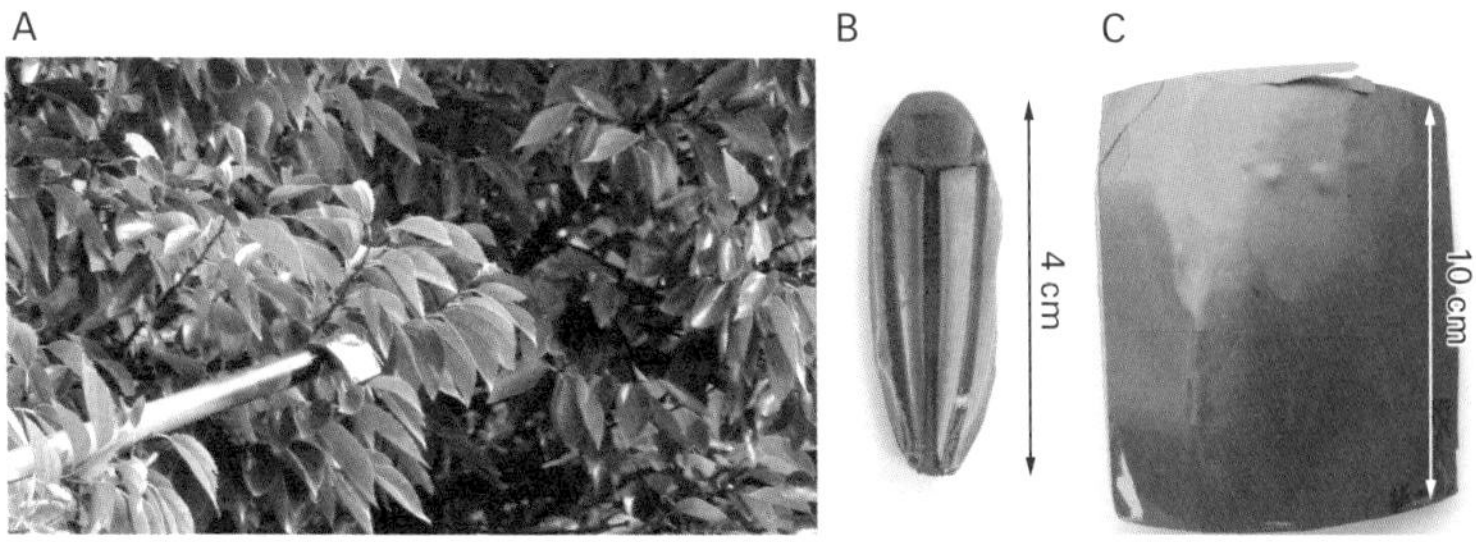

口絵⑲　デコイ4bを竿の先に貼りつけて榎木の葉の上に設置（A）。デコイ4a（B）、デコイ4b（C）。

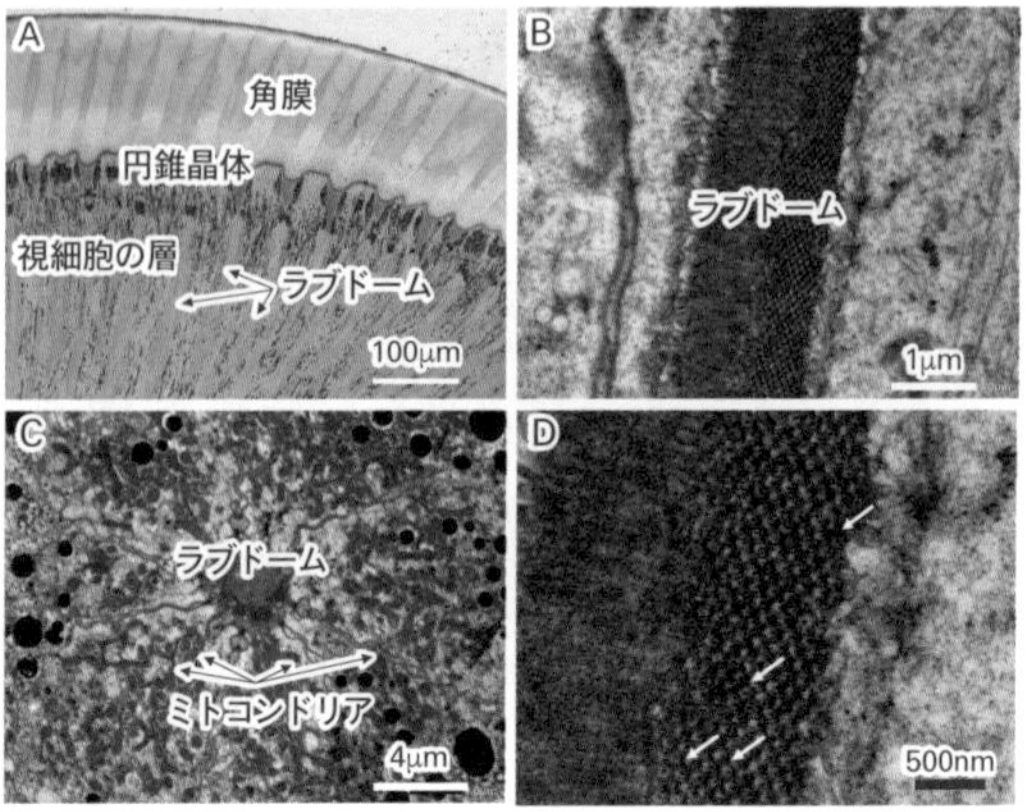

口絵⑳　タマムシの複眼の中の構造。トルイジンブルーで染色し光学顕微鏡で観察（A）。光受容部を光軸と平行に縦切りして透過型電子顕微鏡で観察したラブドーム（B）とその拡大画像（D）。輪切りになったマイクロビライの中心に黒い点が見える（白矢印）。複眼を輪切りにして透過型電子顕微鏡で観察したラブドーム周辺の様子（C）。

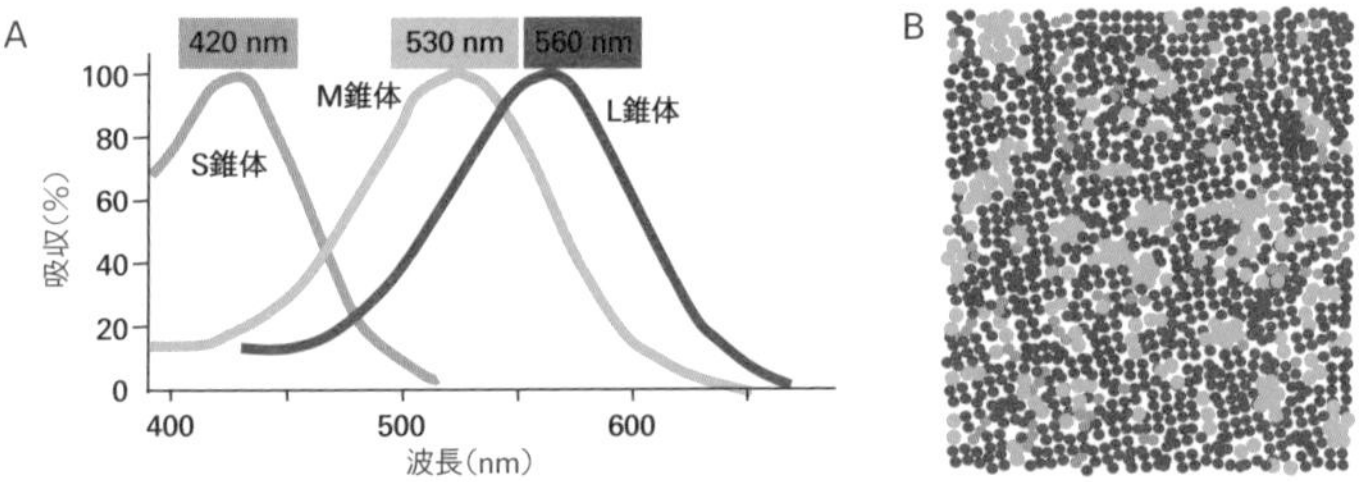

口絵㉑　S錐体、M錐体、L錐体の吸収ピーク（A）と、網膜における視細胞の分布の様子。

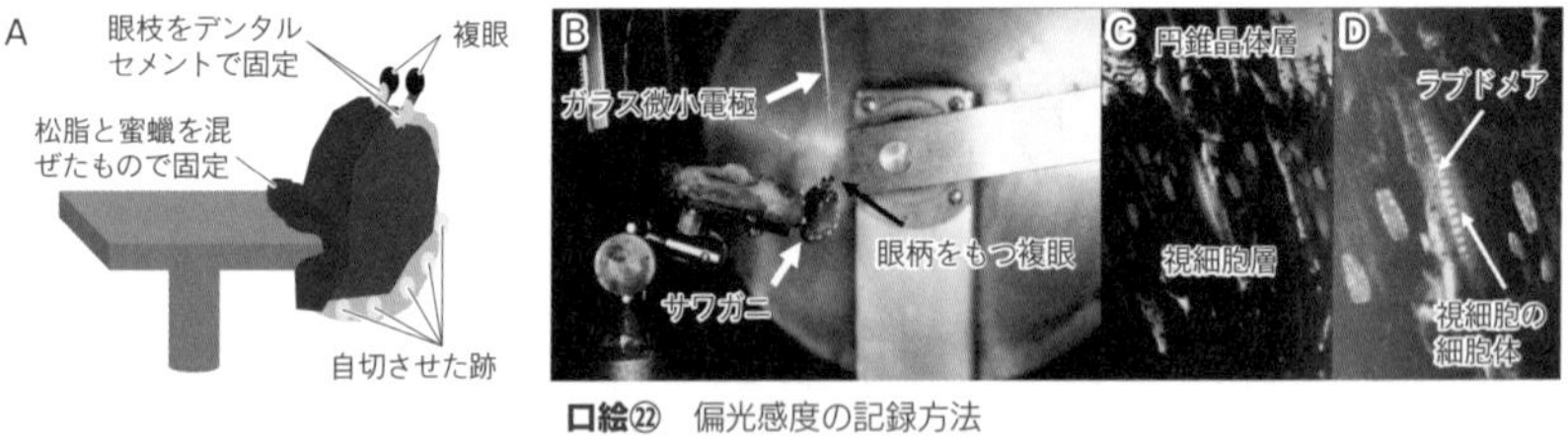

口絵㉒　偏光感度の記録方法

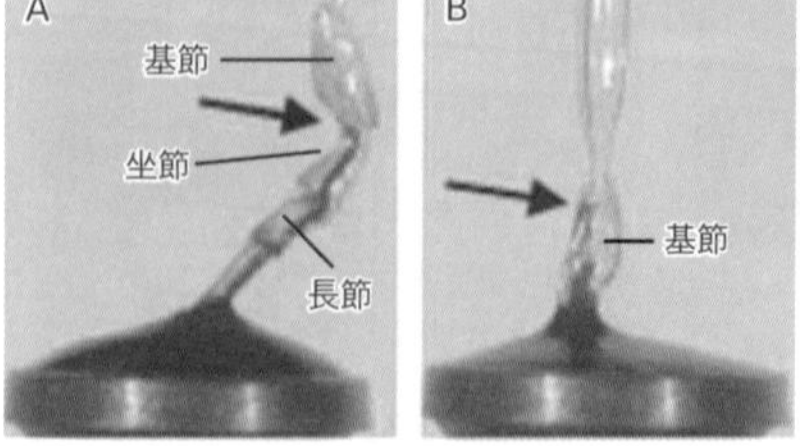

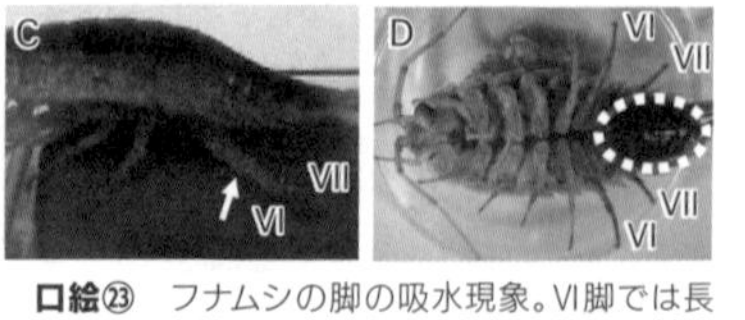

口絵㉓　フナムシの脚の吸水現象。VI脚では長節から坐節まで水が上がり（A）、VII脚では基節側から水につけたときにのみ水が上がる（B）。食紅を染み込ませた紙に置くと鰓の部分が赤く染まる（C、D）。

はじめに

この本は、タマムシの眼と体表の構造色などの研究とともに、タマムシがどのように生きているのかを述べたものです。タマムシはとてもたくさんのことを私に教えてくれました。タマムシに教わったヒト／人の限界についても書いています。

タマムシに教わったことを書いているこの本の主題は「自分が観ている世界は自分の能力の範囲を超えることができない」ということと、「自ら見たいと思ったものしか見ることができない」ということです。これはわれわれ人に限ったことではなく、タマムシもほかの生物たちもそれらが見える世界のことしか見えません。

この本を手に取ってくださった読者の皆様に共感して欲しいなと思うことが二点あります。一つ目は「昆虫という生き物のすごさ」についてです。昆虫は、われわれヒトよりも先に地球上に現れて環境に適応して生きてきています。タマムシのすごさを知ってください。彼らのすごさを知ると、ワクワクしてきます。私たちがタマムシに興味をもって見つめると、タマムシよりヒトのほうが優れた生物だといえなくなるはずです。二つ目は「人という生き物は自ら問いかけることをしないと何も新たなことに気づけないものだ」ということと、「人間中心的な見方に偏って生活している」ということです。自然に問いかける方法について、その結果を得るための実験手技や発想を一緒に述べました。自ら手を動かして実験することで、タマムシのほうから私にその秘密を教えてくれる楽しさがありました。

「ヒト」と「人」と、われわれを表すのに別の文字を使っていることに、すでに3行目で気づかれたことと思いますが、本文をめくっていただくと著者が神経質に使い分けていることに、いっそう気づかれると思います。この本のなかでの定義は、「ヒト」は、進化のなかで誕生してきたままの生物です。ヒトは文化を纏《まと》うことで、「人」になります。タマムシは人の文化がわかる情報処理系をもっていません。一方、ヒトは文化を理解できる情報処理系の基礎をもっていて、後天的に文化を入力し、その文化を通して自己の周辺を理解していきます。そのために、人はタマムシの情報処理系に基づく行動を理解するのは難しいのです。人は、くまのプーさんにおしゃべりさせたり、みつばちマーヤの眼をヒトの瞳で描いたりすることで、自然を人の見方で理解した気になって安心しているのです。ヒトは自然や文化を眺めただけではその中身を知ることはできません。ヒトは文化を纏うことで人になることができるのですが、その文化は地域特異性があります。この本の後半では、現代の人社会の限界と危機的な将来についても述べました。

研究を通して、タマムシから教えてもらったことは、タマムシの秘密だけでなく、地球を大切にするための考え方です。先に答えを言ってしまうと「人間中心的な文化形成だけでは、地球を破壊してしまうぞ」です。たくさんのお勉強をしても、人間中心的なだけの視点からは、自然を理解することは困難です。「自然を見る眼を養う」ことで自然が理解できると言ってしまうと簡単そうですが、じつはなかなか難しい作業です。地域特異性のある文化を纏って、自然と対峙しなくてはならないからです。人間が「自然を見る眼を養う」ことができないと多様な生物からなる地球と共にヒト／人が生き残ることはできなくなります。「自然の恵み」による「自然と対峙できる感性」とは何かも共に考えてください。

ぜひ、この本をお楽しみください。お楽しみの補助として、たくさんの図や、注や、参考文献も入れてあります。読者の皆様に、現代社会を席捲している「人間中心的」な考え方の危険性と共に、「非人間的」な見方の大切さにも気づいていただけると幸いです。

タマムシの翅はなぜ輝いているのか◉目次

※本文中の＊付き注番号は巻末注を、数字のみの注番号は参考文献を参照。

第1章

タマムシとの出会い

虫との戯れ

東京生まれだった私は、幼稚園から小学5年生までの数年間を、関西に位置する宝塚を流れる小《こ》逆瀬川《さかせがわ》（支多々川《したたがわ》）のほとりにある家で過ごしました。東京の家を早朝に出発して、当時のもっとも早い列車「特急つばめ号」に乗り、夕方になってようやく大阪駅に到着するような時代でした。新幹線というものができることなど想像さえできなかったころのことです。ホームに降り立ったとき、「ここ、日本」と母親に向かって尋ねたそうです。幼子にとっては、とても長旅に感じたのでしょう。そのことが後年の家族団欒《らん》のときにしばしば話題となり、母は愛おしそうな目で長じた息子を眺めていました。

「川のほとり」という表現は、ゆったりと流れる川を連想させますね。小逆瀬川は六甲山に続く里山から宝塚歌劇団がある武庫川まで一気に下る急な川ですが、川の各所にあまり高くない堰《せき》がいくつもあり、堰と堰の間は50mほどだったように記憶しています。川の両岸につくられた壁と壁の間は川下でも20mもなく、川の両側にある道は、まだ舗装されずに砂利道のままでした。御影石を積み上げてつくられた川の壁の間には隙間があって、アリやカエルなど数多くの生物の種[*1]の住処になっていました。積み上げられた御影石は、遠くから見ると川の流れに沿って横一列に規則正しく並んだように見えましたが、よく見ると石の大きさもバラツキがあり、石の組み方にもバラツキがありました。それでも、大雨が降ったときの激しい濁流に充分に機能していました。そうなんです。標高差のある小逆瀬川は、雨が降ると一気に増水するのです。ふだんは穏やかな小川が、天候の変化によって急変して、流れのなかを大きな石が転がっていく風景は、小さな子供に自然の恐ろしさを教えてくれました。

晴れた日には、川の顔つきが優しくなります。川床を流れる小川は、幅1mほどで、深いところでも30㎝程度でした。近所の人が放していた鯉の背鰭《せびれ》が水面に出てしまうほどの深さのところがほとんどでした。鯉を捕まえようと追いかけると叱られました。子供が一人で歩いても、まったく心配のない清流だったのです。御影石が砕けた砂は白く太陽光を反射し、清らかな水がその輝きを増していました。体の赤いサワガニが白い砂の上を歩くのを見ると、子供はサッと手を伸ばしました。

小さな滝のように流れ落ちる堰には少し深い淀みができていました。日陰になった深さ50㎝ほどの、子供にはちょっぴり危険なその水たまりには、アカハライモリが棲《す》んでいて、網を入れると、気持ちの悪い黒い模様をつけた赤い腹を曝《さら》すのです。子供心に毒があると感じました。イモリだけは、ほかの生き物とは別物として目に映ったのです。

小逆瀬川の側壁から、車がようやく通れる程度の狭い道を挟んですぐのところに家がありました。父の転勤に伴ってあてがわれた社宅だったと思うのですが、南側の川に面した門から玄関までコンクリートで固められた10ｍほどの小道のエントランスがあり、玄関の脇には大きなキンモクセイ（金木犀）の木が茂っていました。秋にはその木の下に茣蓙《ござ》を敷いて隠れ家としました。茣蓙の上に寝転んでキンモクセイの香りに包まれながら至福の時を過ごしていたら、アリが昆虫の死骸を運んでいて巣に持ち帰っているのが見えました。死骸をどうするのだろうと思って追いかけました。金木犀からほど近い玄関に通じる小道はコンクリートで固められていて、コンクリートを囲んでいる小石の列の間にアリの巣穴がありました。アリの巣の入り口よりも、ずっと大きく見える死骸にも関わらず、いとも簡単に巣穴の中に入れられてしまいました。

当時、門から玄関までの小道の両側に30㎝ほどの背丈のサルビアを、並木のように植えていました。花を摘んで花の根元を啜《すす》ると甘い汁が出てきました。なるほど、蝶々はこの蜜を吸っているのか……。玄関の横には、塀があり木戸で仕切られ、木戸をくぐると生活をするための庭がありました。井戸があり、洗濯物を干す柱があり、物置があり。木でできた物置は、いつもは絶好の遊び場だったのですが、悪いことをすると母親にその物置に閉じ込められました。一度も親に叩かれることなく育てられたのですが、叱るときの母親の顔と声は本当に怖かったことを忘れられません。怖い顔をして叱っている母親に向かって、嘘偽りなく真剣に泣きました。

ところが泣きながら、もう一つの心は次の遊びを探していたようです。いまから振り返ると、子供ってしぶといものだなって思います。木でできた物置には光が差し込む隙間があって、目が慣れてしまえば結構明るいのです。奥にある炭の俵に手を突っ込んで一つを取り出すと、年輪に縦方向にできた割れ目が菊の花びらのように広がっていました。模様のきれいな炭を取り出して並べて遊ぶのです。それぞれの炭の菊の模様をよく見ていると、同じ模様であることがありました。同じような割れ目模様の仲間を縦方向に並べていくと、結構長くなることもありました。パズルをやるより複雑で楽しかったのです。もしかしたら、1本の枝からこの炭はつくられたのかなあと考えていました。炭パズル遊びのまずいところは、手が真っ黒になって、その手で自分の顔を拭《ふ》こうものなら、遊んでいたことがバレてしまうことでした。

1時間ほど経つと、母が物置のドアを開けてくれます。とっても優しい顔でした。側にあった井戸で、手と顔を洗って母屋に入りました。夏には、その井戸の中に丸ごとのスイカを浮かべて冷やして食べました。よく冷えたスイカを食べながら、なんで地表はとても熱いのに地面の中は熱くないのか不思議でした。

北側から西側に続くL字型の裏庭に行くと実をつけるグミや桃の木があり、川に向かった南側に面した表の庭には、お茶室の庭があり手水石《ちょうずいし》が苔むしていました。いまの時代から思い返すと、とてもとても贅沢《ぜいたく》な造りです。家の周りがぐるっと庭で囲まれ、それぞれの庭が目的別に4カ所に分かれているなんて、古い家だったとはいえいまや大豪邸ですね。そうそう、お風呂は五右衛門風呂*2でした……。

そんな環境で子供がすることといったら、生き物の採集です。たくさんの生き物と関わりました。家の前の小逆瀬川でサワガニ探しをしながら、トンボ採りをする。蝶を追いながら、ついでにセミを捕まえる。たまに川の砂地にできた草むらに入ると、フタモンアシナガバチ（二紋脚長蜂）の巣があり、ハチの怖さを知らない子供は規則的に六角形に並んだ素敵な巣をついつい触ってしまいます。比較的おとなしい蜂なのですが、巣をいじられればさすがに攻撃してきます。こっぴどく痛い思いをすることで藪の中の歩き方を覚えました。夏の夕方には、ヘイケホタル（平家蛍）を追い、捕まえて篭《かご》に入れて庭に持ち帰り、飛ばすのです。「ホタル来い、あっちの水は苦いぞ、こっちの水は甘いぞ」という歌をそのまま信じて、庭にあった手水石の水たまりに砂糖を足してみたこともあります。その甘いはずの水に、ホタルは見向きもしませんでした。ところが川で捕まえてきたホタルを10匹ほど庭に放すと、川にいるホタルたちが道を渡り庭の垣根を越えて集まってきたのです。庭のホタルの数が増えるのが嬉しく、同時に不思議でした。

昆虫採集は、子供の狩猟本能をかき立てるのか、とにかく捕まえるための工夫を重ねました。近所のガキ大将は、どこかから手に入れた鳥モチを長い棒の先につけてセミなどを悠々と捕まえていましたが、鳥モチにべったりとくっついたセミを外すのに苦労している姿が、なんとも洗練されていない田舎くさいものに見えたものです。私は、捕虫網を使って昆虫が空中に飛び出す瞬間や、空中を飛び回っているときに捕まえるのが好きでしたし、理由もなくそれがスマートなことだと思っていました。捕虫網をいつ振るか、どこで待っていてどれぐらい追いかければよいか、子供は昆虫の複雑な仕組みも知らないまま、虫の気持ちを読むかのごとく、虫の居場所や通り道について学んでいったのです。どうもアゲハチョウには飛び回る決まった通り道があるらしい。ギンヤンマは、縄張りをもっていてホバリングをしながら敵（同種の雄）の侵入を阻止しようと見張っているらしい。きれいなハグロトンボも仲間（同種）同士でぶつかり合っている……。

友だちのなかには、捕まえた昆虫を高級な標本箱に入れて夏休みの宿題の提出物として準備してきた子もいましたが、私は自分の手をくだして虫を殺すことが嫌いでした。当時は、子供でも毒瓶や、毒の入った注射器などを簡単に手に入れることができたのですが、生き物が毒によって死ぬ瞬間を見るのが辛かったのです。昆虫採集とは、昆虫を捕まえて、研究目的や趣味のために殺し、標本として整理することだという人もいます。その人たちにとっては、虫は標本にするためのものですから、形態をできるだけ破損しないように殺すことが必要なのです。蝶などは、胸部側面を圧迫することで動かなくなり、三角紙に入れて三角缶にしまい込めばいいので、苦しんでいる姿を見なくて済むのですが……。甲虫は、なかなかそうはいきません。そのうえ、できるだけ早く殺さないと脚がもげたり翅《はね》が閉じなくなったりしてしまいます。そうなんです。毒瓶と呼ばれる、脱脂綿に毒液を染みこませた瓶の中に入れて虫を殺すのも仕方ないのです。当時の子供たちが毒瓶に入れていた毒は何だったのでしょう。毒瓶のガラスの壁が結露していたので、いまでは大人しか買うことができない酢酸エチル*3だったのかもしれません。一度、標本づくりの真似をしようと思って、友だちから毒瓶を借りて虫を入れたことがあります。結露した壁にしがみついて、虫がもがき苦しんで……いたことをいまでも忘れることができません。子供のときの思いが残っているためなのか、私はいまでも毒瓶を使うのが嫌いです。あの毒瓶の匂いを嗅ぐのも……。

ということで、捕まえてきた虫たちは、網戸のかかった北側の小部屋の中で放して遊びました。いまから考えると、殺すよりもずっと残酷だったのかもしれないと思うのですが、当時は虫も人間の友だちのような気がしていたようです。畳の部屋が家の北側にありました。6畳だったか4畳半程度の部屋だったか記憶が定かではないのですが、ふすまを閉め切ると、窓ガラスのある北向きの網戸だけが部屋のなかで唯一明るい場所となりました。部屋の真ん中あたりで放されたほとんどの虫たちは、網戸のほうに向かって飛んでいき、網戸にぶつかることもなく脚から網戸に着陸して、しっかりとしがみついていました。網戸にしがみついている蝶は簡単に捕まえることができます。閉じた両翅《りょうばね》を親指と人差し指で挟み、ゆっくりと網戸から剝《は》がして部屋の真ん中までもっていき空中に放り出します。するとヒラヒラと舞ったあと、毎回、同じように網戸に向かい、同じように網につかまるのです。クマゼミやツクツクボウシは透明な翅をもっていて、ニイニイゼミやアブラゼミに比べて子供心に価値の高いものに映りました。これらの蟬が網戸につかまっているのを両指で押さえて引き剝がし、空中に放り出すとそのまま畳に落ちるものが多かったのですが、ブンと羽音をたてて網戸にふたたびつかまるものもいました。

網戸につかまっている虫のなかでも、秀《ひい》でて立派に感じたのはタマムシでした。タマムシは、ほかの虫とまったく違っていました。家の北側でも空を背景にした網戸にしがみついたタマムシは、逆光のため紡錘形の黒い塊に映るのですが、近づいてみると赤いストライプを飾りにした緑色が強く輝いて見えました。ほかの虫にはない明るい光です。網戸から無理やり剝がして空中に放り出すと、ほとんどのタマムシはそのまま畳に落ちます。死んでしまったのかと思って近づいてみると脚を空中に向かってもぞもぞと動かし、翅を広げて姿勢を正し始めます。鞘翅《しょうし》を大きく広げたかと思ったら、その瞬間、背中が私のほうに向き直り、腹側の脚がしっかりと畳をつかみます。畳にしがみついたタマムシの輝きに魅了されて眺め続けていると、突然、後翅を広げて網戸に向かって飛んでいきます。たまには、着陸に失敗して網戸に跳ね返され、畳に落っこちて、またモゾモゾと脚を動かすものもいました。その脚も身体と同じようにピカピカと光っていました。金属のように輝く硬い身体は、虫というより機械のようにも感じ、ほかの虫たちにするような優しい扱いは不要な気もしました。そんな気持ちでぞんざいに扱っていると、脚が簡単にもげました。

生き物との乖離《かいり》

人は長じる過程で、大切なものを見失う時期があるのかもしれません。宝塚を後にして、東京に戻ったときは小学校の高学年になっていました。そのころから、昆虫採集をすることがほとんどなくなりました。まだまだ東京にも自然がたくさん残っていた時代だったのですが、周りの友人たちが醸し出す雰囲気によって、昆虫採集は幼い子供がするもので、学校の勉強をすることが善であるかのようになってしまいました。目の前にいる虫を追うのではなく、書物に書かれた架空の生き物と向き合うようになってしまっていたのです。虫の本や図鑑は見るが、生きた虫にはめったに触ることはない。他人が〝よし〟とすることを善とし、他人が自分を見たときの評価を意識するようになりました。その実体のない評価体系のなかで、「褒めてもらうため」に行動するようになっていったのだと思います。私の目の前から自然のなかで生きている虫が消えてしまいました。虫だけでなく、本物の生き物たちが消え、自然そのものともほとんど対峙《たいじ》しなくなってしまっていたのです。物理学や化学といった数式や化学式で表せるものが科学であり、生物学は博物学の延長線上で生き物の名前を覚えればいいだけの子供の図鑑づくりの世界だと勘違いし、難しそうな学問分野こそが自分の目指す領域である……と（いまから思うと恥ずかしい限りです）。巷間の評価がそのまま私の少年・青年時代の学習だけでなく、生活態度にも反映していたのでしょう。他人の評価基準を知り、その期待(?)に合わせた演技を開始しただけでなく、その演技をしている自分によって社会の一員としての安定を図るようになっていきました。自分が見る世界は「人間の社会」であって、自然をしっかり見なくてもよくなってしまったのです。

1964年に開催された東京オリンピックから始まり、日本社会がつくっていこうとしていた高度成長の風潮も、少年の目に自然そのものを映さなくさせたのかもしれません。戦後すぐの1949年に、湯川秀樹博士がノーベル物理学賞を受賞され、東京オリンピックの翌年の1965年には朝永振一郎博士が、またノーベル物理学賞を受賞されました。子供にとって学問は物理学であるような錯覚に陥っていたのかもしれません……。人間がつくった社会を効率よく成長させるための一員としての役割をまっとうするために勉強することが善と思う子供たち。いや、子供の私だけでなく、社会全体がそうだったのかもしれなかったのです。そして日本は、輸出・財政主導型の高度成長第2期に突入していったのです。

生物学者への歩み

そんなふうに、学問とは物理学であると思い込んでしまっていた少年期と青春期を過ごしておきながら、ひょんなことから物理学への憧れから外れて、生物学者としての道を歩むことになりました。学者になる方法はいろいろありますが、一番手軽な方法は大学院と呼ばれる高等教育機関に入学して、修士課程や博士課程を通して研究の仕方を学ぶことだと思います。私が若き生物学者の卵として大学院に入った当時は、職人の徒弟制度の社会に入るようなもので、それは厳しいトレーニングでした。大学院に属する研究室の教授を長とした年功序列のなかで、科学的思考方法や実験技術を身につけていくのです（いまの評価基準でいえば、毎日パワハラ、アカハラを受けていたようなものです）。じつは、高度な科学の指導を受けるだけでなく、箸の上げ下げから、挨拶の仕方、掃除の仕方、酒の飲み方、人との接し方などなどの日本的作法の教育もしっかりと受けました。落語家一門の内弟子として師匠のお世話をする苦労話や兄弟子にいじめられた話などを聞くと、もしかしたら私が過ごした昔の大学院も同じだったのではないのかなあと思うのです。さすがに内弟子さんが師匠の着物をたたむように、先生の服をたたむことはありませんでしたが……。そのため、あまりにも覚えることが多く、出来の悪い私は、与えられた研究課題をこなすだけで精いっぱいでした。物理学への憧れも残っていたためか、光に関連する動物の神経に注目して視覚の研究をすることになりました。学者というのは、専門特化したことに注目していても学問全体を見る必要があります。物理学や化学や生物学といった自然科学であれば、自然全体も考えなければなりません。学者の卵としては、自分自身で生物界全体を見る力を養わなくてはならないのに、視覚に関係する細胞の機能の解析ばかりに興味が集中してしまっていました。小学校高学年から、自分が見る世界は「人間の社会」だと思うようになり、自然をしっかり見なくなった後遺症が続いていたのかもしれません。

指導してくださっていた先生方からは、森を見ずして木の葉っぱばかりを見ている不出来な弟子に映っていたのだろうと、いまになって、冷や汗とともにようやく回顧できるようになりました。

恐らく、同期の弟子たちは高度な科学を学びつつ、広大な自然に広がる生き物たちを考えることができていたのでしょうが……。私のほうは、生物学者の端くれになりつつあったのに、生き物全体を意識できない、地球や自然全体を考えることなんかまったくなく、生態系のことを知ることは生態学者に分類される別の研究者がやる仕事だと思っていました。そんな生活を、かなり、かなり長い間続けていました。

専門馬鹿の始まり

そんなふうに話をすると、葉っぱをしっかり見つめて、重箱の隅をつつくことができた――つまり専門の知識はしっかり身につけたように思われるかもしれませんね。ところが、そうはいかなかったのです。専門馬鹿という用語は、専門のことは知っているが、周りのことは知らないという意味を表しますが、専門のこともわからない人間になりそうになっていました。

私の研究のスタートのころに指導してくださっていた教授が、手取り足取り神経インパルスの測定の仕方を教えてくださいました。カイコの脳から側心体[*4]そしてアラタ体[*5]につながる側心体神経から、「オイルギャップ法」を用いて神経インパルスの導出を行なう作業をしていました。神経はオイルで囲んでしまうのですが、片方の小さな池の中には脳を、もう片方の池には側心体とアラタ体を入れます。実体顕微鏡という高性能の虫メガネのようなものを使って、カイコの脳と側心体神経を含む組織をできるだけ傷つけないように取り出します。小さな池の中の水は、昆虫用の生理食塩水。その池の中には、電気変化を捉えるために細い銀線が入っていました。生理食塩水の入った二つの池の間をオイルで仕切って、池の中に入っている組織の間の電気現象を捉えるので、オイルギャップ法と呼んでいたのです。器の外側に出した銀線をワニグチクリップでつかんで、電気応答を前置増幅器とオシロスコープを使って観察しました。アラタ体は、幼若ホルモンを合成し分泌する神経内分泌腺で、この幼若ホルモンは前胸腺から分泌されるホルモン（エクジソン）と共同して脱皮を引き起こすのです。いつ脳から信号がやってきてホルモン分泌が開始するのかを、神経インパルスを24時間記録して変化を見てみようというものでした。

実体顕微鏡で眺めた小さな池の中の銀線は、何かに覆われ汚れているように見えました。これまでたくさんの実験をしているために、銀線の表面に何かがついているのではないかと思いました。

脳から側心体とアラタ体までのつながりを傷つけないように解剖し、オイルギャップ法の容器の中にセットし、冷蔵庫の中に入れて長時間記録の準備を整えました。取り出すときに傷つけると正常な応答が出なくなるので気を遣う作業です。作業を終えてホッとした私は、気になっていた銀線の汚れを落とそうと、ほかのオイルギャップ法の容器を実体顕微鏡の下に置き、先の細いピンセットを使って磨き始めました。

そこに指導くださっていた教授がやってこられました。覗き込みながら「君は、少しは頭がいいのかと思って研究を一緒にやろうと僕の研究室に誘ったのだが……こりゃダメだね」といい残して、実験室から去っていかれたのです。そして次の日から何も教えてくださらなくなってしまいました。何が悪かったのでしょうか。銀線を磨いていたときにいわれたので、そのことが間違いだったのだろうと想像できたのですが、何が悪かったのかさっぱりわかりませんでした。いまの時代だと、学生を指導しないで口もきかないと、パワハラだといわれて、教育がなっていないばかりか人間として失格という誹《そし》りを、先生のほうが受けることが普通になってしまっています。しかし当時は、自分で勉強してついてくることができない学生は見捨てられても仕方のない時代でした。

その危機を乗り越えようとして、私は、たくさんの勉強をしました。電気生理学の本を読み漁りました。ようやく、オイルギャップ法で用いた生理食塩水を入れた池の中の銀線が汚れて見えるのには、科学的な意味があることがわかりました。「銀塩化銀電極」というものでした。化学で習っていたはずなのに、実験の現場ではまったく思い出せませんでした。先生方は、安定した電位測定をするためにわざわざ銀塩化銀電極にする処理を施していたのです。銀線の上に塩化銀の被膜がついていたため顕微鏡で見ると薄汚れて見えていたのに、私はその表面を磨いてピカピカした銀色を表面に出そうとしていたのです。そんな知識は、高校の生物学と化学で学んでいたレベルのはずなのに……。そして神経の研究自身が、細胞膜を介して細胞の内側と外側という互いに性質の違う界面に関しての化学の知識を必要とする分野なので、大学でも新たに深く学んでいたにも関わらず、実験中に化学のことを考える余裕がありませんでした。銀塩化銀電極は、銀と生理食塩水との間にできる界面電位を少なくするために、銀—塩化銀—生理食塩水という三段階の界面を準備していたのです。錆《さび》のように見える塩化銀を削ることは、わざわざ銀の表面を生理食塩水に触れるようにしてしまって、界面電位が起こってしまい電極を不安定にしていたのです。先生のところに伺って謝り、勉強して気づいたことをお伝えしました。そのときの、先生がニコッとされた姿を忘れることができません。笑顔を見せてくださっただけで何もお声をかけていただけませんでしたが、翌日から、また実験の手ほどきを受けることができるようになりました。

先生にとって、私の誤りをその場で正して指導することは、当然たやすいことだったはずです。学生が未熟だったとき、先生が指導していた手を止め、自ら学ばせるとう教育法のすごさをいまになって重く感じ、感謝しています。いま流行のアクティブラーニングも、こんな実践的な感じになるといいですね。目の前にある解答や問題集に書かれている解答は、研究をするためには、まったくといってもいいほど無意味です。手短に、ある解答を求めてはいけません。研究は、自分自身で考え、学び、自ら確かめるところから始まるのです。

専門特化したことに注目し、学び実験し深めていく方法に、近道はないのだと思います。プロの方の心のこもった、でもときには鬼になれる余裕をもった手ほどきと、若者自らの渾身《こんしん》の努力がなければ何も始まらないのだということを体験した最初の出来事でした。岡島昭先生、ありがとうございました。

タマムシとの再会──学者としてタマムシにふたたび出会う

長い間消えていた生きた個体としての虫が、ふたたび私の目の前に現れたのは、30歳を過ぎてからでした。視覚の研究を続けていて、色や形など人が選んだ視覚の属性ばかりを、別の動物に問いかけていることに対する懐疑が、ようやく深まってきていたためなのかもしれません。そのとき、ふとタマムシの鞘翅の輝きを思い出しました。子供のときに遊んだタマムシです。網戸に張りついていたタマムシです。

あのタマムシの輝きは、虫にとって意味があるのだろうか？　なぜ玉虫厨子《ずし》に代表されるように、長い年月を経ても輝きが失せないのだろう？　光学的にはどんな特徴をもっているのだろうか？　そんな思いで、捕虫網をふたたび手にしたのです。子供時代に捕虫網を振っていた私にとって、およそ20年ぶりの出来事でした。

そのころ、私は東北大学のある研究所に助手として勤めていました。おもに視細胞の光に対する応答がなぜ生じるのかという実験を毎日毎日、朝から晩まで数年間繰り返していました。細胞内記録法で単一視細胞からの応答を、世界ではじめて48時間連続記録するなどの実験のときは、真っ暗な実験室の中で、数日間徹夜で過ごしていたこともあります。これって文章で書くと、あまり感動的に伝わらないですね。もう少し詳細に書けば、とても大変な作業であることをわかっていただけるでしょうか？

細胞は10ミクロン（μm）から数十ミクロンの大きさです。この細胞に尖端の直径が1ミクロン以下のガラス電極を突き刺すのです。手ではとてもそんな細かな作業はできないので、マニピュレータと呼ばれる遠隔操作ができる道具でガラス電極を操って、しっかり固定されている複眼の中の細胞めがけて刺し込みます。細胞に電極が入ったかどうかを判定するのは、肉眼では無理なだけでなく顕微鏡を使っても観察不能なので、細胞の内と外で電位が異なることを利用します。ガラス電極の先が細胞の外側にあるときをゼロとすると、電極が細胞の中に入るとマイナス50～マイナス70mVに下がります。細胞は、静止膜電位と呼ばれる細胞の内外で電位差をもっているからです。とにかく目に見えないだけでなく、とても細かな作業なので、周りで小さな振動が起こってもガラス電極は細胞から抜けてしまいます。実験をしているときに、自分以外の誰かに無造作に周りを歩かれたらガラス電極が抜けてしまうので、実験室に鍵をかけて過ごしました。光の実験なので実験室を真っ暗にしておかなくてはならず、そのうえ、人が入ってくることを嫌って、ずーっと籠《こ》もっているなんて正気の沙汰ではないといわれても仕方がないような研究の時間なのです。お手洗いに行くときだけ実験室を出て、飲食は実験室内で実験の合間に済ませる……。

こんなふうに根を詰めて研究をしていたので、実験材料に用いていた動物の視覚の生理現象に関しては、それなりに熟知し、国際誌に論文も書けるように、なんとか成長していたのです。でも、いまから考えると、ようやく研究の入り口に立てた段階だったと思います。相変わらずそれ以上でもそれ以下でもなかったといわざるをえないレベルだったのです。

そんな私が、捕虫網をもってタマムシ採集に出かけたのです。

研究室を抜け出して

ある平日の午後、自然のなかに出かければピカピカ輝くタマムシが採れるものと、購入したての捕虫網を車に入れて蔵王《ざおう》の山麓まで出かけました。当時、修士コースに入ったばかりの、気のいい高久康春君と一緒に、林間から覗くことができる青空を友として、晩春の1日をピカピカ光るタマムシの採集に勤しむ……はずでした。水芭蕉《みずばしょう》が咲く湿地帯の上に広がった木道を歩きながら、緑色の葉の間にいるはずのタマムシを探しました。1時間以上をかけて探していても、タマムシらしきものを見つけることができないでいました。と、そのとき、水芭蕉を守るためにつくられた木道の向こうに、長い竿《さお》の先に捕虫網をつけた人が現れました。30歳ぐらいかな。同年代のように見える男性です。彼も木々の上のほうを見つめて何かを探しています。

「いけない、彼よりも先に見つけなくちゃ!」

「いやいや、彼が来る前からずっと探し回っていたのにぜんぜん見つけることができなかったのだから、タマムシはここにはいないのさ。彼だって見つけられるものか」

「彼はずいぶんと立派な捕虫網をもっているし、動きが機敏だな。彼は虫採りのプロかもしれない。ということは、ここにはタマムシがいるに違いない」

などと、いろいろな思いが浮かんできました。そんな思いを巡らせている間に、彼は、竹の竿を継ぎ足して、あっという間に10m以上の長さにし、その先につけていた比較的小さな網を振り回し始めました。

「あ、あれは、木の枝などが邪魔にならない甲虫などを採るための専門的な小さな捕虫網なんだな。すごい!」と思った直後に、彼は「やったー」と歓喜の声を上げたではありませんか。その声につられて、高久君と私は彼のほうに近づいていきました。私が欲しかったタマムシよりも、小さくて輝きもほとんど感じられないアカバナガタマムシ *Agrilus sinuatus* という甲虫を捕まえていました。あまりにも嬉しそうなので、同業の生物学者で研究用の材料でも捕まえたのかと思い、彼の職業を尋ねました。歯医者さんでした。午後の診療を休みにして虫採りに来ていたそうです。彼の虫採りは、遊びだったのです! 生物学者の私には虫が見えないが、歯医者さんにはしっかりと虫が見えていたのです。

この出来事が、自分の研究材料しか身近に感じることができない生物学者であったことを強く気づかせることになりました。生物界全体を見られるようにならなければ、生物を理解したとはいえないのではないかと考えるようになったのです。目の前の虫1匹1匹を知ること、植生はどうなっているのか……と、植物と虫との関係を見ることから始め、ほかの生き物とどのように関係があるのかという基本に立ち戻ることにしたのです。膨大な生物界全体を見つめ、それらの相互関係を理解するように努めながら、自分の専門分野を発展しなくてはならないと考えるようになりました。広い視野をもつ学者になるべきなんだと——。でもそれは「思えば達成できる」なんて、そんなに生やさしいものではありませんでした……。

蔵王ではタマムシを捕まえることができなかったが……

捕虫網をもてば虫を捕まえることができるわけではないことを、長じてから悟るというのは衝撃的な出来事でした。木の上にいるタマムシが見えない。飛び始めた、あるいは飛んでいる虫の軌道に捕虫網を合わせられない。そういえば、タマムシがどのような姿勢で飛翔するのかさえ知りませんでした。子供のときに見ていたはずですが、すっかり忘れてしまっていたのです。だいたい、自分が欲しかったタマムシ（ヤマトタマムシ *Chrysochroa fulgidissima*）は、東北南部を境に本州以南にしか棲息《せいそく》していないので、当時、蔵王の麓で採集できるわけがなかったのです。助手という職を得た生物学者であったにも関わらず、そして朝から晩まで研究に勤しんで、寝る間を惜しんで勉強もしていたのに、そんなことさえ知らなかったのです。

タマムシ捕獲失敗事件がきっかけで、子供時代から20年も経て、昆虫採集を再開することにしました。庭に来る蝶、犬の散歩をしながら見つけることができるシデムシ、車のウィンカーに寄ってくるヘイケホタル、虫たちがどのように飛び、どのように歩き、どのように摑《つか》まるのか……。採集しようという気になって昆虫と接すると、昆虫それぞれの種がもつ多様な生き方に目が届くようになりました。昆虫だけでなくほかの動物や植物にも目がいくようになりました。すると、それらの生物の手触りさえ新鮮に感じました。気づいてみれば、知らないことだらけでした。当時、すでに自分の研究を世界に発信する力も備えていたのですが、よく考えれば書いている論文や国際学会で発表している内容は、視覚研究のなかでも視細胞の情報処理という非常に限られた分野だけだったのです。先人が築いた科学の世界のなかに埋没していただけ！　自分にたまたま与えられた科学的修行の限られた小さな世界だけの井戸の中。ほんとうに、たまたま与えられただけじゃないか。大学のなかの決まりきった鍛錬、研究生活のなかだけの生き方を続けていたら、一生かけても広い自然を感じ、学ぶことなんかできないんじゃないか。

　もしかしたら、生涯かけても世界を見ることができないかもしれない。井の中の蛙を地でいく幼い学者であることに気づき、焦りました。その焦りが、世界中の生物を見つめ、自分自身の学者としての在り方を考えようという行動につながり、旅する生物学者としての道を進むことになったのです。[2]

いつ森が見えるようになったのか

森が、ほんの少しだけでも見えるようになってきたといえるのは、視覚の研究をとおして博士号を取得したあとに起こったタマムシ捕獲未遂事件を経て、「自然を見つめよう・見つめ直してみよう」と思いながら海外に出ていってからだと思います。海外での生物学研究については『生き物たちの情報戦略』[2]ですでに述べたのですが、南極、アフリカ、フィンランドと続く研究の旅は、私自身の世界観や研究のスタイルを大きく変えることにつながりました。厳冬期にはマイナス60℃にもなる南極のドライバレーに棲んでいる、昆虫の先祖といわれているスプリングテール（トビムシ）がいる。翅をもたないスプリングテールがどうしてこんなところに棲息しているのか。もっと暖かいところにいたのに、南極大陸の移動とともに寒さに耐える身体になったのか。まさか、風に乗って南極まで来られるわけはないだろうし。アフリカは動物だらけだけど、それなりにバランスが保たれている。象が糞《ふん》をすると、フンコロガシがどこからともなくやって来て、糞を真ん丸のお団子にしてせっせと運んでいく。フィンランドのトナカイは夏になると大量発生した蚊に難儀する。北極圏にも蝶が飛ぶ……そこここに生物がいる。あそこにもここにも生物がいる。あれ、生物のいないところを探すほうが難しいぐらいだ。地球って、生物の星なんだなあ。

それぞれの生物は、それぞれの土地で生き残るために工夫を重ねている。世界の各地を訪れても、人間である自分自身は同じように息を吸って吐いて、同じようなことを考えているように見えるのに、その地で見る生き物たちは違う姿をして、違うライフスタイルをしていたのです。「ほかの生物は、人間とは異なった世界観のなかで生きているのかもしれない。どうやら、人間はほかの生物とは異なった特殊な生き物なのかもしれない」と思うようになったのです。

「生き残るために工夫を重ねている」と書きましたが、そうではなくて「結果として生き残ったものにすばらしい工夫が残っているのだ」と考えなくてはならないということも、ようやくそのころに気づきはじめたのです。でもなかなか、人間というものは変わることができないものです。森全体、生物界全体を見渡してみようと捕虫網をもっても、自然を見る目は自分自身がもつ能力、自分の理解力を基盤としているからです。自分が求めるもの以上のものを観ようとするのは骨が折れます。

フィンランドの首都にあるヘルシンキ大学は、付属臨海実験所をもっています。Tvärminne というヘルシンキから2時間ほどのところにその付属臨海実験所があり、立派なセミナーハウスも併設されています。宿泊施設はもちろん、大きなサウナも完備されているのです。バルト海湖畔に建つ大きなログハウスがサウナ風呂だったのです。ビール瓶を片手に入っていきます。これがフィンランド人に教えてもらった作法。ビールを着替え室の棚に置いて裸になって入っていくと、30人ぐらいは入れる5段ほどのひな壇に、10名ほどの研究者たちが腰かけていました。「うわ、暑い!」。フィンランド流のサウナは、彼らが大好きな薪ストーブの上に石を置き、焼けた石にときどき水をかけるのです。ジュワー、シュワーと湯けむりが上がり、部屋の中は暑いだけでなく高い湿度に満ちていました。薄暗い裸電球が人々のシルエットだけをつくり出しています。ひな壇を前にして、一人ひとり、代わり番こに自分の研究を紹介していました。薄暗くシルエットしか見えないので、誰が誰だかよくわかりません。そのうえ、みなさん全裸。英語やフィンランド語が聞こえるのは当たり前ですが、スウェーデン語やドイツ語、フランス語も聞こえます。誰が何をいっているかもよくわからないまま、自分の番が回ってきて、これまた自分で何をいっているかわからない中身のない科学の演説をして、大汗をかきました。汗とともに、灼熱地獄から飛び出して、裸のままサウナ小屋から湖水のように見えるバルト海まで続いている長いデッキを走り、海に飛び込みます。冷たいが、その冷たさが気持ちいい。塩濃度が薄いので、普段の海より浮かびにくい。そんなことを思いながら、ひと泳ぎして身体の熱があらかた冷めたら、また熱帯のような研究紹介のサウナ部屋へ。何度か繰り返しました。最後にシャワーを浴びて、棚に置いていたビールを飲んだときには、もうくたくたでした。もちろんビールはとても美味しかったですが。サウナで疲れるなんて……。楽しみすぎたかな？

マグナス・リンドストロームさんの家は、セミナーハウスからほど近い森の中にあります。マグナスは、ヘルシンキ大学の研究者で付属臨海実験所に実験室をもっていて、おもにバルト海に棲息する甲殻類の視覚の研究を続けています。その晩は、日本でいう文部科学大臣にあたるお仕事をフィンランドでされていたK・O・ドナー（１９２２〜95）さんが来られるというので、仲間うちの夕食パーティをやることになりました。マグナスの家に夕刻に来るように誘われました。生物学者でもあったドナーさんと、その奥様を含む、総勢７人ほどの小さなパーティでした。マグナスの家の２階のベランダで、白夜といえども夕刻のなんとなく少し陽が陰り始めた森が生み出す暗い陰に包まれながら、白ワインを飲む豊かなひととき。ジャケットを着ていても、少しひんやりとした空気が広がっていました。一口、二口とワインが喉を潤したころ、ドナーさんが、私に向かって「君はヘルシンキ大学で何の研究をしているのかい」と奥様とご一緒に近寄りながら声をかけてくださいました。ドナーさんは、もともとヘルシンキ大学で動物学を研究する教授だったのです。

「カエルの眼を使って、視細胞の情報処理の研究をしています。毎日、細胞内記録法を駆使して、視細胞からの応答をとっています」

「ほう、君は生物学者なんだね」

いくつか言葉をやりとりしたあと、私は、生物学者である彼に対して、

「生物学者になりたくないです。科学者になりたいのです」

と、浅はかな言葉を発してしまいました。

「なんで、生物学者じゃダメなんだ。科学者と生物学者の違いについて説明してほしい」と続く彼の質問に、充分に即答できないまま、ベランダでのワインの時間は終了し部屋の中に移動することになりました。バルト海で採ってきたばかりの新鮮な魚のスモークをみんなでエンジョイしました。マグナスが、ご自身で魚を釣って、森の中の自宅の庭でスモークして人々を接待している。時間のなんと豊かな使い方か！　家の中では薪ストーブがパチパチと音を立て、会話に花が咲きました。

「生物学者になりたくないです。科学者になりたいのです」と口にしてしまい、そのときに即答できなかったまま、食事を食べながらではその話に戻ることはできませんでした。生物学者であることを誇りにされていたドナーさんと白夜のなかで会話した森の映像とともに、その後もずっと自

分の発言を頭の中で反芻《はんすう》することになってしまいました。生物学者じゃなくて科学者になりたいといってしまった、私のもともとの思いはなんだったんだろう。生物学者を馬鹿にしていたのか、物理学に憧れていたのに生物の研究を始めてしまい、それなのに生物全体を見つめていなかった自分を恥じていたのか……。生涯かけても、自然を理解できないのかもしれないと焦っている自分の心の反映だったのか。あるいは、既存の生物学じゃない何か新しい生物科学をつくりたいなんて高慢な思いだったのか。白夜にも夜のとばりが降りてきて星がほんの少しだけ見えるように、なんとか自分の考えを明らかにしたいと思っていたのに……。知らず知らずのうちに霧がかかってくるように答えを考えるのが面倒になり、時間とともにそのことを真剣に考える時間が失われていってしまいました。

浜松医大という環境

南極からアフリカ、そしてフィンランドを始めとするヨーロッパを転々として研究を続けたあと、そう、いまから25年ほど前、仙台の地を離れ浜松医科大学に転任しました。東北に住み慣れた身体には、浜松の気候がものすごく暑く感じられたものです。大学の官舎に生活の居を構えたのですが、急な赴任だったし数多くの新しい大学業務が重なったため、クーラーを買う時間もありませんでした。東北から浜松にやってきた身にとって、6月になると、すでに蒸し風呂の中にいるように感じたものです。日中、授業をすると教室にはエアコンが入っていたにも関わらず大汗をかきました。夜間に官舎に帰宅して布団の上に横になっても、暑くて眠れないので、窓を開け放ち、扇風機を回しっぱなしにして、裸同然の姿で畳の上に転がって寝ていたのです。とても布団の上になんか寝られませんでした。ところが、この暑さが虫の生育には幸いするのです。浜松医科大学構内に広がる学内の森にヤマトタマムシが棲息し、夏の盛りのおよそ1カ月半の間、樹冠[*6]の上を飛翔していることを発見したのです。

タマムシがいた！　あんなに焦がれていた森の宝石タマムシ、そうヤマトタマムシが目の前にいたのです！

第2章 ヤマトタマムシがいた

タマムシが飛んでいる

浜松には、榎木《えのき》がたくさんあります。ヤマトタマムシの成虫は、榎木の葉を食べたり、榎木の枯れ枝などに卵を産んだりします。卵から孵化《ふか》した幼虫は、榎木の枯れ枝の中で、枝の中身を食べながら成長します。タマムシの成虫や幼虫が一方的に榎木を食べているわけで、榎木のほうはタマムシから目に見える利益を得ていません。タマムシが、榎木から栄養を一方的に得ているので、タマムシは榎木に寄生（parasitism）しているといっていいと思います。エノキ *Celtis sinensis*[*1] は、栄養を持続的に収奪されるほうなので、宿主あるいは寄主です。エノキは木ですから、寄主木とも呼ばれます。ヤマトタマムシは、榎木のほかに、同じニレ科の欅《けやき》も寄主木としているそうです。私は、ごくごくまれにケヤキ *Zelkova serrata* の周辺にタマムシが飛翔している現場を見たことがあります。たいていは榎木の樹上を飛んでいるので、欅よりも榎木のほうを、浜松のタマムシは好むのかなんて勝手に思っています。

寄生といっていいと思うと書きましたが、ここで、ちょっとだけ生物学の授業で習ったことの復習をしてみましょう。2種以上の生物が相互関係をもちながら同所的に生活する現象を共生といいます。共生は4種類に分けられています。双方の生物種がともに暮らすことで利益を得る場合を相利共生（mutualism）といいます。片方のみが利益を得るがもう一方にとっては利害が発生しない場合を片利共生（commensalism）、片方のみが害を被ってもう一方には利害が発生しない関係を片害共生（amensalism）といい、片方のみが利益を得て相手方が害を被る場合を寄生ということになっています。ひと口に共生（symbiosis）といっても、生物の種同士でいろんな関係に分けられるものですね。でも、生物同士の関係をこの分類に、しっかり当てはめるのも難しいものです。タマムシが一方的に榎木の葉を食べることは確かなので、上記のようにタマムシは榎木に寄生していて、榎木が寄主木だと決めつけるのは簡単なのですが、果たして榎木にとって葉っぱを食べられることがどれぐらい害になるのかなんてあらためて考え始めると、生物の相互関係の境界を決めることがとても難しくなってしまいます。たくさんの葉を全部食べたらそれは害になるだろうけど、ほんの少しだけ葉っぱをいただくのは害になるのだろうか。寄生なのか、片害共生か、はたまた片利共生なのか。人間が決めた概念の境界に自然現象を当てはめるのは、けっこう難しいものだと思います。自然現象がもつ境界とは、線のようにはっきりしたものではなく、面のように広くなってしまうのが本当の姿なのかもしれないですね。自然現象に線を引き、人間の頭がすっきりするグループ分けの仕方に引っ張られて、自然の本当の姿を見失わないようにしないとならないですね。

浜松医科大学の構内にも榎木がたくさんあります。東北で見つけることができなかったヤマトタマムシ *Chrysochroa fulgidissima* の鞘翅が、寄主木の一つである榎木の下に落ちているのを見つけたときはびっくりしました。そうです、エノキの木の下にピカピカ光る鞘翅だけが落ちていたのです。「え！　タマムシがいるの!?」と驚いて、エノキの木を見上げました。木の下から見上げても、タマムシが飛んでいるところは見つけられませんでした。その榎木は巨木で、10ｍぐらいの高さがあります。秋から冬にかけて落葉するのですが、春先になると芽吹き始め、少し暑くなるころに葉を広げ、太陽の光をしっかりと受け止めて光合成ができる豊かな樹冠を形成します。下から見上げると、空は枝と葉ですっかり覆われてしまいます。榎木以外のシイノキなどの落葉樹たちもそのころには葉を広げ、大学構内の森林は樹冠が連続した林冠を形成します。林冠の下は、涼しくてよいのですが、空を見上げることができる隙間は、探しても見つからないほどでした。タマムシがいるはずなのに、下から木々の上を見ることができない……。

幸いなことに、その榎木の横には大学の大講義室の建物が建っていました。大講義室の平らな屋根の高さと、その榎木の木の樹冠の高さがほぼ同じぐらいのようでした。初夏の晴れた日の午後、大講義室の屋根に乗ってみようと決心しました。うまいことに、別の建物の窓からその屋根に降りることができたのです。窓から2ｍほど離れた屋根に飛び降りました。下から見上げたときに感じたとおり、大講義室の平らな屋根は榎木の樹冠の高さと同じでした。榎木に近づくために屋根の端っこまで行きました。すると、その樹冠の上を、タマムシが飛んでいるではありませんか！　ついに、ついにヤマトタマムシが飛翔しているところを見ることができたのです。

目の前でタマムシが飛んでいる。喜びのまま、ぼーっとしていると、次から次へと。数個体が樹上を舞うこともありました。エノキの葉が生い茂る樹冠の上の50㎝から1ｍぐらいの高さを飛び、少しすると隣のエノキに向かってシイノキの樹冠の上1mぐらいの高さで一気に越えて移動し、またエノキの葉の上でフラフラと飛んでいました。なるほど、下から見上げたって飛んでいるタマムシを見つけることなんかできるわけがない。タマムシの飛翔している姿を横から見ることができる講義棟の屋根が榎木の高さと一緒だったことに感謝し、興奮しながらただただ見続けていました。

宝石としてのタマムシ

4枚の翅をもつことが昆虫の特徴の一つですが、甲虫では2枚の前翅がキチン質を多く具えていて硬く、鞘翅と呼ばれます。まさに刀の鞘《さや》をイメージするような堅さです。鞘翅は、羽ばたくことはありません。後翅の羽ばたきが推進力になっています。甲虫の仲間であるタマムシは、2枚の鞘翅を左右にグンと広げて、後翅を振わせて森の上を飛翔します。タマムシの後翅は鞘翅よりも少し長いのですが、翅の厚さはずっと薄く、しかも飛翔時には翅を振動させているので、遠くからは後翅をはっきりと見ることはできません。鞘翅の広がりのほうがはっきり見えるため、まるで美しいグライダーが滑空しているように見えます（**図2－1**）。そして、飛翔していたタマムシが榎木の葉の上に降り立つ（ランディングする）と、左右に広げていた鞘翅は、すぐに背面正中線の頭尾軸に沿ってしっかりと閉じられます。鞘翅をたたむと同時か、ほんの少しだけ遅れて後翅はすばやく鞘翅の中に折

図2－1　飛翔するタマムシ。鞘翅は、左右いっぱいに広げられている。グライダーのように揚力を稼ぎ、飛翔方向を決定しているように見える。推進力は柔らかい後翅だ。後翅はとても薄く、角度によっては見えなくなることもある。

りたまれてしまいます。後翅が刀だとすれば、まさに抜刀術（居合）の達人が、あっという間に刀を鞘にしまうかの如く。ヤマトタマムシが樹冠の上を飛翔している姿を見たら、私だけでなく誰しも興奮することでしょう。太陽の光を受けて、体中が輝いて見えます。「森の宝石」と呼んで、少しも恥ずかしくありません（口絵①）。誰一人としてその美しさを否定する者はいないでしょう。タマムシの宝石の輝きは、もしかすると人が、飾り物として利用したくなる魔法のような力をもっているのかもしれません。

　奈良県斑鳩《いかるが》町にある法隆寺の「玉虫厨子」は、7世紀につくられた高さ2ｍほどの屋根つきの工作物で、国宝に指定されています。タマムシの翅で壁面が装飾されていたので、この名前がついていますが、現在では翅がほとんど剥がれてしまっているようで、翅を探すことが難しくなっています。近年、復元版もつくられ、それには6000枚もの鞘翅が使われているそうです。

　玉虫厨子で代表されるように、タマムシは、日本でも韓国でも古くから人々の生活に密接に関係してきました。朝鮮半島では5〜6世紀からタマムシの鞘翅が、金銅透彫[*2]の装飾に使われていました。たとえば馬の鞍の装飾に、「玉虫飾」と呼ばれる華麗な伝統工芸技法の材料としてタマムシの鞘翅が使われていたことが、韓国の調査で解明されています。そして、平成17年には韓国でその鞍が復刻されました。その際には、静岡県の掛川にお住まいで玉虫研究所を主宰されている芦澤七郎さんが、大量のヤマトタマムシを韓国に無償でプレゼントされたそうです。芦澤七郎さんは、タマムシの飼育法を研究[1,2]されていて、ご自宅の庭でヤマトタマムシをたくさん飼育されていたのです。日韓交流に大きく貢献されました。その復刻作品は、韓国の人間国宝の崑光雄さんがつくられたそうで、その様子が韓国のテレビ局で放映されました。このときのタマムシに関しての理解は、当時、日本と韓国は密接な交易があって、馬具に使われたタマムシは、交易によって日本から取り寄せたヤマトタマムシだっただろうというお話でした。

また、国内でも福岡の船原《ふなばる》古墳で馬具にタマムシの鞘翅を使った装飾が確認され、韓国との交流があった証拠とされています。なぜならば、韓国にはヤマトタマムシは棲息していないとされていたからです。ところが、最近の研究で、韓国にもヤマトタマムシにそっくりな外見のタマムシがいることがわかったのです。[3] 外見がそっくりなのですが、韓国で見つかったタマムシは、遺伝的に日本を含めた他国のタマムシとは異なるということも報告されています。[4]

生物の進化の道筋を描いた図のことを、系統樹といいます。生物の分類群を、生物の類縁関係の近いものの遠いものの系統として表すと、木の枝葉のように見えるので、系統樹と呼ばれているのです。C・ダーウィン（1809〜82）の進化論を広めるのに貢献したE・ヘッケル（1834〜1919）が、「個体発生は系統発生を繰り返す」として系統関係に注目したことから系統樹の考え方が始まったのかもしれません。大きな木の幹から枝が伸びて、その枝から小枝が数多く広がっているのが進化の結果で、小枝についた葉がそれぞれの種だと思うと、B・フラー（1895〜1983）が唱えた「宇宙船地球号」[5]に思いを寄せるまでもなく、すべての生物が愛おしく思えます。すべての生物に縁故関係があるので、系統樹が描けるのです。地球に棲息する生物はすべてつながりがある！　これまでは、生物の系統関係を明らかにしようと、生物がもつ性質や形態学的形質を選び出し、それらを厳格な手順で比較、類似点を求めて系統樹を描いてきました。近年になって分子遺伝学が登場し、系統樹の解析は、分子系統学という手法を導入することができるようになりました。

分子遺伝学を切り開いたJ・ワトソン（1928〜）とF・クリック（1916〜2004）が、DNAの二重らせん構造を発見[6]して1953年にノーベル賞を受賞したのは、ずいぶん昔のことになってしまいましたね。でも、彼らの研究は大発見だったので、後世の研究者が数多くの研究分野をつくることができました。分子生物学という分野もその一つです。DNAは、アデニン（A）、チミン（T）、グアニン（G）、シトシン（C）という塩基と呼ばれる4種類の高分子が数珠のように長く並んで構成されていて、この塩基の並びによってアミノ酸が決まり、DNAを形成する塩基の配列の順番に従ってアミノ酸が並び、タンパク質がつくられています。遺伝子（gene）がタンパク質を構成するアミノ酸配列へと、生体内で「翻訳」されるのです。このときに巧妙なのは、三つの塩基配列が、それぞれのアミノ酸を決める点です。この三つの塩基配列はコドンと呼ばれますが、このコドンの中のある塩基が、別の塩基に入れ替わってしまうと、タンパク質が変わってしまい、表現型も変わります。

たとえば、アフリカに住むヒトのなかでよく見られる鎌状赤血球症は、ヘモグロビンの一つのアミノ酸が置換されることで表現型の変化が生じます。置換の仕方によっては、致死になってしまうものもありますが、致死にならない変化は、個体群と呼ばれる「ある地域に住む同種の個体の集団」の中に蓄積されていきます。生物の進化に関してダーウィンの、生存に有利な変異が自然選択されるという自然選択説が有名ですが、分子生物学の発展によって、分子レベルでの遺伝子の変化は大部分が有利でも不利でもなく中立な変異が偶然的要因である遺伝的浮動によって集団内に蓄積していることがわかりました。これを進化の主要な要因とみなすことができるという考えが、日本人の木村資生《もとお》（1924〜94）によって中立説として提唱されたのです。[7]

DNAの塩基配列の違いが、塩基という分子が確率的に置き換わることで集団の中で変化するのであれば、その変化の回数を比較することで、進化の系統樹を描けることになります。つまり、現存している種同士のDNAの配列の違い（あるいは、どれくらい似ているか）を調べることによって、それぞれの種がどれくらい近縁か否か、つまり遺伝的に近いか遠いかを知ることができるようになったのです。先に述べたように、これまでの系統樹研究では、身体全体や生殖器などの形態が異なること、つまり体の構造の特徴としての表現型を指標にして種を区別していましたが、「DNAに蓄積する変異は一定の割合で起こる」という知見に基づいて、生物種の間で遺伝子型に基づく種の系統分類を研究する分子系統学という分野が誕生したのです。生物間のDNAの分子的な違いを比較し、進化過程で分岐した年代を推定するので、分子時計ということもできます。この分子時計を利用すれば、枝が分かれた年代まで計算可能になったのです。

分子系統樹

広辞苑を開くと「合目的的」という単語の意味として、「一定の目的にかなっているさま」と記されています。この単語は、生物学では進化を論ずるときに用いられることが多いのです。「進化の結果として生存している生物は、目的にかなっている」という考え方です。進化に関しては、「適者生存」や「自然選択」という単語がH・スペンサー（1820～1903）やダーウィンによって生み出され、個体の生存闘争の結果として生き残ることによって進化してきたのだろうとか、個体それぞれに生まれつき定められている適応力によって生き残る力のある形質が進化してきたのではないかとか、人々は考えるようになったのです。これらの「適者生存」や「自然選択」という単語のように、概念を的確に表わす用語は、人類全体の思考体系を変えるほどの威力があります。スペンサーやダーウィンが生きていた時代には、個体の形質を決めているのは遺伝子であり、遺伝子が変化しなくては適応力が変わらないということさえ知られていなかったのに、彼らは深い洞察力をもって、自然と個体との関係による生物の進化を説明したのです。

その後、遺伝をつかさどる遺伝子という物質そのものの存在に気づき、その仕組みと重要性に気づいた現代の科学者たちは、進化の現象を環境にもっとも適した個体だけが生き残って繁殖し、あまり適していないものは遺伝子プールからはじき出されるなどといった表現を用いるようになりました。遺伝子プールとは、互いに繁殖可能な個体の自然集団である個体群がもつ遺伝子の総体のことをいいます。これは、「突然変異」と、個体群にかかる選択圧に直接影響を受けずに分子レベルで偶然変化した「遺伝子の遺伝的浮動」が進化の主要因であるという考え方で、前述のように、木村資生が「中立説」という理論として発表したことにより周知されたのです。

分子系統樹は、先に述べたようにその生物がもつ遺伝子配列を分析して、その配列が似ているか似ていないかを計算して系統樹とする方法です。系統樹を作成する方法には大きく分けて最大節約法と距離行列法があって、その距離行列法では最尤《さいゆう》法と近隣接合法が頻繁に利用されています。この難しそうな用語はともかく、前述のように、分子系統樹は、遺伝子のある部分に着目して、その遺伝子のDNA配列が似ているか似ていないかを計算しているのです。似ていると進化的に近縁で、似ていないと遠いことになります。ある種のある個体のすべての遺伝子を比べるのではなく、ミトコンドリアDNAや、ある特定のタンパク質を発現する遺伝子などを調べていることに注意する必要があります。形態の違いからつくられている系統樹は、形態を決めている遺伝子全体の発現を反映しているけれど、分子系統樹はある特定のタンパク質の距離からつくられています。

ワトソンとクリックが解明したDNAの二重らせん構造が、ほとんどの生物における遺伝子の特徴であり、その塩基配列にコードされる遺伝情報となっています。遺伝子型（genotype）とは、ある生物の個体がもつ遺伝物質の構成の全体のことをいうのですが、単一の遺伝子または遺伝子の集合を指すために使用されることもあるので、何に注目して記載されているのか、文脈から読み取るように注意することが必要です。また、遺伝子型がわかったからといって、表現型がわかったことにならないことにも注意しておいてください。同じ遺伝子型をもつすべての個体が同じように見えたり、同じように行動したりするわけではないのです。また逆に、外見が似ているすべての生物が必ずしも同じ遺伝子型をもっているわけでもないのです。

ヤマトタマムシの系統

前述の記載で、分子系統樹の概略を少し頭の中で整理していただけましたでしょうか？　話題を韓国と日本のヤマトタマムシに戻しましょう。タマムシの分子系統樹について考えてみます。先に述べたように、日本に生息しているヤマトタマムシそっくりのタマムシが２０１３年に韓国で発見され、そのタマムシには、*Chrysochroa coreana* という学名がつけられました。[3] くどいようですが、この韓国の *Chrysochroa coreana* は、ヤマトタマムシ *Chrysochroa fulgidissima* と外見では見分けがつきにくい種なのです。前述のように、外見が似ているすべての生物が必ずしも同じ遺伝子型をもっているわけではないのです。

Chrysochroa coreana という学名がつけられた論文が出た翌年の２０１４年には、日本、台湾、韓国に棲息するヤマトタマムシに外見が似ているタマムシの、細胞小器官[*3]のミトコンドリアに含まれるＤＮＡの塩基配列を比較した研究報告がされました。[4] この論文の著者らは、注意深く *Chrysochroa coreana* という学名は用いずに、*Chrysochroa fulgidissima* という学名のままとして、台湾と韓国と日本のヤマトタマムシの遺伝子型を比較しました。それぞれの地域ごとに塩基配列の違いがあり、台湾と韓国のタマムシが近く、日本のヤマトタマムシは分子系統樹の距離が離れていることが報告されました。また遺伝子が異なっているものの、台湾と韓国のタマムシの先祖と、日本のタマムシの先祖が一緒だったのだろうと推論しています。これは、もともと一つの種だったものが、海で隔てられることで、遺伝子の一部が変化した可能性を示唆しています。海による地理的な隔離が遺伝子が異なる理由だとしても、台湾も韓国も日本も海で隔てられているのに、遺伝的に近かったり遠かったりする理由が考えにくいですね。種小名を *coreana* として独立の種にすべきか、*fulgidissima* とするべきかまだまだ研究している段階のようです。この研究が深まっていき、いろいろなことがわかることを楽しみにしています。

このような研究ができるようになったのだから、日本と韓国（新羅）との交流によって、ヤマトタマムシ *Chrysochroa fulgidissima* が日本から韓国に運ばれていたのか、あるいは韓国では *C. coreana* が使われていたのかを、馬具についているタマムシの遺伝子分析をすれば解明できるかもしれませんね。日本と韓国の馬具の形がとても似ているということは、文化的交流があったことを示唆しているに違いありません。貴重な文化財を壊すわけにはいきませんが、分子遺伝学的解析によって、当時の気温などの環境や、似た形の種がどうして分かれたのかという視点からも、その解析は学問的意義がありそうです。タマムシを介して日韓共同で科学的解析をし、その歴史がもっともっと紐解かれて、今後の両国の平和と安定に寄与できるといいと思います。生物学と歴史学という学問の垣根を取っ払い、異分野が連携することができると、いろいろなことがわかるでしょう。

玉虫厨子や馬具にタマムシが装飾の材料とされていたのは、当時、高貴な方々の装飾に耐えるものだと考えられていたことを示しています。古墳時代とか飛鳥時代の人々もタマムシの翅は、美しいだけではなく、長い時間を経ても色が変わらないことを知っていたに違いないと思います。

なぜタマムシの鞘翅や身体や脚は、長い年月を経ても色が褪《あ》せないのでしょうか。なぜいつまでもほとんど同じ色で輝き続けているのでしょうか。

45m離れていてもヤマトタマムシが見える！

ヤマトタマムシが浜松医大の講義棟の横にある榎木の木の上を飛んでいることを知ってから、タマムシが気になってしかたありませんでした。気になり始めると、自分のオフィスのある8階からでも2階の屋根に相当する高さの木々の上をタマムシが飛翔していることを、チラチラと視認できるようになりました。

双眼鏡を使って、研究室のある8階の窓から見てみました。やはりチラチラと見えるものはタマムシでした。講義棟の屋上と研究室はビルの高さで20ｍほど離れています。榎木の木があるのは隣のビルの端っこですから、研究室のビルから水平距離で40ｍぐらい離れているので、直角三角形の辺の長さを計算すると、$\sqrt{(400+1600)}$ なので、8階の窓から講義棟の端っこまでおよそ45ｍは離れています。

単に、眼球のレンズの中央を光が通るという相似の比率で計算してみましょう。タマムシの体長を3㎝として考えると、直径を25㎜の眼球内部の焦点距離を17㎜として、タマムシが眼の中で結像する大きさは、3(cm)：45(m)＝x：17(mm) なので、単位を揃えて3：4500＝x：17000(μm) となり、およそ11μmの長さで網膜に投射されていることになります。ちなみに1μmは1㎜の1000分の1ですから、11μmは、0・011㎜です。

みなさんは、二点弁別（識別）の実験をされたことがあるでしょうか？ コンパスやディバイダーなどの尖った先っぽを、手や顔や、背中やお尻に軽く押し当てて、1点と感じるか2点と感じるかの実験です。尖った先っぽを感じるためには、皮膚にある感覚受容細胞（感覚細胞）が必要です。感覚細胞の密度が高いほうが、二点弁別能の感度が高くなります。お尻や背中に比べて、手や顔などのほうが感覚細胞の密度が高いので、手や顔の二点弁別能が高いのです。この二点弁別能には、刺激を受ける感覚細胞が、少なくとも1個の刺激を受けない感覚細胞を挟んで隣り合っていることが必要です。この1個以上の感覚細胞が興奮しないことで、2点を弁別できるのです。光を受容する視細胞でも同じで、空間を2点に弁別するためには少なくとも三つの視細胞が必要になります。

　ヒトの眼球の中に含まれる光を受容する細胞である視細胞には、2種類あります。錐体《すいたい》視細胞と桿体《かんたい》視細胞です。カメラのフィルムや、デジカメのCCD素子は、一様に存在していますが、視細胞の分布には偏りがあります。中心窩《か》と呼ばれる黄斑《おうはん》の中央あたりにある少しくぼんだ場所には錐体視細胞が高密に、その周辺には桿体視細胞が比較的まばらに存在しています。[*4] 錐体視細胞は、明るい環境で色（波長）を区別するのに不可欠で、桿体視細胞は薄暗いところでも機能できるだけでなく物が突然飛び出してきたことにも対応できます。ヒトがタマムシを見るときは中心窩にある錐体視細胞を使っているのですが、その錐体視細胞同士の間の距離はおよそ2μmです。錐体視細胞が2μmの距離で隣り合っているので、ここで視細胞が二点弁別可能になるためには三つの視細胞が並ぶ約4μmの距離に2点が離れた像が結ばれていることが必要です。ちなみに、視力1・0とは、ランドルト環などの2点を識別できる角度が1分（60分の1度）と定義されているので、網膜上では約5μmです。[8] 前述の計算では、45mほど離れた体長3cmのタマムシが網膜に写る長さが11μmになったので、研究室の8階からヤマトタマムシを見ることができたのは、矛盾しません。

　でも、その距離からだと、緑色の葉っぱのところに止まっているタマムシは「もしかしたらあれかもしれないな」という程度の輝きをときどき見ることができはしたのですが、確信をもって「あれがタマムシだ」と木の葉の背景から見分けることはできませんでした。角度によっては、葉がそれなりに強く反射することもあるし、風が吹くとその葉がピカピカすることもあるので、タマムシがピカピカしているだけでは背景の木の葉などと区別できません。でも、飛翔しているタマムシは、確実に見分けることができました。輝くタマムシが背景の緑の葉の上を飛翔することを遠く離れても感じられることがわかりました。

飛翔しているタマムシを葉などの背景と区別できるということは、タマムシが背景とは異なった視覚的特徴をもっているということですよね。なぜタマムシの鞘翅はあんなに輝いて目立つのでしょうか……。

昆虫のクチクラ

タマムシの身体はクチクラで覆われています。タマムシだけでなくすべての昆虫のクチクラは、クチクラ直下の表皮を構成している表皮細胞が、その細胞の外側に高分子を分泌することで形成されています。昆虫にとってクチクラは外骨格と呼ばれるように筋肉の丈夫な付着点として機能するだけでなく、鞘翅はもちろんほかの部分のクチクラも内部を保護するために役立っています。そんな硬いクチクラはどんな構造をしているのでしょう。

昆虫学の本を開いてみると、昆虫のクチクラは外側のエピクチクラ（epicuticle）と、エクソクチクラ（exocuticle）およびエンドクチクラ（endocuticle）に分けられていると書かれています[9, *5]（図2－2）。このエクソクチクラとエンドクチクラのもとである原クチクラ（procuticle）は、タンパク質とキチンからなる糖タンパクで、原クチクラの外側が硬化してエクソクチクラとなり、硬化が完全でない部分がエンドクチクラです。完全変態昆虫では、蛹から成虫になる際に、脱皮を伴う劇的

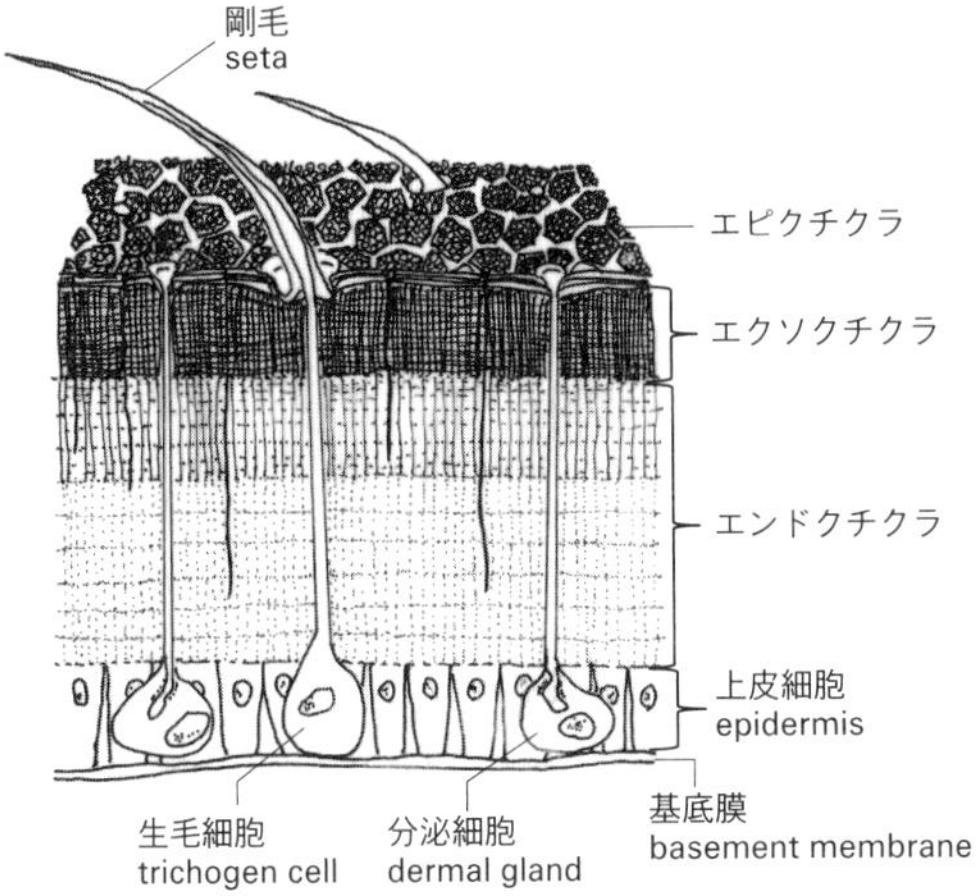

図2－2　昆虫のクチクラ

な形態変化が起こります。新しい表皮にはチロシンなどに由来するポリフェノールが含まれ、これが酵素により酸化されキノンとなります。キノンが、新しく脱皮によって生じたタンパク質にはたらいて表皮を硬化させるのです。この過程はキノンタンニング（quinone-tanning）と呼ばれています。[10] クチクラを構成しているタンパク質に叉状《さじょう》結合（cross linkages）を起こし、より強固に安定な構造を形成するのです。キノンタンニングとともにキノンメサイド（quinone methide sclerotization）の機構も考えられています。[11] 両者ともにタンパク質の叉状結合による硬化現象ですが、その反応過程の違いによって前者では褐色の着色が起こり、後者では着色は起こりません。体のそれぞれの場所で、何らかのコントロールを受けることによって、透明で曲率のある複眼のレンズを形成したり、複雑な形の脚を形成したりしているのでしょうが、その詳細に関しては、まだ研究が続けられています。

クチクラの形成に関する文献を調べてみて、クチクラが固くなることに関して研究されていることがわかりましたが、なんでクチクラを形成している炭素、水素、酸素、窒素などからなる分子があることで、タマムシの身体には長い間変化しにくい色がついているのでしょう？　これらの元素のことを軽元素というらいい方をします。軽元素とは、文字どおり原子量の小さな元素のことです。生物がもつこの軽元素を、CHOPiNといったりもします。Cは炭素、Hは水素、Oは酸素、Pはリン（燐）、Nは窒素、iはちょっと無理矢理ですがナトリウムイオン、マグネシウムイオン、カルシウムイオン、カリウムイオンなどの生物に不可欠な水に溶けている電解質を指します。ポーランド出身のピアノの詩人といわれるF・ショパン（Fryderyka Chopin、１８１０～49）になぞらえた表現です。「生物は軽元素のショパンでできている」なんていうと、ちょっとオシャレでしょ。

タマムシの翅の構造を観てみよう

ヤマトタマムシの鞘翅の表（口絵②A）と裏（口絵②B）と、羽ばたかせて飛ぶときに使う後翅と体（口絵②C）を、少しだけ注意して見てみましょう。鞘翅の表側は全体の緑の色の真ん中あたりに濃い赤色のストライプが走っていて、緑の部分も赤の部分も強い反射を示します。裏側は、表側の緑に比べてずっと淡いとはいえ、緑色の反射が全体に見え、赤いストライプは見えません。上から白色光を当てるとこんな感じですが、下から明るい白色光を当ててみると、全体が赤っぽく見えます。

昆虫の仲間なので、頭部と胸部と腹部に大きく分けることができます。横から写真を撮ると、頭部は大きな複眼で覆われているのがわかります。胸部は背中側のほうが腹側よりも狭いですね。胸部の腹側からは脚が6本出ています。鞘翅がたたまれたときには、腹部翼受（口絵②C）にぴったりとはまり、柔らかい後翅や腹部の背中側が機械的に守られます。

それにしても、虫眼鏡より少々倍率の高い程度の、試料をそのまま観察できる実体顕微鏡で覗いた鞘翅の表面も綺麗ですね（口絵③）。

ヤマトタマムシの赤や緑の部分には色素があるのか――作業仮説の立て方

タマムシが綺麗だなと「感じ」ることはとても大切な第一歩なのですが、ただ眺めているだけでは科学的な観察にはなりません。タマムシをただ眺めている状態から、「観察すること」に変わるのは、綺麗だな、宝石のようだなという「感じ」に導かれ、いろいろな方向から眺め、手にとってみたり鼻を近づけてみたり、絵に描いたりしたときです。これが第1段階の始まりです。タマムシの絵を描いてみると、輝きをどのように表現したらと苦心することになり、絵の具では簡単に表現できない色とは何かを考えることができます。ですので、スケッチすることは生物学研究のはじめの一歩です。同時にタマムシの印象を文章にすると、感じていたことをまとめることができ、自分の疑問を明解にすることができます。これらのスケッチをしたり文字を起こしたりする作業をとおして、なんとなく自分の頭の中で考えていたことを人に説明できるようになります。「感じ」ることがきっかけで、スケッチしたり文章にしたりすることが、一番はじめの大切なデータ取りなのです。この「感じ（感覚）」に基づくデータを、自分に納得のいく形に仕上げて、他人に伝えやすくまとめると、芸術になるのだと思います。科学の場合は、その過程のあとに、「なぜタマムシは綺麗なんだろう。どうして綺麗になったのだろう。なんのために綺麗なのだろう」などとその理由を考え始めます。芸術も科学も、人間が内的にもつことができた「感じ」を、どの段階でどのようにまとめるかの違いに過ぎないのかもしれません。そう考えると、「最後の晩餐」や「モナ・リザ」などな ど不朽の名作を残したレオナルド・ダ・ヴィンチ（Leonardo da Vinci、1452〜1519）が、画家や彫刻家などと呼ばれる芸術家であると同時に、解剖学、光学、植物学、化学、地質学、人相学、そして工学などの詳細な科学や開発を実施したことは、「感じた」ことをいろいろな表現で描くことのできた一人の人間として当たり前のように思え、芸術家と科学者を区別することは可笑しなことかもしれないと思えるのです。

どうも日本では、人間を枠にはめすぎていて、「プロとは、与えられたその社会的職業で日々の糧を得る者」と考えてしまっているのではないでしょうか？　四字熟語の「一所懸命」という用語は、中世日本で侍が主君から賜った1カ所の領地を、命を賭けて守ったという意味らしいです。農民で考えれば1カ所の土地を懸命に耕し、商人で考えれば一つの仕事に懸命に打ち込むということになりますね。「一所」という枠に自分をはめて日常生活を送り、「糧」を得て生き残るだけのほうが自分で考えて生きるよりも楽です。一方で、為政者が社会を、資本主の社長が会社を安定化させるために、各個人をプロにしたてて朝から晩まで専門分野に注力するように働かせている現実もあります。それ以外のことをやらせないほうが人々を制御しやすいからでしょうか？　でも、現代人もレオナルドと同じ人間なので、多様な表現をできる素質をしっかりともっているはずです。何かを効率よく学ぶには自分を枠にはめてしまうのがいいかもしれませんが、ある程度学ぶことができたら、枠から外れるのもよいかもしれません。大切なのは「感じる」ことが最初で、自分の心の中を整理するためにスケッチしたり文章化したりしてデータとしてとらえる第1段階を経たうえで、その作業で具体化した感性をどのように他人に伝えるかの方法を選んで表現することなのでしょう。

私は、この「なぜ、綺麗なんだろう」と考え始める段階が、芸術にとっても科学にとっても、きわめて大切な時間だと思っています。これを人が自然に対峙する第2段階としておきましょう。「自然現象は、そのようにあって当たり前、あるがままのことは考えても仕方ない」と思っている日々から、「自然って美しいな」、「なぜ、こんなふうにできているのだろう」、「この複雑な形にどんな意味があるのだろう」などなど、〝自然の美〟に深く入っていける瞬間を迎えることになるからです。

タマムシが綺麗なのは、色素があるためなのか、ワックスなどによる表面の反射が色素の色を強調しているのか。タマムシが綺麗なのは、種内の個体間の信号として役立つのか、あるいは餌になりにくいように、蜂たちがもっている黄色と黒の縞模様のような警告色としてはたらいているのか……などなどの、「なぜ」という疑問を抱くことが科学の第2段階。タマムシが綺麗なのは、人の心をどのように動かし外界をどのように表現すればよいかを考え、あるいは直感するのが芸術の第2段階。

第1段階では、スケッチしたり文章化したりするという作業がありましたが、第2段階としては「疑問」を膨らませながら、より具体的な「作業」もします。タマムシが綺麗な理由を、タマムシの身体を触りながら考えるのです。時には研究対象をバラバラにすることもありです。タマムシの構造について調べていくのですが、どちらかというとタマムシにお近づきになり、タマムシを体感する時間だと思います。色素が飛び出しやすい植物なんかだと、バラバラにしている過程で手に色素がついて、次の研究のヒントになりますが、タマムシなどの昆虫の場合は、バラバラにしたりつぶしたりしても、滅多に手に色素がつくことはありません。せいぜい、体液がたくさんつくと、少し時間が経ってから指が少し変色する程度です。

第2段階の作業の、研究対象にお近づきになる過程でいろんなことを考えます。標本にしたトンボなどの多くの昆虫は時間が経つと色が変わってしまうので、紫外線や酸素などの影響を受けやすい色素としての化学物質が体表面にあるはず……なのですが。じゃあ、タマムシのクチクラの表面を少し削ってみれば色が出てくるかな。クチクラを厚めに縦に切り出して見れば、色がついて見えるはずだ。ちょうどタマムシは鞘翅の赤っぽく見えるところと、緑っぽく見えるところがあるし、腹側は金色にも見えるので、それぞれ削れば色が見えるはずだ……。肉眼だけでタマムシを見ながら触っているだけでなく、手元に虫眼鏡（ルーペ）か実体顕微鏡などがあれば、少し拡大しながらタマムシを見ることができます。この作業をとおして、いっそう疑問が深まることになります。それが大事なステップです。なぜなら第1段階でつくり上げた〝自然の美〟の不思議に、よりいっそう深く入っていくことができるからです。科学の研究につくり上げていくには、このあたりで第3段階として「作業仮説」をつくります。「作業仮説」は、新しい研究推進の手段として用いられる「仮」の命題です[*6]。命題なので、実験などの作業で、真か偽かの決着をつけることのできる説をつくることになります。ここでは、「タマムシの翅の色は、色素によるものである」という仮説を立ててみましょう。

疑問が深まり、仮説もつくったところで、ようやく第4段階として、実験室にあるような道具を駆使して、バラバラにしたタマムシの細部の構造や、物質の同定などの疑問の解明を開始します。第3段階でつくった「タマムシの翅の色は、色素によるものである」という仮説を簡単な実験で検証できなかったので、それらのバラバラにしたもののデータを集めて、はじめの疑問だった「宝石」に見える理由を、論理的に考えて、科学者同士で議論を開始します。一人っきりの場合は、他者との議論の代わりにノートに記載して考えを深めます。「宝石」のように見える理由を、いろんな方面から思考するのです。自然を相手にする科学者の場合、この段階で関連論文などを集めて読みあさったりすることもあります。でも、関連論文で知識を得ることは必須ではありません。一番大切なのは、自分がそれまで経験を積んだ方法で考えることです。他人が考えていたことを正解とするのは、自然を理解しようとする科学者がもっともやってはいけないことです。

なぜかって？　他人が考えていたことを正解とするのは、暗黒時代を生み出すからです。暗黒時代の議論は、第11章に先送りすることにして、ここではタマムシの色の話を続けましょう。

色素がみつからない

この本の読者の方々は、料理をされる方が多いのではないでしょうか？　料理は、とても身近な生物学実験です。料理から「タマムシの翅の色は、色素によるものである」という仮説の、色素の色についてヒントが得られます。ほうれん草を茹《ゆ》でると、茹で汁が緑色に染まります。野菜を切っていると白いまな板が緑色になることがあります。色素の一つの葉緑素が出てきたためです。肉を加熱調理すると、赤から褐色に変わりますが、これは色素タンパク質に含まれる鉄が加熱されることによって生じる色の変化がおもな原因とされています。日常生活のなかに、色素はたくさんあります。食物連鎖を思い出せば当たり前のことですが、動物の色素は、動物が摂取した餌をもとに体内で合成するものと、摂取した食べ物の植物に含まれていた色素に由来するものがあるので、動物の色素の種類のほうが植物のそれより多いことになります。植物は、カロチノイドやフラボノイド、動物はメラニン、オモクローム、プレリジン系色素などがあると動物の色素の教科書に書かれている（第5章参照）ので、ヤマトタマムシの鞘翅などの色の起源は、文献的にも「タマムシの翅の色は、色素によるものである」という仮説を支持しているようです。たぶんヤマトタマムシのクチクラか、クチクラの下に色素が含まれているに違いないだろうと想像できます。

仮説を検証するための、簡単な実験をしてみました。ヤマトタマムシの鞘翅のクチクラの表面を先の尖ったピンセットで削ってみたのです（口絵④Aの青矢印）。そこに色素があるかどうかを探るもっともシンプルな方法です。削ったときに、削る前と同じ色がついていれば、そこに色素があることの証拠になりそうです。緑色のところを削ってみても、赤色のところを削ってみても、削りカスは薄褐色になりました（口絵④A白矢印）。削ったあとも褐色に見えます（口絵④A青矢印）。この実験結果は、「鞘翅の中に緑や赤の色素が入っているのではない」ということを示唆したことになってしまいました。作業仮説が反証[*7]されたと考えるべきかもしれません。

でも、文献からも昆虫の色は色素が起源であるということが書かれているので、簡単に仮説を捨てるのは危険かもしれないし、ほかに適当な仮説も思いつきません。自分の身体の垢《あか》すりをしているとき、垢が白く見えたり、黒く見えたりすることがあります。色素の量がとても少なかったから、タマムシの翅の削りカスが白っぽくなってしまったのではないかなあ、まだ「タマムシの翅の色は、色素によるものである」という仮説は捨てきれないなあと思いました。カスの表面の凸凹のところでの反射が多いと、照明光のスペクトルのほとんどが反射されて目に入ってしまうからです。

次に研究室の道具を使った第3段階の実験として、鞘翅を背腹軸で（上側から下に向かって）、5μmぐらいの厚さで切り出して、切片にしてもらいました。研究室の山濱由美さんは、日本のトップクラスの形態学者です。透過型電子顕微鏡用に70nmぐらいの超薄切片を切ることは難しい作業ですが、その逆に厚い切片をチャタリング*8なしに均一に切り出すのも難しいのです。ところが、山濱由美さんの手にかかると、薄くても厚くても見事にどちらも観察可能なのです。タマムシの鞘翅の濃い緑や赤色が色素によるものだったら、5μmもあればある程度の色が見えるはずです。ところが、背側と腹側が、鞘翅の中心に比べて、少しだけ淡い褐色に見えただけでした（口絵④B）。切片を光学顕微鏡で観察して色の有無を判定した結果だけだと心配なので、透過光スペクトルを測定してみました。青や赤の色素による吸収は見られませんでした。やっぱり、赤や緑の色素はないようです。口絵④Bは、表面に近いところだけ褐色でその他の場所はほとんど透明です。色素がないのに、色がついて見えるってどういうことなのか、次の章では、その証拠をもう少し掘り下げてみましょう。

第3章

タマムシの輝きの秘密

電子顕微鏡の助けを借りる

生物の形態を詳細に観察することは多くの研究分野で欠かすことができません。視覚性動物の人間にとって対象を観ることは、理解に直接つながりやすいからです。形をじっと見つめ観察することは、科学の基本なのです。目で見て理解するためには、まずは自分の裸眼を用いて対象物をしっかり見つめます。その次には、虫眼鏡など手近な道具を使って少し拡大して見る。その次にするのは、顕微鏡などの道具を駆使して、必要なだけ拡大して見てみることです。もちろん、遠くのものを見るときには双眼鏡や望遠鏡が活躍します。そして、第2章で述べたように、観察したものをスケッチしたり、文章で表現したりすることを同時にすると、頭が整理されます。いまの時代、写真もとても役に立ちますが、頭の整理には、どうしても自らの手を動かす必要があります。

生理学者として教育を受けてきた私にとっても、生物の中の変化としての神経の電気現象や、生物の内的変化の結果としての行動変容なんかを日常的に記録していましたが、生物の形態を知ることは生物の内的変化を理解するうえで欠かすことができませんでした。虫眼鏡や実体顕微鏡は、生物そのものの形を数十倍に大きくして見ることができます。光学顕微鏡は、数百倍ぐらいは結構しっかり見ることができ、頑張れば１０００倍程度まで見ることができます。１０００倍というのは、１μmぐらいの大きさの物が点として見える程度です。１μmぐらいの大きさというと大腸菌などのバクテリア（原核生物）などのサイズですね。それがようやく点として見えるのです。１００nmぐらいのウィルスは光学顕微鏡では見えません[*1]。

　光学顕微鏡が17世紀に発明されました。A・レーベンフック（１６３２～１７２３）やR・フック（１６３５～１７０３）などの名前を聞いた方も多いのではないでしょうか。この二人は、光学顕微鏡の黎明期に、それぞれ手づくりの顕微鏡を用いて、たくさんのものを観察されました。オランダの商人でもあったレーベンフックは微生物の観察を報告し、バネの伸びと弾性限度以下の荷重は正比例するという弾性の法則でも有名な物理学者のフックは、コルクの切片をつくりその一つひとつの細胞壁で囲まれた空間にcell（分割された小部屋）という名前をつけました。その後、M・シュライデン（１８０４～81）とT・シュワン（１８１０～82）が、それぞれ植物と動物が、細胞の集まりからなっているという細胞説（cell theory）を唱え、生物学の根本的原理を明らかにしたのです。植物の細胞説が１８３８年に、動物に関しては翌年の１８３９年に提唱されました。乾燥して空気を含んでいたコルクの細胞壁が示す構造にフックが命名したcellという用語が、細胞という生命の単位の名称であるということになったのです。ちなみにcellを「細胞」と造語・命名したのは宇田川榕菴《ようあん》（１７９８～１８４６）とされています[1]。シュライデンとシュワンが細胞説で用いた「cell」と、榕菴が造語をした「細胞」が同じものなのか、そして細胞説がそのときに国内に伝わっていたか、現在中国語で用いられている「細胞」は榕菴の造語を用いているのかなど不明なところもありますが、ほぼ同じ時代に科学的基礎知識としての「細胞」という用語が日本国内で用いられていたことは素晴らしいことだと思います。*2

現代の光学顕微鏡は、おもに対物レンズと接眼レンズ、鏡筒、ステージ、照明装置（あるいは反射鏡）で構成されています。ステージの上に観察対象物を置き、対物レンズで拡大します。焦点を合わせて、接眼レンズの中を覗くと、対物レンズと接眼レンズで拡大された像を観ることができます。倍率を上げたければ、それぞれのレンズの倍率を上げればいいのですが、倍率を上げて観察に耐える限界があるのです。顕微鏡で重要な性能が「分解能（解像度）」だからです。分解能は二つの点を分離できる能力を指し、2点間が分離して見えるもっとも短い距離のことです。第2章でお話した「二点弁別」の考え方と似ていて、測定対象となる信号をどの程度細かく検出できるかを示す能力のことです。光学顕微鏡では、観察のために可視光線（400〜700nm）を用いるために、分解能は約200nmが理論上の限界です。200nmほどの距離に2点があると、光の波の性質のために、1点なのか2点なのか区別できなくなってしまうのです。実際には、レンズの収差や径などの影響を受けるので、光学顕微鏡で理論上の限界まで倍率を上げていくとボケボケのボヤッとしたものしか見えなくなります。前述のように、バクテリアのサイズが安定して見える程度です。それ以上の分解能を必要とする場合は、100年ほど前に開発され改良を続けてきた電子顕微鏡の利用を検討しなくてはなりません。

1931年のM・クノール（1897〜1969）とE・ルスカ（1906〜88）による電子顕

微鏡の発明によって、光学顕微鏡の限界を超えた高い解像度での観察が可能となりました。光の波長の約半分に制限される光学顕微鏡の最大分解能と比較して、電子顕微鏡では加速電子を用いるので分解能が1nm程度と光学顕微鏡に比べて1000倍ほど高くなり、高倍にしても細部まで観察が可能となりました。ルスカは、1938年にシーメンス株式会社において世界で最初の商用電子顕微鏡を製造し、1986年にノーベル物理学賞を受賞しました。この電子顕微鏡は、透過型電子顕微鏡と走査型電子顕微鏡の二つに大きく分けることができます（くわしくは第10章参照）。

話をタマムシに戻しましょう。光学顕微鏡で観察した結果（口絵④B）のように、色素があれば色がついて見えるはずの厚みの切片を観察しても、褐色に見えるだけでした。緑の色素はない。色素がないのに、色がついて見える仕組みについて、透過型電子顕微鏡を使って、ヤマトタマムシの鞘翅の構造を観察してみたら、削っても色が出てこないのに色がついて見える理由の何かがわかるかもしれないと思いました。

ヤマトタマムシ体表面の微細構造観察準備

透過型電子顕微鏡で生物試料を観察するには、数多くの面倒な工程を経なくてはなりません。タマムシの身体から剝離した鞘翅を、一次固定液〔0・1M[*3]のカコジル酸緩衝液（pH7・2）に2%パラフォルムアルデヒド・2%グルタールアルデヒドを溶解したもの〕に浸けて、カミソリ刃で細かく切ったのち2〜6時間ほど4℃の冷蔵庫に入れます。一次固定液の中で細かく切るのは、空中で切ると形態が壊れやすいので液体の中で優しく切り出すことが必要だからです。そのまま固定液を鞘翅に染みこませます。その後、０・１Mカコジル酸緩衝液で一次固定液を洗い流したのち、1％オスミウム酸溶液中に入れ常温で2時間放置し、オスミウム酸による固定を行ないます。オスミウム酸は優れた固定剤ですが、単独で用いると固定作用が強すぎることもあり、アクチンフィラメント[*4]などが消失するなど、固定による構造変化の可能性があるので気を遣う必要があります。一方、パラフォルムアルデヒドとグルタールアルデヒドを混ぜた一次固定液は酵素活性や抗原性を残しながら多くの構造を保存する優れた固定剤なのですが、オスミウム酸に比べ固定効果は弱く、一次固定液単独で用いると脱水過程で多くの構造が失われてしまうこともあるのです。これら二つの固定剤の長所を生かすため脱水前の二重固定が一般的となり、私たちもその方法を用いています。もちろん、両方の固定液の利点と欠点に注意しながら観察しています。もしかしたら、それぞれの固定液がもつ欠点が、生物が本来もっている情報を消失させてしまっているかもしれませんからね。

固定した鞘翅を、今度は薄く切り出します。光学顕微鏡だとパラフィンを組織の中に入れて鋭いナイフで切り出すのですが、電子顕微鏡ではそれでは厚過ぎて観察できません。そのためプラスチックを組織の中に入れて、プラスチックを固めて薄く切り出したいのですが、鞘翅に水が入った状態だとプラスチックが入っていきません。そのため、まず固定した標本をアルコールに浸けて水を除きます。濃度の高いアルコールに急に浸けると変形する可能性が高いので、アルコール濃度を50％から１００％まで徐々に上昇させて脱水処理し[*5]、プラスチック溶液と混ざりやすい有機化合物溶剤の１００％プロピレンオキサイドに置換します。プラスチック溶液として、アラルダイト・レジン溶液を作成し、この溶液の浸透をよくするためにプロピレンオキサイドで薄めた低濃度の溶液から徐々に濃度を上昇させて、最終的に１００％アラルダイト・レジン溶液に置換し、２日間60℃のインキュベーターの中に置き、熱で重合処理させ鞘翅をプラスチックの中に包埋しました。刃先の鋭利なガラスナイフあるいはダイアモンドナイフで、プラスチックの中にある鞘翅を１００nmほどの厚さの切片にするのです。

台所にある食品用ラップフィルムはだいたい10µmぐらいあるのですが、透過型電子顕微鏡用の切片は食品用ラップフィルムの１００分の１のおよそ１００nmしか厚さがありません。ちなみにヒトに青く見える光の波長は４００nmなので、光の波長よりも薄いものです。切片は上辺と下辺を平行にした台形に切り出します。切り出すためのナイフに、プラスチックが当たるときより離れるときに力がかからないほうが、スムーズに切れることが多いからです。切片の下辺の長さは１㎜以下で、厚さ１００nmほどしかない大きさのものを、平らなまま電子顕微鏡の観察をする試料室までもっていかなければなりません。ピンセットなどでつまむことなどとてもできません。どうするかって？ナイフの刃をビニールテープなどで囲んで水を入れ、刃先ギリギリまで水を満たします。その水を張る場所を「舟」といったりもします。ガラスナイフもダイアモンドナイフも水に濡れやすい素材なので、表面（界面）張力によって水の表面は凹状の曲面にすることができます。その水とナイフの性質を利用して、舟の水の高さを適した位置にすると、切り出した切片は、水の表面張力によって広がったまま水面に浮いてくれます。その切片を、小さなメッシュ（直径５㎜程度の、銅やモリブデンなどの金属でできた網）ですくいます。つまりメッシュをピンセットでつまみ、金魚すくいのイメージでメッシュの上に切片を乗せるという方法を用いるのです。この超薄い切片を乾かしてから、鉛とウランという重金属で染色して透過型電子顕微鏡で観察します。透過型電子顕微鏡は、電子線を重金属で染色した試料に当てて、透過してきた電子の量の違いを、映像のコントラストとして観察することで切片の姿を見ることができるのです。切片が厚いと、電子線が通りにくくなって暗い像になるだけでなく、厚みの中にいろいろなものが含まれてしまって像がぼやけてしまうから、100nmほどの超薄切片にしなくてはならないのです。

この2ページ分ほどの記載を、想像しながら読むだけでも面倒になるでしょう? 実際、とっても手間のかかる作業なのです。固定処理で1日、脱水処理で1日、アラルダイト・レジンの重合を待つのに2日間、超薄切片作成と重金属での染色を合わせて1日かかります。ようやく電子顕微鏡観察して、データになるまでほぼ1週間がかりですね。その時間がかかる作業や、煩雑な手順、さらには熟練を要する切片作成や電子顕微鏡操作を覚えるのがとても面倒です。ところが、先に紹介した山濱さんは、いとも簡単に作業を進め観察してしまうのです。

先に透過型電子顕微鏡の手順のところで述べたように、プラスチックの中に包埋した鞘翅や後翅を、70～100nmほどの厚さに、ガラスナイフやダイアモンドナイフで切り出します。超薄切片の反射光が、灰色か銀色だったら70nm程度かそれ以下です。ちょっと厚く100nmぐらいに切れると金色に光って見えます。作業中に自分の息がかかったりすると、その息の熱で試料を含んだプラスチックが膨張して虹色の切片が切り出されることがあります。そのときは、200nm以上の厚みになっています。

透過型電子顕微鏡用に切り出した超薄切片の中に、観察したい生物の組織が入っているとはいえ、ほとんど均一の灰色か銀色、あるいは金色に見えます。切り出すためにプラスチックの中に組織を包埋しているので、切り出した切片のほとんどの物質はプラスチックです。プラスチックの厚さの違い（厚み）によって、色の見え方が違っているということですね。プラスチックには色素が入っていないのに色がついて見えるのです。

光は波の性質をもっている

光は、音と同じように波であり、振動するという性質をもっています。音の波や振動が目に見えないので、まずは海や池の波をイメージしてください。物理学の面白いところは、波の現象を引き起こす媒質[*6]などが、水（海や池）でも、空気（音）、真空中でも同じように考えることで、同じような考え方で説明できてしまうところにあると思います。

上手なサーファーは、大波を相手にできますが、初心者のサーファーは小さな波で遊びます。それぞれの波は、高さも違うし、波の山と山の距離も違うことが、海を眺めているとわかりますね。よく見ていると、波の山が上がったり下がったりする振動にも違いがあることが見えてきます。波には、波の進むスピードと、山と山の距離と、その振動の数の三つの特徴があることが、海を眺めていると見えてきました。

目で見えない音は、媒質である空気の中を、海の波と同じように伝わってきます。弦楽器のバイオリンは、4本の弦をもっていて、それぞれ太さが違います。細いほうが高音で、太いほうが低音を響かせます。これは弓で弦を弾いたときに、弦の振動を引き起こし、振動数が変わるからです。

高音のほうが高い振動数で、低音のほうが低い振動数です。音の重低音は身体の振動として感じ、低音から高音までは耳で受けとめ内耳の聴覚細胞で受容できます。超音波はこの帯域を利用できるコウモリなどは感じることができるのですが、ヒトは感じることができません。

光も、音が低音から高音まで波長によって異なって感じるのと同じように、「赤・橙・黄・緑・青・藍・紫」などと波長による違いが起こります。紫色や青色のほうが振動数が高く、赤色のほうが振動数が低いのです。青色よりも短波長側、つまり紫の外側の紫外線は、ヒトには見えない波長帯域ですが、ヒトを含む霊長類以外の動物では紫外線領域を受容できるものがとても多いことに注意してください。

紫外線よりもっと振動数が高い波はX線で、それより高い波はγ《ガンマ》線と呼ばれます。これらの波長の短いX線やγ線を動物は見ることはできません。X線やγ線は、物質を透過することができるため、医療や工業で身体や構造物を破壊しないで内部を観察するのに用いられています。一方、赤よりも振動数が低い波は赤外線で、続いて遠赤外線、マイクロ波となります。そして、マイクロ波よりも振動数が低いものを電波と呼びます。電波はラジオを聞くときなどに使われています。最近はラジオもインターネット配信されるようになって、ラジオの音を、電波を通して明瞭に聞く工夫はほとんど必要なくなってしまいました。でも、街を歩いていると、とても大きなアンテナを立てている家を見ることが、ときどきあります。屋根より高い鉄塔の上に、長い金属の棒が横に広がっていたり、ロープのような金属が張られていたりします。この長い金属の棒や金属のロープなどが、低い振動数の電波をキャッチしているのです。立派なアンテナを見ると、電波を使って無線通信を楽しんでいる方がその家にいらっしゃることがわかります。

じつは、γ線から電波まで、光も含めてすべて電磁波と呼ばれる同じ性質をもったものなのです。波は、波の速度（v）と、振動数（ν《ニュー》）と、波長（λ《ラムダ》）の間で、$v = \nu \times \lambda$の関係がなりたっています。海の波でも、音の波でも、光でも一緒です。振動数と波長とは、反比例の関係です。光を含めた電磁波は、波の速度（v）は、光速になるのでそれをcとすると、$c = \nu \times \lambda$となります。真空中における光速の値は、約30万km／sで、物質中では真空中よりも光速が遅くなります。屈折という現象が起きるのは、光が通る媒質によって光速が異なるためです。そこで光が真空から物質に入射するときの、その界面における屈折率を絶対屈折率（absolute refractive index）と定義すると、その屈折率は真空中の光速をその物質中の光速で割った値となります。ちなみに真空ではなく、空気からガラスなどへの二つの物質の界面で屈折するときの屈折率は、相対屈折率（relative refractive index）といいます。

難しそうな記載になってすみません。電磁波は目に見えないのでイメージしにくいですね。この記載に懲りずに続けて読んでいっていただければ、もう少しイメージがわくようになると思います。

ニュートンの発見

光の話に戻しましょう。さきほど虹の色を表現するために使った「赤・橙・黄・緑・青・藍・紫」を、波長（λ）で表現すれば、赤いほうが波の山と山の距離（波長）が長い「長波長」であり、藍や紫は波長が短い「短波長」ということになります。前述のように屈折率は物質によって決まる

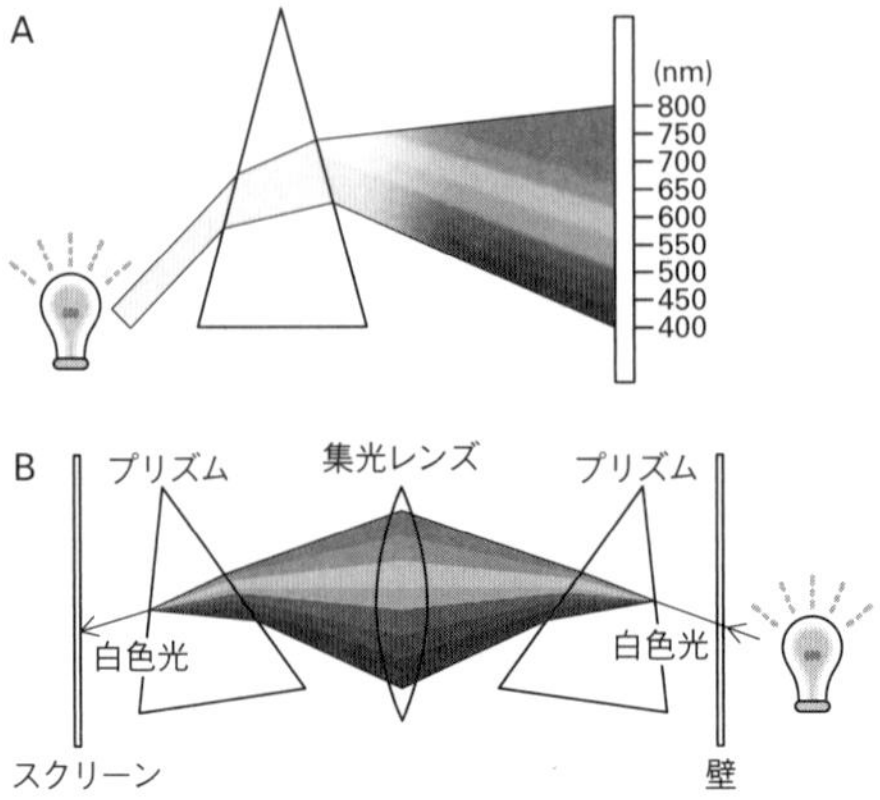

図3－1　白色光の分散

ことをお話しましたが、光の波長によっても屈折率は変わります。通常は長波長の赤い光よりも、波長の短い青や紫の光に対してのほうが、屈折率は大きくなるのです。その結果、侵入してきた光の進行方向は、波長によって違うことになります。これが「光の分散」です。この分散は、入射したさまざまな波長を含んだ白色光が波長ごとに別々に分離される現象であるということもできます。太陽光などの白色光がプリズムを通過すると、分散されていろいろな可視光が見える現象です（図3－1）。この現象を見事に記載したのは、I・ニュートン（1642～1727）です。リンゴの木から実が落ちることを見て、万有引力を発見したとされるニュートンは、光の研究でも大きな業績を残しました。この章の冒頭で述べた、cellの名づけ親になったフックとほぼ同じ時代に生きていました。[2] ニュートンが行なったとされる有名な実験は、プリズムを用いたものです（図3－1A）。プリズムは、三角柱の形状をしたものが一般的で、ガラスや水晶などでつくられています。ガラスや水晶などの材質の屈折率によって、光の波長ごとに光が曲がる角度が異なることを利用して、プリズムから出る光の方向を波長によって変えることができます（図3－1A）。太陽光をプリズムに入射させると、太陽光は別々の色（光のスペクトル）に分かれ、その分かれた光をまたプリズムに入れると、もとの太陽光に戻るというものです（図3－1B）。1704年に出版された『オプティクス』という本に書かれているそうです。この実験を彼が実際に人前で示したかどうかは知りませんが、彼がこの現象を「白色光はあらゆる色の光が混ざったものであり、色が異なると屈折率も異なる」という説明をしたことは、光の研究に弾みをつけました。白色光がいろいろな色に分かれることを見て、色が混じることで白色に見えることに気づき、分かれた色がプリズムの屈折現象によるものであるという考えに結びつけたのは、やはりニュートンという天才の慧眼《けいがん》といえると思います。

あとで述べるように、現在の知識では「色」はそれぞれの動物が知覚した光の特徴なので、物理現象の表現に「色」という用語を用いてはけないと思いますが、波長の数字で記述するより色のイメージのほうが人間には理解しやすいので、ここでは色の表記を多用することにしますね。

ニュートンが光を分散させるために用いたプリズムと、虹が太陽光をスペクトルに分ける仕組みはとてもよく似ています。虹は、雨が降った直後に見られることが多く、観察者が太陽を背にしてその反対側の、水平から角度42度ほど見上げた方向に現れます。虹をつくっているのは空気中の小さな水滴です。水滴は球状ですが、それぞれの水滴がプリズムと同じような役割をしていて、小さな水滴が空一面に広がり太陽の光をスペクトルに分けているのです。水滴の中では、短波長の「青・藍・紫」の光がよく曲がり、長波長の「赤・橙」の光があまり曲がりません。虹を見ている者が空を見上げたとき、水滴の中であまり曲がっていない赤が虹の上側になり、よく曲がった紫が下になるのを私が理解できるようになったのは、大学に入学してからだったかもしれません。その物理現象のために、虹が二つできたときには、内側の虹と外側の虹で波長（色）の順番が逆になります。プリズムも虹も、物体での屈折率が波長によって異なることで光を分散させる、つまり「分光」できることを教えてくれますね。白色光は多様な波長の光が混じっていて、そのなかの特定の波長を取り出せば特定の色を見ることができるのですね。

電子顕微鏡の超薄切片から別の作業仮説を思いつく

電子顕微鏡で観察するために、できるだけ薄い膜となるようプラスチックに入れた試料を切片にしようとしていたとき、顕微鏡の下で見えた色はなぜ生じるのでしょう。プリズムの構造はありません。水滴が虹をつくるのだから、水滴のような構造がたくさん並んでいるのでしょうか。

色がつく別の可能性として、シャボン玉のような物質が薄い膜を形成し、その薄い膜に白色光が入射して、色がついて見える現象と同じことが起こっているのかもしれないと思いました。最近は、大きなシャボン玉がつくれるようになり、お祭りなどで人を大きな泡で包んでしまうイベントを見たり、たくさんのシャボン玉が空中を舞ったりする光景を見ることがあります。とても楽しいですね。シャボン玉は、青や緑や赤など、虹色といってもよいほど多様な色に輝きます。でも、シャボン玉の原材料の石けんなどの界面活性剤には色はついていません。無色透明な界面活性剤を水に溶かしても色はつきませせん。それなのに、シャボン玉にすると虹色に美しく輝くのです（口絵⑤）。

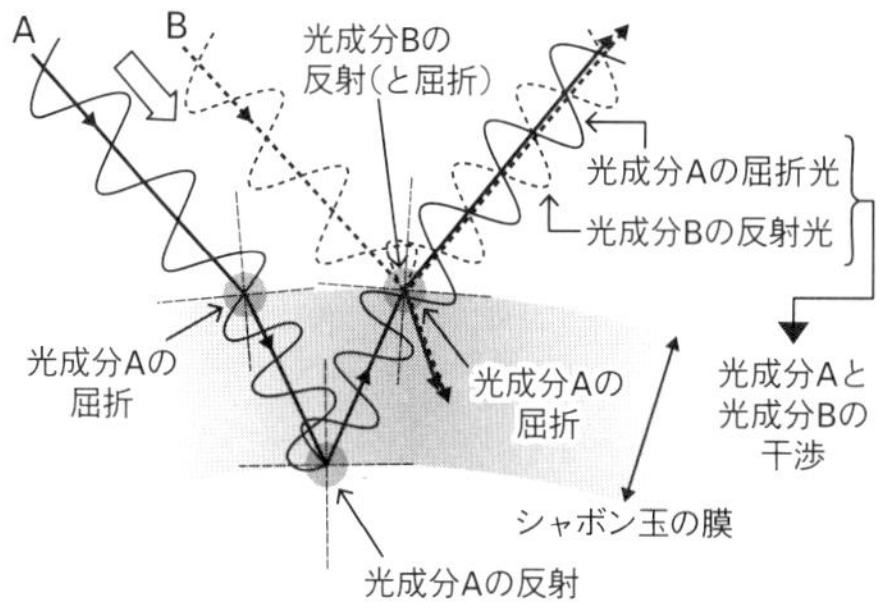

図3－2　シャボン玉で薄膜干渉が起きる仕組み

高校生のときに習った、石けん水の薄い膜の表面と、膜の裏側で反射した光が干渉し合うことによって色が見える「薄膜干渉」と呼ばれる現象によって、切片にも特徴的な色が現れているのかもしれないと思いました（図3－2）。切片に色がついていた仕組みに気づいたので、タマムシの宝石のような色は薄膜干渉ではないかと想像しました。

タマムシの鞘翅の色がなぜあれほど綺麗なのかを知りたくてタマムシの鞘翅を削ったのですが、削りかすには色がついていなくて、色素による着色ではない可能性を考えることにしました。シャボン玉の原料の石けんに色がないのに、シャボン玉には色がついていることと同じなのだろうか？　透過型電子顕微鏡用の切片の薄膜には色がついて見えたことと同じなのだろうか？　そこで、「タマムシの翅の色は、色素によるものである」という仮説を捨てて、「タマムシの翅の色は、シャボン玉のような薄い膜の構造によるものである」という仮説を立てました。プリズムの構造が鞘翅にあったら虹色に見えるはずでもあるので、鞘翅にプリズムのような構造があって光が分散されているのではなかろうとも思ったのです。でも、光の薄膜干渉なのか、水滴のような構造が鞘翅にあってその構造による光の分散なのかまだわかりません。少なくとも、鞘翅の構造が関係しているのだろうと思ったのです。さてさて、とにかく鞘翅の微細構造を観察する必要が出てきました。透過型電子顕微鏡の高解像度かつ高倍で観察できる力を借りて、翅を見てみることにしましょう。タマムシの翅の色は、薄膜干渉なのかどうか、明らかにできるかどうか！

タマムシの翅の構造

面倒くさい手順ですが、透過型電子顕微鏡を使って鞘翅と後翅をしっかりと観察してみました。ごく薄い切片を切っているときの経験から、薄膜などに色がついて見えるのが１００nmよりも厚いので、たぶん数百nmの厚さの膜の存在を確認すればよいのだろうと考えたのです。先に述べたように、銅などの金属でできたメッシュの上に貼りつかせた切片を電子染色して、透過型電子顕微鏡の試料室に入れて観察を開始しました。図３－３Ａと図３－４Ａに写っている黒い枠が、銅でつくられたメッシュの一部です。厚い金属が電子線を通さないので、黒く見えているのです。

図３－３が鞘翅、図３－４が後翅です。とても薄く切り出した切片を銅メッシュの上に貼りつけたもので、頭側から尾部側の方向に対して背側から腹側に直角に切り出したものです。図３－３Ａを見ても図３－４Ａを見ても、上手に平らに切片がメッシュに貼りついています。この写真は、難しい技術をいとも簡単にこなされる山濱さんに撮ってもらったものです。じつは、最近の日本の科学者集団から、このような技術力というかテクニックというか、自分で難しい技術を実施できる科学者が激減しています。難しい技術を科学者自身が責任をもって、しかもその科学的背景を理解し

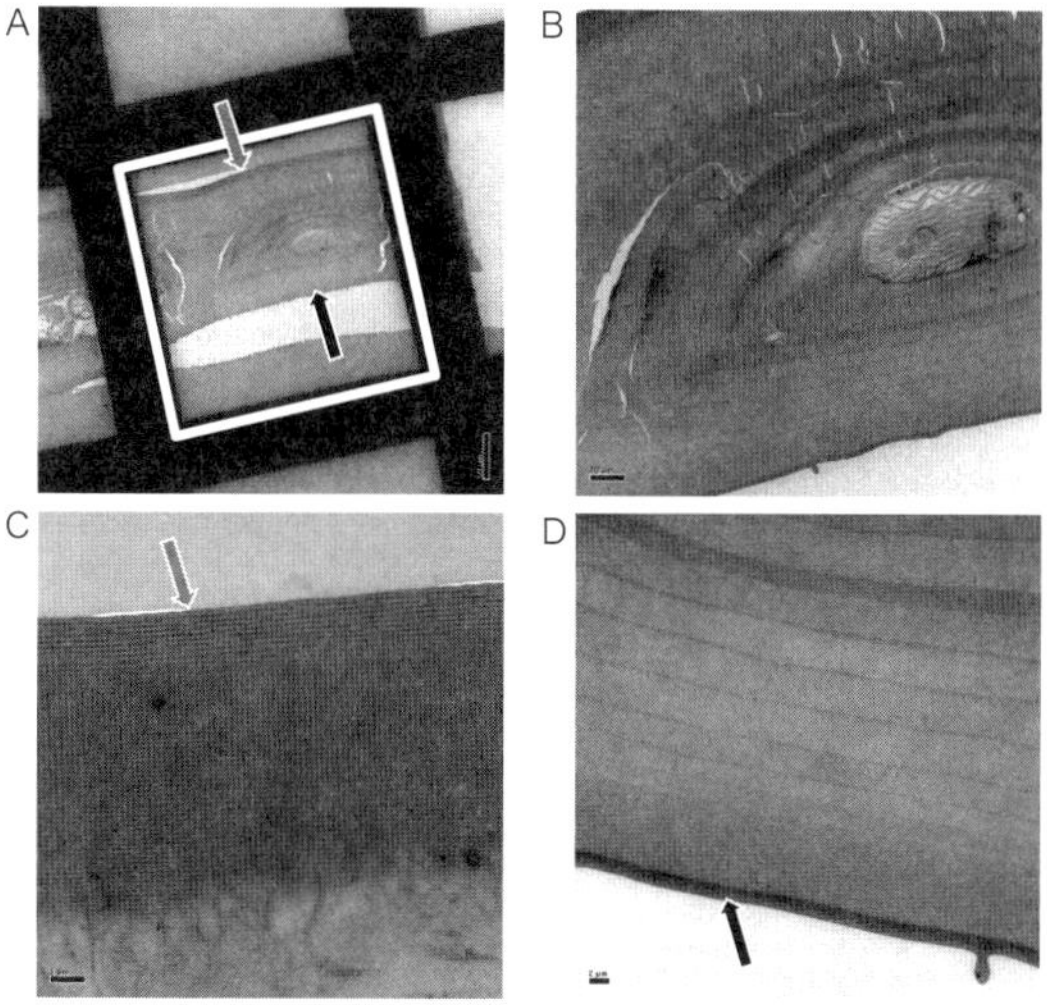

図３－３　透過型電子顕微鏡で観察した鞘翅

てこなすことができることで、科学の発展に大きく寄与できるのです。新しい観察法などを発明することにもつながります。日本の科学者が海外の科学者に比して、とても優れた面として世界に誇ることができていたのですが……。このことを忘れかけていることがとても残念です。

さて電子顕微鏡観察の結果を見ていきましょう。灰色の矢印が翅の背側、黒い矢印が翅の腹側を示しています。図３－３Ａの白枠で囲ったところを少し拡大した図３－３Ｂを見ると、鞘翅の真ん中辺りに池のような構造体があって、その回りに渦のような層構造がありますね。図３－３Ａの灰色の矢印の先が少し濃く見えますが、そこを拡大すると（図３－３Ｃ）上のほうに層状構造がはっきり見え、少し下に下がるに従って層状構造が細かくなっているように見えます。鞘翅の下側を拡大すると（図３－３Ｄ）、一番下に黒っぽく見える層があります（黒矢

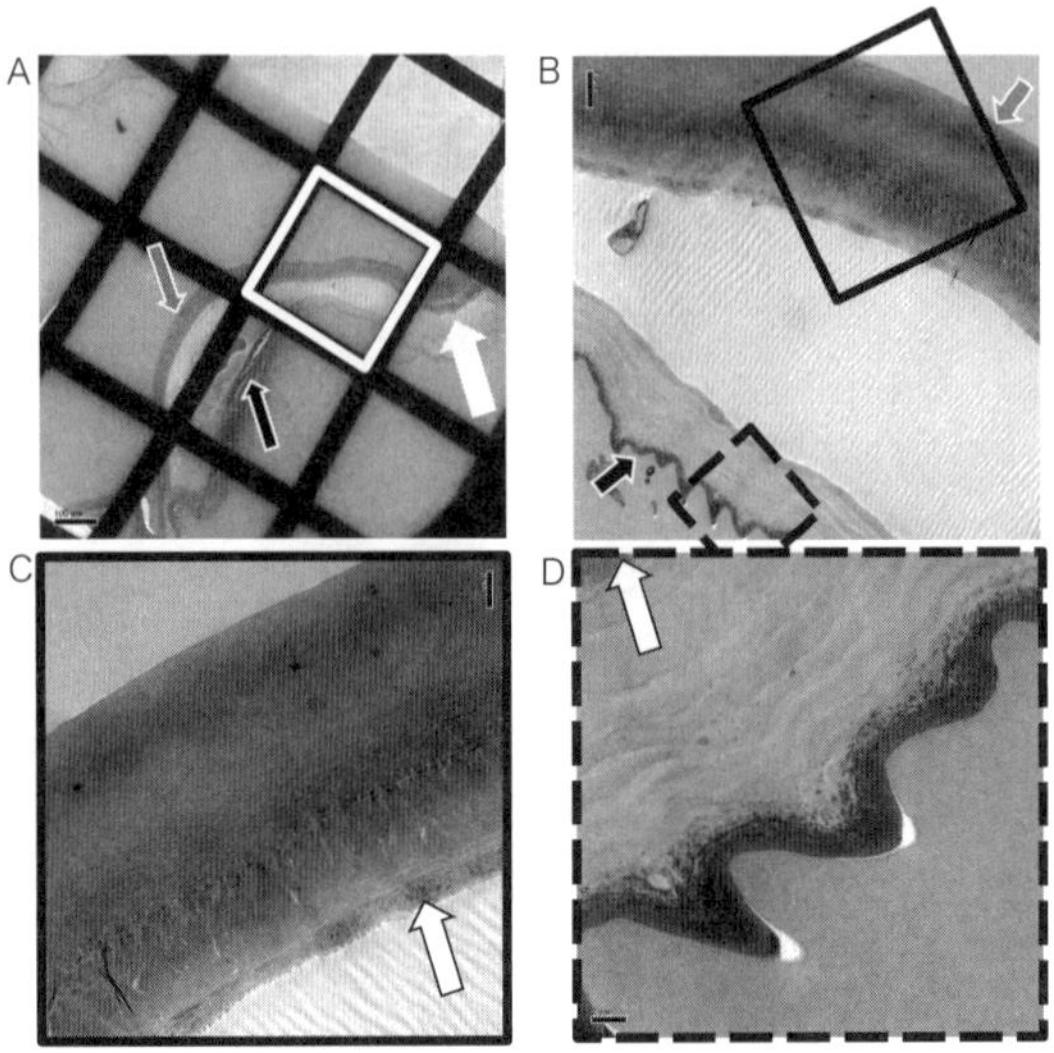

図３－４　透過型電子顕微鏡で観察した後翅

印)。

透過型電子顕微鏡は、電子線を飛ばす電子銃と呼ばれるところから電子を飛ばします。その電子の方向や広がり方をコントロールすることができる磁石を途中に置いておいて、その先に薄い切片を置きます。切片に電子線が当たり、その陰を像として見るという、とてもわかりやすい機構です。大きくて高価な電子顕微鏡を見ると、壊したらどうしようって尻込みする気持ちになりますが、基本的な仕組みはとてもシンプルなのです。電子線を観察試料に照射して、透過しにくかったり、しやすかったりする試料の影を見ているわけです。透過型電子顕微鏡で試料を見ることは、光を使って影絵を見ているのと原理的に同じことなんです。その影を蛍光板に写して見たり、最近では電子線に敏感な素子を並べておいて、その情報をテレビのように画面に出して見たりしています。メッシュの金属部分が黒く見えるのと同じで、電子線が通りやすいところは明るく（白っぽく）、電子が通りにくいところは暗く（黒っぽく）見えることになるので、試料の構造を想像できることになります。切片にした試料のタンパク質などと結合しやすい金属（オスミウム、鉛、ウランなど）を使って染色するので、試料にタンパク質などの高分子がたくさんあるところが金属で染色されやすく、そこが電子線を通しにくくなって暗く見えます。このタマムシの試料では、鞘翅の上と下の両側に電子を捕捉する部分が多いこと、上側よりも下側のほうが少し白っぽく見えることなどがわかりました。鞘翅の上側に、金属で染色されやすいタンパク質などが高密にあるのかもしれないというデータが得られたのです。

寺田寅彦のタマムシの記載

寺田寅彦（1878～1935）は、明治から昭和にかけて生きた方です。東京帝国大理科大学実験物理学科を卒業したのち、同大学で物理学を教えながら研究をされていたそうです。その傍らというか、もっぱらというか、寺田の日常生活は知る由もないですが、著作に励み膨大な作品が残されています。私の書棚にも寺田寅彦全集が並んでいますが、どうしたらこんなに著作を残せるのだろうと、遅筆の私は、ただただ尊敬することしかできません。

その作品のなかの一つに「さまよえるユダヤ人の手記より」があり、2節目に、玉虫の記載があります[3]。一部、抜粋してみましょう。

夏のある日の正午駕籠町から上野行の電車に乗った。上富士前の交差点で乗り込んだ人々の中に四十前後の色の黒い婦人が居た。自分の隣に腰をかけると間もなく不思議な挙動をするのが自分の注意をひいた。ハンケチで首筋の辺をはたくようなことをしている。すると眼の下の床へぱたりと一疋の玉虫が落ちた。仰向きに泥だらけの床の上に落ちて、起き直ろうとして藻掻いているのである。しばらく見ていたが乗客のうちの誰もそれを拾い上げようとする人はなかった。

誰も拾い上げなかったタマムシを寺田はハンケチに包んでご自身の研究室にもって行き、なぜか研究室内にあったアルコールを数滴机の上に垂らして、玉虫に飲ませました。タマムシはアルコールをうまそうに飲んだそうです。そしてタマムシは動かなくなりました。

アルコールを飲んだ玉虫はとうとう生き返らなかった。人間だとしたらたぶん一ポンドくらいの純アルコールを飲んだわけである。

手近にあった水銀燈を点じて玉虫を照らしてみた。あの美しい緑色は見えなくなって、錆びたひわ茶色の金属光沢を見せたが、腹の美しい赤銅色はそのままに見られた。

「ひわ茶色」の「ひわ」とは、鳥の「鶸（ヒワ亜科）」のことらしく、鶸がもつ、タマムシの緑に比べて少しくすんだ茶色がかった緑色のことを表しているようです。色の表現として、とても美しい日本語だなあと感心します。しかし、寺田の文章からは、彼が見た色を想像しがたいですね。金属光沢が見えているといっているにも関わらず、なぜ「錆びた」というのかわかりません。金属は錆びたら光沢がなくなります。「錆びた」が「ひわ茶色」を修飾しているとすると、くすみ感の強い茶色がかった緑色ということなのでしょうか。「腹の美しい赤銅色はそのままに見られた」ということは、タマムシの特徴の一つである腹側の金属光沢だけは残っていたのでしょう。

寺田が見たタマムシの変化は、どんな色合いなのだろうと思って、タマムシにアルコールを作用させてみることにしました。色が変わるということは、タマムシの色の秘密の解明につながるかもしれませんからね。アルコールにはたくさんの種類があるために、純粋アルコールと書かれているだけでは種類を特定できません。「人間だとしたらたぶん一ポンドくらいの純アルコールを飲んだ」という記載に基づいて、酒類の主成分であり「酒精」とも呼ばれる、われわれも飲むことができるエタノールをこの実験に選びました。「純アルコールを飲んだ」ということなので、1ポンドは約454g、ヒトの体重を60kgとして、およそ体重2gのヤマトタマムシにどれほど入れればいいのか計算してみました。およそ0・015gですね。エタノールの比重と実験のやりやすさから0・02mL程度を飲ませてみようと思ったのですが、生きているタマムシはエタノールを決して飲んでくれませんでした。何度も試したのですが……。口から飲んでもらうことを諦めて、99・9%エタノールを0・02mL注射しました。鞘翅はもちろん、体中まったく色の変化は見られませんでした。タマムシが苦しそうに脚をもぞもぞさせているので、思い切って腹側から注射針を刺し、0・5mLのエタノールを体内に注射しました（じつは、この方法は、大きな体部をもつ昆虫の内臓腐敗を軽減し乾燥を早めるのに役立つので、昆虫を標本にすることが必要な際にときどき用いています）。

寺田寅彦が口に含ませた量の25倍ほどの大量のアルコールを腹部に注入しても、タマムシの翅や身体の色の変化はまったく起こりませんでした。寺田に飲まされたタマムシは、人間のように酔っ払って色が変わったのでしょうか。タマムシの鞘翅は、アルコールで変化するヒトの肌のような構造なのでしょうか。寺田は、何の変化を見ていたのでしょう。この章で透過型電子顕微鏡を用いて観察した鞘翅は、身体の内部にアルコールが入ったらすぐに影響を受けそうな、細胞のような柔らかい構造がはっきりせず、硬そうに見える構造でした。寺田が、アルコールを飲ませて急激に変化したタマムシには何が起こっていたのか……。寺田の実験を真似したのですが、結局、同じ結果にはならず、大量のアルコールを体内に注入しても変化がなく、寺田が書いた文の真意は不明なままです。でも、先人が残した研究記録も大事ですが、自分で実験してみた結果も大切です。エタノールを体内に注入することで、鞘翅の色の変化は起こらなかったという結果を残しておきましょう。

次の章では、鞘翅の上側に、金属で染色されやすい物質が高密にありそうだというデータを意識して、電子顕微鏡の倍率を上げるなどして、もっともっと構造を細かく見ていきましょう。薄膜干渉が起こるような構造かどうかも早く確認したいですよね。

第4章

タマムシの鞘翅の構造

ヤマトタマムシの雄と雌

甲虫は、約40万種もいて、それぞれの種によっていろいろな色のものがいます。確認されている生物の種の数が約180万種、そのうち昆虫が約95万種なので、甲虫の種数はずいぶんと多いですね。

第1章でお話した歯医者さんが蔵王の森の中で採集していたアカバナガタマムシは、くすんだ赤色をしていました。この本の主役のヤマトタマムシはピカピカ輝いています。輝くものもいれば、そうでもないものもいるのはなぜでしょう。どうして色の違いや輝きの違いが生じているのでしょうか?

ヤマトタマムシの色の不思議を考えるために、捕獲して標本にしたものを並べて、何か気づくことができないかと、矯《た》めつ眇《すが》めつしました。雌雄を並べて眺めてみても雌雄の色の差を見分けることはできませんでした。甲虫のなかには、同種でも雌雄で色が違うものもいます。たとえば、雌雄の模様がとても似ているハンミョウなどでは、雄の大顎は白っぽく雌の大顎は半分だけ白く、雄の鞘翅の前側の縁には白い斑点があるが雌にはないという特徴があります。カブトムシの雄の角の特徴が雌にはないことは有名な雌雄の形態の違いですね。タマムシを裸眼で矯めつ眇めつしたのですが、雌雄の交尾器の形が違うことと、雌のほうが雄に比べて少し大きいように見えるぐらいの違いしかわかりませんでした。雌雄の体格の差は、育つときの食べ物の差なのかもしれないし、交尾器以外にはっきりした外形の差が本当にないのかもしれません。

でも、結論を急がず、落ち着いてじっくり見てみようと思って、雄と雌を並べて写真撮影してみました（口絵⑥）。上の写真は、タマムシの雌雄を正中線の正面から撮影したもの、下の写真は身体の上部から撮影したものです。写真を見ても、自分の目で見たのと同様に、雌雄の差はないですね。雄も雌も、同じ寄主木にいます。ほんの少しでも違いがないとおかしいと思って、写真を下敷きにトレーシングペーパーを上に置いて、鉛筆でなぞってみることにしました。スケッチといえばスケッチですが、鉛筆で写真をなぞるだけの作業です。

アレって思いました。胸部や腹部、そして鞘翅には相変わらず違いは見つけられなかったのですが、複眼がなんだか雌雄で違うようです。前方から見ると雄の複眼のほうが頭部全体に占める割合が大きくて、両方の複眼の間が近いことに気づいたのです。両方の複眼の外側の距離（b、b'）に対する複眼の内側の距離（a、a'）の比率を計算すると、雌がおよそ0・5であるのに対して、雄はおよそ0・4でした。雄のほうが頭部全体に対して複眼が大きいだけでなく、二つの複眼が接近していたのです。鉛筆をもって自分の手を動かして、はじめて雌雄の形態学的な違いがあることに自信をつけることができました。自分自身の身体を使って作業することで、外界の情報を手に入れることができるということをあらためて感じることができました。見えてくるものを見ただけでは、見えないものがあるのですね。ただ漫然と見ることと、何かを求めて見ることに大きな差があるのです。雌雄で何か形態的な差があるはずだという予感が的中しました。なんとなく頭の中にある考えや思いを具体化するためには作業仮説を、頭の中にある作業仮説を実証するためには身体を使った作業が必要なのだと思いました。簡単なスケッチもどきも、実験といえば実験です。

ヤマトタマムシの鞘翅を切片にして翅の中の構造を見てみよう

虫眼鏡よりも拡大して見ることができる実体顕微鏡を使って拡大すると、鞘翅の表面に丸い形の凸凹構造があり、その凸凹構造の間に鱗《うろこ》のような小さな構造がたくさんあることがわかります（口絵③）。表面側を拡大して観察するだけでもたくさんのことがわかるのですが、中身がどうなっているかを観察するには、対象物を薄く切り出してみる方法があります。薄く切り出した「切片」をよく見てみましょう。

第3章で登場したフックがcellという名前をつけるきっかけになったのは、コルクを切片にして光学顕微鏡で観察したことです。彼がコルクを切片にしたのは、コルクがなぜ浮くかを調べるためだったとか、コルクの弾力を調べるためだったとかいわれていますが、とにかく何かを知りたい対象物の内側を観るためには、切片にして観察するのが便利です。フックが『ミクログラフィア』[1]に記載したスケッチをよく見ると、縦方向に濃淡があります。これは、カミソリのようなものでコルクを切り出したときに起こる「チャタリング」という現象です。よく切れるときはスムーズに刃が進み切片は平らに薄く切り出せるのですが、刃が引っかかったりすると斜めに切れたり厚く切り出されたりします。このように切片を切るときに、引っかかったりスムーズに進んだりすると、厚くなったり薄くなったりしたチャタリングの像を観察することになるのです。すでに第2章で述べた現象です。中の構造を観察して理解できればそれでよいので、科学的な面からはチャタリングをそれほど気にしなくてもよいのですが、チャタリングが邪魔して観察がうまくいかないこともときどき起こります。フックが、コルクの切り出しの際に、カミソリを使ったのか、もっと厚いナイフを使ったのか知りませんが、正直にスケッチを描いているなと感心してしまいます。いまの知識からしたらチャタリングは、切片の切り出し時に生じたアーティファクト*1と呼ばれる失敗作だとわかるのですが、もしかしたらフックは、チャタリングが起こる理由を理解していなかったのではないかと勘ぐってしまうぐらい正確に描かれています。[1] もしかしたら、このスケッチはフック自身が描いたものではなく、画家のような専門の方が、現代では写真にするように図を描かれたのかもしれません。観察している像をそのまま描くことも大切ですが、一方で像の中にある科学的事実だけを抽出して描くことも大切なのではないかと、コルクの絵を見ながらあらためて思いました。

　フックがコルクを切片にして観察したように、ヤマトタマムシの緑や赤に見えるところを薄く切り出して、光学顕微鏡で観察し、走査型電子顕微鏡や透過型電子顕微鏡などを用いて観察すれば、鞘翅の中の構造を理解することができるかもしれません。コルク片は、大きくてかつ比較的均一に硬いので、カミソリやナイフでコルクを薄く切ることはそれほど難しいことではありませんが、生物試料など柔らかくて小さい試料を切片にするのは手を焼きます。しかも、柔らかいものをそのままで薄く切片をつくることは、とても手作業では難しいのです。試しにタマムシの鞘翅をカミソリで削ってみると、表面は硬く中は柔らかいので、削りかすがボロボロになりました。第3章で述べたように、一般に、生物試料の観察のときには、包埋《ほうまい》という作業を施します。ろうそくのようなワックスを溶かしてその中に生物試料を包み埋め込んで固めたり、まだ固まっていないプラスチック溶液の中に生物試料を入れてから熱を加えて固めたりする作業をします。その包埋された生物試料を、ワックスやプラスチックごと、切片として切り出すのです。そうすれば、全体を同じような硬さにすることができるので、切ったときにボロボロになりにくいのです。切り出すときは、ミクロトームと呼ばれる機械に専用のナイフをセットします。ミクロトームは、1回切片を切るたびに一定の長さだけ包埋した試料をせり出す機能をもっているので、一定の厚さの切片を何枚も切り出すことができます。ワックスは光学顕微鏡用の厚めの切片（数μm以上）を切り出すときに用い、プラスチックは透過型電子顕微鏡用の極薄い切片（70～100nmぐらい）や、光学顕微鏡用に（1～2μmぐらい）を切り出すときに使います。

第3章の終わりで、透過型電子顕微鏡を使った面倒くさい手順について説明しました。その手順をこなして、鞘翅と後翅をしっかりと観察するために、プラスチック（樹脂）の中に包埋したものを透過型電子顕微鏡用に極薄い切片を作成するためのミクロトーム──そのため「ウルトラミクロトーム」と呼ばれる──という機械を用いて、光学顕微鏡と電子顕微鏡で観察してみたのです。果たして、第3章でつくった「タマムシの翅の色は、シャボン玉のような薄い膜の構造によるものである」という作業仮説の、「薄膜干渉」を支持するような結果、つまりタマムシの最表面にシャボン玉のような薄い膜を見ることができるでしょうか?

光学顕微鏡と透過型電子顕微鏡で鞘翅の切片をしっかり観察

プラスチックの中に固めた鞘翅を、厚さ１μmぐらいで矢状《しじょう》面と横断面[*2]で切って樹脂包埋切片[*3]をつくり、トルイジンブルーという染色液[*4]で染めて、光学顕微鏡で観察したものが**口絵⑦**です。トルイジンブルーは、塩基性の染料で核や多糖類などをよく染める特徴があります。**口絵⑦**で示された切片の上側が鞘翅の上、下側が身体側です。図中の「前」は頭側を、「後」は尻側を示しています。身体の左側の鞘翅を切っているので、「右」が正中矢状面側で「左」が体の外側になります。鞘翅の矢状面と横断面は90度も方向が違うのに、ずいぶんと像が似ていますね。真ん中に空洞のような場所があって、その周辺が渦状に濃く染まって見えます。上側は渦状のところと同じぐらいトルイジンブルーで青濃く染まっていて、その反対側の下側には上側には見られない小さな突起構造がたくさん見えます（**口絵⑦**の鞘翅の下側にある小さな矢印）。上側にも下側にも層状構造のところがあって、鞘翅の中に、構造の規則性があるように見えますね。緑矢印で示した窪みは、**口絵③**で見られる小さな凸凹構造がたまたま切り出されたところかもしれません。**図２－２**でクチクラの模式図を示しましたが、その模式図と**口絵⑦**の構造が一致しませんね。クチクラの構造がタマムシは違っているのでしょうか。それとも、うまく見えないだけでしょうか？　鞘翅の上側には何か薄い層がありそうですが、どれくらいの厚みかわかりません。薄膜干渉するような厚さなのでしょうか？

もっと薄く１００nm以下に切り出して透過型電子顕微鏡で高倍にして観察してみましょう。先にも述べましたが、厚いままだと、電子線が通らないだけでなく、厚みの中にいろいろなものが含まれてしまって像がぼやけてしまうから、超薄い１００nmほどの厚さに切り出した切片（超薄切片）にします。第3章で考えた薄膜干渉という現象が起こるためには、最外層に切片と厚さが同じぐらいの薄膜がある必要があるので、電子顕微鏡で高倍観察すればその証拠を手に入れることができるはずです。

口絵⑦と同じように、鞘翅の上側の面に対して垂直に超薄切片に切り出して透過型電子顕微鏡で観察すると、光学顕微鏡で見た像が白黒の写真として観察できます。厚さが１００nmほどなので、機械的に強度が弱くなってしまい、切片にした鞘翅の破れている部分と、あまり破れていない部分が見られます（**図4－1**A）。でも、カミソリで切り出したときのようにボロボロになってしまうようなことはなく、しかもチャタリングもなく均一の厚みに切り出せています。

図2－2で示したクチクラの模式図をこの切片に合わせてみると、外側からエピクチクラ、エクソクチクラおよびエンドクチクラ、そして下側に基底膜をもつ上皮細胞層（epithelial cell layer）に分けられることがわかりました。昆虫学の本の図は、クチクラのところだけを描いていて、その下のことは描かれていなかったこともわかりました。**図2－2**をよく見ると、図の下のほうに「基底膜（basement membrane）」と書かれています。細胞のすぐ側に基底膜をもつのは上皮細胞です。私たちヒトで身近な上皮細胞は皮膚です。消化管の表面側も上皮細胞でできています。ある組織の外側に上皮細胞でできた層があって生物の内側と外側を分ける壁というか、砦のような場所なのですね。昆虫のクチクラとは、基底膜をもつ上皮細胞が分泌した、エピクチクラ、エクソクチクラ、

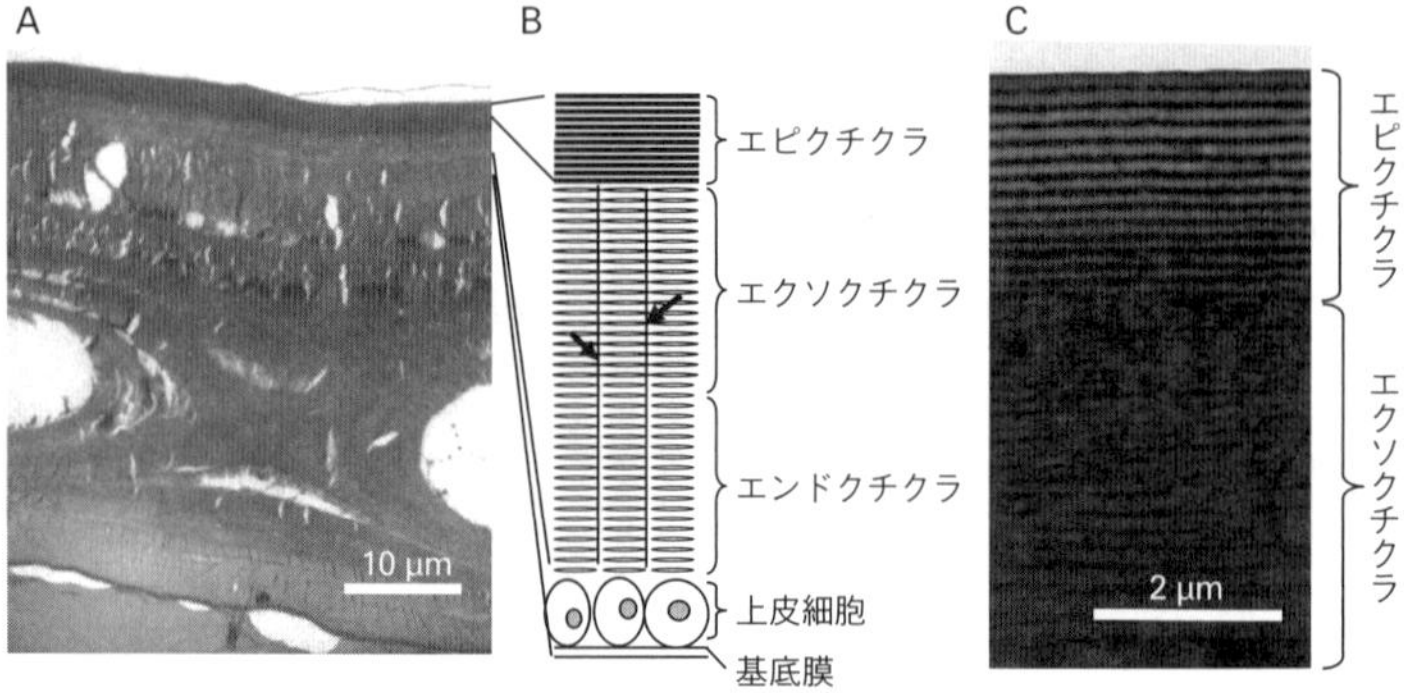

図 4－1　透過型電子顕微鏡で観察した鞘翅の上面の構造

およびエンドクチクラの全体のことをいうのですね。

図4－1で示したすべての図に注目してみると、エピクチクラやエクソクチクラには破れているところがありません。超薄切片を切り出しても、強度的にも充分に強い部分なのでしょう。ここを拡大してみると、多くの灰色だったり黒色だったりに見える薄層が重層していることが観察されました（図4－1C）。あれ、薄膜1枚だけじゃない！

クチクラを削ってみると色が消えること、削りカスは褐色だったこと、切片にして染色しないで観察したら褐色以外の色は見られなかったという結果から、タマムシのピカピカした体色が薄膜干渉で色が創出されているという作業仮説をつくっていたのですが、タマムシのクチクラの最外層であるエピクチクラに薄膜がいくつも重なった多層の層状構造（多層膜構造）がしっかりとあることがわかりました。それぞれの層の厚みは、100nmぐらいかな？

ある切片で観察されたエピクチクラの一番外側から厚みを測ってみましょう（図4－2）。最外層になんだかモヤモヤしている部分があって、その下の灰色に見える層が、152

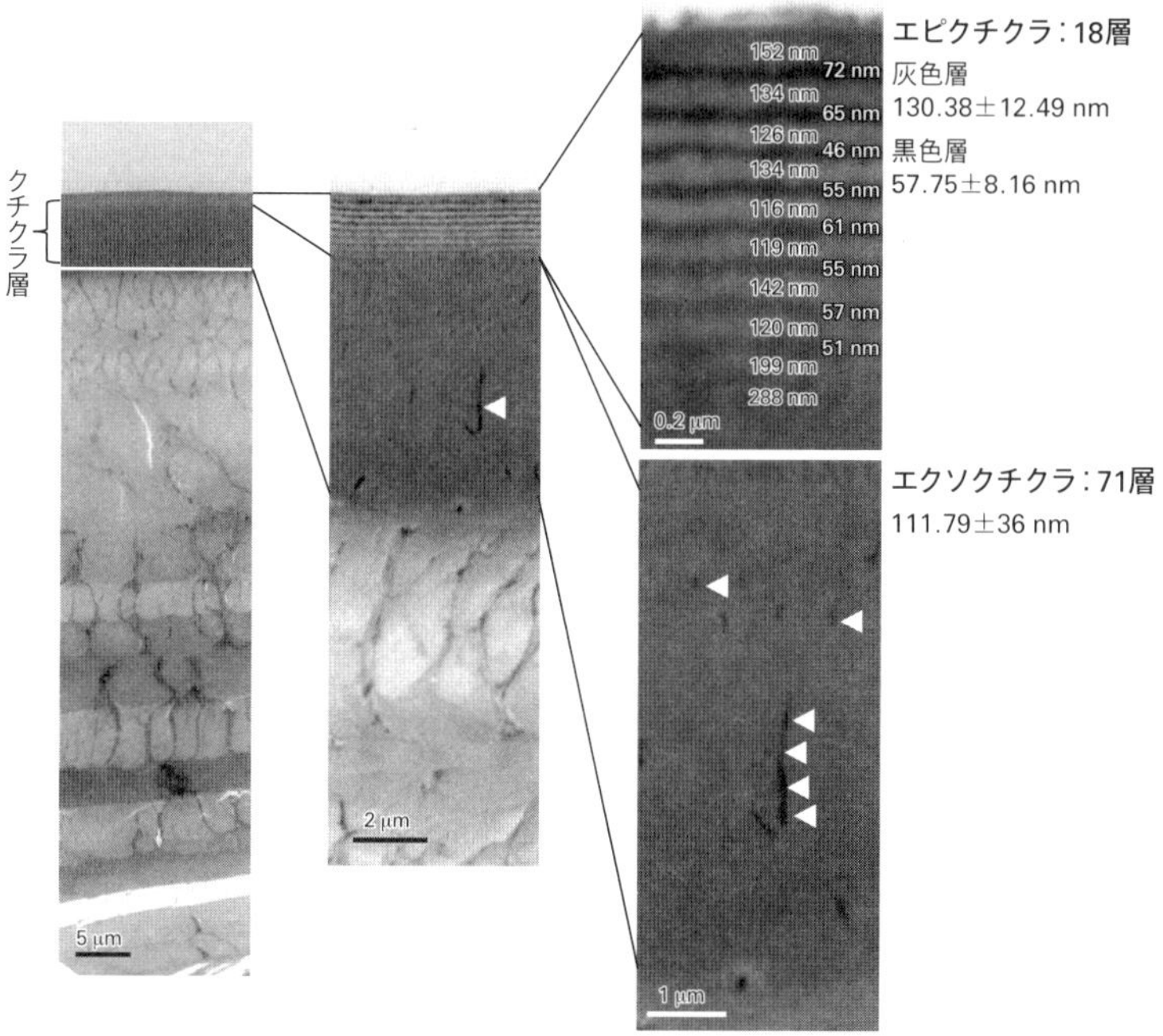

図 4－2　タマムシのクチクラ層の構造

nm。続いて黒く見える層があって72nm。その次にまた灰色、黒と層が交互に重なっています。その厚みは、順番に１３４nm、65nmと続いていくことがわかりました。測定するために、たまたま引いたラインに沿って測定したものです。そのラインに沿わなかったところは少々長さが違っていたり、また深さによっても数値にバラツキがありそうです。でも、エイヤって平均をとってみると、灰色に見える層はおよそ１３０nm、黒く見える層は58nmぐらいでした。

　平均値が得られたからって満足せずに、撮影した電子顕微鏡写真のいろいろなところにこの多層膜の層に対して直角になるように直線を引っ張って、そこの層の厚さを測ってみると、数値は結構バラツいていました。そのバラツキを知ってから、図（図4－1と図4－2）のエピクチクラの層を見直すと、かなりそれぞれの層の厚さが凸凹していて、波がうねっているようにも見えます。

これを見ていて、子供のころに遊んでいた宝塚の小逆瀬川の石で組まれた土手のことを思い出しました。積み上げられた御影石は、なんとなく見ると横一列に規則正しく並んでいるように見えたのですが、よく見ると石の大きさにバラツキがあり、石の組み方にもバラツキがありました。それでも、土手として十分に機能していたのです。タマムシのエピクチクラも規則正しそうでいて工業製品の光学部品のように完全な規則性があるわけではないのに、決まった波長の反射をしているようです（第5章参照）。もしかしたら、生物がもつ構造は、機能を果たすことが大切で、工業製品のように規則正しくつくり込むことを目指しているわけではないのかもしれないと思いました。そして、機能美とは、つくり込まれた規則性の美しさだけでなく、規則性のなかにバラツキや乱れが混じっていることなのかもしれないとも……。生物は、つくり込むことなく〝良い加減〟なつくり方で機能を十分に発揮できていることがわかりました。

この結果から「薄膜干渉仮説」を捨てなくてはならなくなりました。薄膜干渉ではなく、多層膜構造が色を生み出している可能性があることが、透過型電子顕微鏡で観察してわかったからです。「多層膜構造が色の創出に関係している」という作業仮説に変えることにしましょう。こんなふうに作業仮説（working hypothesis）は、実験結果とともに変わっていきます。作業仮説が次々と変わるのは仕方ないですね。もともと作業仮説とは、さらなる研究を行なう基盤とするために暫定的につくる仮説なので、新しい実験結果が出てくると、実験をする前の概念的枠組みとして、予測的言明としての作業仮説は変えざるを得ないのです。どうせ変わってしまう可能性がある作業仮説なのに、なぜわざわざ作業仮説をつくらないとならないのでしょうか？

人間は、作業仮説をつくらないと実験ができないからなのです。人間は、何かを見るときに、必ず「こうではないかしら」と予想しないと、ほとんど何も考えることができない生き物だといっても過言ではありません。予見して外界を見ない限り、新しいことを何も見ることができない生き物なのです。

これからは「多層膜干渉[*5]によってタマムシの鞘翅の色が創出されている」という作業仮説をもって、タマムシを観察することにしましょう。

緑の部分と、赤の部分

「多層膜干渉によってタマムシの鞘翅の色が創出されている」という作業仮説は、薄膜干渉よりも複雑ではありますが、それぞれの反射光が多層膜で干渉し合うことなので、基本的に薄膜干渉による色の創出の仕組みと変わりません。この作業仮説はどうやって検証していけばいいでしょうか？　検証とは事実を確かめることなので、作業仮説に基づいた実験計画を立てて、実験的な証明を重ねていくことが必要です。物理光学的には、薄膜干渉でも、多層膜干渉でも、層の厚みによって色が決まります。そうならば、タマムシの緑に見える部分と、赤に見える部分で、構造的に層の厚みが違うはずですね。では、緑と赤の場所を透過型電子顕微鏡で観察してみましょう。「多層膜干渉で色が出ているなら、なにか構造的に違うはず」という作業仮説です。

予想どおり！　ヤマトタマムシの体の各所の最外層を形成するクチクラの表角皮と外角皮の部分を、透過型電子顕微鏡で高倍にして観察してみると、層の厚みと数が異なっていました。**口絵⑧**A～Dの写真は、縦切りにした部分を同じ倍率で並べてあります。なので、まずは難しいことを一切考えないで、層の厚さをそのまま比べてみてください。ヒトにとって赤く見える長波長側のストライプの部分の各層の幅は厚く、緑に見える部分は赤く見える部分に比べて薄いことが一目瞭然ですね。緑の部分の層のほう（**口絵⑧**A、C）が赤（**口絵⑧**B、D）よりも層の間の幅が狭いことから、長波長である赤のほうが、赤より短波長側の緑の部分に比べて各層の間の幅が広いといえそうです。

今度は層の厚さだけでなく、層の数にも注目すると、10から20もの層が配列していることがわかりました。胸部と、鞘翅によって、層の数が異なっています。胸部の緑色の部分（**口絵⑧**A）と赤い部分（**口絵⑧**B）の表角皮の層の数のほうが、腹部を覆う鞘翅の緑色の部分（**口絵⑧**C）や赤い部分（**口絵⑧**D）よりも多いですね。そして、胸部でも鞘翅部分でも、短波長の緑の部分のほうが、長波長の赤の部分の層の数が多いのです。いろんな意味で不思議です。この不思議については簡単な物理光学を含めて、次の第5章で考えることにしましょう。

Waxが分泌されるダクト

図4－2の右上の写真を見ると、表角皮の外側になんだかモヤモヤしている部分があります。いつも見られるとは限らず、観察する切片によって、見られるときと見られないときがあります。透

過型電子顕微鏡で観察するためには、前述のように、固定液、固定液を洗う溶液、アルコールなどを用いた脱水過程を経て、最終的にプラスチックと親和性のあるブチルアルコールなど、何度も何度も溶液を交換します。しかも有機物を溶かしやすい溶液で処理するので、処理溶液に溶けやすい物質は、流れてしまって形として残ることはほとんどないと考えられます。そんな処理によってもたまたま流れ去ることがなかったり、そこにある量がもともと多かったので残ったりすることが、ごくたまにあるのだろうと想像しています。そして、たぶんモヤモヤはWax（ワックスエステル）なのだろうとも想像しています。

ほかの昆虫、たとえばシオカラトンボの腹部の白い部分のクチクラの層状構造の層に、ほぼ直角に体表に伸びるダクトが見られます。[2] セミの翅では、翅脈の中にWax産生分泌細胞が観察され、その分泌細胞から分泌されたWaxが翅膜に向かって太いダクトが続いています。この太いダクトから翅膜の表面まで細いダクトがあり、翅の表面まで続いていました。タマムシの分泌細胞がどこにあって、どのようにダクトが続いているのか、Waxがどのように細胞の中で合成されているのか、そして直径が数nmしかない極細いダクトをどうやってWaxが流れ出ていけるのかなど、これから研究すべきたくさんの課題を見つけることができました。それらの観察結果を考えつつ、透過型電子顕微鏡でタマムシの鞘翅の中にも、細いダクトを観察できたことから、一般に昆虫のクチクラはWaxの分泌があって充分に機能を果たすことができているのだろうという思いを強くしています。

タマムシの鞘翅はどのようにしてできるのか――昆虫の脱皮

ヒトなどの脊椎動物の仲間の構造は、身体を支える骨が内部にあるので内骨格の動物だといわれ、その反対に、昆虫などの節足動物は身体の外側が硬くなっていて内部は柔らかい組織や器官ばかりなので、外骨格の動物だといわれます。この硬く丈夫なクチクラこそが昆虫の外骨格の基本です。これまで見てきたように、タマムシの鞘翅の裏と表は、クチクラと呼ばれる層で囲まれています。クチクラの最外層は、その下に上皮細胞しかないところから、おそらくこの上皮細胞が分泌した物質が硬化してしっかりした翅になるのだろうと想像しました。「上皮細胞が分泌した物質が硬化する」ということを作業仮説として検証するには、脱皮のタイミングを狙えばよいかもしれません。

外骨格としてのクチクラをもつ昆虫は、変態を繰り返して成長します。昆虫の変態は、不変態、不完全変態、完全変態の三つに分けられます。不変態（ametaboly）は、脱皮し成長はするものの、孵化してから成虫になるまで外部生殖器の変化を除き、ほとんど見るべき体形変化がないもので、原始的で小さな昆虫である無翅昆虫で観察されます。不完全変態（hemimetaboly）は、孵化後すでに翅や外部生殖器の原基が外部に見られ、脱皮を重ねるごとに次第に発達して最終脱皮で成虫に至る変態の様式をいいます。完全変態（holometaboly）では、長い幼虫期にも何度か脱皮（molting）を済ませたあとに、蛹《さなぎ》を経て成虫になるタイプで、タマムシはこの完全変態をする昆虫の仲間です。

脱皮は、エピクチクラ、エクソクチクラとエンドクチクラを含むクチクラ全体と真皮細胞層の間に、脱皮ゲル（molting gel）が分泌されることで開始されます。次に、脱皮ゲル中に含まれる不活性の酵素を活性化させる因子が真皮細胞層から分泌されて、脱皮ゲルが脱皮液（molting fluid）に変化します。最終的に古いクチクラが剥離することで脱皮が完了します。夏になると、蝉の脱皮殻である「空蟬《うつせみ》」が林のそこかしこに観察されて、自然の奥深さを感じさせてくれますね。

タマムシが、蛹から成虫に変態しているところを観察すると（口絵⑨）、はじめは体中が真っ白なのですが、まず複眼が着色し始めます（口絵⑨A、B）。鞘翅が頭部のすぐ下で丸まっているように見え（口絵⑨C黄色矢印）、徐々に尾部側に拡がっていきます。その次に頭部と胸部のクチクラも着色し始めます（口絵⑨C）。その後、胸部のすぐ下にまとまっている鞘翅が伸びていき、胴部の上を覆います。まとまっているときも、拡がった直後も、真っ白に見えます（口絵⑩）。それが徐々に透明感が出てきて、そして脱皮からおよそ5時間後から色がついてきます（口絵⑪）。固まった鞘翅も綺麗ですが、透明な鞘翅の中に色があるのは、たおやかな感じを含みとても綺麗ですね。こんな感じの、ショールやスカーフがあるといいなって思いました。このときの鞘翅に触ってみると、ぷよぷよです。とても柔らかいクチクラの状態です。それが時間をかけて、しっかりとした鞘翅として固まっていきます。この変化は、幼虫から蛹時代を過ごした木の中で起こっており、体中が硬くなった成虫個体になってから、木の穴から這《は》い出して、外界に飛び出していくのです。

宇宙開発の分野でも、昆虫の翅の広がりに注目が集まっています。一つの例は「インフレータブル」です。「インフレータブル」とは膨張できるという意味ですが、インフレータブル構造物は、袋状の構造体に空気などを入れて膨らませて、その圧力で構造を支えて使う構造物で、小さくたたんだ状態から、しっかりした大きな構造体にするものです。一方、宇宙分野での有名な開発例として、

「ミウラ折り」があります。これは、山折りと谷折りを組み合わせた特殊な折り方です。登山用の地図を「ミウラ折り」にすれば、たたんだ地図を簡単に開き、また簡単にたたんだ状態に戻すことができます。トンボの翅が広がる前には、ミウラ折りに似たたたまれ方であるという報告もあり、この構造にトンボの翅脈構造を入れて、昆虫が翅を広げるようにたたまれたミウラ折りを広げられるという、生物に学んだ研究も進んでいます。[3] タマムシの翅が広がる前に、白い身体の上でどのように丸められているのか、それはミウラ折りのように広がりやすいたたまれ方なのか、もしも広がりやすいたたまれ方だとしたら、蛹から成虫になるときにどのように折り目がつけられているのか、実験してみたいことがたくさん浮かんできます。実験計画をイメージしますが、初期の段階では、それほど難しいものではなさそうです。まずは、蛹から羽化するときに、時間を追って固定液に浸けて、あとから顕微鏡で観察する。それだけで翅がどうやってたたまれているのかがわかるはずです。

羽化するときに、小さい昆虫の翅が広がり、のちに硬化してしっかりした構造に変わります。当たり前ですが、人間のものづくりのように外から手を加えることもしないで、自ら形になっていくことをあらためて考えると、感動ものですね。同種内ではこの構造が一緒です。個体ごとに形が変わっていることはほとんどありません。広がって硬化した翅を、もう一度柔らかくしてたたみ返すことはできません。硬化した翅は十分に昆虫の生命維持に役立つ機能性をもっています。人間もこの過程を技術として利用できるようになるといいですね。材料を整えただけ、あるいは材料を混ぜておくと、自ら形を形成し機能を発揮することができるものづくりの仕方の理解……それができたら、宇宙開発に拍車がかかるだけでなく、あらゆる構造物をつくる際に利用できるようになることでしょう。このように生物に学び、それを模倣してものづくりに役立てることもできそうですね。

興味津々、タマムシの外骨格構造をつくる自己組織化

先にも述べたようにクチクラは生きている細胞が積み重なってできているわけではなく、クチクラの下にある細胞が分泌した分泌物が規則性をもって自己組織化（self-organization）したものです。自己組織化とは、自律的に秩序をもつ構造をつくり出す現象のことです。表角皮も外角皮も内角皮も、表皮細胞が分泌した高分子が、規則性をもって〝勝手に〟固まるのです。このように、物質や生物の個体が、それらが存在している全体を俯瞰《ふかん》する能力をもつことができないのにも関わらず、それぞれが自律的な振る舞いをして、秩序をもつ大きな構造をつくり出す現象が自己組織化なのです。美しい雪の結晶も、水分子の自己組織化によって形成されたものです。

表皮細胞が出す物質（材料）が自己組織化の決め手なのでしょうか、それとも物質を出すタイミングが重要なのでしょうか、それとも物質を出す順番？

タマムシが鞘翅をつくり上げている過程で、どのような変化が起こるかを調べてみたいと思いました。生物をしっかり観察し、その原理をいろいろな分野の見方を総動員して学ぶことが大切です。機能的な構造を常温常圧でつくり出している生物の技術の一部分でもしっかりと知りたいと思いました。

でも残念ながら、タマムシが鞘翅をつくり上げている過程を解明するために、鞘翅の中身をくわ

しく観察できるほどの大量の材料を手に入れること、そして鞘翅の時間的変化を追うとしたら、卵から孵《かえ》って成虫になるまで、ずっと同じペースで成長している個体をたくさん準備しなくてはなりません。それをタマムシで実施するのはとっても大変です。

タマムシ小屋をつくって、幼虫の餌になる木を入れて、捕獲したタマムシの成虫を入れ、タマムシの飼育法や観察法を、詳細に研究をされている芦澤七郎[4]さんにお願いしてタマムシの幼虫をいただくことができたので、**口絵⑨〜⑪**の観察ができました。しかし、個体の発生過程（ここでは、卵から幼虫、蛹、成虫になるまでの変化）を追うために成長時間を合わせた個体を大量に準備するのは、とても自分たちでは手に負えない実験です。それでもなんとかしたいと思って、飼育を試みたのですが、木に産みつけられた卵が幼虫になって、いつどこから羽化してくるかを見極めることはまったくできませんでした。また、芦澤七郎さんからいただいた幼虫の状態を常に監視するために、木くずの中で飼う方法も教えていただいたのですが、羽化したのは写真の個体を含めて数体だけでした。とても難しいのです。成長時間を追った研究をするためには、数時間ごとに最低5個体ずつのサンプリングをする必要があります。サンプリングするそれぞれの個体がどの発生の段階に対応するのかしっかりとコントロールできていなくてはなりません。1〜2年ほどかけて、いろいろと工夫してみましたが、結局、タマムシの鞘翅を構成する高分子がどのように自己組織化し、固まっていくのかという時間的変化を実験的に解析することに手を出すことはできませんでした。

ショウジョウバエを使った外骨格形成の自己組織化の研究

生物は、基本的にはどの種も同じような構造をもっていて、同じような発生をします。それは、生物は同じ仕組みを少しだけ改変して環境適応するように進化してきているからです。第2章で説明した系統樹を思い出してください。われわれの遠い先祖である大きな木の幹から枝が伸びて、その枝から小枝が数多く広がって見えるのが進化の結果であるのが系統樹です。そのため、生物の基本的な材料と仕組みは、生物全体で共通です。すべて共通ではありますが、系統として近ければ近いほどいっそう仕組みが似ています。タマムシの鞘翅の変化を観察する代わりに、研究材料としていくらでも手に入れることができるキイロショウジョウバエ（*Drosophila melanogaster*）を使えばいいのではないかと考えました。ショウジョウバエは、家の中の台所などでも見られることもある小蝿です。ショウジョウ（猩々）とは、酒に浮かれながら舞い歌う架空の動物から転じてお酒呑《の》みのことを指すこともあります。酒瓶に集まるショウジョウバエは、酒に酔ったような赤い眼をしています。ずいぶんと素敵な名前をつけたものだと感心します。ショウジョウバエ科はたくさんの種がいますが、なかでもキイロショウジョウバエは、遺伝学の材料として注目されて以来、１００年以上も世界中で研究に用いられてきました。遺伝子操作もできる実験動物としてすでに確立している動物でもあるのです。ショウジョウバエは双翅目でタマムシは甲虫目という違いはありますが、同じ昆虫綱なので、よい材料だと思ったのです。

　ショウジョウバエ幼虫が成虫の複眼を形成する過程を観察することにしました。生物のクチクラの自己組織化の仕方を知るために、形成過程を追うことができ、形態的特徴としてわかりやすい指

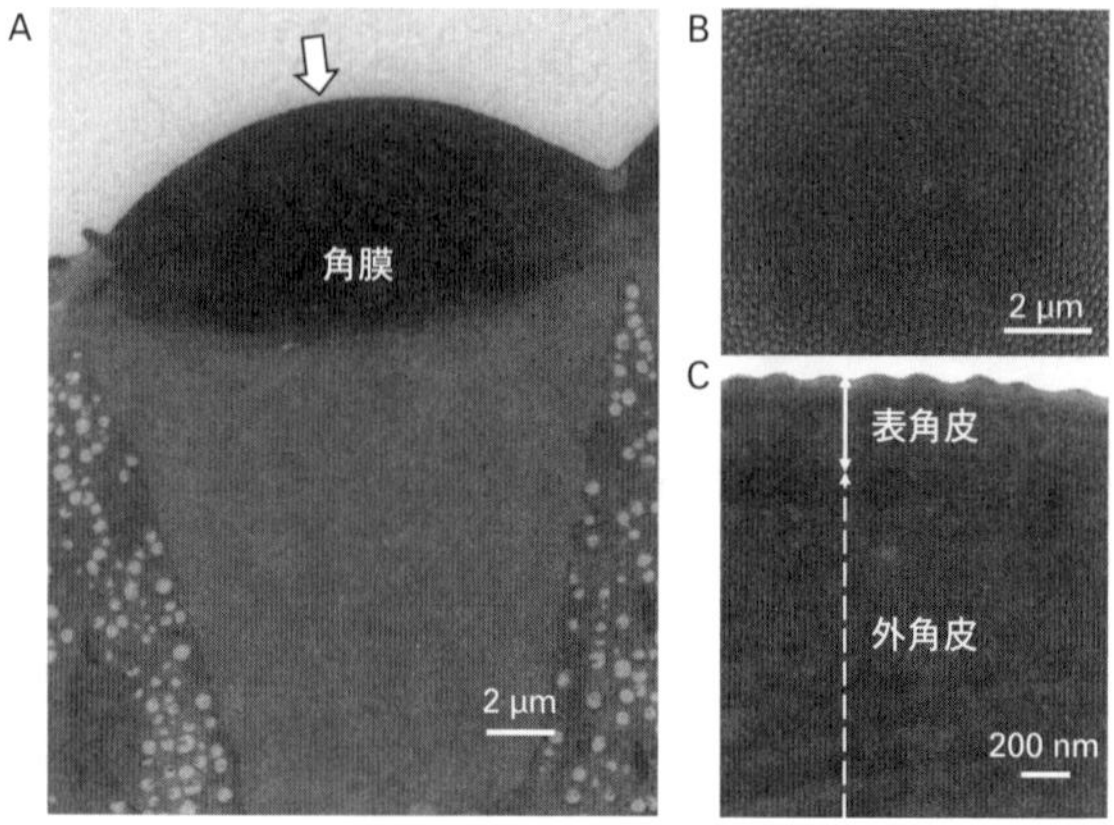

図 4－3　ショウジョウバエの眼の構造

標がある場所が必要だからです。複眼の角膜の表面（図4－3A矢印）に小さな凸凹構造があります。蛾の複眼角膜表面にあるモスアイ構造[*6]の微細な突起によく似ています。図4－3Bは、表面構造を走査型電子顕微鏡で観察したものですが、報告されているモスアイ構造よりも高さが低いことがわかります（図4－3C）。この突起構造の高さがモスアイ構造よりも低いので光にどのように機能するかはわかりません。しかしすべてのキイロショウジョウバエの角膜表面にこの構造があるため、突起構造形成の研究の対象には充分です。突起構造は表皮細胞が分泌した物質が規則性をもって固まったものなので、ショウジョウバエが蛹から成虫に変わる過程を追って、この表面突起の形成に注目して形態を観察すれば、自己組織化による形態形成を明らかにできるはずだと考えて実験計画を立てました。

この実験、とてもとてもハードでした。先に結論をいってしまうと、ハードな実験をして山ほどの美しいデータを出したのですが、残念ながらいまのところクチクラの自己組織化に関しての、しっかりした解答を得られていないのです。簡単には理解できない構造変化が、発生の途中で起こっていたのです。

浜松医科大学には、すでにこれまでの章でも登場した山濱由美さんという、形態学研究のスペシャリストがいます。彼女は、緻密に実験計画を立てて、粘り強く正確なデータを出されます。電子顕微鏡を含めて生物を観察する技術をもつ人としては、国内でトップクラスの方です。その人と一緒に実験を開始しました。

まず、キイロショウジョウバエの幼虫が蛹になったときに、どれぐらいの温度環境で一定の成長をするかを確かめます。実験に用いるショウジョウバエの発生過程のスピードを一緒にしないと、ここの実験データを比較できないからです。動物は、温度条件だけでなく、1日のなかの光の明暗（昼と夜）の時間によって成長が異なることもあるので、その影響があるかないかも確かめました。そして、温度と光環境を一定にすることによって、別々の個体の発生過程をほぼ同一にできるようにしました。同じスピードで成長させることができるようになるまで数カ月かかりました。途中、「どうしても個体間の成長のバラツキを抑えられない」と、粘り強い山濱さんでさえ音を上げることがありました。我慢して、問題点を克服して、個体間の成長のバラツキを最小にすることができるようにしました（図4－4）。そして、ようやく本格的な実験が始まったのです。

クチクラの形成の指標として、ショウジョウバエ幼虫が蛹になったあと、どのように眼の角膜を形成していくかを、発生過程を追いながら観察しました。個体間の成長のバラツキを最小にしたと

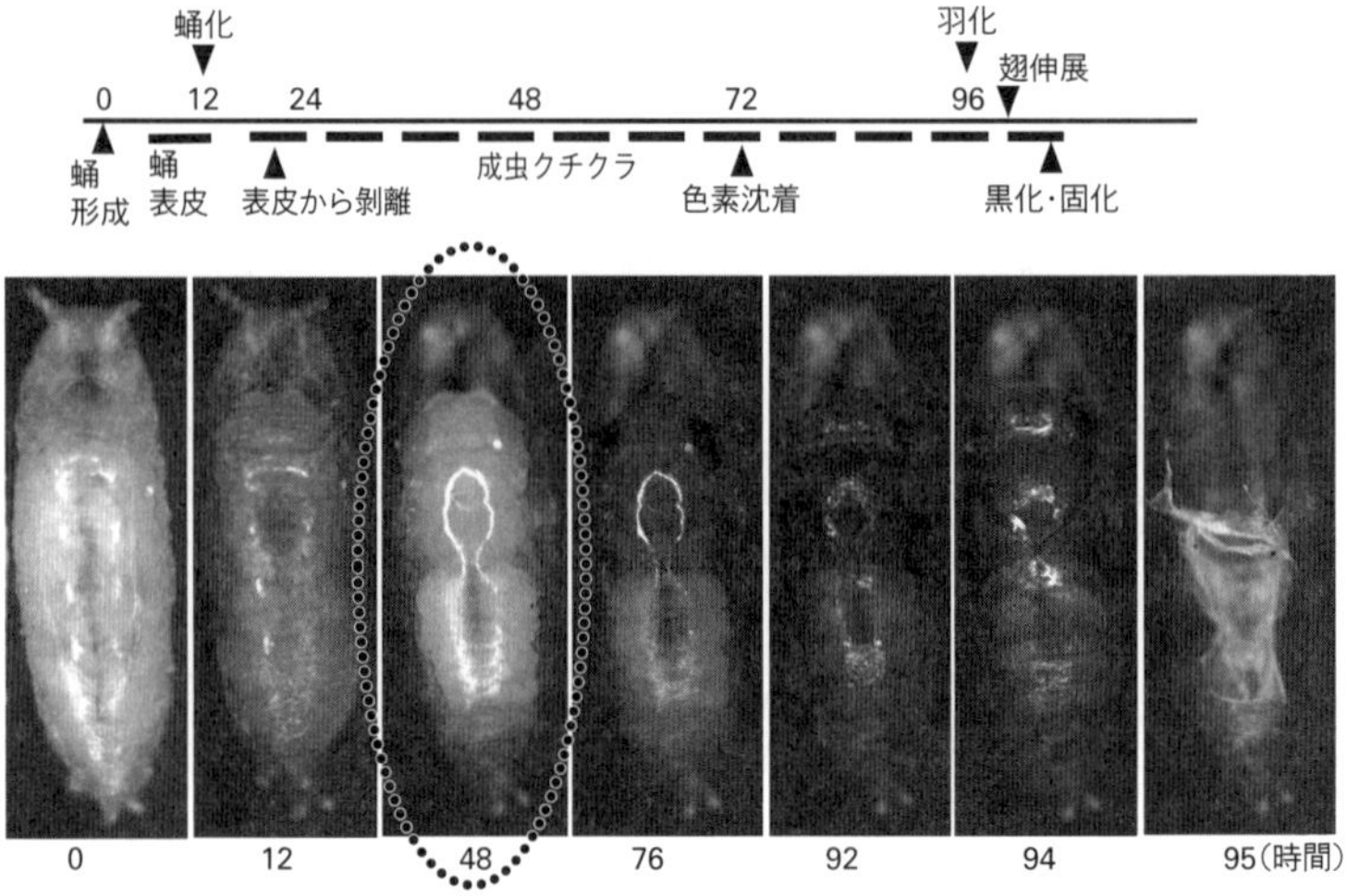

図4－4　ショウジョウバエの発生過程

はいえ、バラツキが完全にないとはいえません。統計的な解決を考えて、ショウジョウバエ幼虫を各時間で6個体ずつ観察することにしました。蛹から成虫になるまで身体の内部で何がどのように起こっているのか調べなくてはならないので、図4－4で示した蛹になったところを0時として、12、48、76、…と時間を追って7地点のサンプリングをしました。各時間のサンプル(試料)を透過型電子顕微鏡観察用に固定包埋して、超薄切片を作成し染色して観察するのです。角膜形成が開始され周辺が変化していくところを見つけ出すために、すべての時間帯の眼の周辺部を透過型電子顕微鏡で見るのは信じられないほどの大変な作業です。全部のデータが出るまで、1年間かけて朝から晩まで実験を続けても終わらないかもしれません。まずは、あたりをつける実験として、12時間後、48時間後、76時間後に注目しました。その理由は、外から眼の周辺を観察すると、12時間では眼の形がはっきりしませんが、48時間でうっすらと眼が黄色く色づきはじめ、76時間で少し赤茶色に見えるようになるので、ここで劇的な変化が起こっているのではないかと予想したのです。この辺りで何かが起こっているはず。だったら、そこの時間帯をもう少し丁寧にサンプリングすることにしてみようと。

予想は的中しました。上皮細胞が体表面に原クチクラを分泌している姿を見ることができました。上皮細胞では表皮の表側に向かってたくさんの微絨毛*7（マイクロビライ）が突出していることを、見つけることができました。微絨毛は表面積を稼ぐことができる機能をもつから、ここで何かが起こっているはずだ、しっかり観察してみようということで、電子顕微鏡で撮影した写真を見ながら山濱さんと議論を重ねました。図4－5は、その議論をもとに山濱さんが描いてくれたものです。羽化後44時間のところで、微絨毛の先っぽに少し何かが溜まっています。羽化後52時間のころには、微絨毛の上の集積がより顕著になっていて、しかも上皮細胞からの分泌を示すexocytosisの様子も観察されたのです。「やったー」と思いました。微絨毛の上に上皮細胞からの分泌物が溜まって、細胞が出している微絨毛の構造的パターンに沿っていくに違いないって。はじめに基礎となる形があって、その形に沿って分泌物が固まっていくのだと、モスアイ構造に似た表面突起の形成過程がわかったと思ったのです。

でも、研究は「わかった」と思ったときこそ慎重にならなくてはなりません。52時間以降の形態変化を観察してみました。すると図4－5の左下で示した微絨毛の構造的パターンに沿った凸凹構造は完全に消失し、一様な層が形成されていました。その後、ふたたびモスアイ構造に似た凸凹構

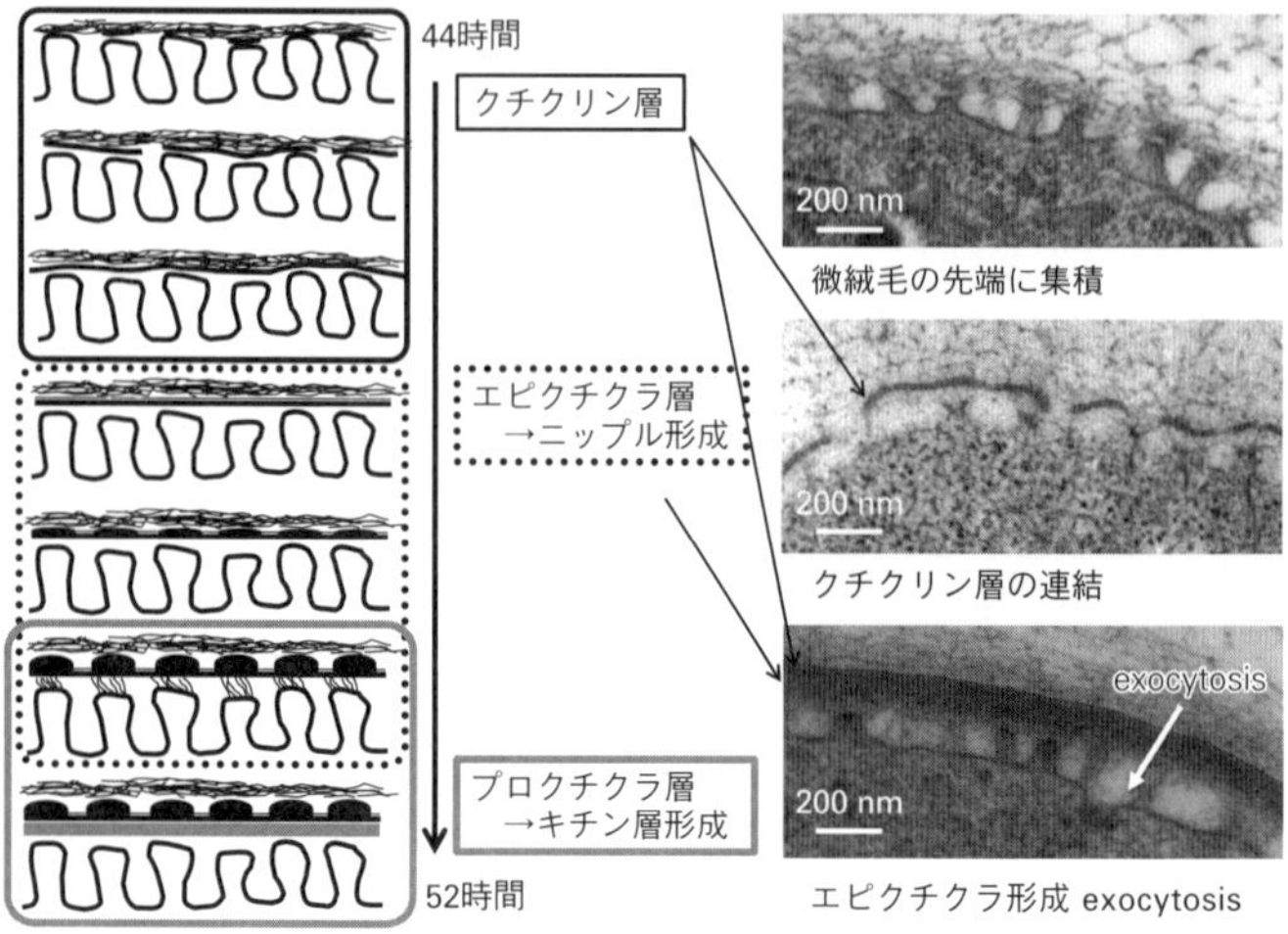

図4－5　複眼形成における微絨毛の役割

造ができていました。形が完全に一度消失し、ふたたびできあがっていたのです。これは困りました。でも、形をつくるための基盤として微絨毛が関与している可能性を図4－5のように見つけていたのだから、透過型電子顕微鏡で観察できないけれど基盤を反映した何かがあるのではないかとも思いました。だったら、微絨毛の数と、できあがったモスアイ構造の凸凹構造の数が一致するはずなので、数を数えてみることにしました。丹念に比較しました。残念無念、その数は一致しませんでした。現状のわれわれの仮説は「微絨毛から分泌された分泌物は、最初は微絨毛の構造的パターンに沿って集積されるが、集積物はその後一様になり、自己組織化現象でふたたびパターン化される」です。でもその仮説検証の形態学的実験を組むアイデアが沸いてきません。たくさんの実験を続けたのですが、現状、そのデータはお蔵入りです。論文を書くこともしていません。いつの日か、日の目を見ることができるでしょうか？

　時間や研究経費をかけて新しい分野を切り開こうとした研究結果は、新発見をしない限り日の目を見ることができない研究社会になってきているような気がしています。「こんな発見をしました、こんなふうにこれまでの研究をまとめることができました。こんな発明をしました。……みなさん、すごいでしょ！」と、研究者だけでなく一般社会の人たちにもわかる形で発表しなければならないのです。査読者つき論文[*8]に投稿した際に、その「すごいでしょ！」という体裁を整えていないと、まず採択されません。最近の学会でも同じ雰囲気が蔓延《まんえん》してきて「すごいでしょ！」という体裁を整えて研究者は発表するようになっています。また研究者側も、まだ途中の成果と思われるようなことを学会発表すると、聴衆の研究者の誰かにその考え方を盗まれて先に論文を出されてしまうなどと心配して、自分たちの研究をあえて隠すこともあります。となると、どうなるか。読者のみなさんも想像できると思いますが、新規な研究を始めることを躊躇してしまうのです。これまで研究され論文掲載が続いている分野を、少しだけ改変して「すごいでしょ！」ということは比較的簡単なので、世界中で同じように〝すでにみなが理解している分野〟の論文が積み重ねられていくのです。

　研究論文の数やインパクトファクター[*9]の合算数が研究者の評価に直結する社会の仕組みになっているので、独創的な自分の力で科学を切り開きたいという研究者自身の夢を抑えて、身過ぎ世過ぎの立場から、確実に論文になる研究を実施してしまうのです。インパクトファクターが高い雑誌に掲載されたことが、科学的に本質的な、高い評価があると勘違いしてしまっている人が多いのです。

そのうえ、それぞれの論文のインパクトファクターを合算した数値が大学教員などの研究者の人事評価に利用されるので、インパクトファクターの高い雑誌での掲載を狙ったり、低い雑誌だと論文の数をたくさんにしようと同じような論文を多産したりしてしまうのです。新たな研究に挑む研究者が激減し、新たな研究が生み出されない社会を、私たちはつくってしまったのです。もちろん、そんな社会構造を知っていても、新しい分野の研究を切り開こうと頑張っている研究者個人やグループもいます。でも、「すごいでしょ！」という成果が出るまで、研究費獲得さえも厳しい状況であることは事実です。プライドをもって研究を続けているのに、ずっと冷や飯ばかり食べさせられている研究者もいます。なので、多くの人たちは新たな挑戦を無意識のうちに躊躇してしまうのです。

研究者が新たな世界に挑戦しない限り、新たな科学は生まれないし、その科学を基礎とする新たなものづくりや産業も生まれません。現代に生きるわれわれは自由に知識を獲得し、自由な研究生活をエンジョイしていると思っていますが、じつは、新たな挑戦を躊躇せざるを得ない研究社会構造のなかにいるのです。過去の先輩たちがつくり上げた科学の世界を少しだけ改善することにエネルギーを注ぎ、自然そのものがわれわれに問いかけた難問は避けて通るほうが「すごいでしょ！」といいやすいなんて、暗黒時代[*10]の生活の姿に近いですね。中世の暗黒時代に人生を過ごした人々は、自分たちが暗黒時代のなかで生活していたなんて思っていなかったに違いありません。現代に生きるわれわれも、じつは新暗黒時代に住んでいるのに気づかずに過ごしているのかもしれません。ちょっとした文化的な環境の違いによって、個々の人間の振る舞い方も変わり、社会全体の活性度も変わるのだと歴史が教えてくれています。「すごいでしょ！」という成果主義、そこに近づくための効率主義は、現代の科学者を〝新暗黒時代〟に閉じ込めようとする見えない妖怪のように感じています。

私の心の中の〝新暗黒時代〟から抜け出したいと思い、ショウジョウバエの表面突起の形成過程が、もしかしたら眼の形成時に加わる物理的力ではないかと考え、発生時に角膜に加わる圧力を変化するように遺伝子操作したショウジョウバエの群を準備して、表面構造を観察しました。遺伝子操作によって、明らかに表面にある突起構造が変わったことを論文にすることができたのですが、自己組織化の急所を押さえたと胸を張ることができないモヤモヤ感がいまも残っています。クチクラ形成における分泌物質の自己組織化の本当の急所を突き詰めたい、突き詰めたところに新たな生物学の創造があると、私たちは真剣に思っていますが、モヤモヤを晴らしてこれまで蓄積した多くのデータが日の目を見ることはないのではないでしょうか？　エントロピーが増大してバラバラになっていくという熱力学第二法則に反して、生命は一定期間規則性があることが特徴です。生物の自己組織化の仕組みの研究は、生命そのものの理解につながるはずです。もしかしたら、自己組織化現象が基礎になって細胞が誕生したのかもしれません。まだまだたくさんの作業仮説と実験を繰り返さないと、本質的な解明に至らないですね。たくさんの人たちと議論を重ねて、新たな挑戦を楽しむグループがもっと成長できるように祈っています。

第5章

タマムシの色ってどんな色

前の章で述べたように、ヤマトタマムシの鞘翅のクチクラの表面を先の尖ったピンセットで削ってみたとき、緑色のところを削ってみても、赤色のところを削ってみても、削りカスは同じように薄褐色になりました。また5μmぐらいの厚さで切り出した切片にも色は見えませんでした。どうも鞘翅の色は、翅の中に緑や赤の色素が入っているから色が見えているわけではないようです。薄い切片に切り出して電子顕微鏡で観察すると、シャボン玉ぐらいの厚さの薄膜がたくさんの層状構造の多層膜を形成していることがわかりました。[*1] 色素ではなくて色がつく仕組みってどのようなものなのでしょうか。ここで少し落ち着いて、光の特徴を考えてみましょう。

光とスペクトル

第3章の「ニュートンの発見」でお話した、ニュートンがプリズムで分けた光のスペクトルは、じつは光源によって異なります。昔は、デパートなどで服を買うときに、「買う前に、太陽光で見たほうがいいよ」といわれました。照射している電球の種類によって、服から反射してくる色合いが変わるので、部屋の中で見た色と外で見る色が違って見えるからです。イメージしにくいですか？イメージしやすいように極端な例を挙げてみましょう。赤いフィルタがかかったランプの下で物を見たら、白い服も赤い服もみんな赤く見えて、赤い光を吸収する青い服は黒っぽく見えるようになります。昔よく使われていた電球や蛍光灯[*2]は最近なくなりつつありますが、代わって電力消費の少ないLED（light emitting diode）が出現してきました。商品としての白色LEDに、電球色や昼光色などの名称があるように、LED光源の種類によって光のスペクトルが違います。

もう一つ、「色の恒常性[*3]」という現象も、服を買うときに関係してくることですが、これは第7章で考えることにしましょう。

スペクトルとは何か

突然、スペクトルという用語が出てきて面食らった読者の方もいらっしゃるかもしれません。まずは、スペクトルとは何かを紐解きましょう。スペクトルとは、外界の情報や信号をそれぞれの成分に分解して、分解した成分ごとの大きさを縦軸に置き、成分の特徴を横軸にして並べたもののことです。

このように書くといっそうわかりにくくなってしまいそうですね。でも、いま注目している「光のスペクトル」を例にすると、簡単に理解できると思います。太陽光線を、プリズムなどの分光器[*4]を通すことで光を各波長（λ）に分けてみましょう。λについては、第3章の「光は波の性質をもっている」で、振動と波長は反比例するという表現で説明しました。まだ、波長のイメージが身に

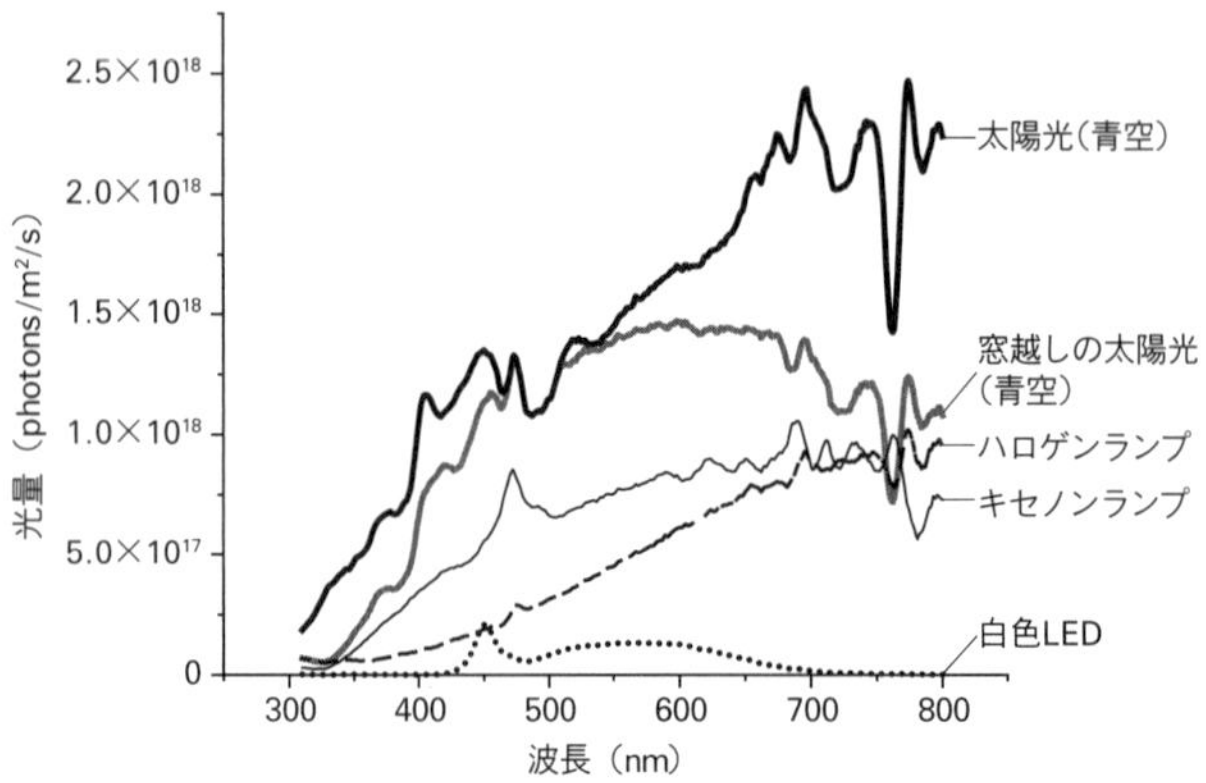

図5－1　光のスペクトル

ついていない読者の方は、いまのところ、各波長とは、それぞれの色と対応していると考えておいてください。各波長に分けられた光は、それぞれ異なった「光の量（光量）」をもっています。分けた波長を横軸にして、各波長の光量を縦軸にしたものが、光のスペクトルです（図5－1）。光量はいろいろな基準で表記することができますが、物理量としての光のエネルギーで表すのが便利だと思います。光のエネルギーは、放射照度[*5]か光量子数[*6]という単位で表現しています。第7章でくわしく述べますが、動物の眼における光受容は、光量子数とほぼ比例した反応をするので、縦軸の光量を光量子数で表しています。図5－1の縦軸に（photons/m^2/s）と書いてあることにびっくりしないでください。photonsというのは「光量子数」ということを表しています。/m^2/sは、「1秒間あたりに、1メートル四方に」という意味で、「一定の時間に一定面積に降り注ぐ光量子の数を数えていますよ」という意味です。

太陽光は、紫外線の帯域から可視光域を過ぎ、近赤外の帯域まであります。これまで、この測定には高価で少し大きめの機器を駆使していましたが、最近になって正確で扱いやすいだけでなく、研究所であれば比較的購入しやすい値段の機器が製作されました。センサー部は直径5㎝程度で、それをスマホに装着して測定する測定器です[1]。

この測定器を使って気軽に測定してみましょう。自分たちが感じている光の世界を知ることができます。太陽光に満ちている青空を測定したあとに、二重サッシのガラス窓を閉めて窓越しの太陽光（青空）を測定してみると、紫外線の帯域と赤外線の帯域の光量がとても少なくなっていることがわかります。キセノンランプは、原子番号54のキセノン（xenon）をランプの中に封入し、このキセノンガス中で二つの電極の間で放電させることによって発光させるランプです。昆虫やほかの動物の視覚応答の実験に多く用いるのですが、その理由は、このランプのスペクトルが、ほかのランプのスペクトルに比べて、太陽光スペクトルによく似ていること、とくに紫外線領域の光も地上に降り注いでいる太陽光と同じように多く含んでいるからです。ハロゲンランプは、光量に凸凹が少ないですが、紫外線領域の光はほとんどないですね。白色LEDは、ヒトには色がついてないように見えますが、同じように色がついて見えない太陽光とはずいぶんとスペクトル曲線が違うのです（図5-1）。

あらためて第7章「生物の視覚――タマムシが見る」で説明しますが、ヒトを含む霊長類は紫外線を受容することができないので、動物もヒトの可視光域しか見えないと考えがちです。しかし霊長類以外のほとんどの動物は、なんと紫外線領域の波長帯域も受容できるものがとっても多いんですよ。ほかの動物が白色LEDを見たら、妙な色の世界に入ってきてしまったなあって感じているに違いありません。白色LEDが、白っぽい色だって勘違いできるのは、ヒトとお猿さんたちだけでしょう。

タマムシの反射スペクトルの測定

タマムシがどんな色をしているかを物理学的に測定するには、タマムシの体の各所からの反射スペクトルを分析すればよいですね。すぐに測定してみましょう。どんな緑色で、どんな赤色なんでしょうか?

すぐ測定とはいったものの、反射スペクトル測定にはちょっとだけ工夫が必要です。先に、「服を買うときに、太陽光で見たほうがいいよといわれた」と書きました。服と同じように、タマムシなどの試料から反射してくる色合いが、照射している電球の種類によって変わってしまうのです。そして一つ一つの電球のスペクトルの曲線も、少しずつ違うこともあります。測定のときに、その対象物に光照射している電球のスペクトルの違いをなしにしなくてはなりません。

どうやって試料に照射する光(ランプ)のスペクトルの特徴をなしにするかというと、まずランプから照射しているすべての波長の光をそのまま照射側に反射する素材でできた平らな板に、ランプの光を真上から当てて、照射方向に反射してくる光をスペクトルに分けて光量測定します。このどんな波長の光でもほとんどすべて反射する平らな素材のことを「白色反射板(白色基準板)」と呼びます。通常の照明の下や、家の外で白色反射板を見ると、その名のとおり白く見えます。

日常使っている照明用ランプよりスペクトル帯域が広くて実験で扱いやすい「光源」にライトガ

イドを取りつけて、白色反射板に光照射して、反射した光のスペクトルをふたたびライトガイドに取り入れて、「スペクトル分析器」に取り込みます（図5－2）。ランプのスペクトルは、図5－1で示したようにそれぞれの波長で照射されている光の強度が異なるので、この面倒な作業が必要なのです。光の強度を波長ごとに測定し、コンピュータの中にデータ化しておいて、強度の高い波長も低い波長も、100％の反射をしているとします。もちろん、ランプからの光を遮断して真っ暗な状態を、0％の反射率とするのです。白色反射板の各スペクトルの反射率を100％に標準化して、試料の各スペクトルの反射率を計算すれば、その試料の反射スペクトルをグラフ化できるという考え方です。

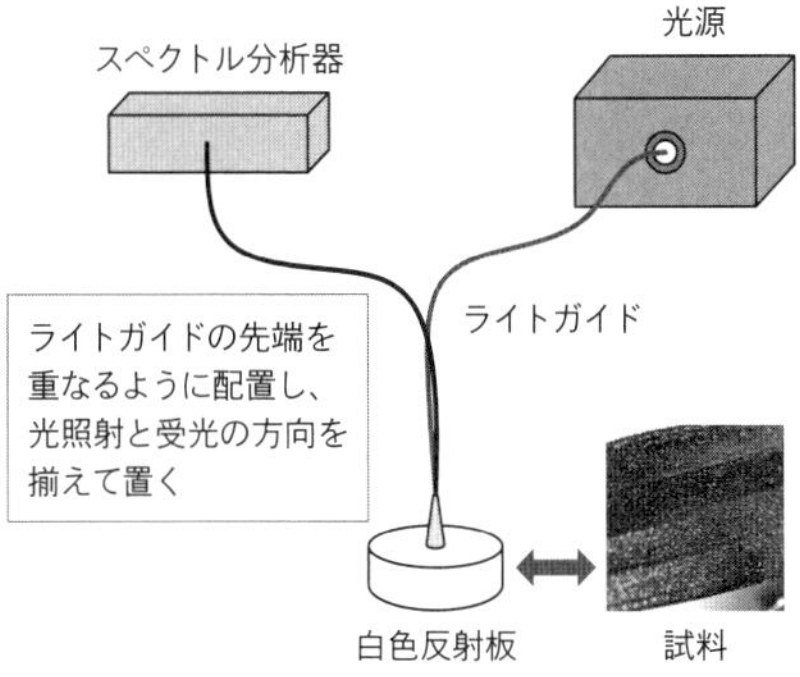

図5－2　反射光の分析方法

さて、測定したい試料に同じランプで光照射して、その試料から反射してきたスペクトルを測定しましょう。このデータをコンピュータの中に記録します。この反射スペクトルを、白色反射板を使ってランプの反射率と比較すれば、各波長でどれぐらい効率よく反射しているか（どれぐらい反射がしにくいのか）を示していることになります。口絵⑫がタマムシの翅の反射スペクトルの例です（図5－1のグラフの縦軸は光量子数で表されていますが、反射スペクトルのグラフの縦軸は、白色反射板に対する各波長の反射を100％としたときの比率になっているので、グラフの縦軸は反射率で示していることに注意してください）。

もしヒトが１nmごとに手入力で計算してグラフ化するとしたら、４００nmから６５０nmまでの１nmごとに限ったとしても２５０個の計算をして、その結果をグラフ化しなくてはならないので大変な作業になります。でも、コンピュータに計算してもらえば、あっという間にグラフ化してくれます。

コンピュータによる自動計算をすれば、測定したい試料に照射するランプの種類は問わないことになります。ただしランプは、測定中にずっと同じスペクトル光を照射できる時間変動がほとんどない安定なもの、目的とする反射スペクトル測定に必要な波長の範囲をカバーしていること、輝線や暗線（吸収線）[*7]などがない、凸凹が少ない連続スペクトル光であることが必要です。蛍光灯などは輝線を含んでいるので不適当です。ハロゲンランプは凸凹が少ない連続スペクトル光（図５－１）なので、ヒトの可視光域の実験などにはとても適しているのですが、紫外線領域の測定が必要な場合は、その帯域の光がないので不適当なランプということになります。スペクトル分析するセンサー部も同様で、自分たちが測定したい波長の帯域に対して安定して記録できるものを選ぶ必要がありますね。

さて、この反射スペクトルを測定できる機器を使って（図５－２）、タマムシがどんな色をしているかを測定した結果のお話をしましょう。昆虫は紫外線を眼で受容できるものが多いので、紫外線領域まで測定しました。光源もセンサーであるスペクトル分析器も、紫外線から可視光域までカバーしているものを選びました。試料に光が照射される大きさは、ほぼ赤ストライプの幅ぐらいの丸い円にしました。タマムシにまっすぐ光を当てて、その照射方向にまっすぐに反射してきた光

（後方反射）をスペクトル分析したのです。

タマムシの緑の部分（EG）と赤のストライプの部分（ER）、そして赤っぽく光る腹側（ST）で、どのような光の波長が反射されているか、そしてタマムシが寄主木としている榎木の葉の表面（LF）と裏側（LB）も測定しました（口絵⑫）。縦軸が白色反射板の反射率を100％としたときの、タマムシのそれぞれの場所の反射率と、葉の表裏の反射率です。横軸が波長です。

ヒトには400nm付近の波長が紫や藍色や青色に、それから虹を見たときの色の配列と一緒で、緑・黄・橙色と続き、600nm以上の長波長が赤く見えます。タマムシを肉眼で見て想像されるとおり、緑と赤の波長域に反射スペクトルのピークが観察されました。ただし、緑の部分の反射波長帯域のピーク（ピーク波長）は570nmぐらい、赤のストライプの中心部分のピーク波長は750nmぐらいでした。鞘翅の赤いストライプのことを「赤だ、赤だ」と書いていましたし、実際赤っぽく感じますが、測定の結果がじつはヒトが色として感じることができない波長帯域なんだということがわかりました。このことを知ってから、あらためて口絵⑫Aの赤ストライプの真ん中あたりを見ると黒っぽくも見えるようになりますね。ヒトの眼は700nmを超えた波長帯域を見ることができず、650nmあたりまでであれば、なんとか暗赤色に見えます。750nmにピーク波長がある曲線（口絵⑫ER）は、600nm付近まで裾野を引いていますね。600nmあたりは明るい赤にヒトには見える波長なので、私たちが赤いストライプだといっているのは、なんとかようやく赤く見える部分を見て、赤いストライプだと表現しているのだろうと想像できます。また口絵⑬でわかるように、測定する場所によっては、ヒトは感じることができない波長帯域もあるので、これは赤いストライプの両端が赤なので、そこだけだと黒く見えるところを脳が補って赤だと感じているのかもしれません。その証拠に、１mm程度の穴を白い紙に開けて、赤いストライプの真中あたりを見ると黒っぽく見えます。

一方、タマムシの腹側は銅金色に見えます。この部分の反射スペクトルを測定するとそのピーク波長は６５０nmあたりで、短波長側は５５０nmぐらいまで、長波長側は７００nmぐらいまで裾野を引いていました（口絵⑫Cと、DのＳＴ）。この帯域はヒトの眼が受容できる波長なので、鞘翅の赤いストライプ（ＥＲ）よりもより明るく鮮明に見えているのが理解できました。

鞘翅の緑の部分（ＥＧ）と鞘翅の赤いストライプ（ＥＲ）の反射の感じを比べてみると、ヒトには緑のほうが強い反射をしているように見えますが、反射スペクトルのグラフを見ると、赤いストライプの部分のほうが、反射率が20％近くも高いことがわかりました。腹側（ＳＴ）も表側の緑の部分（ＥＧ）に比べて７％ぐらい高いですね（口絵⑫）。それでも緑色の部分のほうがヒトには明るく見えるのは、ヒトの眼が６５０nm以上の波長の光を受容できないことが原因だと考えられます。物理的に測定すると、しっかりと外界にある光の反射なのに、ヒトには見えないのです。この現象は、それぞれの種特有の世界をもって生きている「環世界」[2,*8]が感覚器の特性によっても決まっている例の一つといえます。そうです、先に述べたようにヒトには紫外線が見えないことも、赤色の領域の色弁別能が低いことも、感覚器レベルで環世界が規定されてしまう例の一つなのです。

口絵⑫Ｂ、Ｄの榎木の葉の反射スペクトルを注意して見てください。ＬＦとＬＢは、それぞれ葉っぱの表側と裏側の反射スペクトルの曲線です。タマムシの反射スペクトルと大きく違う点が二つわかります。一つは、反射率がずっと低いことが一目瞭然です。もう一つは緑の反射は、反射率が低くはありますが５４０nm付近にピーク波長をもち、それより短波長側でも反射していることがわかり、ピークの山が５００nmぐらいから６００nmぐらいまで広がっていて、７００nm以上の波長帯域が一番高いということです。口絵⑫A、Cの写真で見える葉っぱは、タマムシの反射率とあまり変わらないように見えるし、緑の色の見た目もあまり変わらないように見えますが、物理光学的手法で測定してみると、ずいぶん違うものですね。じつは、この反射スペクトルの測定をする必要があると思ったのは、第4章で述べた『多層膜干渉によってタマムシの鞘翅の色が創出されている』という作業仮説」を検証するためでもあったのです。通常、色素色では、反射スペクトルが、榎木の葉のスペクトルカーブと一緒で、反射の帯域が広く、かつ反射率が低いものが多いのです。色素色[3,4]は、ピークの周辺のカーブが急峻であることはほとんどありません。

念のために、タマムシの身体の各所の反射スペクトルを丁寧に測定してみました（口絵⑬）。胸部背側と鞘翅では同じように緑色に見え、そのスペクトル曲線のピークは５７０nm付近でほぼ一緒です。ところが、胸部背側（口絵⑬d）のほうが、鞘翅の部分（口絵⑬f）よりも反射率が倍近く高いのです。赤く見えるストライプの部分も胸部背側（口絵⑬a、b、c）のほうが鞘翅の部分（口絵⑬e）よりも反射率が高いことがわかります。また、鞘翅の赤ストライプの端っこを測定したものが口絵⑬Bのeですが、aに比べて反射率が下がっていて、ピーク波長がやや短波長になっていますね。タマムシの身体の場所によって、こんなにスペクトル曲線の特徴が違うなんて想像もしていませんでした。

口絵⑧の透過型電子顕微鏡写真で見たエピクチクラの層の数を数えてみると、胸部の緑色の部分が28層、鞘翅の緑の部分が16層でした。赤色に見えるストライプでは、胸部17層で、鞘翅の部分で12層でした。もしかしたら、多層構造の層の数と反射率に関係があるかもしれません。

口絵⑫で見られた色素をもつ葉の幅広いスペクトルカーブに比べて、タマムシの反射スペクトルは急峻なカーブを描いていたという結果に合わせて、これまで調べてきたように削っても色が出ないことや、エピクチクラの部分に多層構造が見られたことから、タマムシのクチクラの構造によって色が創出されている可能性がとても高くなりました。念のために、**図5-2**で示した反射スペクトル測定用の機械の光路を改変して、5μmぐらいの厚さで切り出した切片の薄褐色のあたり（**口絵④**）の透過光スペクトルを測定してみたのですが、やはり青や赤の吸収ピークは見られませんでした。これまでの結果から自信をもっていえるのは、「色素がタマムシの色を生み出しているのではない」ということです。

構造色とは？

CDやDVDを見ると、虹色のようにキラキラとした色がついて見えます。ハトよけにマンションのベランダなどにCDを吊り下げていらっしゃる方もいますね。この色は、円盤上に並んだ無数の突起列が回折格子としてはたらいた結果です。一方、空が青く見えるのは、大気中で光の波長の10分の1より小さいサイズの粒子によって、波長の短い光が散乱された結果です。「レイリー散乱」といいます。19世紀に活躍されたレイリー卿の業績にちなんで、この名前がついています。レイリー散乱に似ていますが、青空にある粒子よりも大きい粒子で散乱されるミー散乱という光の現象もあります。ミー散乱は、光の波長以上の粒子による散乱で白っぽくなります。霧の林の中に差し込んだ、光が白っぽく太陽光線の軌跡を見せる美しいシーンを思い出していただければ、イメージしやすいと思います。

このように、物理的な現象として光の波長が変わることが説明できるものは、その構造が維持される限りいつまでも色が失われることはありません。この構造によって発色されるものを、以下に述べる色素色に対して「構造色」と呼びます。光の回折格子と散乱現象に加えて、薄膜干渉、多層膜干渉、フォトニック結晶など、構造色を生み出すいろいろな仕組みも研究されています。[5,6,7]

動物の体色——色素色と構造色

動物や植物の「色」は、体の表面やその直下にある色素によるものと、先に述べた表面の構造に起因するものの二つに大別できます。

動物が用いる色素には多様な種類があり、これらを駆使して体を装っています。このような色素による色を、「構造色」に対比するために「色素色」と呼ぶことがあります。たとえば、植物由来のβ-カロテンがそのまま用いられているだけでなく、β-カロテンを体内で酸化して動物特有のアスタキサンチン、ゼアキサンチン、クリプトキサンチンとして用いています。植物はもともと多様な色素をもっているのですが、動物はそれを素材として体内で合成するものとの両者があるために、動物における色素の数のほうが植物のものより多いのだといわれています。[3,4]

その証拠として、動物は、カロチノイド、フラボノイド、プテリジン系色素、メラニン、インドール系色素、キノン系色素、オモクローム、パピリオクローム、テトラピロール系色素などなど、多岐にわたる色素で体を彩っていることが挙げられます。色素による体色は、色素が吸収した残りのスペクトル光が反射したものであり、照射光のスペクトルから色素が吸収した残りのスペクトルということになります。色素が化学物質であるため、動物の死後数日で変色するものが多く、比較的色落ちしないものでも年月を経ると劣化し、変色あるいは退色してしまいます。さらに色素色は構造色に比べて反射率が低く、またスペクトル分布が幅広いことが多いのですが、構造色は色素色に比べて一般に半値幅[*9]が狭く単色光に近いという特徴があります。

このことを知ってから、口絵⑫や口絵⑬を見直してみると、その半値幅が狭いという特徴が如実に出ていることがわかるでしょう。スペクトルの曲線が、反射のピークを中心に尖って見えていますね。口絵⑫のタマムシの鞘翅（ＥＧやＥＲ）や腹側（ＳＴ）のスペクトルは反射率が高く半値幅が１００nmぐらいですが、寄主木の榎木の葉の表側（ＬＦ）や裏側（ＬＢ）のスペクトルは反射率が低く、スペクトル分布が幅広いですね。

反射率が高く、半値幅が狭いタマムシが示す反射スペクトルの特徴から、作業仮説「タマムシの翅の色は、色素色である」ということを捨てて、「タマムシの翅の色は、構造によるものである」の可能性が強まってきました。でも、まだ仮説の段階で、この仮説が検証されたとはいい切れません。

ところでシャボン玉にはなぜ色がついて見えるの？

シャボン玉の、「シャボン」の語源は、ポルトガル語だとかスペイン語だとかいわれているようですが、でも、最近では石けんという用語のほうが主流になっているようです。それなのにシャボン玉として「シャボン」が生き残っているのは、面白いですね。シャボン液にストローなどの細管の一端を浸け、細管にゆっくりと息を吹き込んで細管の口にシャボン液の薄い膜の球体をつくる、「シャボン玉飛んだ、屋根まで飛んだ……」という寂しげな歌の記憶とともに、シャボン玉遊びをほとんどの方たちは経験しているのではないでしょうか？　最近では、オモチャ売り場で売っているシャボン液はとても扱いやすくて、注意深く息を吹き込まなくても、簡単にシャボン玉をつくることができます。

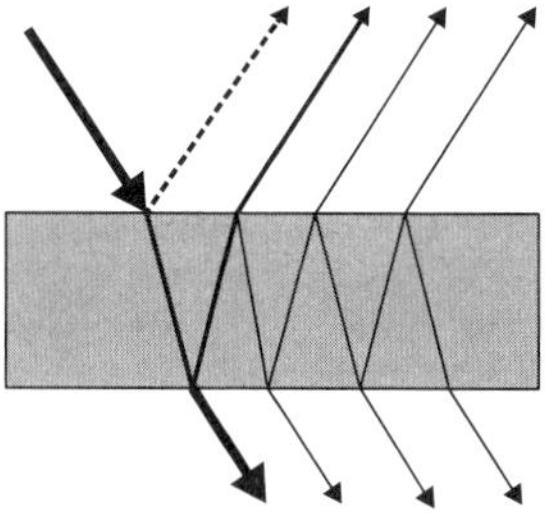

図５－３　薄膜干渉の仕組み

色がついていないシャボン液が、シャボン玉になると色がついて見えるのは、薄膜干渉という物理光学的な現象によるのです[6,7]（口絵⑤、図５－３）。シャボン玉の外側は空気、シャボン玉そのものは薄い膜、シャボン玉の中は息を吹き込んだので空気です。空気中を通ってきた光は、シャボン玉の薄膜を通過して、シャボン玉の中に入っていきます。シャボン玉の薄膜に注目してください。薄膜は、外と内側の空気の境目になっているので、表側の界面と[*10]、内側の界面があることになります。この二つの界面で光は反射されます。空気の屈折率はおおよそ１・０、シャボン液の屈折率は水とほとんど同じだと仮定して１・33です。

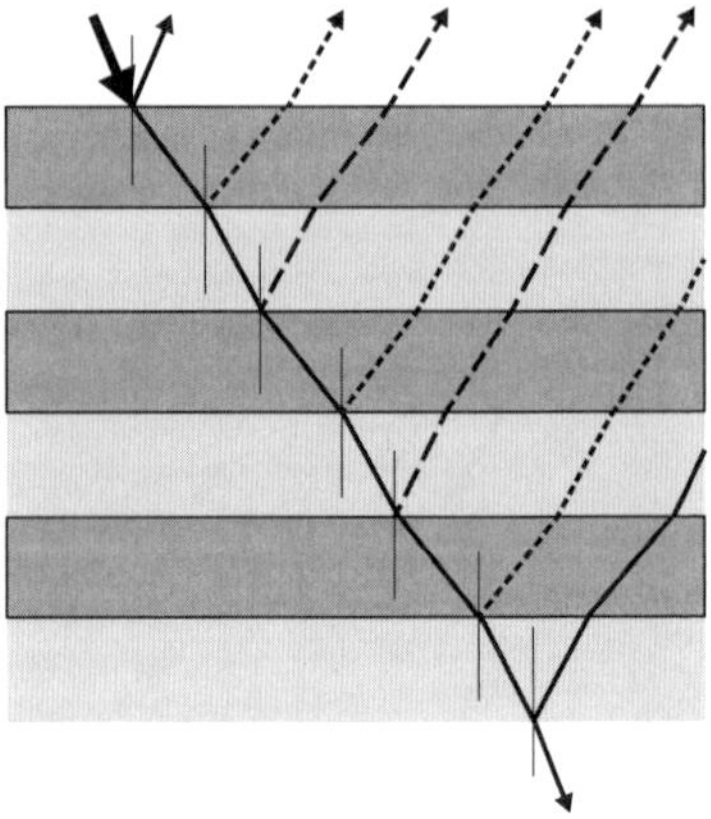

図5－4　多層構造における干渉の仕組み

光が物質に当たって界面で反射されるとき、屈折率が小さいところから大きいところ（シャボン膜の外側）に入った光の位相が180度ずれるのですが、屈折率が大きいところから小さい界面（シャボン膜の内側）に入ったものでは位相はずれません。このように界面に対する光の性質があるので、シャボン玉の薄い膜の外側と内側で反射してきた光の波が、重なって強まったり、打ち消しあって弱まったりするのです（**図5－3**）。この現象を薄膜干渉といいます。つまり、光の波の位相が同じであれば、波は強めあって大きくなりますが、180度ずれると打ち消しあって波は消えます。薄膜の厚さが光の伝わる距離なので、厚さによって外から見える光の波長（色）が異なることになります。シャボン玉の薄膜が厚ければ、赤っぽく、薄ければ青っぽくなります。シャボン玉遊びをしているときに、一つ一つのシャボン玉の色の変化が起こっています。シャボン玉が周りの温度などに影響されて、薄膜の厚さが変わることによって色が変わるんだと気づくと、色が変わる現象がいっそう面白く感じられますね。

自然界のなかで、薄膜干渉で色がついている動物がいることを発見したのは、東京理科大学にいる物理学者の吉岡伸也さんです。ドバトのとくに首の周りがピカピカ美しい色を呈していて、歩く度に輝きが変わることに気づかれている方も多いと思います（**口絵⑭**）。このドバトの羽の色が、吉岡さんが発見された薄膜干渉だったのです[8]（図5－3）。吉岡伸也さんは、構造色研究会を木下修一さんと一緒に主催されています[9]。

第4章のタマムシのクチクラの構造の観察でわかった多層構造も、干渉によって色がつきます（口絵⑧、図5－4）。多層膜は、薄膜がたくさん重なったものと考えてよいので、薄膜干渉と同じような仕組みの繰り返しで色が創出されるのです[6,7]。薄膜干渉と異なることは、多層構造によって界面がたくさんあるので、界面で反射されずに後ろ側まで透過してしまって、反射しない光がずいぶんと少なくなることです。そう考えると、反射率の高い胸部（口絵⑬d）の多層構造の膜の数が28層で、反射率の低い鞘翅（口絵⑬f）のほうが16層だったことと一致します。鞘翅に入った光は、胸部に入った光よりも反射率が低いということは、多層構造の層の数に関係しているのかもしれません。構造色研究会のホームページ[9]に入ると、エクセルを使って無料で多層膜干渉を学ぶことができます[10]。層の数が増えると、反射率が上がることがわかります。

鞘翅の多層膜の構造から、構造色の発色のシミュレーション

多層膜構造によって反射されてきた光が、薄膜干渉と同じように色がついて見える現象を多層膜干渉といいます。鞘翅のエピクチクラ付近の縦切りの透過型電子顕微鏡写真（図5－5A）を用いて、白破線の部分の濃度をデンシトメーター[*11]で測定した結果が、波を打ったような曲線になります（図5－5B）。肉眼で見ると、多層構造が、白黒のはっきりした線に見えるのですが、デンシトメーターで光学的に測定すると、それぞれの層の境界がはっきりしているわけではないことがわかり

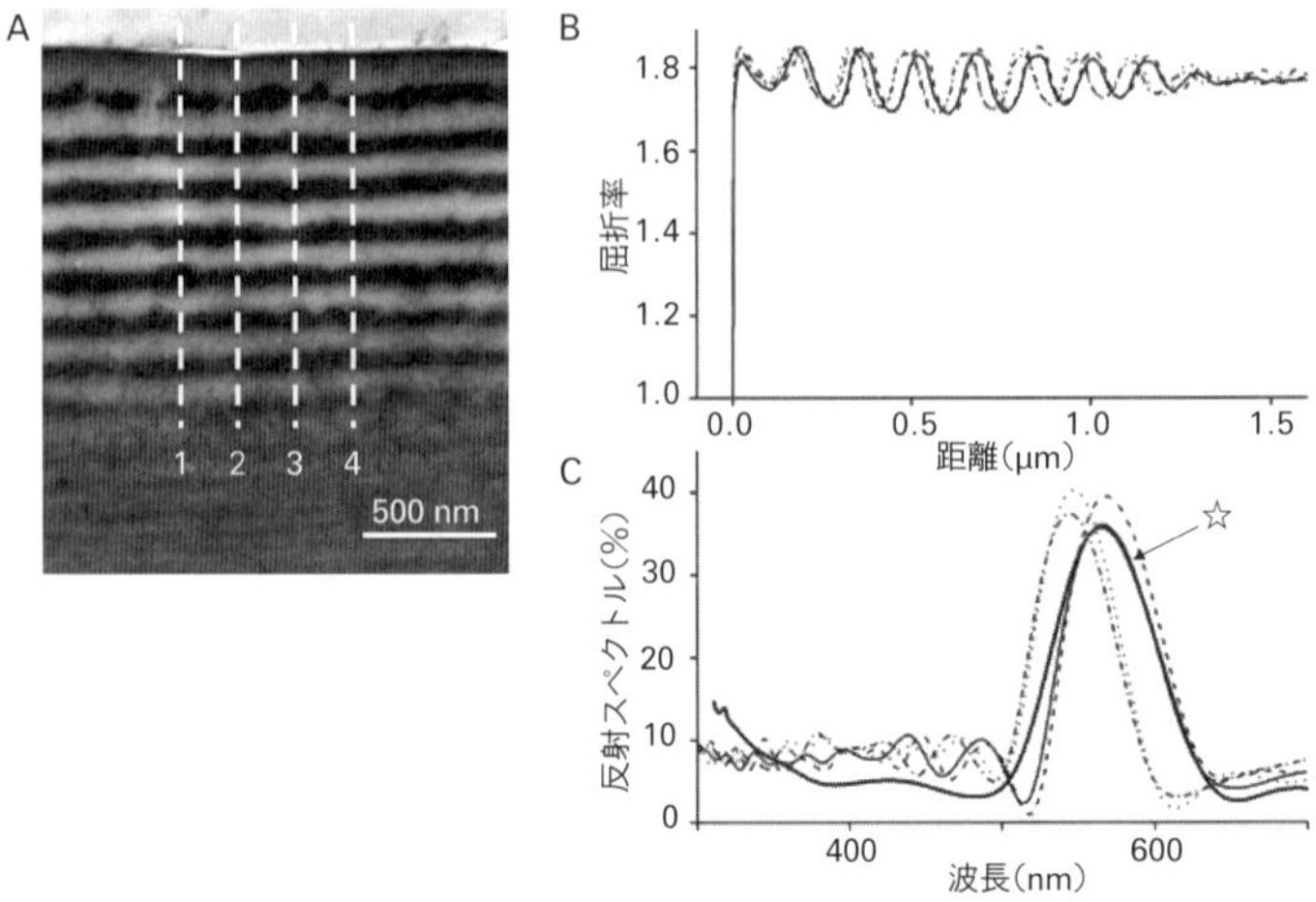

図5-5 鞘翅の透過型電子顕微鏡写真をデンシトメーターで測定した値と、多層膜干渉による反射スペクトルのシミュレーション結果

ます。白黒のはっきりした線に見えるのは、第7章で述べるように、ヒトの眼が、境界を強調する仕組みをもっていることによるものです。デンシトメーターで光学的に測定した白黒の濃度差が屈折率に比例していると仮定して、タマムシの反射スペクトルに一致するように屈折率の平均をおよそ1・8付近に設定して、多層膜干渉のシミュレーションをしたものが破線で示した曲線です。実線(☆)で示した曲線は、タマムシの鞘翅からの反射スペクトルですが、この屈折率で計算すれば実際の測定値によく一致しました(図5-5C)。

ただし、このシミュレーションで一致した理由は、屈折率平均をおよそ1・8付近に設定したことにあります。クチクラを形成している物質は、ショパン(CHOPiN)と呼ぶ軽元素なので、1・8もの高い屈折率であることは想像できなかったからです。ところが、吉岡伸也さんと木下修一さんは、タマムシの翅を斜め切りして、各層の幅を広く切り出すというアイデアで、顕微分光装置[*12]を使って白黒の層の反射率と透過率を測定することに成功しました[11,12]。鞘翅を斜めに切り出せば、層の測定面積を広げることができて測定器を利用できるという発想は素晴らしいと思います。その結果は、屈折率が1・55〜1・68程度となり、実測値でもずいぶんと高い値になって、私たちが計算上で設定した屈折率1・8に近い値です。軽元素が高い屈折率を出す仕組みに、いっそう興味が沸いてきました。

タマムシのクチクラにはメラニンが含まれているのだろうか

そこで、エピクチクラを透過型電子顕微鏡で観察したときに見える黒色と灰色の層が何でできているのか考えてみることにしました。節足動物のクチクラを研究しているA・C・ネヴィルさんが書かれた本[13]を読むと、メラニンがクチクラに含まれていると書かれていました。メラニンと光のスペクトルの関係をネット検索してみると、短波長側で反射率が少なくて長波長側で多くなることがたくさん記載されています。ヒトが太陽の下で過ごすと、ヒトの皮膚に含まれる色素細胞がメラニンをつくり出して周辺の角化細胞にも広がります。うまくできているなと思います。メラニンは紫外線をはじめ短波長側をよく吸収するので、細胞の核に含まれる遺伝子を太陽の光から守ることができるのです。遺伝子は修復機能をもっていますが、遺伝子に紫外線を当てないようにする皮膚の機能もとても重要なのです。遺伝子を守りきれないと、皮膚がんの原因になってしまうこともあります。このことは、テレビなどのマスコミでもときどき聞くので、みなさんもご存じかもしれませんね。

吸収だけでなく、メラニン色素が蓄積して日焼け（サンタン）した褐色の肌は、メラニン色素が長波長側の光を反射しやすいことが、生物にとって都合がよい可能性もあります。メラニンの反射スペクトルを調べてみると、たしかに長波長になればなるほど反射率が高くなっています。メラニンの反射があると、長波長側の熱に変わりやすい波長域が、生物の個体の中に入りすぎることを防ぐ機能があるのかもしれません。

メラニンが、タマムシのエピクチクラの層に含まれているという実験的確証を、これまでの実験結果ではまだ得たとはいえません。でもネヴィルさんの研究や、同じ甲虫のコメツキムシの鞘翅が着色するのはメラニンによるという報告[14]を読むと、タマムシのクチクラにもメラニンが含まれているのではないかと考えられます。

メラニンをなくしてみよう

最近では、ファッションとして自身の髪の毛を脱色する人も見かけるようになりました。酸化作用がある過酸化水素（H_2O_2）を用いると、髪の毛を脱色させることができます。メラニンが過酸化水素で酸化されると、色素の粒子が小さくなり、最後には無色になります（でも、過酸化水素水は劇物に指定されている危険な薬品なので、ヒトの髪の毛では実施しないでくださいね）。この化学反応を利用して、安全を確認しながら実験室で、タマムシの鞘翅の下半分を過酸化水素水に浸けて、脱色してみました（口絵⑮）。鞘翅の真ん中あたりをハサミで切り、下側を過酸化水素水に60分間浸けて、上側はそのままにしておいたものです。もともとの緑色（EG）の部分と赤色（ER）の部分の色に比べて、脱色したもともとの緑色部分（TG）と赤いストライプ部分（TR）では、緑や赤の色は消えて茶色っぽく見えます（口絵⑮A）。口絵⑮Bの実線で示した緑色（EG）の部分と赤色（ER）の部分の反射スペクトルでは半値幅の狭い急峻なカーブでしたが、破線で示した脱色したもともとの緑色部分（TG）と赤いストライプ部分（TR）では反射率も大きく下がり、緑や赤のピークは消えました。つまり、処理した部分は完全な透明にはなりませんでしたが、茶色く写った写真のように、その部分の反射スペクトルは、５００nmから徐々に反射率が上がり、白色反射板の反射率に比べてせいぜい15％程度の反射を示したのです（口絵⑮B）。この結果は、過酸化水素水の処理により、エピクチクラのメラニンが形成している層がなくなったからではないかと考えました。

そこで「過酸化水素水の処理により、エピクチクラのメラニンが形成している層がなくなる」という作業仮説を立て、検証するために鞘翅の同じ場所を、過酸化水素水に浸ける前のものと、過酸化水素水に浸けてから60分後に取り出し蒸留水で洗ったものの二つのサンプルを準備して、それを超薄切片にして透過型電子顕微鏡で観察してみました（図５－６）。図５－６Aが未処理の試料で、白矢印で示した黒い層を見ることができます。その黒かった層が、過酸化水素水に60分間浸けておくことによって、抜けてしまうことがわかりました（図５－６B。ただ、60分間過酸化水素水に浸けた別の試料を透過型電子顕微鏡で観察したところ、エピクチクラの層がぱらぱらと剝がれてしまった結果もありました。過酸化水素水処理はクチクラの構造を傷つけることもあるのだと思いまし

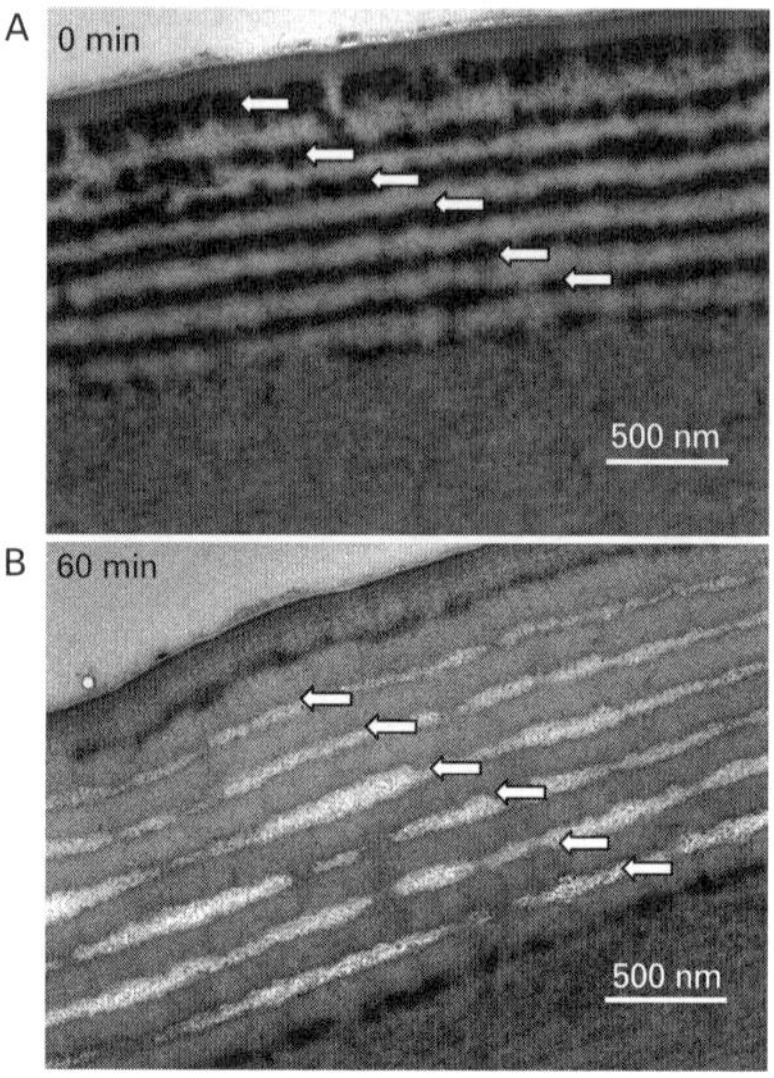

図 5－6　鞘翅の同じ場所を、過酸化水素水に浸ける前の透過型電子顕微鏡画像（A）と、過酸化水素水に 60 分浸けてから蒸留水で洗ったものの透過型電子顕微鏡画像（B）

た）。タマムシのこれらの結果から、メラニンではないかと考えられる色素が高い屈折率を出していて、タマムシの構造色を創出している可能性が深まったと思います。

　また、これらの結果を踏まえて、赤いストライプの部分の層の数が、緑の部分より少ないのに反射率が高いという実験結果も理解できるのではないかと考えています。前述のように、メラニンは、長波長側のほうが短波長側よりも反射率が高いという特性があるのです。赤く見えるストライプの多層膜の層の数は、緑の部分より層の数が少なくても、メラニンが長波長側の光を短波長側のものよりもより強く反射するために、測定した反射率が高いのかもしれないと考えれば、赤く見える部分の多層膜の数が緑に見える部分の多層膜の数に比べて少ないのに反射率が高くなっていることに納得がいきます（口絵⑧）。電子顕微鏡観察結果をもう一度記載しますが、胸部の緑色の部分が28層、赤色の部分が17層で、鞘翅では緑の部分が16層で赤色の部分が12層だったのです。層を構成している物質によって層の厚みと数を変えている生物ってすごいと思いませんか？　私はこの現象を見て、生物が自分の生存のためにコストをできるだけかけずに〝良い加減〟に調整しているのではないかと思うのです。生物は、高機能を創出するために人が設計して決めた数の層をつくる工学材料とは異なり、生き残るために適した層の数をもつものが生き残り、結果として設計指針である遺伝子を残していっているのではないかなあと思うのです。

温度で色が変わるけれどまたもとの色に戻るタマムシの鞘翅

タマムシの鞘翅の色の変化で、面白い実験をした人がいます。タマムシの翅を温めて、色が変わるかどうかを観察した実験です[15]。なんと、２００℃まで温めると、緑色をしていたヤマトタマムシが、美しい青色になってしまうそうです。赤いストライプの部分の反射も、少しだけ短波長側にシフトしました。

もう少し穏やかな実験として、タマムシを徐々に温めていくと、温度変化に伴って色が変わっていくという観察もされました。タマムシにとって常温の30℃付近から徐々に65℃ぐらいまで上げていくと、５３０nm付近の緑色の反射から、65℃では５１０nmの少し青みがかった緑に変化するのです。そして、実験のあとに温度を常温に戻すと、時間はかかるけれどもとの緑色に戻るので、タマムシの翅の色は、とても安定性があるとその論文では結論づけられています。色が変わる物理的なシミュレーションができるだけの形態学的要因の変化の実験がされていないので、残念ながら色が変わった理由はまだ不明ですが、温度で色が変わり、それがまたもとの色に戻るという発見は、とても面白いですね。すばらしい発想だと思いました。これまでの私たちの形態学的観察や、多層膜構造のシミュレーション結果では、短波長の反射のほうが長波長側の反射をするものに比べて、層の厚さが薄くなっていました。金属などでは、熱を加えると膨張するので、もしタマムシの鞘翅が金属でできていたら、熱を加えたら層の間隔が長くなって、長波長側にシフトするはずです。緑色に見えていたものが、青ではなく赤くなるはずです。金属ではなく軽元素でつくられているタマムシの鞘翅の中では逆の現象が起こっているのかもしれないなって想像すると、その仕組みを知りたくてドキドキします。タマムシの多層膜構造が熱を加えると薄くなる仕組みを解明してみたいですね。黒い層と白い層のどちらかの厚みが変化するのか、両方が変化するのか。なぜ熱で厚みが変わるのか……。層を形成している物質の構造や性質を探る手がかりになるかもしれません。温度を変えた翅を化学固定して、透過型電子顕微鏡で観察することがこの研究の第一段階でしょうか？　そのときの作業仮説は「鞘翅を形成している高分子は、熱をかけると収縮する」ですね。

虫という漢字

たくさんの物理光学的な知識を含んだこの章の文を読んで、みなさんは少し疲れたのではないでしょうか？　ちょっと骨休めに、少しタマムシの実験から離れて、虫という漢字について考えてみましょう。

『動物の漢字語源辞典』[16]という本が出版されています。収録されている動物の名前の数は、500個ほど。生き物の一つ一つに漢字が当てられているというのもすごいものだなあと思います。そのなかで、虫偏など虫がつく動物の数は120種でもっとも多く、続いて魚と鳥がつくものが多いのを見ると、生活との関連が強いものが掲載されているのか、あるいは地球のなかで昆虫の種数が多いことを反映しているのか、どっちの理由なのかなあと興味が湧きます。蚊《か》や虻《あぶ》、蜂《はち》や蟻《あり》などは日常的に見る昆虫なので違和感がないのですが、両生類のカエルにも「蛙」と虫偏がついているし、ヘビ（蛇）やトカゲ（蜥蜴）などの爬虫類にも虫偏がついています。軟体動物の蛸《たこ》や蛤《はまぐり》にまでついているのを知ると、虫は、動物全体を表しているように思えてきます。昆虫の種数の多さをそのまま反映しているわけでもなさそうですね。動物ではない「虹《にじ》」にも虫偏がついていますが、龍が天をまたぐような形をしたもの、あるいは龍の図は爬虫類から発想を得た架空の動物だとすれば、まあ納得がいきますね（虹の正体は、前述のように水滴ですが……）。この辞典には、虫という漢字はそもそも蛇のマムシの形を描いた図形であると記載されています。虫という偏を使って、それぞれの動物を記載するようになったときには、分類学のリンネのことを知っていたわけでもないはずなので、虫は小さな身近な生物を表していたのかもしれません。

　タマムシには、「吉丁虫」という漢字が当てられます。「分類学」の説明をあとでしますが、タマムシ属（*Chrysochroa*）の仲間の甲虫を指しているとのことです。この「吉丁」とは体が充実し、ハンサムで、元気があるという意味があるとのこと。タマムシが媚薬《びやく》として処方されていたころの名残なのか、単にハンサムで元気がある虫という意味なのか、どちらでしょう。日本語では、タマムシは「玉虫」と記載されることもあります。「玉」は、すぐれて美しいものであり、「宝石」などの美しく尊いものを表します。タマムシは英語で jewel beetle と記載されます。jewel は宝石、beetle は甲虫なので、宝石に見える甲虫ってことですね。タマムシが宝石のようだと感じることは、世界中一緒なのかもしれません。

この辞典の「虫」以外の欄を読んでいくと、魚には虫偏はついていないし、鳥にもなく、もちろん牛や羊や馬、猿や人には虫はついていないことがわかります。生活に直接かかわる動物とそれ以外を区別しているのかしれません。あるいは大きさによっても区別していたのかもしれません。虫は小さな動物のグループにあてられているのかもしれませんね。「あなたに会うと虫酸が走る」なんて、できればいわれたくないものですが、胃液が上がって吐き気がするほど嫌な相手を表すのに虫が使われていることを見ると、自分の仲間と思える猿や人とは離れた動物に虫という字をあてたのかもしれないという思いも深まります。この「虫」偏の事の真偽は、その道のプロの方に任せるとして、このように、ある動物の仲間には虫偏を使い、ほかの動物には虫偏を使わない漢字をあてたのは、人為分類の象徴ともいえるのではないでしょうか。人為分類とは、人とのつながりや、人が気づきやすくて、区別しやすい特徴などに基づいて行なう生物の分類法のことをいいます。

現代の生物の分類学——自然分類

分類を体系化したのは、スウェーデンのC・リンネ（1707〜78）です。リンネは、ご自身の信仰に基づき、神がお創りになった生物の世界を整理して理解することを目的として、分類を始めたとされています。神がお創りになられた生物が自然界に存在していて、それを整理することになるので、人間の区別しやすさで分けることはできません。何らかの法則があるとリンネは考えたのです。比較解剖学の考え方に基づいて、生物を植物と動物の二つの世界に分けました。精力的にスウェーデン北部のラップランドなどを踏破して生物を調査し、著作を残しました。その後リンネは種を、学名を属名と種小名の二つを用いてラテン語で記載するという、二命名法の体系化にも貢献しました。近代の分類学は、リンネの著書『自然の体系』（１７５８年初版）の出版とともに始まったといってもよいでしょう。リンネは、世代を越えて維持される形質をもつ集団を「種」と定義しました。

いまでは、一つの種に対して一つの学名がつけられています。この記載方法は、日本だけで使われている標準和名とは異なり、全世界で通用します。標準和名でいうヒトは、学名では、*Homo sapiens* Linnaeus, 1758となります *Homo* が属名で、*sapiens* が種小名で、その次の Linnaeus, 1758は、リンネが１７５８年に命名したということを表しています。名前の構成要素が何語に由来していても、ラテン語の文法にのっとったラテン語形で表記されるという約束もあるので、記載はローマ字表記になります。ときどき日本の教科書などで、ヒトの学名をホモ・サピエンスと記載していることがありますが、カタカナで記載したら、上記の理由から学名の表記ではないことになります。

現在使用されている文部科学省認定の高校の生物学の教科書のなかで、「学名はラテン語で書く」と表記していながら、ホモ・サピエンスと表記しているのを見ると、みなさんも違和感を覚えることでしょう。私は、他国の言語をそのまま発音する必要もないし、他国の用語だからといってそのまま利用する必要もないと考えています。他国の言葉を自国の言葉に言い換えて用語を用いるのは、その国の文化の豊かさを表すものだとも思います。しかし、教科書のなかで、「ラテン語表記が学名の書き方である」といっている舌の根も乾かない、というかラテン語で書かなくてはならないと記載している同じページのなかで「ホモ・サピエンス」とカタカナ表記をしてしまう感覚はわかりません。いまやアルファベット表記は、ひらがな表記やカタカナ表記と同じように日常生活にしっかり定着しているので、学名を書くときにアルファベット表記を避ける必要はないのではないでしょうか〔この本のように、縦書きの場合は考える必要があるのかもしれませんが、それでもなんとか対応できる時代になっています。もちろん、「専門分野（の学術用語）の表記としてはカタカナ書きでもアルファベット書きでも、何でも勝手にしてもいいよ」という思いを含めて *Homo sapiens* と学名は書いたほうがいいというレベルの主張です〕。

ヤマトタマムシの学名は、第2章ですでに記載したように *Chrysochroa fulgidissima* Schonherr, 1817です。*Homo sapiens* とアルファベットで記載したときにすでに文字の形の違いにお気づきだったと思いますが、学名はほかの語と区別するために、ほかの語が正立体だったら、斜字体で記載し、ほかの語が斜字体だったら正立体で記載します。Linnaeus や Schonherr などの発見者の記載は、学名が斜字体だったら正立体にします。英語などアルファベットで書かれた文章のなかでも、学名が書いてあるのだと一目で区別がついて、わかりやすいですね。

学名は、属名と、種小名で書くと説明しましたが、分類学ではより高次な分類群もあります。種・属・科・目・綱・門・界というグループ分けで、ヤマトタマムシもヒトも、動物界という共通のグループに分けられます。でも、次のグループの門で、ヤマトタマムシとヒトは、別々のグループに入ることになります。ヤマトタマムシは節足動物門で、ヒトは脊索動物門です。ついでにいうと、ヤマトタマムシは、節足動物門、昆虫綱、甲虫目、タマムシ科で、ヒトは、脊索動物門、哺乳綱、霊長（サル）目、ヒト科なのです。そして、それぞれ属と種（小）名が続きます。

18世紀から19世紀にかけて、J・ハットンやC・ライエルらが地質学の知見を深め、生物学に時間という新たな視点を加えることになりました。地層から出現する現存の動植物の形態とは異なる化石は、明らかに過去には現在とは異なる生物が存在していることを示したのです。生物は、長い時間軸のなかで変化しているのかもしれないと……。

リンネが亡くなってから100年ほど経って、ダーウィンと、A・ウォーレスがそれぞれ独自に、自然選択によって生物は変化していくという、進化と種分化の理論を提唱しました。進化論の出現です。ダーウィンは不朽の名作『種の起源』のなかで、植物や動物が長い時間のなかで変容し、新たな種を形成したり絶滅したりしてきたことを、たくさんの証拠を示して明らかにしたのです。この自然選択の理論に基づいて、分類のグループ、グループ間の関係を見ると、なるほど生物はすべて関係をもち、共通の先祖から進化しているのだなあと考えることができます。

その後、R・ホイッタカー（Whittaker、1920〜80。ホイタッカーとカタカナ表記されることが多い）に代表される「五界説」が広く受け入れられるようになり、モネラ界、原生生物界、植物界、菌界、動物界と分ける分類体系が一般に用いられています。分子生物学が発展してきて、3ドメイン説のほうが生物界全体をうまく説明できるようになったのですが、この五界説による分類は、生物界を理解するのに便利であるために常用されています。分類学の分野でもこの五界説は使われていて、それぞれの生物分野によって命名規約が取り決められています。たとえば、動物には「国際動物命名規約」があり、藻類・菌類と植物には「国際藻類・菌類・植物命名規約」が、細菌には

「国際細菌命名規約」があって、この五界説に基づく分類が便利であることを示しています。先の「虫という漢字」という項のなかで記載したように、漢字で種を記載しているような分け方は、生物の特徴の全体を捉えて分類しようとする自然分類ではなく、人間との関係や区別しやすい特徴などに基づいて行なう人為分類と呼ばれるのですが、もしかしたら生物学の専門の分野でも、歴史のなかで続いていたり、生物の研究者社会の分業のしやすさだったりすることから、本当の意味での自然分類になっていないものもたくさんあるかもしれませんね。

現在、記載された種だけで180万種だとか200万種だとかいわれています。そのうち昆虫は約100万種です。タマムシの仲間の甲虫は、世界で約40万種といわれているので、甲虫が生物種のなかのおよそ2割を占めていることになります。甲虫には、多様な種があるのです。種の豊富さがあるということは、甲虫のそれぞれの種がそれぞれの棲息環境に適応した機能をもっていることが想像されます。甲虫の体長は、1㎜を切る小さなものから、ヘラクレスオオカブトムシのように180㎜を超えるものもいます。棲息環境の例を挙げれば、植物の葉の上や中、樹皮の下や木の中、水中や地下、乾燥地帯の砂漠の中などと非常に幅広いのです。

虫の種が多いということは、虫を知らずして生物を語ることは難しいということにもなりますね。進化とはなにか、生物の環境適応とはなにかなど、数多くの解答を与えてくれる生物の一つが昆虫であり、なかでも甲虫なのです。「ムシを知らずして生物を語るべからず」ですね。そして、タマムシ色の輝きがどうやってできているかを知ることは、生物の進化の謎の一端を覗くことにもなるのです。

ついでに標準和名についても触れておきましょう

種を表す学名と対応するように日本国内で調整した和名を、標準和名といいます。標準和名は日本国内の範囲では学名に準じて扱われていて、現代ではカタカナ表記するという約束になっています。カタカナ表記すると生物名を視覚的に識別しやすくなるという理由らしいです。アルファベットで表記する場合に、斜字体にして目立たせるのに似ていますね。標準和名が設定され始めた当時、欧米諸国と異なり、ラテン語はもちろん、アルファベットも日常の文章のなかではあまり使われていませんでした。そのため学名を使用することはかなりハードルが高くなり、入門者や一般向きではないということで和名が準備されたようです。学名に対応する日本語の名前があったほうが便利ということで広まっています。じつは、日本に棲息していない種で和名のついているものはほとんどありませんし、日本に分布していてもあまり注目されていない種にも和名は与えられていません。

カタカナ表記について、考えてみましょう。たとえば第1章で、あえて片仮名表記と漢字表記を書いてみた、フタモンアシナガバチ（二紋脚長蜂）やヘイケホタル（平家蛍）を例にしてみましょう。たしかに片仮名表記は、学名をラテン語で斜字体表記するのと同じように目立ってよいのですが、情報を失いますね。フタモンが二つの紋を表していること、ヘイケが平家で、源氏（ゲンジボタル）を思いださせるという情報が失われてしまいます。文学的情報を捨てても、科学的文章のなかで種名を目立たせたほうがよいのであれば、現代の印刷技術であればアルファベット表記にすればいいし、日本語表記にこだわるのであれば、漢字表記してゴシック体や下線などで種であることをわからせればいいのにと、へそ曲がりの私は思うのです。

文章のなかで「蚊」のことを「カ」と表記したり、「蛾」のことを「ガ」と表記したりする習慣も拡がっています。学名は、種（小）名と、属名だけが、斜字体で表記され、科の名称以上は正立体で表記することになっています。たしか学名に対応する和名として「種」をカタカナ表記していたはずなのに、グループとしての科の「カ」も、目《もく》の「ガ」もカタカナ表記になってきていますね。カとガは、カタカナにされると文章中でとても読みにくいことになっていませんか。良くも悪くも、一度決めると突っ走るのが日本人の癖のように見えます（本書では、読みやすくするために、標準和名としてカタカナ表記すべきところも、あえて漢字もカタカナもごちゃごちゃに混ぜて表記しています）。

「突っ走る国民性」は、目（order）の表記でもすごいことが起こっています。ハエの仲間を海外の人たちはDipteraと表記します。二つ（di）の翅（ptera）という意味をもちます。かつての日本では、その意味のとおり「双翅《そうし》目」としていました。「双」は二つとか、一対という意味です。ところが、近年になって分類学のある偉い先生が、簡単な表記のほうがいいとおっしゃって、「ハエ目」と書くようになってしまいました。ハエ目ならば、ハエのことをよく知っている人は、翅が2枚のグループなのかなあと想像できそうなので、まだ許すこともできそうなのですが、「ネコ目」となると何がなんだかわけがわからなくなります。ネコ目に犬や熊や鼬《いたち》が含まれるのです……。Carnivora（食肉目）のほうが、グループ全体をうまく表しているのにと思うのは、やっぱり私はへそ曲がりなのかなあ。説明の仕方や用語の使い方などはできるだけ簡単なほうがよいという考え方は間違いではないですが、単純に漢字を止めてカタカナ表記にしたり、難しそうに見える漢字を使わなくしたりすることで、逆に意味が通じにくくなる世界をつくって、この記載法に従えと人々に強いている！「種」の記載はカタカナで行なえ、「目」の記載は代表選手の種名を使って書けって誰かが決めたことに従えって、理不尽だなあと思います。救いだなと感じるのは、この目の表記法に従ってはいるが括弧書きで意味を含んだ記載がなされていることです。タマムシが含まれるColeopteraなどでは、コウチュウ目（鞘翅目）と、たいてい括弧書きがついています。一見簡単なハエ科だとかネコ科だとかに変えたのは、ある高名な科学者を含む方々が決めたことだと聞きました。括弧書きが残っているということは、その決定に不満な研究者がいるということですよね。おそらく年月を経る間に、一見簡単な表記法は消えていくのだろうなと、その変化にとても期待しています。

言語は、文化を支える基盤です。時間をかけて消えていくことを期待するだけでなく、もう一度「立ち止まって」、最適な使用法をみなで議論したほうがよいと思います。「食肉目」のなかに竹を食べるパンダや、雑食性の態なども含まれているので、この名前が最適かどうかもわかりませんが、そのグループに含まれるほとんどの動物の行動を表現できています。ある高名な科学者の思いつきで表記法が変わってしまうなどということは、文化の維持と成長のためには、論外のことです（土地の名前も、行政が勝手に変えてしまい、その土地の歴史や文化を消滅させてしまっている現実も悲しい限りです）。科学は文化のなかの一分野です。そしてその文化の一つである科学は、文化を創り成長させていることを常に意識しなくてはなりません。

ちなみに、昭和61年7月1日内閣告示第1号「現代仮名遣い」や、現代の文化庁の「現代仮名遣

い　前書き[17]」で「この仮名遣いは、科学、技術、芸術その他の各種専門分野や個々人の表記にまで及ぼそうとするものではない」と記載されています。とても鷹揚な記載で素晴らしいなと思うと同時に、文化は人々が創るもので、誰か（そのときの有力者？）が決めることではないように思います。あることを表記する方法にも多様性があり、その後に自然な淘汰*13が起こっていくことが文化の成長の基本のように思えます。

第6章 タマムシの輝きのわけ——タマムシの種内コミュニケーション

タマムシの鞘翅は美しいだけか

タマムシの構造色は進化のなかでつくられてきたもので、たぶん目的があるはずです。合目的的という用語を生物学ではよく用います。進化のなかで獲得した形質が、生存するための目的に合っているようであることを示す用語として用いられています。生物の生存戦略を考えるとき、ダーウィンが考えたように自然淘汰で選択されているのであれば、環境適応しているに違いない、つまり適応という目的にかなっているに違いないと考えるのです。この考え方には、ときどき、いや常に気をつけなければならないという意味を含めて「たぶん」とあえて傍点つきで書きました。生物の形質の特徴は「必ず」目的に合っている必要はないのです。第2章で述べたように、木村資生の中立説[*1]によれば、個体群にかかる選択圧に直接影響を受けずにある「遺伝的浮動」のグループは、淘汰圧を受けていないので、環境適応しているかどうかわからないからです。タマムシの体色が、タマムシが生存を続けるために合目的的かどうかは、眉につばをつけながら考えなくてはなりません。

甲虫の仲間には、さまざまなピカピカとしているものがいます。[1,2] タマムシの体色が、たまたま進化のなかでピカピカしてしまっただけなのかもしれないのです。

でも、実験計画を立てるためには「何か合目的的なことがあるはず」と考えるのが便利であり、その合目的的な部分を解明するための作業仮説*2を立てることによって、動物を見る目が変わります。作業仮説は、実験で検証可能あるいは反証可能なものである必要があります。もしかしたら、タマムシの輝く色は目的なしに進化してきたものかもしれませんが、この作業仮説を立てるためには、まずは何か合目的的なことがあるだろうと仮定して、生物をしっかりと観察することが必要です。じつは、しっかりと観察するという行為は、その観察者の個性が出てくるといっても過言ではありません。観察だけでなく研究も、その人が創った作業仮説によって創り上げられていくので、研究報告がクールであったり、熱烈であったり、非凡な見方のレベルであったり凡人レベルであったりしてしまうのです。自然相手の科学的な研究でさえ、その人の個性を基盤としていることに注意してほしいと思います。また、個人が中心になるので非凡であっても平凡であっても、競争するわけではないので、気にする必要はありません。その人がどれくらい自然をしっかりと見ようとしているかが重要なのです。よい観察結果を導けたとしても、観察した自然が〝正解〟を答えてくれたわけではないのです。いま、論理的に矛盾が少なく、都合がよい〝解〟に到達できているに過ぎません。とにかく自分の目でしっかり見つめ、考えてみたいですね。

さて、タマムシを見つめて、あらためて何か合目的的な作業仮説が得られるでしょうか。成虫脱皮したヤマトタマムシは、浜松では7月中旬から8月中旬にかけて繁殖シーズンを迎え、およそ2カ月の間、エノキやケヤキなどの寄主木の葉を食べ、寄主木の樹上を飛翔しています。繁殖期の午後に、タマムシが飛翔していることを見ていると、樹上を飛翔していた雄が仲間を見つけると周辺に降り立って、仲間に近づいていっているように見えました。飛翔しているのが雄個体で、木の葉に止まっていたのが雌の場合は交尾を開始したところも見たことがあります。どうも「タマムシの個体がそこにある」ことが、「飛翔個体に対して同種の個体であるぞ」という信号[*3]になっているように見えたのです。そこで、この際、視覚情報以外の、匂い物質や特別な動きや振動などの別の感覚に関わる刺激のことは置いておいて、「タマムシの体色が、雄が雌を発見する手がかり（信号）になっている」、あるいは雄と雌の外見がそっくりなので、「体色が同種を識別する（他種ではなく同種に近づく）信号となっている」という合目的的な作業仮説を立ててみました。作業仮説を立てることで、検証実験[*4]を計画することができます。もしも体色ではなく、匂い物質などのほかの信号が重要だったら、その「タマムシは同種の体色を視覚で捉えて種内コミュニケーションに使っている」という作業仮説は反証[*5]されます。そのときは、別の作業仮説を立てればよいので、自分の考えが裏切られることに何も心配ありません。

そうなんです！　これまでの記述に、なにか〝おかしいな〟と気づかれた読者の方もいらっしゃると思います。はじめのうちは、タマムシの輝きのことをいっておいて、途中から「飛翔」だとか「交尾」や「信号」などという用語を使い、挙げ句の果てに行動の話にすり替わっています。そのうえ、行動に関して合目的的な作業仮説を立てようと宣言しています。なぜそんな記載をするのかって？

なぜなら「行動」も種がもつ個体の形質と考えているからです。種のなかの個体同士がともに時間を過ごし、子孫を残していくなかで、種特有の行動様式が誕生し定着します。この行動様式は、遺伝して同じ行動様式が次の世代に伝わっていきます。なので、タマムシが輝く緑色をもっているのと同じように、タマムシの行動様式も「形質」であるといってよいと考えているのです。

ヒト（人）の行動は個体差がものすごく大きいので、行動様式は種がもつ「形質」の一つであるといわれてもわかりにくいかもしれませんね。でもヒトでも、新生児が示す光や音などの急な刺激に反応して起こすモロー反射や、指などで新生児の手の平を触ると、その指をぎゅっと握り返してくる手掌把握反射などに見られるように、原始反射といわれる中枢神経系によって引き起こされる反射行動があります。これもヒトにほぼ共通して見られる行動様式であり、「ヒトの形質」の一つだといっても差し支えないでしょう。

行動様式も「形質」の一つだと考えてもよさそうなことを納得していただけたでしょうか？　そのうえで、タマムシの飛翔行動の秘密をもっと探っていきましょう。

種内信号としてのタマムシ鞘翅の色

「信号に基づく行動の変化」を観察する場合、交尾行動は比較的理解しやすい指標となります。最終的に雌雄が近づくかどうかを確認することを決め手にすることができるからです。もっと正直にいえば、観察者である私は、ヒトであるがためにタマムシとは別のヒトの環世界のなかで生きています。そのため交尾行動を示したり、何か決まったものに向かっていったりというタマムシのはっきりした行動にしか気づくことができないのです。そのうえ人間は、そもそも自分の興味のある

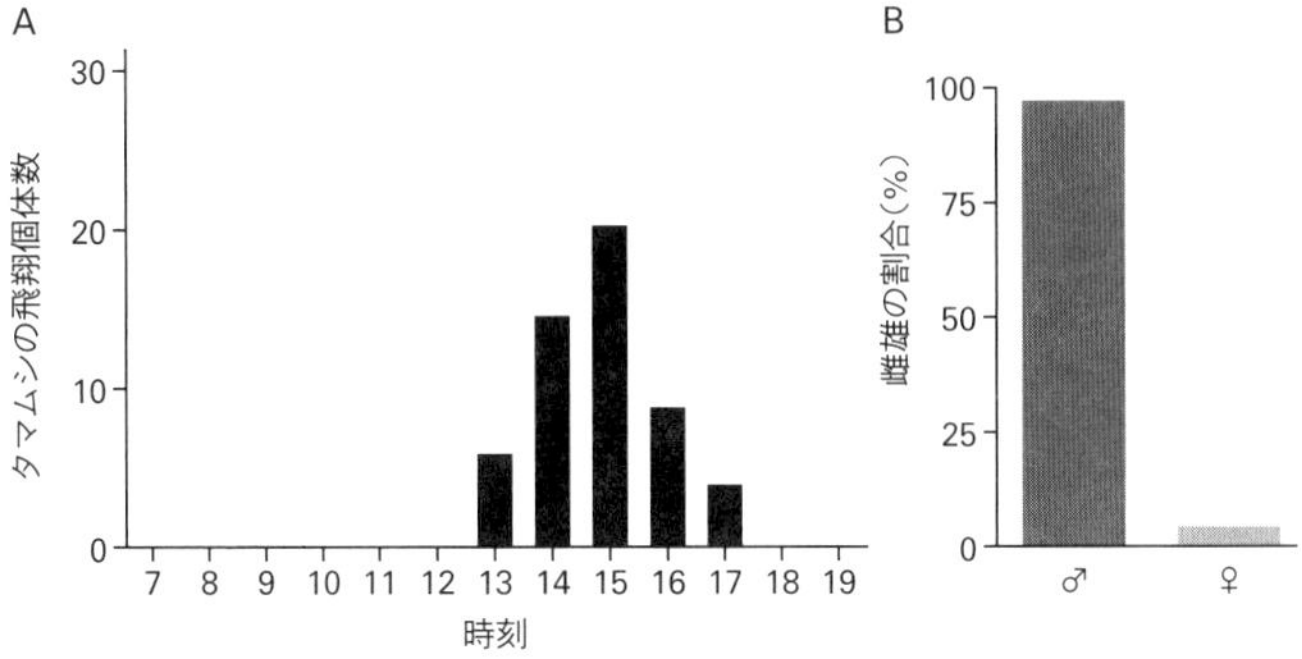

図6－1　飛翔個体数の時間による違いと雌雄の割合

ことしか目に入らないので、わざわざ作業仮説を立てて、そのとき自分がどこに興味があるかを明確にしてから実験をするしかないのです。そして、別種の動物の行動を観測するときには、自分でつくった作業仮説を評価しようとする指標も人間が気づきやすいもの[*6]にせざるを得ません。榎の上を飛翔するタマムシを観察するだけなのですが、タマムシがなんのために飛翔しているのかを知るためには、ヒトの環世界を越えることができるように、たくさんの工夫をしなくてはならないのです。工夫をしない限り、自分以外のものを理解することはできず、独りよがりで相手を理解した振りをすることしかできないのです。下手をすると、自分の考えや思いを他者に押しつけて、支配しようとしてしまうことさえあるのです。[*7] 他種を理解するということは大変ですね。

朝から夕方まで浜松医大の講義棟の屋上で、榎の木を眺めていました。飛翔個体は、午後1時ごろから午後5時ごろにかけて多く観察されました。雌の多くは木の葉の表側やちょっと陰になる裏側に止まって鞘翅を閉じた形で静止しているものが多く、飛翔している個体はわずかでした。図6－1A

は、講義棟の横の巨大な榎木の樹上を飛翔している個体数を数えたものです。午前中は、飛翔個体が見られませんでした。午後1時ごろから飛翔する個体が観察され午後3時ごろに飛翔数が最大になり、午後5時以降はまだ空は明るいのですが飛翔する個体は見られなくなりました。この飛翔頻度の観察とは別の日に、飛翔している個体を次から次へと捕虫網で捕獲し、生殖器の構造の違いで雌雄を判定してから逃がすという作業を午後3時ごろに行ないました（図6－1B）。ほとんどの飛翔個体が雄でした。雌の飛翔個体数はゼロではないのですが、なんで雌はあまり飛翔しないのだろうと思いつつ……とにかく飛翔個体がなんのために飛翔しているのかを明らかにする行動学的な実験をすることにしました。

作業仮説はシンプルで「体色が同種を識別する（他種ではなく同種に近づく）信号となっている」なので、「あたりをつける実験」としての計画は、「死んだタマムシ標本を榎木の葉の上に置いておき、そこに飛翔個体が近寄ってくるかどうかを観察する」です（「あたりをつける実験」の詳細は、第10章を参照）。

タマムシを採集して標本にしたものを、榎木の樹上に置いてみました。第2章で述べたように、幸いにも講義棟の高さと榎木の樹冠の高さがほぼ一緒だったことがとてもラッキーでした。6mほどある捕虫網の竹竿の先に、標本を固定しました。竹竿の先は黒く塗られていて、その上に標本に刺さっている針をそのまま使って固定しました。標本を落とさないように気をつけながら、榎木の上の葉に近づけました。講義棟の屋根の端っこに椅子を置いて座りました。竹竿の手前を、重石代わりの椅子にロープで括りつけて、あとはそっと待つだけ（図6－2）。最近はデジカメが簡便に

図 6 - 2　飛翔するタマムシの観察

なったので、竿の先の写真などを撮影したり、何が起こるかドキドキしつつ榎の周辺の空間をキョロキョロと目と頭を動かしながら探っていました。

すると、榎木の樹冠の上を、空中を上下にふわふわと飛翔していたタマムシが、その標本のタマムシめがけて、かなりまっすぐな軌跡を見せながら飛んでくるではありませんか！　その後、ふたたびふわふわっと標本の周りを少し飛んだあと、周辺に降り立って（ランディングして）樹上の葉の上を歩いてその標本に接近してきました。「すごい！　標本めがけてタマムシがやってきた！」もう少しあとで目撃した個体は、その標本に直接ランディングしました。死んだタマムシ標本めがけて飛翔接近しランディングしたのです。はじめてその瞬間を見た日は、とても興奮しました。[*8]

「体色が同種を識別する（他種ではなく同種に近づく）信号となっている」という作業仮説が当たっている可能性が高くなりました。

鳥などの動物に似せた模型のことをデコイといいます。狩猟で囮《おとり》として使われたのが始まりですが、最近ではインテリアの鳥の置物にもデコイという用語が用いられていますね。鴨のデコイを湖や沼地に置いておくと、仲間だと勘違いした別の鴨たちが飛来してきて水面に集まります。これは、仲間の姿に惹かれて寄ってくる習性によるものです。その猟の仕方によく似ているので、仲間を呼んだタマムシの標本をデコイ1号と呼ぶことにしました。つくったとはいえ、胸部の下の腹部との境目の鞘翅の間に虫ピンを刺してただ乾燥させた身体全体の標本です。本物のタマムシとの違いは脚がないことと、乾燥していることぐらいです。標本箱にそのまま入れてもいいようなこのデコイに、仲間のタマムシがやってきたのです。この結果から、乾燥したデコイが仲間を呼び寄せることは明らかになりました。

しかし乾燥標本とはいえ、もともと生きていたタマムシなので、このデコイ1号が発する信号はたくさん考えられます。このデコイの形が大事なのでしょうか、標本がもつ輝いたスペクトルそのものが重要なのでしょうか、あるいはピカピカする強い反射が必要なのでしょうか。はたまた葉と標本が織りなすコントラストとして浮き上がるタマムシのシルエットが重要なのでしょうか。デコイ1号は、死んでいるとはいえタマムシそのものなので、もしかしたら乾燥標本でも独特のフェロモン（匂い物質）を出していて、その化学物質を受容して接近しているのかもしれません。夜行性の昆虫のほうが性フェロモン*9を使っていることが多いということが知られていますが、昼行性のタマムシでも種内コミュニケーションに性フェロモンが関わっている可能性は、ゼロとはいえません。この実験で捨てることができた可能性は、「特別な動きや振動などの情報」が重要な信号ではないということだけです。乾燥標本は、竿の先にピンで固定されていたので、動いていませんでしたからね。乾燥標本からフェロモンが発せられている可能性を考えて、一つ目の実験として、雄の標本でつくったデコイ1号♂型と、雌の標本でつくったデコイ1号♀型に対する飛翔個体の行動の比較をしました。

結果は明白でした。雄の標本でつくったデコイ1号♂型にも、雌の標本でつくったデコイ1号♀型にもビュンビュンと雄個体が飛翔接近しランディングしました。雌雄どちらの乾燥標本にもやってくるので、どうも性フェロモンは関係なさそうだなと感じましたが、まだ集合フェロモン[*10]など、雌雄共通のなんらかの匂い物質が関与していないとはいい切れません。雄も雌も、体から仲間を呼ぶだけの、われわれが知らない匂い物質、集合するためのフェロモンを出しているのかもしれないからです。

タマムシ鞘翅だけのデコイでタマムシをおびき寄せることができるか

飛翔している個体は、デコイがもつ何らかの手がかり（キュー、cue）によって樹上にいる同種他個体を識別し、飛翔接近しなければならないはずです。その手がかりがタマムシの体から匂い物質が出て集合フェロモンあるいは性フェロモンとして空気中を伝わって仲間を呼び寄せている可能性を減らしたかったので、タマムシの身体を外して匂い物質が出にくいデコイにすることにしました。フェロモン腺は、通常、腹部末端にあることが多いので、身体全体から鞘翅だけを外して、外した鞘翅をタマムシの形に似せて使ってみることにしました。このデコイは、1個体からとれる2

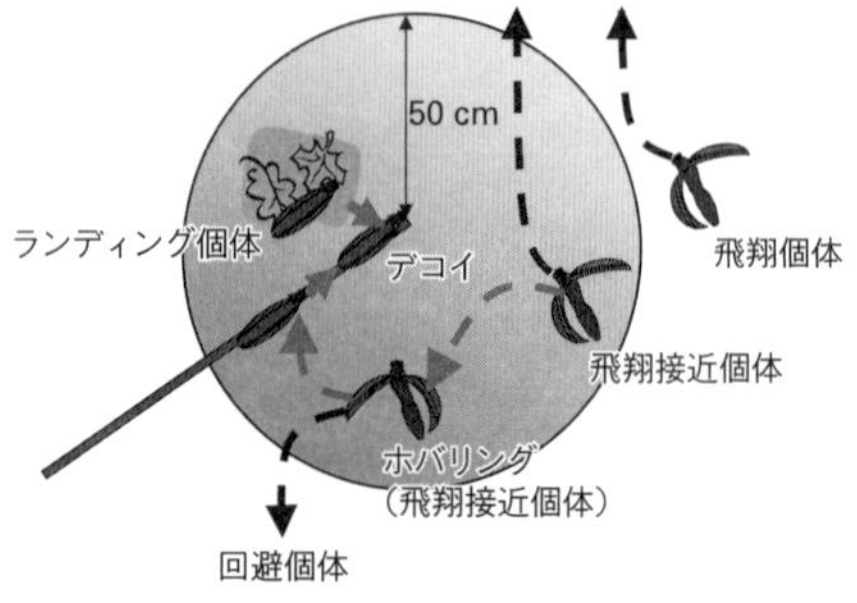

図6－3　デコイ周辺の仮想的な空間におけるタマムシの行動バリエーション

枚の鞘翅だけを使って、タマムシが何かに止まっているときと同じ角度に2枚の翅を留めたものです。デコイ2号と名づけました（口絵⑯）。

竹竿の先に、タマムシの鞘翅でつくったデコイ2号を取りつけて、エノキの樹冠の横から飛翔してくるヤマトタマムシの行動を観察しました。デコイ1号からデコイ2号に改造して効果がなくなってしまうのかと心配しましたが、竿の先のデコイ2号に飛翔接近した多くの個体は、デコイ1号のときと同じように、デコイ2号の周囲で数秒間回り込むようにホバリングし、その後デコイ2号あるいはその近くにランディングしてモデルに接近する行動を示しました。どれぐらいの距離から行動を、直線的な飛翔からホバリングに切り替えるのかを気にして見てみると、50cm前後のところまでほぼ直線的に飛翔してきて、50cmぐらいのところからホバリングのような飛翔行動に変わり、あたかもデコイを探索して近づいたあとに、仲間なのかどうか確かめているように見えました。

そこで、仮想的な半径50cmの空間をデコイの周囲に想定し、そこに飛翔侵入したものを飛翔接近した個体とし、そのうちデコイの周辺あるいはデコイに直接ランディングしたものをランディング個体として、それぞれの行動のパターンを数えることにしました（図6－3）。

この仮想的な空間で行動の切り替えを見極めることを思いついたのは、現在、石川県立大学にいる弘中満太郎さんです。彼は、生物の行動をしっかり見つめ、たくさんのアイデアと辛抱強く緻密な実験を積み重ねてとても面白い研究を重ねています。

図6-1Aでわかるように、タマムシの飛翔は午後1時ぐらいから午後5時あたりまでです。午後1時ごろに実験道具を準備し、午後2時ごろから午後4時ごろまで観察し、午後4時半か遅くとも午後5時ごろに講義棟の屋根から撤収するというスケジュールで実験することにしました。

えっ、飛翔している時間帯全部を観察すべきだって？　そりゃそうなんですが、タマムシが飛翔するのは浜松では6月の終わりから8月半ばの間です。タマムシに観察者の動きを悟られると実験結果に影響を与えてしまう可能性もあるので、実験準備を済ませたらできるだけじっとして観察します。午後2時から4時ごろまで観察するだけでも、灼熱地獄のなかに飛び込むように感じました。それが毎日続くのです。第1章で書いたように、浜松の夏の太陽は、「私は太陽である！　私は万物の源であり強いのである！」と睨みつけるような日差しなんです。浜松の夏は、「日中の日差しのなかに佇むことは危険な行為」そのものといっても過言ではないのです。暑さのなかでじっとしているのは結構な試練でした。

もちろん帽子をかぶり、UVカットするために襟のついた長袖シャツ。首には水に濡らしたタオルを巻いて、顔や腕まで覆うと暑苦しいので肌を露出している部分は氷で冷やした水につけたタオルを巻きつけるという、可能な限り完全防備の暑さ対策を工夫しました。体力の消耗を少なくするために椅子に座ってじっと待ちます。それでも太陽の下で数十分経つと汗が流れ落ちてきます。クーラーボックスに冷やした水を入れておいて、ちょくちょく口に含むこと。そして、氷そのものを脇の下に挟み込んだり、ズボンの上から太ももの上の鼠径《そけい》部に乗せたり、などなどいろいろと体温を下げる工夫をしました。外から見ると暢気《のんき》な魚釣りの姿に見えますが……じつは、とても過酷な実験なのです（図6－2）。実験の最中は、「昔、ケニヤの大地溝帯のなかでツェツェバエ[*11]の研究をしていたときのほうが暑かったはずだ、日本は涼しいぞ、もっと頑張るんだ」と心の中で唱えていました。でも、落ち着いて考えてみると、たしかにケニヤの大地溝帯のほうが暑かったけど、ずっと乾燥していました。

日本の夏のほうが湿気がすごいのに、タオルを絞った水が屋上の屋根に落ちると、すぐに蒸発しました。水がジュッと音でも出すかのごとく消えていく。一瞬のうちに気化するのを見るのは気持ちのいいものでもありました。

この実験では、決めた作業だけを実施するようにしました。実験計画として決めた実験しか行なわないというのは、じつは研究者にとって少々辛い時間です。実験系の研究者というのは研究のことを常に考え、その考えに対して新しい作業仮説を立て実験をして、その作業仮説と異なった結果が出たら新たな作業仮説を立てて自分の考えの論理性を補強していく習慣をもつ者だからです。つまり、アイデアマンなのです。なので、実験室での研究では、可能な範囲で、その日のうちに何度も実験計画を変えることもあります。もちろん、仮説を強化する方向での実験計画の微細な変更です。でも、フィールドでの実験は、次から次へと浮かんでくるアイデアを我慢して、辛抱強く同じ実験を続けなければなりません。フィールドでの実験は、データがしっかり揃うまで実験を続けないと、本当か嘘かわからないデータになってしまうことが多いからです（私が、実験室でばかり研究する生活を続けてきたからかもしれません。フィールドでの研究を多く体験されている研究者は、もっと自由度が高いのかもしれないと思っています）。フィールドでの実験中に思いついたことは実験ノートの端っこに走り書きしますが、大切なのは決められたことだけをノルマとして進め、きちんとデータを積み重ねる作業をしっかりやることです。それともう一つ。暑さに負けて現場では頭があまり動かないってこともあるので、しっかりした実験計画の作成が必要でした。

雌雄のタマムシからつくったデコイ1号、鞘翅だけでつくったデコイ2号にタマムシが飛翔接近・ランディングしました。まだ匂い物質が作用している可能性を完全には捨てられないとはいえ、タマムシは視覚情報を使って同種個体を探索している可能性が高まりました。視覚情報だとしたら反射スペクトルが重要なのか、反射強度が重要なのか、形が重要なのかについては不明なままです。さてどうやってこれを区別すればいいでしょう。作業仮説と実験計画をつくることが楽しくなってきました。さーて、次はどんな実験を計画しようかな。

三つの作業仮説を一気に試す「あたりをつける実験」

視覚情報に関する実験として、デコイの種類を変えてみることにしました。次の三つの作業仮説を一気に試す実験を計画しました。

仮説1．タマムシの形をしていれば同種個体を誘引できる。
仮説2．ピカピカしているかタマムシと同じ波長（色）の光を発するものであれば同種個体を誘引できる。
仮説3．タマムシ鞘翅の赤いストライプが同種個体を誘引できる。

それで多様なデコイをつくることにしました（口絵⑰下）。デコイの種類は、雄と雌それぞれの鞘翅2枚でつくったデコイ2号（2a、2b）です。これはコントロール実験といえます。赤いストライプを緑色の部分でカバーしたデコイ2cをつくりました。仮説3を検証する実験です。寄主木であるエノキの木の葉デコイ2d、緑色を基調としたピカピカ光るクリスマスプレゼントを包むようなラッピングペーパーでつくったデコイ2e、発光ダイオード（LED）でつくったデコイ2f、2g、2hを準備しました。2f、2g、2hはそれぞれ520nm、555nm、590nmにピークをもつLEDを、それぞれ11個密集して基板の上にセットして、おおよそタマムシの大きさにしました。もちろんエノキの木の葉やラッピングペーパーでつくったデコイもタマムシと同じ大きさにし、完全とまではいえないかもしれませんが、葉やラッピングペーパーの曲がり具合も鞘翅を真似ました。これらのデコイは、仮説1と仮説2、そして仮説3を一気に検討できます。

これらのデコイに対して飛翔接近した個体と、ランディング（着地）した個体の頻度をプロットしたのが口絵⑰のグラフです。縦軸の「頻度」は、デコイからおおよそ10m付近を飛翔している個体を発見してから5分間以内に飛翔接近（個体数n）して、直線運動からデコイを確かめるようにスピードを落とした行動を示した個体（飛翔接近個体）、あるいはランディングした個体（ランディング個体）の数に対する値です。棒グラフで表した各カラム（縦棒）のうち、飛翔接近個体は緑と黄色の両方合わせた数で、黄色がランディングした個体です。それぞれの頻度の数値が黄色と緑のカラムの中に示されています。nは観察した個体数です。

雄と雌の鞘翅でつくったモデル（それぞれデコイ2aとデコイ2b）に対しては、雄雌の区別なく高い頻度でモデルに飛翔接近する行動を示し、多くの個体がランディングしたあと、モデルに近づく行動を開始しました。また、赤く見えるストライプの部分を緑色の鞘翅を切り出したもので覆い隠したデコイ2cでも同様の結果でした。この結果から赤いストライプの役割はいまのところわからず、なぜタマムシが進化のなかでわざわざ赤いストライプを獲得したかは不明です。寄主木の葉でつくったモデル、ラッピングペーパーでつくったモデル、および鞘翅とほぼ同じ帯域の反射スペクトルを発光する発光ダイオードでつくったモデルなどに対しては、誘引された個体はゼロでした。

この結果から、仮説1は否定されたことになります。葉っぱやラッピングペーパーでつくったデコイには誘引されなかったからです。仮説2も完全ではないですが、少しだけ否定されます。ラッピングペーパーやLEDに誘引されなかったからです。仮説3も否定されてしまいます。赤く見えるストライプの部分を緑色の鞘翅で覆い隠したデコイにも誘引されたからです。

飛翔接近する個体は、10mほど離れた距離からもほぼまっすぐモデルに向かって飛翔行動を示していること、また風がデコイに対して東西南北どちらの方向に吹いていても、風がくるくる巻いていても影響を受けないことなどから、タマムシがデコイ2号や赤ストライプを消した緑鞘翅デコイに接近するのは、フェロモンなどの匂いではなく、視覚に基づくなんらかの手がかりが使われているとしか私には思われませんが、この実験結果だけではまだ確証をもてたということはできません。なぜなら、鞘翅でつくったデコイにしか「飛翔接近」も「ランディング」もしなかったからです。ちょっと期待していたラッピングペーパーのデコイ（2e）にも、LEDでつくったデコイ（2f～2h）にも、まったく見向きもしなかったのです。鞘翅に飛翔個体を呼び寄せる匂いがあって、それに引きつけられているという反論があったら、視覚情報だけが信号としてはたらいているんだとは主張できなくなってしまうのです。

さてどうしましょう。三つの作業仮説全部が否定されてしまったのです。

もしかしたらフェロモンなのかなあ、でも、タマムシが風下から必ず飛翔してくるわけではないし、飛翔中に風向きが変わってもデコイに到達できることからフェロモンではないと考えるほうがいいように思えるし。これに対抗するために、タマムシにそっくりな緑色の人工的なものをつくり、生物がもつ匂いが絶対に出ないデコイの制作をしてみようと考えました。

タマムシ鞘翅の色に似せた人工的なデコイでタマムシをおびき寄せることができるか

生物がもつ匂いが絶対に出ない人工的なデコイの制作をしました。このときの作業仮説は、「タマムシの鞘翅の緑色の反射を同種の弁別に使っている」としました。最初に仮説にした「体色が同種を識別する信号となっている」から赤色のストライプの情報は、同種飛翔個体を引き寄せるのに必要であるということはなさそうなので、この作業仮説としたわけです。でも、まだタマムシの外形は関係ないとまではいえません。そこで、タマムシの外形をしっかり真似して、かつ強い緑色を反射する人工モデルの製作が必要になりました。ヤマトタマムシのそっくりさんの標本を人工的につくりました。6本の脚と触角を外した標本を作製し、その標本の外形の寸法を、レーザー光線を使って立体計測しました。この実験をしていたころは、3Dプリンターという便利な道具がなかったので、粉体を重層して成形していくという当時の最先端技術を用いてデコイを作製しました。異なる粉体を用いてタマムシの形そっくりな2種類のモデルができました（口絵⑱e、f）。そのデコイに高級バイクや車を塗装する会社にお願いして、メタル系の2種類の塗料を使って、計4種類のデコイを作成しました（口絵⑱a〜d）。色は、まっすぐ見ると青と緑に見えるのですが、斜め後方から見ると青かったものがピンク色に、緑だったものが黄緑色に見えました。本物のタマムシにとても似ていました！

粉体で、形だけタマムシの形にしたものと、塗装を施した4種類のものの計6種類のデコイ3号を、作成したのです。そしてこれまでの行動実験と同様に榎の樹上に設置してみました。絶対に、飛翔しているタマムシがやってくるに違いないと思いながら……。

ところが、ヒトの目にはタマムシそっくりに映るデコイなのに、タマムシはまったく見向きもしませんでした。飛翔接近して、ホバリングしようかという気にもならなかったようです。たまに、このデコイ3号に近づいてくる飛翔個体もあったのですが、飛翔軌跡を変えることなくフワフワと通り過ぎてしまったのです。この作業に、ほぼ1年の準備期間を費やして、私にとっては多額の研究費を投入したのですが、タマムシのお気に召さなかったようです。私の目にはヤマトタマムシそっくりに見えたのですが……とても残念。

やはり、デコイ2号の鞘翅が匂い物質をもっているのかなあ？　人工的なデコイによる視覚刺激で、タマムシを騙すこと（同種個体の信号だと人工デコイを感じさせること）ができないのであれば、タマムシの環世界の理解に近づいたとはいえません！――タマムシの気持ちがわからないままで、この研究は終了してしまうのでしょうか。

タマムシを規範とした多層膜干渉シート――タマムシのバイオミメティクス

みなさんは、バイオミメティクスという言葉をご存じですか。生物模倣だとか生物規範工学などに日本語として訳されていますが、最近ではバイオミメティクスだとかバイオミミクリーといわれる人も増えているように感じます。バイオミメティクスは、生物の構造や機能、どのようにその構造がつくられていくかという生産プロセスなどから発想して、新しい技術の開発やものづくりに活かそうという科学技術のことをいいます。

動物のなかでは昆虫がもっとも種の数が多いので、昆虫をお手本にして研究している報告も多くなっています。「科学技術・ものづくり」に虫を利用するのです。精密機械としての虫の構造や機能を学んで抽出することは、虫をよく見て分解して、研究した結果を人間の情報世界に取り込めばよいだけだから、タマムシも「科学技術・ものづくり」に貢献できる精密機械としての特長を備えているかもしれません。

タマムシの美しさに魅せられた先人たちが玉虫厨子などの飾りにしてきたことを考えれば、ネックレスなどの装飾品にしたり、塗料として車やバイクに塗ったりすることもできることは簡単に想像できます。最近、日本や海外の高級な自動車が構造色で塗装されるようになりましたね。見る角度によって色が変わるピカピカと光る車に乗ってみたいなって思います。でも、車の塗装よりももっと身近で実用的な面では、家や車の窓にタマムシの翅の多層膜構造を真似た薄いフィルムを貼ることが考えられます。赤外線をカットして断熱に利用してエネルギー消費を抑えたり、紫外線をカットして陽に焼けることを防いだりすることができます。ガラス窓などにフィルムを貼るのは、あとからでもできますが、ガラスに直接加工して、金属の膜をつけることもできます。ガラスを二重にして、外側のガラスに赤外線を反射するような処理をしたら、断熱効果抜群になりますね。この技術は、すでに商品化されて社会実装されているものもあります。

最近、画期的なものが発明されました。国立研究開発法人物質・材料研究機構（NIMS）の不動寺浩さんらによって、タマムシの翅の多層膜構造をヒントに、老朽化したビルやトンネル、そして橋などの歪みを目で見て、危険を察知できる素材が開発されたのです。微小なポリスチレン微粒子をシリコーンエラストマーに懸濁した溶液の中に基材を入れ、それを空気中に引き上げると、ポリスチレン微粒子が自己組織化し、基材表面に規則的に並びます。[3] この微粒子が実効的に層をつくるので、タマムシの翅の多層膜干渉と同じように入射した光に色がつきます。伸びるゴムの上に作成した多層膜を引っ張ると、どうなると思いますか？　ゴムが伸びると多層膜の層の厚みが薄くなり、ゴムが戻されると厚くなります。引っ張られていないで層の厚みが厚い状態のときに赤くなるような層の厚さにしておけば、引っ張られて薄くなれば緑や青になります。このゴムを、トンネルの各所に貼っておけば、もしもトンネルが変形したときに、色が変わって危険を知らせることができるという仕組みです。[4,5] とても賢いことを考えられたものだと思います。浜松フォトニクスの原滋郎さんも、NIMSの不動寺さんとは異なった方法で、高分子を処理することで多層膜フィルムを作成することに成功しています。[6,7]

このお二人の研究者がつくられた多層膜フィルムをお借りして、反射スペクトルおよび反射強度はほとんどタマムシの鞘翅と一致させたフィルムをタマムシモデルの上に貼りつけ、タマムシのデコイ1、2、3号を榎木の樹冠の上に置いて実験した方法と同じように、行動実験を行なえば、面白い実験ができるのではないかと気づきました。タマムシがもつ構造色で実験ができるのです。

そうです、

1. タマムシは構造色を識別できる
2. 1のとき、タマムシの形が保たれていることが不可欠なのか、構造色であれば形は関係ないのか

という実験です。

作業仮説は明快に「タマムシは多層膜による構造色を信号として同種を識別する」です。原滋郎さんと不動寺浩さんが別々の手法で多層膜シートをつくる技術を開発されているので、シート特有の特徴ではなく多層膜が信号になっているかどうかも検証できます。原滋郎さんと不動寺浩さんも

快く研究に協力してくださいました。この多層膜シートでつくったモデルを、デコイ4号と呼ぶことにしましょう。タマムシの形を保ったものをデコイ4a号、シートのままの10㎝四方のものをデコイ4b号としました（口絵⑲）。さてデコイ4a、4b号は、タマムシを呼ぶことができるでしょうか？

多層膜干渉シートでタマムシを本気で騙してみたい

さてさて、デコイ4号が最後の行動実験となるだろうか。デコイ4a号をつくるために、ヤマトタマムシの古い標本の背中を粘土に押しつけて、その穴にシリコンゴムを入れて固めました。原滋郎さんと不動寺浩さんからいただいた、それぞれの多層膜シートを鞘翅の形に切り出して、両面テープでタマムシの形そっくりのシリコンゴムに貼りつけました。デコイ4a号です。デコイ4b号として、10㎝四方ぐらいに切って、竿の先にテープでくっつけ、旗のように垂らしました。タマムシの形にはしておらず、かつ大きなサイズのシートです。シートは自重で、竿に沿って少し丸くたわんでいました。

みなさん、この行動実験の結果がどのようになったか想像できますか？　何年にも及ぶ灼熱地獄のなかでの実験の最大の山場でした。そうです！　飛翔しているたくさんのタマムシがブンブンと寄ってきてぶつかったのです！　タマムシ型のデコイ4a号にも、フィルムだけのデコイ4b号にも。タマムシの形は、飛翔しているタマムシを呼び寄せるためには不要だったのです。デコイ4a号に比べて、より大きな反射面積をもつデコイ4b号のほうにより多くタマムシが飛翔してきているような印象でしたがその確証実験はまだ実施していません。とにかく、デコイ4号の反射を担っている多層膜シートの構造色が有効だったのです！　デコイ4号には、飛翔接近およびモデル周辺でのホバリングが観察され、この多層膜フィルムが誘引性をもつことが確認されました。デコイ4号に向かって飛翔接近およびランディングすることが確認できたのです。

はじめて、飛翔しているタマムシが人工物だけで作成したデコイを仲間だと間違えてくれた瞬間でした！

これらの結果から、タマムシは飛翔接近にも着地にも視覚のキューを用いていることが確認されたのです。「探索飛翔」していたタマムシが、視覚のキューによって「飛翔接近・ランディング」という行動に変化することが確認できたことから、「多層膜の構造色が視覚情報として機能し、同種間のコミュニケーションに用いられている」といえるようになりました。

昆虫が「目立つ・目立たない」の違いはなんだろう

ちょっと一休みして、昆虫が目立ったり目立たなかったりする違いを考えてみましょう。生物は、食物連鎖という言葉で示されるように「食う・食われる」[*12]という栄養（エネルギー）の流れのなかで生きています。そしてもう一つ、生物には死がつきまとっています。生物は次の世代を残して死ぬという方法で、種として自分たちの子孫を残し環境に適応しやすい個体をリニューアルし続けることになります。

次世代をつくるときに、雌と雄の別々の個体が必要な生殖の方法は、有性生殖と呼ばれます。一つの個体だけで新しい個体を形成する方法は無性生殖と呼ばれています。その方法で生まれた個体は、親とまったく同じ遺伝子をもっていてクローンといいます。挿し木も、もとの木と同じ遺伝子で増えていくのでクローンです。この増やし方は、効率がよい反面、クローンであるためにそれぞれの個体が同じ形質をもってしまうので、環境が変化するとすべての個体が滅びてしまう可能性があります。一方、有性生殖は、雄と雌の両方の遺伝子を受け継ぎ、いろいろな組み合わせができるので、多様な遺伝子を個体群のなかに残しやすい仕組みともいえます。つまり、環境が変化したときに、その環境に適応しやすい個体を、ある集団（個体群）のなかに抱え込むことができ、ダーウィンの進化論を大きく発展させた木村資生の中立説などの考え方の基礎となっています。ただ有性生殖は、雄と雌が出会わないと子孫が誕生しないので、無性生殖に比べて子孫を残す効率が悪いのです。

栄養の流れである「食う・食われる」という関係と、「雌雄」の関係が、生物が「目立つ・目立たない」の違いを生み出しているおおもとの要因です。生物は、餌を食べたいけど、自分は餌になりたくない。餌になりたくなかったら環境にとけ込んで目立たないほうがいいのです[*13]。でも有性生殖で子孫を残すためには、環境のなかで目立つことによって同種の仲間に見つけてもらわなくてはなりません。食われないで生き残るためには目立ってはならないし、子孫を残すためには目立たなくてはならないしという二律背反するような要求を、有性生殖をする生物はもち続けて進化してきたのです。繰り返しになりますが、同種内で「選び・選ばれる」ことで子孫を残すことができるからです。

コノハチョウやハナカマキリのように外骨格の形も色も、外の環境にぴったりと合わせてしまっているものがいます。コノハチョウは枯れ葉に、ナナフシは木の枝に似せて、自分の姿を背景に混ぜてしまうという隠蔽をしています。ハナカマキリは同じように背景の花に自分の姿を混ぜるようにしていますが、これは獲物に気づかれないように攻撃して獲物を獲得するためです。同じように、隠れ蓑をまとっているのに、前者は食われないためで、後者は食うためということで目的は大きく違いますね。これらの昆虫のように、動物が自衛や攻撃などのために、体の色や形などを、周囲の動植物や物に似せることを「擬態」といいます。

「私は怖い生き物です」という目立ち方をすることで「食われない」ようにしている昆虫もいます。怖いから近づかないでくださいねという信号として役立つので、警告色[*14]といいます。ハチにそっくりな模様のカマキリやアブなどがいます。でもハチにそっくりなカマキリやアブはハチのように刺したりはしません。また、別々の種なのに同じような毒をもっている種同士が同じ翅の色のパターンになっているチョウの仲間もいます。第1章で述べたアカハライモリも毒をもっていて、警告色の赤と黒のお腹が見事ですね。私たちも、そんな姿の輩を見るとお近づきになりたいとは思わないので、「目立つ」ということで生き残りやすくする戦略であることがわかります。

ピカピカと光る昆虫のヤマトタマムシが、構造色を使って同種個体を識別していたのは、子孫を残すためのようですね。これまでの実験では、タマムシは外見では雌雄の区別をしていないようですが……。

第7章

生物の視覚——タマムシが見る

分業制が引き起こす進化の加速

およそ46億年前に誕生した地球は、10億年ほどを経て生命を生み出したと考えられています。新しい生命体は、突然生まれるのではなく、そこにある生命体をもとに少しずつ改変して誕生します。そのため、われわれの遠い先祖は、38億年から36億年ぐらい前に誕生したとされる生命体が先祖であると考えざるをえません。その原始生命体を祖先とする現存する生物は、原核生物と真核生物に大別されます。原核生物とは、細胞の中にDNAを包む核膜をもたない生物のことで、すべて単細胞生物です。おそらくこの原核生物が、遠い先祖の生命体に似ていたことでしょう。

真核生物の細胞である真核細胞は、核膜で仕切られた核をもつだけでなく、細胞小器官（オルガネラ）と呼ばれる構造があり、細胞の内部で顕著な分業化がなされています。たとえば細胞小器官であるミトコンドリアは細胞内呼吸をつかさどるエネルギー工場、オートファゴソームは細胞内の不要なものを処理するリサイクル工場、小胞体は細胞各所や細胞の外ではたらくタンパク質を合成する工場、ゴルジ体は小胞体でつくられたタンパク質の配送センターとしてはたらいています。細胞小器官の機能を維持し細胞の形を維持するために、細胞骨格がはたらいています。原核細胞の長さが数μmで、真核生物のそれが10～数十μm。つまり真核細胞の中に原核細胞と同じぐらいのサイズの細胞小器官が入っているので、真核細胞の中では顕著な分業化が可能なのです。細胞は、まとまった一つの街のようですね。

真核生物の一部は多細胞生物化しました。この多細胞生物は一つの個体の中で、細胞や組織や器官のレベルなどでの分業化がなされています。一つの真核細胞の中で分業化が起こっているだけでなく、大規模な細胞の塊としての一つの身体の中で、分業がなされているのです。その分業のお陰で、個体は環境に適応した形や機能をもつことができるようになり、多細胞生物はいっそう多様化していったのではないかと考えています。

複眼の化石、構造色の化石

発掘された化石から、地質年代[*1]の一つであるエディアカラ紀と呼ばれる、新原生代の終わりから古生代カンブリア紀の始まりまでの、およそ6億年前から5・4億年前までの間に、すでに特別な形をした生物群が誕生していたことがわかります。[1]とはいうものの、エディアカラの地層に残った化石には骨格は見つからず、一見、木の葉のように平らで柔らかで、どちらが頭でどちらが尻尾なのかもわからないものなのです。この生き物が砂などの上に残る体を引きずった跡である、生痕化石[*2]が発見されています。この生きて移動していた痕跡から、エディアカラ紀の多細胞生物には運動能があったと考えていいのですが、どうやって移動していたのでしょうね。身体をうねらせてひらひらと移動していたのか、身体の表面全体に繊毛[*3]をつけてその繊毛運動を使って動いていたのかもしれないな、と私は勝手に想像して楽しんでいますが、どちらにしても移動の効率は悪かったのだろうと思います。外側の殻や内側の骨に筋肉がつくと、その硬い部分を力の支点にすることができるので、筋肉の動きが効率的になるのですが、進化のなかで、外骨格や内骨格ができるのは、エディアカラ紀よりもあとの時代の出来事だったのですね。

エディアカラ紀に続く、およそ5・4億年前のカンブリア紀[*4]に入り、生物は新たな移動能の獲得の時代を迎えました。そうです、エディアカラ動物群とカンブリア紀の動物の顕著な違いは、骨格と呼ばれる硬い構造物の有無です。そしてもう一つ、エディアカラ動物群とカンブリア紀の動物の顕著な違いは、左右対称性[*5]です。頭と尾の方向に軸ができ、進行方向の先端が頭となったのです。移動するための筋肉運動の支点となる硬い構造物ができると同時に頭にセンサー部を置くことで、動物はスピードのある移動能を安全に使える装置を備えたのです。[2]

スピードの速い移動能は、新たな個体間の関係をもたらすことになります。捕食者・被捕食者の関係、つまり、顕著な「食う・食われる」という関係が現れ、地球上は一気に喧噪の時代に突入したと考えられます。生命の誕生は、いまからおよそ38億年前だったので、およそ33億年の間にわたって静かな地球が続いたのですが、カンブリア紀になってスピードに満ちた力強い生物同士の厳しい関係が、急に生じたのです。そして、このカンブリア紀に出現した生物によって、われわれヒトを含む現存している生物のすべての設計図が揃ったともいわれています。

前述のように、エディアカラ紀からカンブリア紀の変化を書きましたが、ここでちょっと一息入れて、左右対称性の出現は、じつはエディアカラ紀に準備されていたのかもしれないという報告に触れておきましょう。[3] ２００９年に、このエディアカラ紀の生物の胚に左右対称性があったことが報告されました。胚とは、多細胞生物の個体発生におけるごく初期の段階のもので、まだ独立生活のできない個体です。身体ができあがる段階とはいえ、形態的特徴としてその胚に左右対称性の構造が見られたということは、多細胞生物の設計に「軸」の形成が不可欠であり、その結果としてカンブリア紀の成体が左右対称性をもつようになったのではないかと考えられます。生物側がもつ内的な特徴の変化と、環境内で生き残るための利便性と外的な要因の相互作用が、その後の生物の特徴を形づくっているのかもしれませんね。

昆虫や甲殻類の先祖の節足動物が、表面を硬くした外骨格と呼ばれる構造物を獲得することで、そこを支点として高い運動能を獲得し、かつ少々の衝撃にも耐えうるようにもなったことにより、新たな喧噪の時代の幕開けとなりました。[4] そしてもう一つ、「食う・食われる」関係が盛んになったのは、個体や細胞内での分業体制を維持するために、エネルギーを食物として摂取することが不可欠だったからに違いないと、私は考えています。原核生物は、分裂して個体の数を増やすためには栄養が必要ですが、生命を維持するだけであればほんの少しの栄養で充分です。一方、真核生物では、原核生物よりもずっと複雑な構造で秩序性があるので、その維持のために、その個体が利用できる形の大量のエネルギーを必要とします。エネルギーがないと、原核生物よりもずっと大きくて形の整った多細胞の真核生物は、身体の秩序性を保つことができないのです。

生命維持にエネルギーが必要だという説明として、秩序性のある生命体が適当な比喩かどうかはわかりませんが、自分の部屋を掃除し続けないとゴチャゴチャのゴミ屋敷にすぐになってしまうのに似ていると私は思っています。ついゴチャゴチャにしてしまうのは、掃除することにエネルギーがかかって身体や気分が疲れるので、面倒に感じてしまうからです。細胞が大きくなり多細胞化して、その細胞や個体の秩序性を維持するためにエネルギーが必要になったこと、多くの食べ物を確保するための工夫が、進化のスピードを上げることになり、それぞれの環境に適したそれぞれの種として生物は多様化したのかもしれませんね。部屋を片づけるのに掃除機は便利です。電気で動くモーターは、ずいぶんと私たちの作業を助けてくれます。でも残念なことに、私たちは電気を直接エネルギーとして使うことはできません。原子力発電所や火力発電所でつくった電気エネルギーを直接利用できる生物はないのです。石油を分解する微生物はいますが、ガソリンや軽油を飲んで生きていける多細胞生物もいません。生物はエネルギーを必要としますが、そのエネルギーは生物が使える形のものでなくてはならないのです。

カナダのブリティッシュコロンビア州の山脈から発見されたバージェス頁岩《けつがん》動物群が、カンブリア紀の代表的な化石群として挙げられます。[1] この動物群は、米国のC・ウォルコットによって1909年に発見されたもので、奇妙奇天烈な形のものもあって、図鑑を見ているだけでワクワクしてきます。狩人だったアノマロカリスの口の形そっくりに齧《かじ》り取られた姿をしている三葉虫を見ると、太古のアノマロカリスと三葉虫の戦いのシーンが浮かんできます。生物の「食う・食われる」という関係は、「食う」ことによって生物同士で使いやすいエネルギーを得て移動することが、太古のカンブリア紀の時代から始まっていたことを示しています。食料を得るということは、食料に含まれている、生物が使いやすい栄養を摂取して生きていくということです。

アノマロカリスと三葉虫はもとより、バージェス頁岩の多くの化石から、すでに立派な複眼が見つかりました。左右対称性の頭尾軸ができた生物は、視覚器（複眼）などのセンサーを頭部に集めました。身体の各所の役割分担をして、「食う・食われる」の世界のなかで生き残るために効率を上げる体制を創り上げたのです。

バージェス頁岩動物群は、嫌気性の高い粘土状態で急速に化石となったといわれていて、体全体がよく保存されています。カニやザリガニの複眼は眼柄《がんぺい》と呼ばれる棒状の構造の上に視覚器が乗っかっていて、身体を動かさなくても眼の方向を変えることができますが、カンブリア紀にはすでに眼柄をもつ複眼があったことが報告されています。[5] そのうえ、最近の研究では、クチクラの構造の一部である複眼表面の角膜の形態だけでなく、角膜の内側の円錐晶体と呼ばれるレンズ系とともに、視細胞の中の光受容部のラブドーム様の構造まで化石の中に見いだされています。[6]

このような複雑な眼ができたことは、現代の報告を見る以前にダーウィンが進化の不思議として記載している[7]ものですが、スウェーデン・ルンド大学のD-E・ニルソンとS・ペルゲルが、「pessimistic estimate（悲観的に見積もって）」と断りながら、眼のデザインの理論的考察により、わずか数十万年あれば皮膚光覚などの平面上の光受容部位が、われわれのカメラ眼のような光の方向がわかる眼へと進化できる可能性を示しました。[8] われわれヒトの誕生がおよそ20万年前であり、生物38億年の歴史のなかでは数十万年が本当に短い期間であることを考えると、地質時代から見れば、ごくごく短期間に複雑な構造が完成することが推論されたといえます。

眼で見える体色のほうはどうかというと、イギリスのA・パーカーが、高感度な視覚器の誕生が「食う・食われる」関係をいっそう加速し、なかでも構造色がもつ生物の体色が大きく貢献したと記載しています。[9] 外骨格ができれば、構造色が誕生する可能性は非常に高くなったのは間違いないと想像できますね。カンブリア紀よりもずいぶんと新しくなりますが、氷河に覆われていたとされる第四紀の更新世の地層から発見された化石に、構造色があったことが研究報告されています。[10]

しかし私は、何も構造色のみが、進化のなかで突如として特定の色として出現したと考えることもないのではないかと考えています。カンブリア紀の当時も、構造色だけでなく色素色による動物も同じように色情報を提供できます。身体の表面にメラニンがあることで、体内に有害な紫外線が入るのを防ぐことが起これば、メラニンの濃度の違いが身体表面にいろいろな色を創出することになったでしょう。体の表層がたまたま色づくのは、色素色だったかもしれないし構造色であったかもしれない、つまりどちらでもよいし、両方とも使われた可能性も高いと思います。色づくことで重要な出来事は、外に向かっては個体が存在している背景のなかから、対象物を浮き出させて情報とする「コントラストの強調、あるいは逆に消失」で、内に向かっては有害な紫外線を除き、身体を温めてくれる赤外線を有効利用したことだったはずと、私は考えています。感覚の話に戻るための繰り返しになりますが、外骨格の属性としての色は、構造色でも色素色でも創出できていたはずだし、そもそも光の波長に対する弁別能を個体がもっていなければ、色としての情報にはなりません。視覚器の誕生にしても、外界の情報を得るのは別に光だけでなく、振動も匂いなどの刺激も、

*6

食うか食われるかという瀬戸際を乗り越えていく重要な信号として役に立ちます。外界の情報のなかから光の情報が重要なのは、遠隔情報が正確に伝わってくる点ですが、ある生物が生き残って子孫をつくる生存価に影響を与えるのは偶然であることも多く、進化のなかで何が重要だったのかの特定は、とても難しいと思います。カンブリア紀からの進化の加速は、喧噪のなかで生き残る仕組みが多様にできてきたことなのでしょう。前述の繰り返しになりますが、カンブリア紀の先祖が獲得して、その後の進化を加速させた原因は、

1. 骨格の形成により早く動けるようになったこと
2. 頭尾軸ができて、感覚器や神経系の情報処理装置（脳など）が誕生して外界の情報を獲得できるようになったこと
3. その構造や機能を維持するために常に食料（エネルギー）が必要になったこと

だろうと想像しています。栄養を獲得するために外界の情報を正確に捉えることは、生物のその後の有り様を大きく変えました。

眼はどうやって光を受容するのか

ニルソンさんらが、理論的に眼が短い間にできることを示した[8]とはいえ、どのように眼が光を受容し外界を弁別できるかを知ると、ダーウィンが感じた[7]ように、どうやって巧妙な眼が進化のなか

でできたのか不思議な気持ちが深まります。

外界からの光は、眼の中の視細胞に到達し、そこで光の刺激が電気的な信号に変換され、神経を伝わり脳などの情報処理器で解析されます。視細胞内における分業制と、眼や脳などの器官による分業制があることがわかります。視細胞が入っている眼という感覚器[*7]から、感覚神経[*8]を通って脳まで、情報が伝わるのです。動物が、外界の形や動き、色などを感じることができるには、視細胞から脳まで全体の神経の構造体によって、外界の光刺激が情報として抽出されることが必要です。これら全体を含めて「光の情報処理機構」ということもあります。

ラジオやテレビを受信するためには、アンテナを立てなくてはなりません。最近は、内蔵型のアンテナが多くなったり、ケーブルテレビがあったりしてアンテナを思い出せない方は、どこかのおうちの屋根の上を見てください。そこには、長さの違う金属の棒が並んでいます。

もしも一つだけの形状のアンテナで、ラジオ波だとか、テレビ波を受信できたら、別々のアンテナを準備する必要がなくて便利だし、見た目もすっきりするのですが、残念ながら受信する電波[*9]の種類ごとに形状が異なるものが必要なのです。地デジのテレビアンテナも、魚の骨のように、長さの違う棒が並んでいますね。短波長の電波を受け取るアンテナ、長波長の光電波を受け取るアンテナが別々に必要です。

あらためて電磁波についてちょっと整理してみましょう。図7―1の左側の縦軸は周波数を、右側の縦軸は波長を示しています。レントゲン写真に用いるX線、レーダー波や無線通信に用いるFM波、TV波、短波、中波などは日常生活に馴染み深いですね。光は、789〜384THzの範囲、

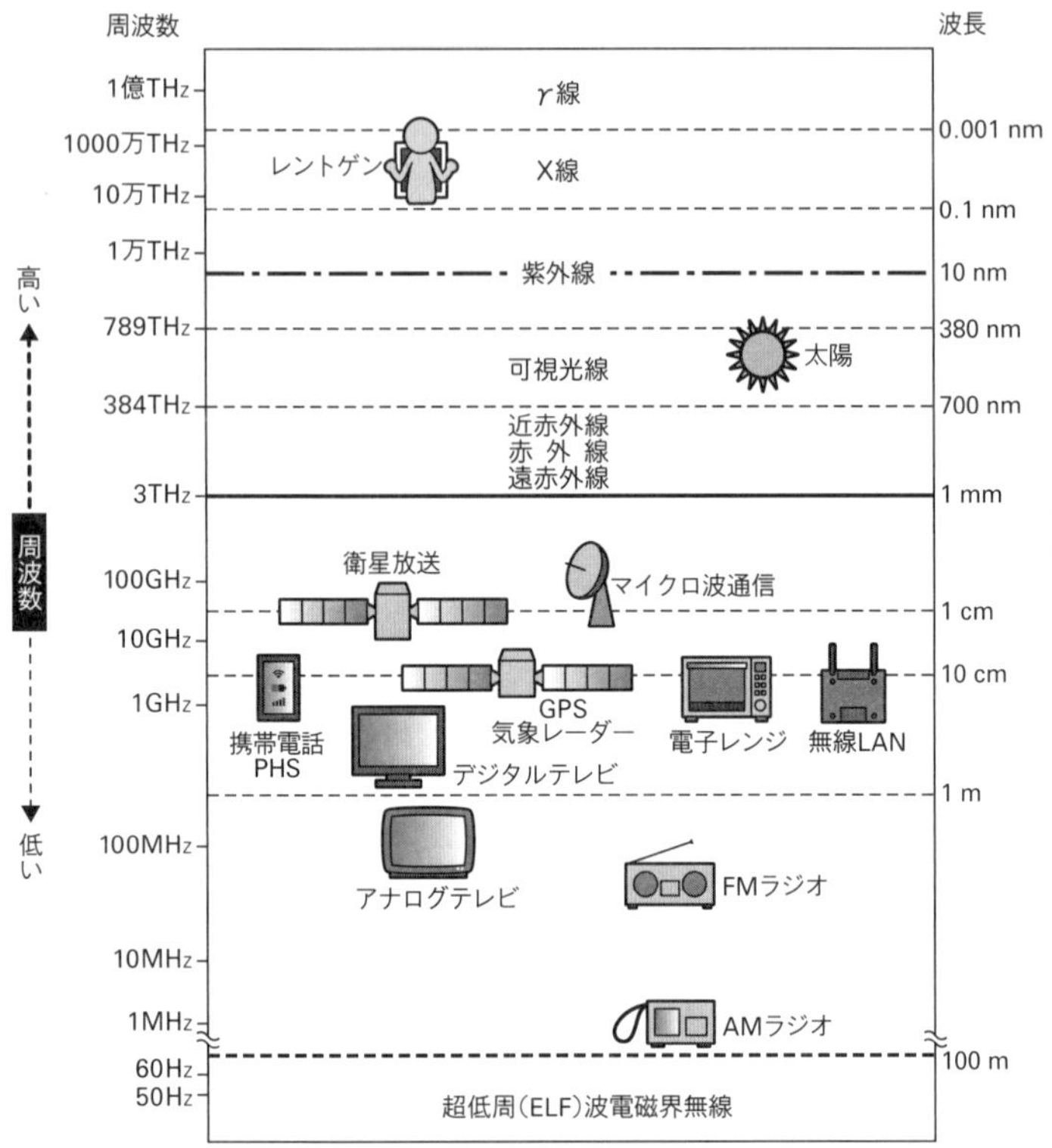

図 7－1　周波数による電磁波の分類

波長でいえば380nm付近から700nmぐらいまでをいいます[*10]。その外側のヒトの眼では感じられない短波長側を紫外線、長波長側を赤外線といいます。紫外線は波長による分類として、波長380〜200nmの近紫外線、波長200〜10nmの遠紫外線、波長100〜10nmの極紫外線の三つに分けられています。また、近紫外線をさらに、UVA（380〜315nm）、UVB（315〜280nm）、UVC（280〜200nm）の三つに分けることもあります。ヒトやサルなどの霊長類を除くほとんどの動物でUVAが光として受容されています。紫外線のUVA領域を生活に利用するのは当たり前のことなのですが、ヒトはその帯域を見ることができないのです。

一方、動物の多くがUVA領域まで見えるとはいえ、電磁波はこれほど広いのに、生物は電磁波のほんの一部の光としての波長域だけを利用しています。なぜ、そんな狭い帯域しか利用できないのでしょうか。その理由の第一は、太陽光のスペクトルの性質と関係しているのではないかと私は考えています。大気圏を通過した太陽光は、オゾンと酸素の吸収によってエネルギーは減少し、赤外線以上の長波長域では大気中に含まれる水分による吸収によって、特徴的にスペクトル曲線に谷が見られるようになります（図5-1）。このスペクトルを見ると、動物の可視光域の光量が多いことに気づかされます。生物は、太陽光スペクトルのなかで、もっともエネルギーの高い帯域を利用したのかもしれません。

図7-2を見ると、見事に可視光域の減衰量が少ないことに気づかされます。この帯域は海水に減衰されにくい帯域なので、海の中で進化してきた生物は、この帯域を結果的に利用するようになったのかもしれないですね。ただしこの仮説は想像の範囲で、私にはなんの証拠もありませんが

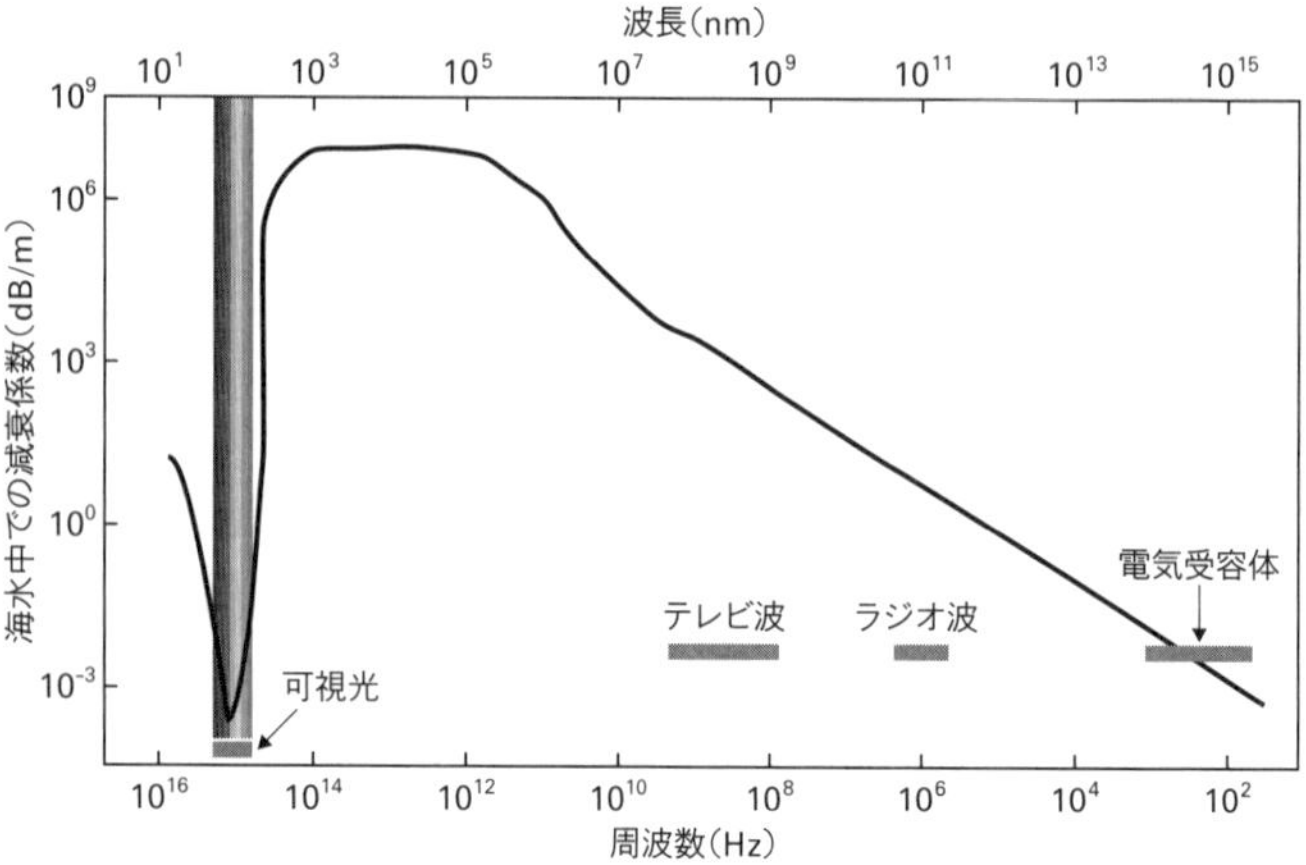

図7－2　海水中での電磁波の減衰量

……。

また生物は、図7－1で示した電波と呼ばれる電磁波の帯域を受容することはできません。生物は海の中から進化してきたとされていますが、そんな海の中での電磁波の減衰量を示したのが図7－2です。電気受容体の帯域が図7－2の右側の超低周波帯域にあります。魚の一部がこの低周波の電波を受容していることが報告されています。[*11] 生物は、自分たちが受容できる外界の刺激を利用して、外界の様子を自分たちそれぞれのなかに創り上げているのだなあと感心してしまいます。このような電気を発生する能力を進化させた魚は、電気魚と呼ばれています。

「強電気魚」と呼ばれるデンキナマズなどは、動物をも感電させることで有名で、みなさんも水族館で見たことがあるかもしれませんね。デンキウナギや、シビレエイもこの仲間です。これらは２００～６５０Ｖも発電できます。日本の家庭のなかの交流の電圧が１００Ｖで、それでも触ると感電してとても危険なのに、それよりずっと高い発電能力があるのです。強電気魚は、餌の動物を気絶させることもできますが、電場は強電気魚からの距離によって急激に減衰するので、この高電圧は至近距離でのみ有効です。でも、とても危険なので、強電気魚のいる水槽には手を入れないでくださいね。

一方、大部分の電気魚は「弱電気魚」で、熱帯・亜熱帯の淡水域に棲息するものが多いのです。

強電気魚も弱電気魚もみな、「電気器官」という特殊な器官をもっていて、そこで電気を発生します。電気器官の中には、発電細胞と呼ばれる興奮性の細胞が並んでいて、同時にいっせいに短時間興奮するのです。電気を出す細胞を直列に並べたような構造です[*12]。発電細胞の起源は、筋肉細胞や神経細胞などの興奮性の細胞で、効率よく発電できるようになったものです。細胞は、通常マイナス50~70mV程度の静止膜電位ですが、興奮すると脱分極してプラス側に電位が変化して、静止膜電位のレベルから120mVほどの電位が生じます。強電気魚の場合、この発電細胞が何千個も直列に並んでいるので、数百Vの電圧を生じさせることができるのです。

ブラックゴーストはアマゾン川に棲息している夜行性の淡水魚です。このブラックゴーストなどの弱電気魚は自身で弱い電気を出すことで電場を形成し、その電場を電気感覚器で受容し、運動系を用いてレーダーのように環境の様子を探索したり、仲間同士のコミュニケーションに用いたりしています。弱電魚の近くに何らかの物体があると電場が乱れることにより、物体の存在を弁別できるのです。このように自身が電場をつくって電気定位をする方法は「能動的電気定位」と呼ばれています。これらの弱電魚は、この電気感覚器のお陰で、夜間に泥水の中でも快適に棲息できています。

海の中でも陸の上でも、光を受容する生物はとても数多くいます。では、その光を生物はどのように受容しているのでしょうか。電磁波なので、やはりラジオやテレビを視聴するときと同じで、アンテナが必要です。そして、電波の波長ごとに異なるアンテナが必要なのと同じように、光の波長ごとにチューンアップしたアンテナが必要です。

　植物も光を受容できるのですが、クロロフィルに代表される色素をアンテナとして使って光エネルギーを受け取り、植物や動物など生物が利用しやすい物質、たとえばアデノシン三リン酸（ＡＴＰ）[*13]にして、必要なときにエネルギーに変換して利用しています。クロロフィルの吸収帯域は、近紫外部から青色の波長帯域とオレンジから赤にかけての波長帯域にピークがあるのですが、植物は巧妙で、青色からオレンジにかけての波長もある程度吸収できるように、クロロフィル以外の色素も利用できるようにアンテナを工夫しています。

　太陽のエネルギーを植物が蓄えることができるので、「食う・食われる」が生物ごとに続く、食物連鎖と呼ばれるエネルギーの流れが生態系のなかで達成されています。ただし、地球に降り注ぐ太陽エネルギーのうちの、０・02％程度が光合成として利用されることによって、[11]地球上の生物が生存するためのほとんどのエネルギーが生産されているとされています。地球上で光合成ができる生物の量を正確に試算することや、１日あるいは年間を通しての光合成の効率も、植物によって大きなバラツキがあるので計算が難しく、０・02％という数字がどれほど正確かはわかりません。しかし、とにかく太陽エネルギーのほんの一部が光合成によってＡＴＰや糖に変えられて、生物が利用可能となっていることに間違いありません。植物がＡＴＰや糖にできなかった残りの太陽エネルギーは、熱となって地球の外に逃げていきます。また、食物連鎖をイメージすると、植物がつくった栄養が、それぞれの栄養段階[*14]で効率よく吸収しているように見えますが、上の栄養段階のものは、その下の栄養段階のものを食べています。便として排出されたものを除いて、体内に取り込まれたもののうちのかなりの部分が呼吸のために消費され、その残りが体をつくる材料となります。生態系ピラミッド[*15]の各栄養段階を移動できるエネルギーは1割程度なので、各栄養段階のエネルギーの流れは「10%ルールに従う」といわれることもあります。呼吸[*16]とは、エネルギーを使って真核生物の秩序性を保つために不可欠な仕組みなので、植物や動物はもちろん、すべての生物がしています。エネルギーの一部は呼吸を通して熱に変換されます。これらの熱も最終的には地球から宇宙へ逃げていってもらわないとなりません。そのうえ、呼吸では酸素を吸って、地球温暖化ガスの一つである二酸化炭素を排出します。地球温暖化ガスが問題になるわけですよね。

一方、動物の眼では、光エネルギーそのものを利用するというより、信号として外界の光刺激を取り入れています。この光を受容するアンテナは、オプシンと呼ばれる膜タンパク質とその中に含まれるレチナール（発色団）から形成されています（図7-3）。図中でオプシンと示された細長い卵のような部分の内側に両矢印で示したものがレチナールです。オプシンとレチナールが結合したものを視物質、あるいはロドプシン[*17]といいます。ロドプシンは、もともと桿体細胞の中にある視物質に対してつけられた名称で、ギリシャ語の「バラ（rhódon）」を語源としています。レチナールという分子そのものでは、光の吸収帯域は360nm付近にピークをもつ近紫外領域にあるのですが、オプシンとの相互作用によって、近紫外領域から赤外領域までのさまざまな波長域を吸収できる物

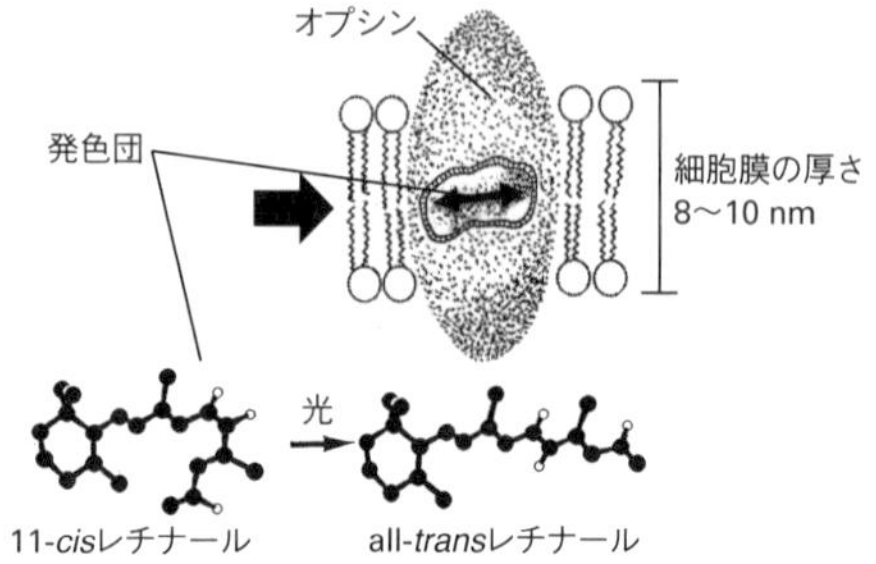

図7－3　動物が眼の中で光を受容する仕組み

質へと変化することができ、光受容物質として機能できるのです。この視物質を構成するオプシンの構造は、それぞれの種、また前口動物や後口動物[18]で違いが見られるものの、大枠では動物界全体でほぼ共通です。その視物質の共通性は、約350個のアミノ酸[19]からなるタンパク質であるオプシンと、その中に含まれる視物質発色団からなること、オプシンは7回膜貫通型受容体[20]であることです。

前述のように、生物学では、多細胞生物の発生の仕方で、前口動物や後口動物の2群に大きく分けて考えることがあるのですが、カンブリア紀に系統的に大きく隔てられたこの2群は、生物としてそもそも設計原理が違うのではないかと思わせるほど、別々の仕組みをもつことが多いのです。しかし、視物質のオプシンの基本構造に顕著な違いは見られません。図7－3黒片矢印で示した部分が、細胞膜の一部の脂質二重膜[21]の真ん中あたりですが、7回膜貫通型のオプシンは視物質を内部に含んで脂質二重膜でできた細胞膜の両側に頭を出して浮かんでいるような形です。細胞膜の厚さは8〜10nmなので、細胞の内側から外側にかけての視物質の長さはそれより少し大きいぐらいです。

基本構造に違いはないものの、吸収波長の異なる視物質ごとに、少しずつオプシンのアミノ酸配列は異なっています。第2章で分子系統樹の説明をしましたが、オプシンのアミノ酸配列の相同性に基づいて分子系統樹を描いてみると、七つのサブファミリー*22が存在することが明確に示されました。[12] サブファミリーに知られているオプシンが含まれるということは、先祖のロドプシンから何かの要因で分かれたものが、あるグループに含まれることになったということが推論されます。

視物質発色団が四つあるのはなぜ？

先に述べたように発色団*23レチナールの光吸収のピークは360nm付近にあります。レチナールを含む発色団は、現在までに、レチナール（A1）、3-デヒドロレチナール（A2）、3-ハイドロキシレチナール（A3）および4-ハイドロキシレチナール（A4）の4種類が発見されており（図7-4）、脊椎動物では前者2種の存在が確認され、節足動物では前者3種の存在が確認されています（以下、煩雑を避けるために、それぞれの発色団の名称をA1～A4と記載します）。

A4は、軟体動物のホタルイカの仲間だけに見いだされたものです。[13] これらの発色団は同じオプシンに結合した場合、吸収波長域に違いが見られたりすることなどが報告されていますが、でもなぜ4種もの視物質発色団が動物界に存在することになったかについては明らかになっていません。

古くから魚の眼には、A1とA2があることが知られています。視物質のスペクトル曲線を測定するために顕微分光装置という顕微鏡を使って、A1とA2をそれぞれもつ視細胞のスペクトル曲線を測定した人がいます。[14] するとA2をもっている視物質のほうが、A1をもっているそれよりも、およそ20nmほど長波長側の光を受容しやすいということがわかりました。そこで私たちは、「魚が棲んでいる場所ごとに地域差があるのではないか」という作業仮説を立てて、実験してみました。

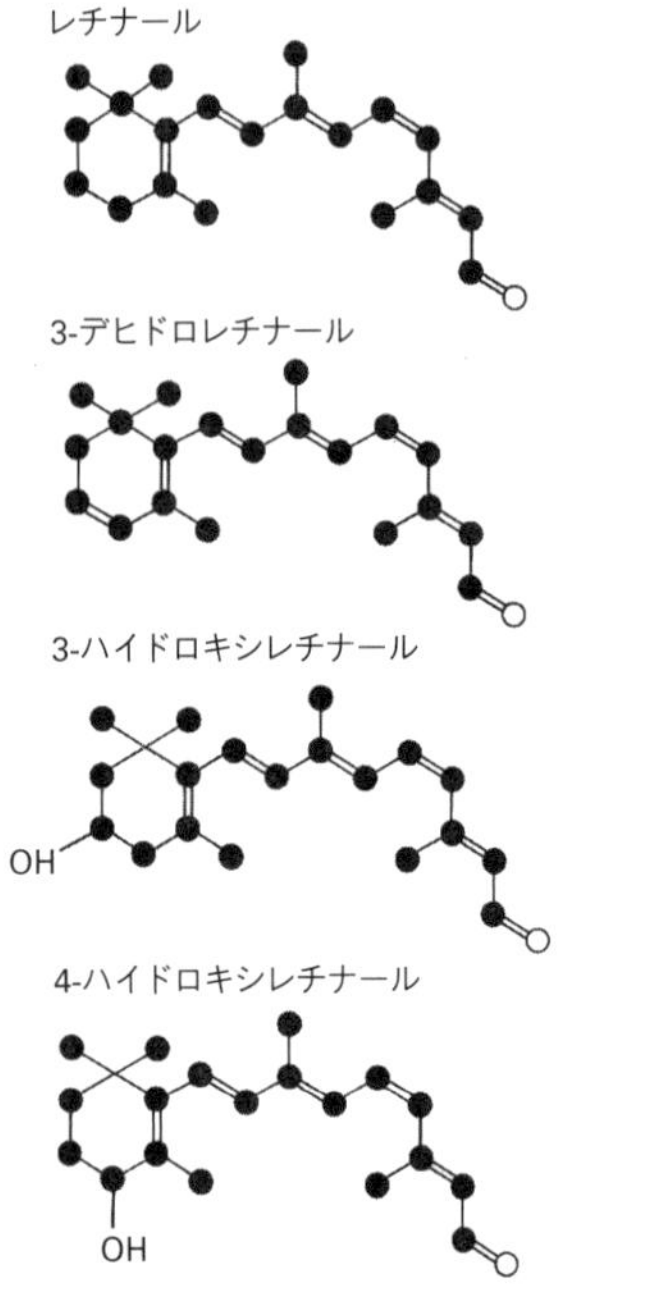

図7－4　現在までに確認されている発色団

浜松医科大学の外山美奈さんが中心になって、１６０種以上の魚の眼を分析しました。[15] 高速液体クロマトグラフィー（ＨＰＬＣ）という発色団を化学的に分析する機械を駆使されたのですが、１回の分析をするだけで１時間以上かかります。それに実験に用いる魚集めがとても大変でした。水族館から魚をもらい受けたり、研究仲間たちで釣りに行ったり、漁業者の方から購入したり……。外山さんは辛抱強く研究グループをまとめて、この大変な実験をこなされました。実験結果は明瞭でした。川や湖に棲んでいる淡水産の魚は、Ａ１とＡ２をもっている。海辺周辺にいる魚も、Ａ１とＡ２をもっている。ところが岸辺から離れた海だけに棲息している魚はＡ１だけしかもっていなかったのです。これは、作業仮説に基づいて実験した結果、「魚の生息環境と、魚の眼がもつ視物質発色団Ａ１とＡ２に相関がある」と結論してよさそうだ、つまり作業仮説を検証できたと思いました。

　ところが論文を書いている途中で、深海魚の眼の視物質発色団の研究が外山さんも含めて実施され、Ａ１とＡ２をもっていることが報告されました。[16] 深海は海の中でも光がほとんど届かない特別なところだから、A2があるのだと片づけてしまってもよいのかもしれませんが、科学では反証例が見つかると、仮説や結論などを見直さないとなりません。光が届く海の中の魚と深海魚とは違うことを区別できるかどうかは、いろいろな深海魚を集めて視物質発色団の分析を進める必要がありそうです。

一方、昆虫の眼の視物質はどうかというと、HPLCを用いた分析によってA1とA3をもっていることが知られています[17,18]。系統樹とA1やA3の視物質発色団との関係を丹念に対応づけされたのですが、その相関を示すような結果は見つかっていません。この昆虫の複眼がもつA1とA3と進化の関係をまとめて考察した報告もありますが[19]、動物界に、視物質発色団が四つもあることの理由を明らかにしていきたいですね。そして、もしかしたら別の発色団があるかもしれません。

視物質はどうして波長による吸収の差があるのか

オプシンはタンパク質で、タンパク質の吸収帯域はおよそ280nmにあります。ところが、発色団とタンパク質オプシンの相互作用によって、動物の可視光域を吸収できる物質として機能します[20,*24]。

それぞれのロドプシンの吸収帯域は、このオプシンとレチナール結合の組み合わせと、結合を果たしたレチナールを包み込むように周りにあるオプシンのアミノ酸残基の性質によって決まるので、可視光の範囲にさまざまなスペクトル応答をもつことができるのです（図7－3、図7－4）。これらのロドプシンの応答極大は、動物の種によって異なりますが、およそ330nmから700nm付近まで知られています。昆虫はもちろん、魚や鳥などの脊椎動物は紫外線受容細胞をもっています。

珊瑚礁に棲むハナシャコでは10種類以上もの別々の視物質が別々の視細胞にあることも報告されています。[21]

光量子と視物質との関係

波長と視物質の関係に関しては前述のとおりで、それぞれの視物質が電磁波としての光のアンテナとしてはたらくので、視物質は特定の波長をよく吸収します。吸収された光は、視物質が何個の光の粒子を吸収したかということで、視細胞は光量に換算します。視細胞に入ってきた光を受け取る光受容分子が吸収した光によって、光異性化されるか否かです。ここで、光の粒としての性質をもつ光量子[*25]を考える必要がでてきました。光量子1個が視物質に吸収され、視物質発色団が *cis* 型から *trans* 型に異性化反応をする効率（量子収率）[*26]で、視物質は光異性化されます。私は、昔、この量子収率という用語にピンときませんでした。イメージでいうと、ドッジボールをしていて、球をしっかりと受け取ったときが効率よく光量子をキャッチできてそのエネルギーを利用できるのですが、ドッジボールの球が当たったのだけどエネルギー（痛み？）だけが残って球は脇に逸れるときもあるという感じかな？　物理学的にはいい加減な説明ですが、物事の理解にはイメージを先にもつのも大事かもしれません。

光異性化された視物質が、細胞内でセカンドメッセンジャーと呼ばれるタンパク質を駆動する活性型の視物質に変換されるのです。この活性型の視物質が、Gタンパク質[*27]と呼ばれるセカンドメッセンジャーへと続く視細胞内の情報変換分子に作用し、視細胞が興奮します。視細胞の興奮とは、細胞膜にあるチャネルが開いたり閉じたりして、細胞膜電位が変化することです。この視細胞の興奮によって、続く神経系に情報を伝えることが可能になるのです。つまり、視細胞は、どれだけの光量子を捕捉できたかを、信号に変える素子として機能します。実際には、この光異性化が、脊椎動物[22]でも無脊椎動物[23]でも、ほぼ1光量子反応であることが強く示唆されています。

くどいようですが、視物質の光の吸収効率には波長依存性があります。そのため視細胞の興奮を引き起こすのは視物質でいくつの光量子が吸収されたかということになり、波長の情報は一度ここで消されてしまいます。アンテナと視物質に吸収されやすい波長があるのですが、吸収されてしまえば、視物質の何個が光異性化されたかどうかが信号として役立つだけであるということです。これを「単一変数の原理（principle of univariance）」といいます。ずいぶん難しい用語ですね。でも前述のように、この用語が意味するところは、視覚細胞にいったん光が吸収されると、各受容器細胞においては、吸収した光量子の総数のみが有効な変数となり、光の波長に関する情報は失われてしまうということで、イギリスの生理学者W・ラシュトン（1901～80）が気づいて命名したものです[24]。

波長の情報が消えてしまうのに、私たちはどうやって色を識別できるのでしょう。次に、眼の構造を考えたうえで、色の識別の仕組みは、次の第8章で考察します。まずは、眼の構造を深掘りしてみましょう。

動物の器官としての眼

細胞を単位とする多細胞生物は、細胞が集まって、ある機能を果たす器官*28を形成します。眼は視覚器と呼ばれるように、器官の一つです。

先に述べたように、動物は、進化を反映する分類学上の系統樹のなかで、大きく前口動物と後口動物の二つに分けられます。前口動物には、扁形《へんけい》動物・輪形《りんけい》動物・腹毛《ふくもう》動物・環形《かんけい》動物・軟体動物・節足動物など、多くの動物門が含まれます。後口動物には、棘皮《きょくひ》動物・半索《はんさく》動物・脊索《せきさく》動物が含まれ、われわれヒトは後口動物です。前口動物と後口動物は発生の仕方が異なり、受精卵が卵割を始めて初期胚に形成された原口がそのまま口になるものが前口動物、原口が口にならず反対側の肛門側が口になるものが後口動物です。このようにつくられ方というか基本的設計が異なるため、眼の形成も異なっており、前口動物の眼は皮膚から、後口動物の眼は脳から形成されます。両者の間で大きな違いがあるにも関わらず、視覚器（器官）の形として似ている部分もたくさんあります。軟体動物のタコやイカは前口動物であり、ヒトは後口動物なのですが、ともにレンズをもち網膜に焦点を結びます。ただし、その視細胞層の位置は大きく異なっていて、前口動物のタコやイカではレンズ側に、後口動物のヒトでは眼球の内側に置かれています（図7－5）。網膜の位置がまったく逆なのに、レンズ系を全面にもった、一見同じような眼が前口動物と後口動物の両方に進化のなかでできたのはなぜでしょうね。

昆虫のタマムシは、節足動物に含まれます。一般に節足動物は、数個の単眼と、多くの個眼から形成される複眼を一対もっています。J・ミュラー（1801～58）が複眼に関するモザイク像仮

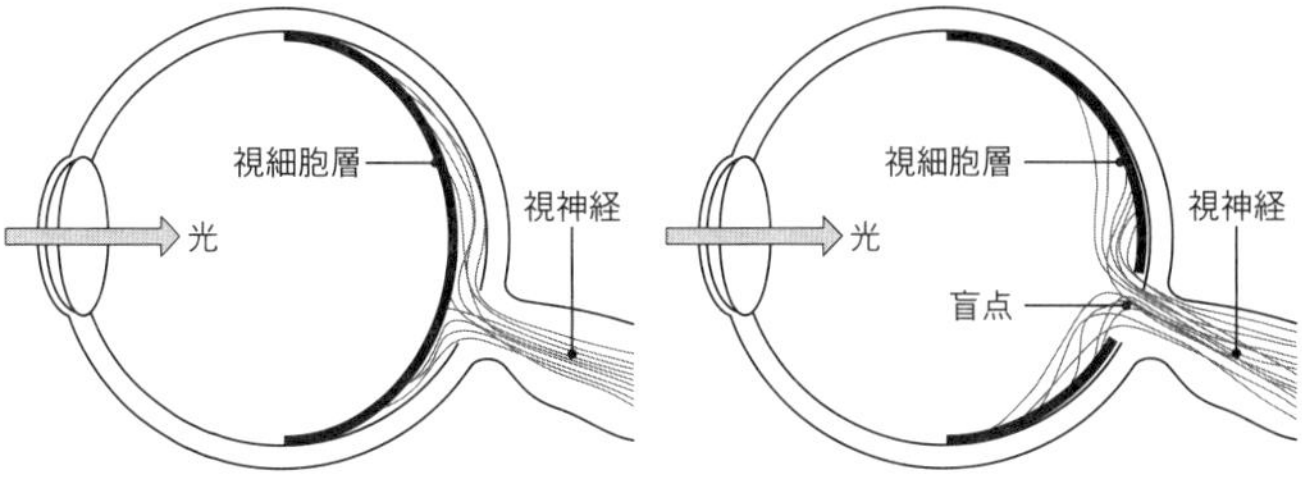

図7－5　イカやタコの目の構造（左）と、ヒトの目の構造（右）の違い

説[25]を記載してから現在に至る200年の間、数多くの研究が報告されてきました。なかでもS・エクスナー（1846〜1926）は、それまで考えられてきた連立像眼（apposition eye）に加えて、重複像眼（superposition eye）の存在を記載しました[26]（図7－6）。連立像眼でも重複像眼でも、光の入射方向から角膜（cornea）、円錐晶体（crystalline cone）と呼ばれるレンズ系、その下にラブドーム（rhabdome）を中心にもつ視細胞（retinula cell）があり、最後に基底膜が共通してあります。大きく異なるのは、重複像眼には円錐晶体と視細胞の間に、透明な層（clear zone）があることです。連立像眼では、一つのレンズから入射した光は一つの個眼内のみで受容されるのですが、重複像眼では、透明な層をまっすぐに進む光もあれば横に抜けることができる光もあって、あるレンズから入射した光を別の視細胞も受容可能となります。

じつは、この重複像眼の構造をもった複眼は、夜行性昆虫など、薄暗い環境のニッチ*[29]に棲む節足動物に多く見られます。その後ニルソンは、重複像眼のレンズ系の種類を分類し、屈折型（refractive type）、反射型（reflective type）、放物面型（parabolic type）に分けました[27]。彼らは、連立像眼を含む節足動物全体の光学系のまとめもしました[28]。

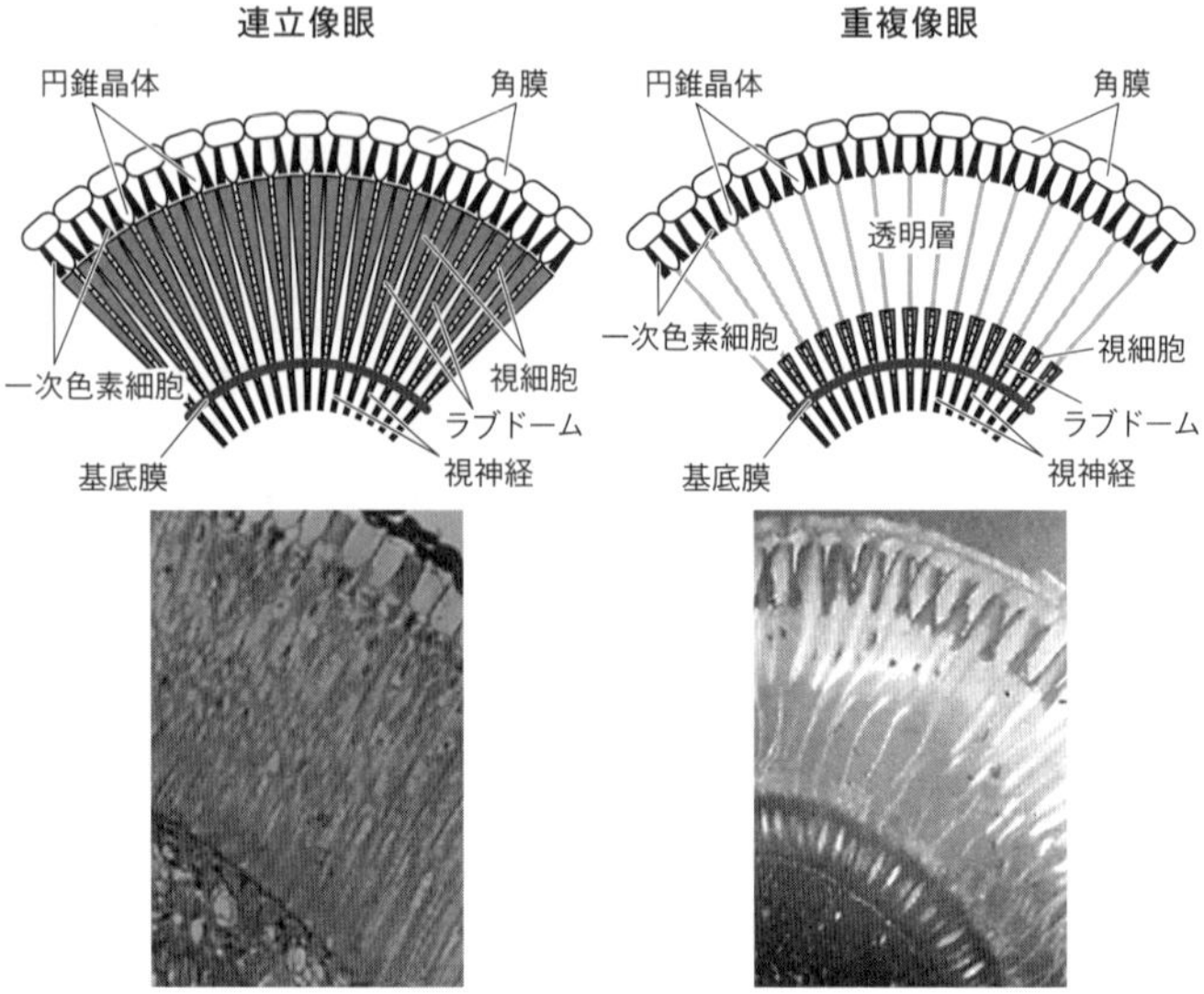

図7－6　連立像眼と重複像眼の構造の違い

これらのまとめを読むと、レンズ系の進化だけを見ても、ダーウィンと同じ気持ちになります。「なんでこんな複雑な機能をもった複眼を自然は造ることができたのだろう」と。ラブドームという場所は、視物質を集積しているところで、光を受容するための光反応の場なのですが、そこに光を効率よく入射するために、それぞれの種特有の工夫に満ちた構造になっているのです。

光を受容するためのラブドームの多様性

先に述べたように、視物質は、細胞膜を形成している脂質二重膜を貫通しています（図7－3）。リン脂質の長さが3・5～5・6nm程度なので、細胞膜の厚さは、8～10nmです。こんな薄い膜に、「プカプカと」という表現が適当かどうかわかりませんが、浮いているように視物質が存在しています。そのため、膜タンパク質である視物質は、同じ場所でクルクル回ったり、横に移動したりもできるはずです。

この視物質は、視細胞の中で光の通り道のところに集まっていたほうが高効率になるので、脊椎動物でも無脊椎動物でも、視細胞の決まったところに集まっています。節足動物では、視細胞の一部がマイクロビライ[*30]（図7－7A）を高密にもつ部分となっています。一つの視細胞内にあるマイクロビライの集積体のことを感桿《かんかん》分体（ラブドメア）（図7－7B）といい、一つの個眼内でいくつかの視細胞の感光受容部位が形成する感桿分体が集まっている部分を感桿（ラブドーム）（図7－7C）といいます。

感桿分体の集まり方の違いによって形態が異なるので、分散型（図7－7D）、集合型（図7－7E）、重集合型（図7－7F）の三つのタイプに分類されています。分散型は、ラブドメア同士が離れていて、各視細胞が独立した光情報を得ることができます。集合型は光軸に対してラブドメアがくっついていて、光は屈折率の近い隣同士の感桿分体の中に紛れ込むことができます。重集合型は、マイクロビライの方向を同一にした塊が交互に櫛状に重なり合っています。分散型は昆虫のハエの仲間と甲殻類のフナムシで見つかっていて、節足動物のなかではそれほど多くの種で見つかっている構造ではありません。集合型はほとんどの節足動物がもつ構造で、先に述べたカンブリア紀の化石の眼の構造も集合型でした。重集合型は、ザリガニやシャコをはじめ数多くの甲殻類の眼で発見されています。マイクロビライの一塊が、よくもまあグチャグチャにならずに交互に並べるものだと思いますね。言い忘れましたが、マイクロビライの直径は、細いもので40nm、太いもので90nmと

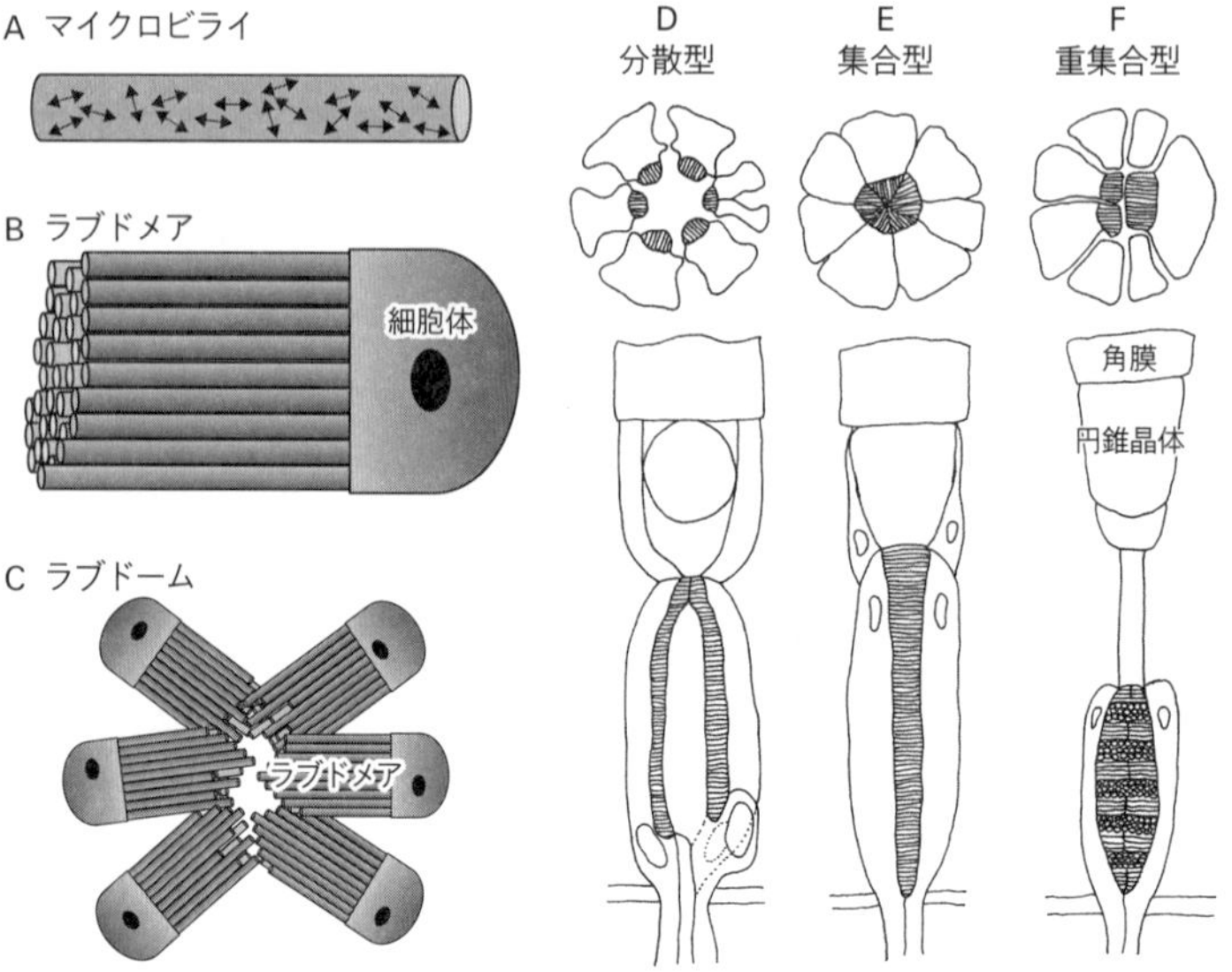

図7-7　視細胞を構成するマイクロビライ、ラブドメア、ラブドームと、ラブドメアの集まり方の3タイプ

報告されています。[29]

ラブドメアのイメージは手のひらから飛び出した細い指のような感じです。ただし、細い指に喩《たと》えたマイクロビライはものすごい数あります。脂質二重膜は脂質でできているので柔らかく、そのうえ10nm程度しかない厚みの脂質二重膜でできた細胞膜でつくられている細いマイクロビライが、形を整えて光受容をしていることを知ると、その不思議さとともに、生命の巧妙さに感動してしまいますね。

この感桿分体が集まった感桿の中に、大量の視物質が集積していて、そこを角膜と円錐晶体、あるいは透明層を越えて入射してきた光が通っていきます。感桿に視物質が集積しているので、視細胞の細胞体に比べて感桿の屈折率が高くなり、ライトガイドとして機能します。視物質が集積しているだけでも光が視細胞の細胞体に漏れることが少なくなっているのですが、ラブドメアと細胞体の間に小胞体を並べて反射層としている複眼もあります。結果として光を効率よく受容できる設計になっています。この構造の中に光が入射し視物質と相互作用することで、視物質を光異性化させることがきっかけになって、視細胞が興奮[*31]するのです。

タマムシの複眼の構造

節足動物の眼について理解していただきたく、視物質や眼の説明がついつい長くなってしまいました。昆虫をはじめとした節足動物も、素晴らしい眼をもっていますね。さて、節足動物の眼の一般的な構造がわかったところで、タマムシの眼の話に進みましょう。

口絵⑥で示したように、タマムシは頭部に一対の複眼をもっています。写真撮影のときに上から照明しているので、その照明が複眼に反射して白っぽく見えるところがありますが、ほぼほぼ真っ黒に見えます。複眼は数えきれないほどの多数の個眼から形成されているのですが、白っぽく写っているところをもっと倍率を上げて見ると、個眼が見えます。

複眼の中はどんな構造をしているのでしょう。鞘翅を切片にして観察したように、複眼を切片にして観察してみました。**口絵⑳**Aは、光の入射軸に対して平行に複眼の切片を作成し、光学顕微鏡で観察したものです。切り出した切片をそのまま観察すると、円錐晶体のあたりにある黒い粒しかはっきり見えないので、トルイジンブルーという染色液で染めました。ラブドームが長いので、光が入ってくる角膜を含む視細胞の上部だけが写真に写っています。一つの個眼は幅約7µm、長さ約100µmの柱状の角膜をもち、それに続いて5µm程度の短い円錐晶体があることがわかります。この角膜と円錐晶体は、レンズとして機能する場所なので、トルイジンブルーで染色しないで観察すると完全に透明に見えます。ほかの昆虫に比べて、円錐晶体のサイズがとても小さいことに驚きました。角膜が長いので、円錐晶体は小さくても充分なのかもしれないなって考えています。円錐晶体の周辺に黒い粒状のものがたくさん見えます。これは、オモクロームと呼ばれる色素顆粒だと思われます。この切片で、たくさんの色素顆粒が角膜直下にあることから、タマムシの複眼を外からみると黒く見える（口絵⑥）のは、この色素顆粒を見ているからだとわかりました。

円錐晶体の下に700〜800µmのとても長い光受容部が続いています。透過型電子顕微鏡で光軸と平行に縦切りにした部分を観察すると、1µmよりも少し太いラブドームが観察されました（口絵⑳B）。この観察には、とても薄く切り出した切片を用いて、鉛やウランなどの重金属でタンパク質などを染めて、電子線を遮蔽することでコントラストをつけています。ラブドームをよく見てみると、左側の視細胞からはまっすぐ伸びたマイクロビライを観察することができ、右側の視細胞の側のマイクロビライは輪切りになっていることがわかります（口絵⑳D）。マイクロビライの内側が少し灰色に見えることから、マイクロビライの内側には重金属で染まる何らかの物質が含まれていることが想像されます。もしかしたらマイクロビライを支える細胞骨格かもしれません。複眼を輪切りにして、縦切りの観察と同じように透過型電子顕微鏡で観察（口絵⑳C）すると、ラブドームの周辺は、白っぽくなって観察されました。タンパク質などがあると電子染色したときに黒っぽくなるはずなので、白っぽく見えるというのは、そこにはあまり物質が含まれていないことを示しています。含まれる物質が少ないということは、ラブドームの周辺の屈折率はラブドーム本体よりもずっと低いのだろうと想像されます。物質をたくさん含んでいる屈折率の高いミトコンドリアなどの細胞小器官は輪切りの外側に集まっていました。この写真では、ラブドームから離れた部分のほうが黒っぽく見えます。ラブドームが視細胞の内側よりも屈折率が高いので、角膜と円錐晶体というレンズ系から入射した光は、ラブドームがライトガイドとして機能して、入射した光をあまり漏らさずに視物質を光異性化して、視細胞の興奮を引き起こしていると考えられます。

光学顕微鏡像の角膜とラブドームの関係から計算すると、それぞれの個眼は1度以下の狭い受光角であることが推定されました。個眼の数を芦澤七郎さんが計測されていて９０００個あると報告されています。[30] 個眼が多いので、よく数えられたなととても感心しました。

タマムシ複眼内の一つ一つの個眼は、とても狭い空間からの情報を得ることができ、タマムシのこれらの情報を統合して、ほかの昆虫に比べてより高い空間分解能で外界からの刺激を使っているものと考えられます。

第8章 ヒトが見る光

みなさんは、鏡の前で顔を洗ったとき、たいてい自分の眼を見ると思います。でも、どうして物が見えるのでしょうか？　最近の高校の生物の教科書づくりでは、身近な生物を代表選手に選んで、生徒のみなさんに生物全体のことを理解してもらおうと考えているそうです。とくに、多くの人たちが学ぶ「生物基礎」という教科書ではそれが顕著で、身近な犬や猫のペットなどの動物をはじめ、より身近なヒトのことについて、たくさん題材にされています。ヒトの眼に関しても、比較的よく書かれています。

ヒトの舌や鼻、そして眼や耳などがどのように外界から刺激を受容しているのかについて、ヒトの感覚器を例として説明することは、生物学の初学者の関心を引きやすく、学びのモチベーションを高めるのには確かに親切な方法です。ところが、初学者の勉学意識を高めやすいという利点がある反面、ヒトを中心に生物学を説明し過ぎると「ヒトは生物全体のなかの一員に過ぎず、地球上にはヒト以外の気の遠くなるほどたくさんの、ほかの生物が存在していること」に気づかなくなってしまいます。ほかの生物とヒトを比較することで、ほかの生物のすごさや生活の仕方を識ることになり生物界全体を理解することにつながるのですが、ヒトの生物学だけを学ぶと「ヒトのことがわかればよい・(短絡的に)人が幸せになればよい」と思ってしまう、大きな危険性をはらんでいます。つまりヒトが生物の代表だと勘違いしてしまうのです。細かな話になりますが、眼を例にすると、第7章で節足動物の眼の概要を記載したように、視物質などの基本的な点はほとんどの動物で一緒ですが、眼の構造は大きく違います。ヒトの眼は、動物界のなかでも、とても特殊です。

話をもっと簡単にするために、ある例をお示ししましょう。白色LEDが白く見えるのはヒトだけだということを、みなさんご存じですか？ 図5-1で示したように、白色LEDを分光器で測定したスペクトルは、465nmの青色光の鋭いピークに比べて560nmのピークの幅が広く、緑色や赤色の光を含んでいて、短波長側の紫外線領域の光はまったくありません。ヒトにとっての白色は、ヒトの可視光域の反射や照射のスペクトルがほぼ均一であるか、反射光や照射された光のスペクトルによる青細胞、緑細胞、赤細胞の興奮の比率が均一なスペクトルとほぼ同様の強度をもつときなのです(くわしくは後述します)。ヒトは白色LEDのスペクトル曲線が、紫外光がなくてかつ可視光域で凸凹していても、白い花びらなどが反射する平らなスペクトル曲線とLEDの白とを区別できないのです。一方、鳥や昆虫など霊長類以外の動物のほとんどは、紫外線領域の光を知覚できます。白色LEDでは、ほかの動物たちの紫外線受容を引き起こすことができないのです。ヒトにとって白色に見えるLEDは、ほかの動物たちにとって、どんな色の世界に見えているのでしょう。ヒトは長波長側の色の強い暖色系の色に見えるので、彼らにとって白色LEDは温かみのある色に見えているのかなあ？

動物はそれぞれの生活の場所であるニッチに適応するように進化してきているので、そのニッチからの刺激を効率よく受けとって、自身の情報としてうまく利用して生き残ってきたものが現存しています。それぞれの生物は、外界にあるすべての事物が出している特性を刺激として受容することはできず、自身が受容できる範囲の刺激のみを使って生きています。事物が出している信号を受容できるかどうかは、その信号を受容する感覚器の性能に依存してしまうのです。それぞれの種によって、受容可能な刺激とその範囲が決まっているのです。

"気づく目"を養う学び

生物は、38億年前に誕生した生物を先祖として進化してきたので、タマムシを含むすべての生物が親戚同士といっても過言ではありません。進化のなかで生物の多様性が生じてきたために、ヒトとほかの生物は、構造や仕組み、そして行動様式など、ずいぶん違うところもあるのですが、共通の先祖を少しずつ改変してきたので異なった種の間でも、とても似ているところもあります。ヒトのことばかり考えていると、地球上には多様な生物が存在していて、その多様な生物たちの存在によって地球のバランスが保たれているお陰でヒトが生きられる、つまり、ほかの生物の存在が重要であることに気づくことが難しくなります。もっと悪いことに、ほかの生物がヒトと同じ環世界[*1]に生きていると勘違いしてしまうのです。

ヒトは、ヒトが棲んでいる環境のなかで生き残りやすくなるようにして生きてきたので、ヒトにとって利用しやすい自然からの刺激を受容するように特殊化してきました。ほかの生物も、それぞれの種のなかで情報交換して生きてきているのです。それぞれの種は、それぞれの情報世界をつくり上げているのです。それぞれの種を単位として特殊化していることを、忘れないようにしないとならないですね。ヒトの環世界を越えて、他種の環世界に〝気づく目〟を養う必要がありそうです。

学んでいるようで学んでいない？

これまでのタマムシのお話のなかで「人は見たいと思ったもの以外は見ることができない。そのために作業仮説を用いることが重要だ」と記載してきました。教育には作業仮説は不要ですが、教育を通して学ぶことは、人間社会が築いた文化の一部を使って「見たいものを見る目、見たいものに気づく目」を養うことです。その目を養わなかったら、もしかしたら周りにあるすでに知っていることだけを駆使して、一生をただただ安寧に生きるだけの人生になってしまう可能性があります。安寧に生きるために、地球から多くのものを搾取して人生を過ごすと、個人的な思考の成長なしで人生を終えることになります。悪い意味で、温室の外を見ることができない温室栽培！

大学に入って生物学を専門的、体系的に学ぶ人は、大学入学者のなかでもほんの一握りの人たちです。体系的に生物学を学ばない人たちが国民のほとんどであることは、とても悲しく、危険なことです。中学校あるいは高校の教科書で学んだことが、最後の学習の機会になってしまっている可能性が高いのです。テレビや雑誌などで、とても素敵な自然に関する番組や記事が流されているのを見ると感心しますが、その番組がどんなに奥深い内容をもっていても、視聴者の基礎的な知識や個々人の体験や興味によって読み取れる内容が異なってしまいます。どのような情報が外部にあったにせよ、その情報を受信する者が、自ら理解できるものだけが入ってくるからです。あまりよい表現ではありませんが、「馬の耳に念仏」という状態に似ているともいえます。いかに素晴らしいこと（御経）を聞いても馬はわからないという喩《たと》えで、いかに素晴らしいことが自分の前に情報として存在していても、価値がわからないとその情報がもつ意味が減じてしまいます。そのため、日本の中学生や高校生向けの生物学の教科書の記載が体系的でないだけでなく、ヒトのことだけを中心に書かれていることは問題です。〝気づく目〟を養う仕組みを早急に創る必要があります。〝気づく目〟を養うためには、体系的な学びとともに、個々人の感性に基づく自然観も必要です。

エリートたちの地球環境問題

国の施策を考えたり、国の将来に関わる仕事に就いている人たちの考え方が、高校の「生物基礎」の知識の範囲に留まってしまっているとすると、それぞれ別の情報処理をもつように進化してきた多様な生物を、自分勝手な人の視点だけで見るようになってしまうのは、致し方ないと思います。多くの人が「人は万物の霊長である」と自惚《うぬぼ》れて、人間中心的（humancentric）な自然の見方になるのです。

人間が、快適さや裕福な日々を求めることは何ら悪いことではないと考えますし、その要求を抑えることはできないと思うのですが、地球上のほかの生物に目を向けることなく、人間中心的に開発を続けると地球は修復機能を失ってしまいます。現に、修復機能が消失していることを、われわれも、そして世界の為政者たちも気づき始めています。ただ、人間中心的な視点しかもてない為政者たちがいかに「地球を守ろう」だとか、「ＳＤＧｓが大事だ」とか叫んでも、自然を見る目が矮《わい》小《しょう》なままであると「太鼓も撥《ばち》の当たりよう」で、人間中心的な教育を受けたわれわれ民衆も何をすればよいのかわからないことになってしまいます。

高校卒業後に自分たちで新たにしっかり学んだり考えたりすることなく、高校生物学の知識の範囲を大きくはみ出すことが起こらないとしたら、確実に〝人間中心の世界観〟の持ち主となってしまいます。〝人間中心の世界観〟しか身についていない人たちが、地球環境問題を解決しようと努力しても、ほかの生き物に目が届かないために、空振りになります。「ＳＤＧｓが大事だ」と丸い綺麗なペンダントをつけている人々が目につくなか、世界的な自然破壊が行なわれているのが現状です。ＳＤＧｓというお題目が、一見、ほかの生物たちへの配慮を含めた利他的な施策に見えるのですが、実際には人間中心の利己的な自然破壊に陥っているのです。

こんなふうにきつく述べても、「人間中心の世界観の何が悪い」と読者の多くの方々は思われるかもしれません。これまでの人類史が示すように、人間は自分や身の回りの人たちのことを気遣って生きることで問題なく生存できてきたのですから……。ほかの人間に対して自己犠牲的行動[*2]をとる結果として、個人も人間全体も幸福になっていくことが大切であることに誤りはないので〝人間中心の世界観〟は有用です。しかし、「これまでの歴史の延長のまま人間に幸福を分配するという、人間だけを見つめてその利益を目指すという世界観」では、地球を維持できない時代に突入してしまっているのです。ＳＤＧｓで唱えた五つの決意の「地球を守る」[*3]という場面では、これまでの自然をエネルギーの流れ[*4]の視点だけで制御しようとするのでは不充分であることを、読者のみなさんには気づいていただきたく思います。

自然のエネルギーの流れ

「食う・食われる」の関係をエネルギーの流れとして記載すれば、生物界を「食物連鎖」で記載できます。動物も植物もほかの生物も、体を維持するためにはエネルギーを取り込んで、体内で利用しやすい物質の形に変えて体調の維持や成長に使っています。1万年ほど前から人間は自分たちを守るために村や都市をつくり、「ほかの生物を食うのと同じように、自分たちも食われる」という環境を改変し、ヒトが「食われる」ことの危険性を大きく減らす安全なニッチを造ったので、人が食事を摂ることは食物連鎖のなかの一コマであることを忘れてしまっている方がほとんどではないでしょうか？

ほかの生物の命をいただいているのが食物です。食物を通して、自分が体内で利用しやすいエネルギーを摂取するという面から見て、「食う・食われる」の関係は、生物が生きていくために不可欠な行為なのです。そのため生物界の食物連鎖を理解し、食物連鎖をほかの生物もヒトも利用しやすいように環境整備をすることは必要不可欠です。でも、それで生物を理解し、環境保護が充分にできるかというと、残念ながら「とんでもない！」です。

食物連鎖と同じような用語として、「食物網」があります。食物連鎖と食物網は「食う・食われる」の関係や流れを示しているので同義語とされることもあります。しかし、食物網は、食物連鎖に比べて食物の循環が網の目のように生物同士の相互関係が複雑に入り組んでいることを強調していると考えて、二つの用語を区別することもできます。また、単純な食物連鎖は自然界に存在しません。単純な食物連鎖があったとしたら、第一次生産者の植物が気候変動で増えたり減ったりすると、その植物を食べる動物、その動物を食べる動物は、植物の増減によって、大発生したり絶滅したりしているはずですね。そんな場面を見ることもありますが、地球のほとんどの場所では、生態系はバランスが保たれています(いました)。

太陽エネルギーを使った生産者(植物など)が光合成によって有機物を貯め、その生産者を食べる動物などの一次消費者、その動物を食べる二次消費者、またまたその動物を食べる三次消費者と呼ばれる栄養段階*5が続きます。この単純な食物連鎖を知ることは、人の頭が自然のありようを理解するためには必要な学習段階ですが、実際の自然な環境では複雑な入り組んだ食物網が生じており、この食物網を支えている多様な生物がバランスを保っていることを知らなければなりません。一つの種であるヒトだけが幸せになるにしても、生物多様性の維持が必要なことを、生物の複雑な系を理解し維持しなければならない時代に突入していることを、この短い記載で少しはご理解いただけたでしょうか? 人はヒトの集団のみでは生き残ることはできません。

自分の頭の中の見方でしか、自分の外の世界を理解できない

鳥の雛《ひな》は口を開けば、ヒトの子どもは泣けば、口まで親が食べ物を運んでくれます。実際の行動はそれほど単純ではなく、雛は黄色い口を大きくパクパクと開いたり、子どもは泣くだけでなく笑顔を振りまいたりという努力もしなくてはなりません。食べ物を得るには、行動の工夫が必要なの

です。親から食べ物をもらうときはそれほど複雑な工夫は必要ないですが、成長して動けるようになった自分が食べ物を得るためには、とても複雑な行動を達成しなくてはなりません。

それぞれの生物は、「食う・食われる」の相互関係を経験し、生き残ってきたものが子孫を残せます。また、子孫を残すためには、同種の仲間とコミュニケーションを取り、同種の異性に選んでもらえないと、自分の遺伝子を残すことにはなりません。成虫のヤマトタマムシの場合、食べ物はエノキやケヤキなどの寄主木の葉なので、自分が食べることができる葉が出す信号を捉えれば数週間は生きていけるのですが、その間に同種の個体を探す必要があります。タマムシ同士が自分の鞘翅の構造色を信号として使い、仲間であることを知らせる必要がここにあるのです。ヤマトタマムシの場合、構造色がその信号でした（第6章）。長い進化の歴史のなかで経験し、その結果、ヤマトタマムシが獲得した情報世界では、構造色を弁別できるのです。タマムシだけでなく、進化のなかで造られたそれぞれの生物種独特の情報世界こそが環世界です。ヒトが進化のなかで獲得してきた情報世界（環世界）を人間の視点で（humancentricに）眺めたその先に、それぞれの動物の環世界があるわけではないので、他種の環世界を理解するのはとっても難しくなります。われわれの先祖様がバイキンといわれる共通の原核生物であったにせよ、それぞれの生物種独自の情報世界は38億年の歴史のなかで大きく改変し続けてきました。

人間は、自分の頭の中の見方でしか、自分の外の世界を理解できないので、動物の環世界を知るためにこそ人間の叡智《えいち》を総動員しなくてはなりません。その叡智の基礎となる重要な力は、ヒト以外の生物をその生物の情報処理に寄り添って見る力なのです。食物連鎖あるいは食物網によるエネルギーの移動を知ることだけでは、自然を構成している生物の相互関係を理解したことにならないことをおわかりいただけたでしょうか。つまり、エネルギーの獲得方法という情報世界とともに、コミュニケーションを含めた情報戦に勝って、結果として遺伝子を残す情報世界を、科学としてまとめることが必要なのです。こんな視点からの生態学の記載を、残念ながら見たことはありません。でも、このそれぞれの生物の情報世界、つまり環世界の相互関係を研究することによって、ようやくエコシステムを理解する入口に立つことになるのだと、私は考えています。

複雑な食物網を支える生物間のコミュニケーションの情報世界の調和がどのように維持されているのかを研究し、そのうえでこれまで研究が進んできたエネルギーの流れと結びつけたいですね。生物の生存戦略の理解をすることで、本当の意味で「地球を守る」ことができるのだろうと思うからです。それをしないで既存の学問を発展させるだけでは、地球温暖化問題の解決すら危ういのではないかなあと、どうしても心が落ち着かないのです。

……という心配事は、ちょっと脇に置いて、ヒトの眼の構造と機能を、復習もかねて垣間見てみましょう。高校の教科書には書いていないことも含めて。タマムシの視覚世界とは違うことを知っていただければと思います。

ヒトの視力

日常生活のなかで、自分たちの眼のことで気になるのは視力ですね。視力が良いとか悪いとかいうことを、よく口にします。遠くのものがよく見えると視力が良いとか、遠くのものは見えるけど近くのものが見えないと遠視だとか、遠くのものが見にくいけど近くのものがはっきり見えるから近視だとかいいますね。

最近では、子どもたちがスマホやタブレットをいじりすぎるので視力が低下することが問題だとか、姿勢が悪いと視力が下がるとか。それからスマホ、タブレットやコンピュータ画面などのブルーライトを見ると、眼が疲れるとか、視力が悪くなるとかいうことも、日々テレビなどで聞きます。本当でしょうか？　本当だとしたらどこが変化することで眼が疲れ、悪くなるのでしょうか？　何に注意したらいいのでしょうか？　そもそも眼の構造や機能はどうなっているのでしょうか？

ここで、視力を眼と対象物が静止している静止視力[*6]に限って考えることにしましょう。視力の話を第2章で書いたこと、読者のみなさんは覚えてくださっているでしょうか？　タマムシ観察に慣れてきた私が、体長3㎝程度のタマムシを45ｍほど離れていても見つけることができた理由についての、簡単な算数計算を含めた記載です。身体の皮膚の二点弁別を引き合いにして、網膜に写った像も二点弁別と同じように、像を区別するために錐体細胞がいくつか必要であることも書きました。もしかしたら、飛翔していたタマムシのほうが見やすかったのは動体視力も関わっていたのかもしれませんが、とにかく、見つめて見慣れることで背景と区別できたことは事実です。

視力といえば、私は、子供のころに読んだ本で、アフリカに住む人たちの視力が良いということに、とても興味を覚えました。どうしてそんなにも強く視力のことに興味をもったのかはっきりとは思い出せないのですが、多分、子供向けのアフリカ探検記を読んだのがきっかけだったのでしょう。大人になってから、わざわざケニヤにまで行って視力検査をしました。[1] 視力検査には視力検査表（視標）と呼ばれる図表を用います。現在の日本においてもっとも広く用いられている視標は、ランドルト環です。大きさの異なる環の一部を切った形で、ランドルト環の右側が空いていると、アルファベットのCの字に見えます。この環の一部が切れて見えるかどうかを視力の判定基準にするものです。2点が離れていることを見分けられる最小の視角を測定するものですので、Eチャートと呼ばれるEの文字を使うこともあります。被検者に文字の切れ目の方向を答えさせる検査方法はランドルト環と同じです。スネレン視標は、さまざまなアルファベットの大きさを変えているものを、1行目に書かれた大きな文字から、下段の小さな文字に向かって読んでいくことで、視力を測るものです。ケニヤでは、このスネレン視標とEチャートが並んだ視力表をナイロビ大学の眼科の先生からいただいて、はじめのうちはスネレン視標も検査に使っていました。ところが、ケニヤの田舎に行って視力検査をしたときは、Eチャートのほうが便利だったので、データはEチャートで取ることにしました。6mで使用するチャートだったのですが、多くの人たちが下の2・0まで読めてしまうので、倍の距離の12m、あるいは18mで使用しました。最高視力は、4・0でした。すばらしい視力の持ち主がやはりいたのです。ナイロート系と呼ばれる部族の、細身ですらっと背の高い人たちのグループに視力の高い人が多く、バンツー系の部族の方たちの最高視力は2・0ぐらいでした。もともとナイロート系の人たちはケニヤの北を出身とし遊牧生活を送る方たちが多く、バンツー系の人たちはケニヤの南からやってきて農耕をしていた方たちが多い部族です。

あるとき、ケニヤの北部にあるトゥルカナ湖の湖畔近くで視力測定をしていたら、視力4・0どころか視力16・0にも及ぶ検査結果が出てきてびっくりしたことを覚えています。そこに住んでいた方たちは、ナイロート系のトゥルカナ族だったので、高い視力は予想どおりだったのですが、それにしても計測した視力の結果が高すぎます。「エッ、大発見なのかも！」と思って、別の人たちの視力も測ってみると同じように高い視力を示します。「視覚生理学的にはそんな高い視力になるはずはないのに」と思いつつ視力測定を続けていたところ、「あれ、さっき測ったときは視力4・0だった人が、今回は20・0というすごい結果を出している」と気づきました。「視力20・0は、視覚生理学的に起こりえない」何が起こっているんだろう？

よーく見ていると、何人かの人が指を小さく動かして視力検査表で私が指さしているEの方向を被検者に示しているじゃありませんか。検査表の側にいる人たちが私に見えないように、みんなでコソコソやっているんです。視力検査結果が良かったからって何のプレゼントもないのに、視力検査の成績が良くなるようにみなでズルをしていたのです。そのズルをしている集団の中に、ナイロート系の部族にしてはちょっとお腹の出た小太りの中学校の先生もいました。先生まで、ズルに参加していたのです。

私は、「何やってんだ！」とちょっと腹を立てたのですが、そこは怒りをぐっと抑えて、ボランティアで検査に協力してくれているみなさんに「ズルに気づいたぞ！」とニコニコしながらお話して、今度は一人ずつ検査させてもらいました。ズルをしていた人たちには、被検者の後ろに立ってもらったので、もうズルはできません。案の定、最高視力は4・0まででした。いまだに彼らがなぜズルまでして視力が良いと見せたかったか不明ですが、巷でいわれている視力10や視力30なんて人は一人もいませんでした。もしかしたら、ズルをしてでも自分がもっている能力を大きく見せたいっていうのは、私たちも含む人間共通の欲求なのかもしれないと、いまは思うのです。もしかしたら、被検者になった人はズルしてでも高い結果を示したい、よその国から検査に出かけた人は知らぬ土地に命がけで出かけてきたのだから高い結果になるとうれしい？？？　だから私が子供のころに読んだアフリカ探検記には高い視力の結果が書かれていたのかもしれないですね。

そんな予想外の結果が出たとき、結果を鵜呑みにするのではなくて、現象を引き起こす背景（ここでは解剖学的構造や生理学的機能）を考えることが必要かもしれません。

第2章で述べたように、視力とは、2点弁別を眼の中でしているのですから、二つの興奮する視細胞が少なくとも一つの興奮しない視細胞を挟むという網膜上の空間が必要になります。三つの視細胞が並ぶ約4μmの距離に2点が離れた像が結ばれていることが実現するのには、眼球の大きさと形、角膜や水晶体を含む光路、そして視細胞の大きさによって決まってしまうのです。

ヒトの眼球のことについて、あらためて考えてみましょう。

ヒトの眼の構造

ヒトの眼球の角膜に届いた光は、角膜→水晶体（レンズ）→ガラス体→網膜の順に入射します（図8－1A）。角膜と水晶体は、光の屈折を調節して、網膜に映し出すという大切な役割を担っています。水晶体は、その多くが水とタンパク質からできていて、大きさは直径9㎜、厚さ4㎜ぐらいの凸レンズのようなカタチをしており、ほとんど無色透明で、筋肉である毛様体の伸縮によってその形が変化します。近くを見るときは、この水晶体が分厚くなり、逆に遠くを見るときは水晶体

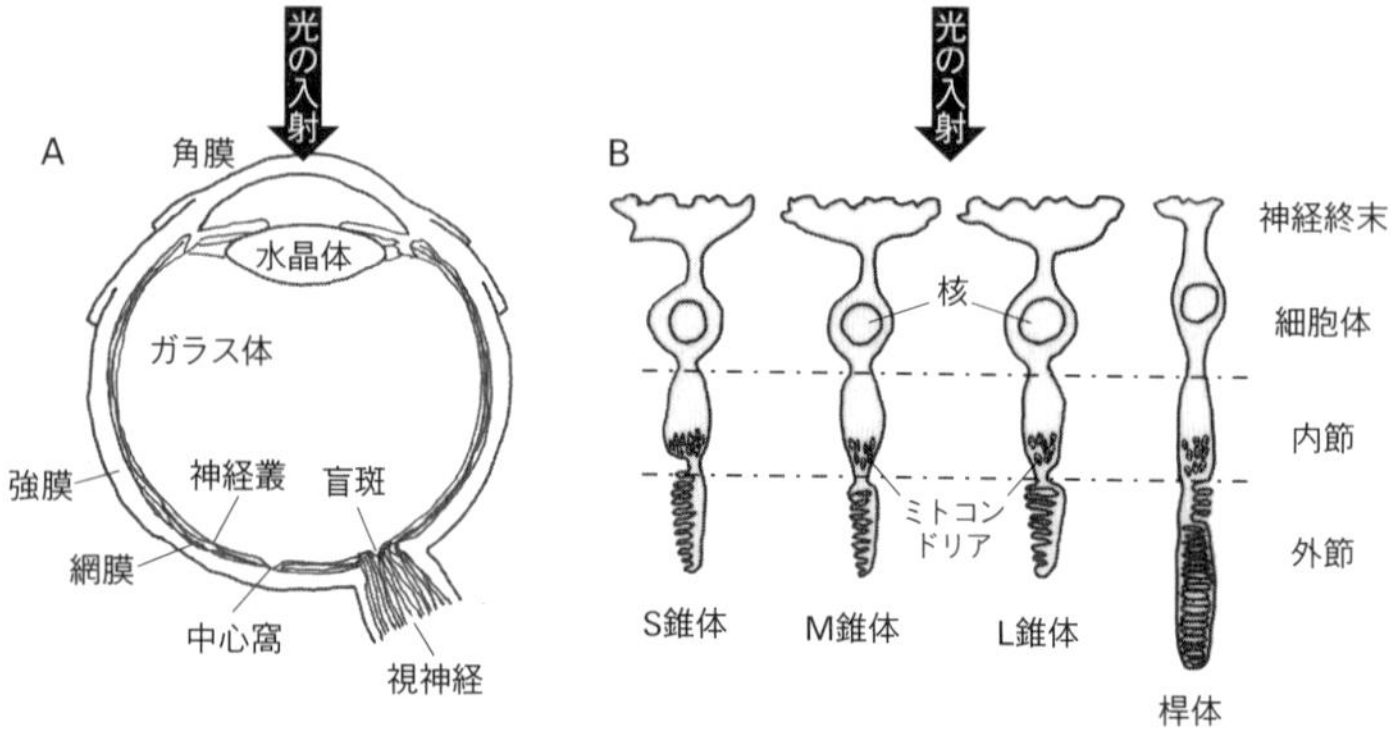

図8－1　ヒトの眼の構造（A）と、錐体視細胞と桿体視細胞の構造の詳細（B）

が薄くなります。このように厚みを変えてピントを合わせて、外界の様子を網膜に映し出すのが私たちヒトの眼の水晶体なので、つい水晶体に注目が集まりますが、大きな屈折率をもつ場所は角膜です。空気と角膜の界面が、光を大きく屈折させています。屈折率の違いは、空気とタンパク質などでできている角膜との間が一番大きくて、それに比べて角膜と水晶体の間の眼房水の界面や、水晶体とガラス体の界面はそれぞれの屈折率の差は小さいのです。角膜の屈折率は1・335から1・337程度ですが、角膜は曲率をもっているのでレンズとしても機能しています。

角膜の周りには強膜が続いており眼球の形を維持しています。強膜の内側に脈絡膜があり、その上に網膜があります。水晶体、ガラス体を経て外界の像は、網膜内の中心窩付近に結像します。形や色の情報に関係する光のほとんどは、ここで受け止められています（図8－1A）。この中心窩には、後述するように明るいときによくはたらく錐体視細胞だけが集まり、視野の中心およそ2度の領域です。2度という角度のイメージは、自分の腕をまっすぐ前に伸ばしたときの指二本程度の大きさです。何かを見たその瞬間は、かなり狭い領域でしか形や色を見ていないのですが、眼で追った（スキャンした）ことのある空間を、脳の情報処理を使って像としてつなげているので、広い世界を見ているような気になることができているのです。

第10章で述べる走査型電子顕微鏡は左右上下に規則正しくスキャンしますが、ヒトの場合はスキャンに機械のような規則性はないようです。そう考えると、いまわれわれが見ている像というのは、先に目で追った像をつなげたものなので、過去の情報ですね。いまを生きているつもりなのに、じつは過去の情報を使って「いま」を視覚情報として意識しているというのも面白いですね。

ヒトの視細胞

網膜の中には、錐体視細胞と桿体視細胞[*7]があります。図8－1Bに示すように、錐体視細胞は、円錐状の光受容部位に襞《ひだ》状に細胞膜が折りたたまれて、そこに視物質が集積しています。桿体視細胞では、襞状に折りたたまれたものがちぎれて細胞内に袋状の膜に包まれた円盤が1000個ほど重なっていて、そこに視物質が集積しています。この部分は、両者とも外節と呼ばれます。錐体視細胞外節は根元から折りたたまれるようにつくられ、縦切りにすると櫛状に見えます。桿体視細胞外節の場合は、折りたたまれたものが細胞の中に入っていきます。桿体視細胞のつくられ方のほうが錐体視細胞のそれより一手間かかっていますね。ヒトの錐体視細胞は、S錐体、M錐体、L錐体の三つがあります。S錐体は短波長の青い光を、M錐体は緑色を、L錐体は赤色をよく受容できる視物質をもっています。S、M、Lは、short、middle、longの頭文字で、波長の長さが短い、中ぐ

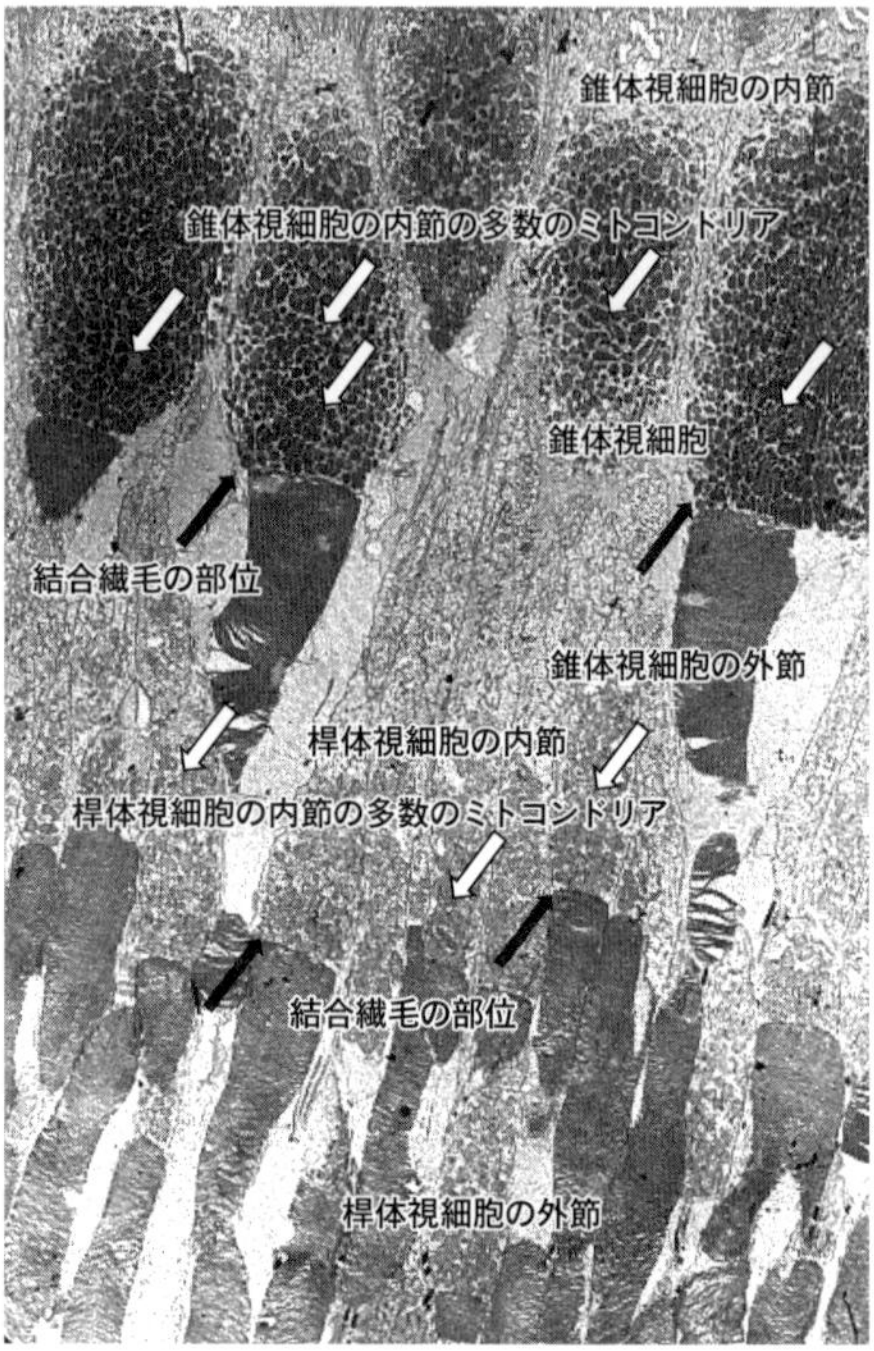

図8－2　透過型電子顕微鏡で観察した視細胞層

らい、長いということを意味しているのです。桿体視細胞の視物質は、５００nm付近に光吸収のピークがあります。５００nmは錐体視細胞では青緑色に相当する波長です。

視物質が集積している部分が視細胞としては、光の入射方向から一番離れた外側にあるので、光受容部位を外節というのです。外節があれば、当然、内節もあります。外節は、結合繊毛*8と呼ばれる部分を介して内節につながっています（図8－1B、図8－2黒矢印）。この結合繊毛は九つの軸糸から構成されていて、外節が誕生する際や、形成後の維持や代謝に必要なすべての物質がこの軸糸を介して運搬されています。[2]

透過型電子顕微鏡で観察すると、視細胞の内節にはミトコンドリア*9が高濃度で存在している（図8－2白矢印の先の多数の粒状のもの）だけでなく、小胞体やゴルジ体などの細胞小器官が存在していることがわかります。視物質は、膜タンパク質です。一般に、膜タンパク質は小胞体で生合成されて、ゴルジ体で修飾されるという過程を経て移動されます。内節でつくられた視物質は、軸糸の上で運ばれて外節の膜の中まで移動します。内節に続いて核を含む細胞体があり、その先に神経終末があり次の神経とシナプス結合*10していて、視細胞からの信号の受け渡しをします。このシナプスが大きな表面積をもつプレート状の構造になっているのでリボンシナプスと呼ばれ、水平細胞と双極子細胞が陥入しています。

前述の文章は、専門用語がゴロゴロと出てきて、そのために注の記載もたくさんあり、短い文章だけど、とても読みにくかったのではないでしょうか。読みにくかった文章を、まとめていえば、視細胞には三箇所のくびれがあって、四つのパーツに分かれているということです（図8－1B）。光を受容して、その興奮が信号として次の神経に伝わるために、これほどまでに精巧な細胞を、私たちヒトを含め多くの動物が兼ね備えているのです。専門用語を多用してまでわざわざ記載した理由は、一つの視細胞の中で起こっている出来事のほんの一コマを眺めるだけで、ものすごく精巧なことが行なわれていると知ってほしかったからなのです。視細胞を例にしましたが、われわれヒトを含めて種々の生物の身体の中で、常に起こっている現象です。細胞の形を維持したり興奮したり、代謝を維持したりするために欠かせないそれらのミクロの世界の出来事が、自分たちが意識しないところで、統制がとられて起こっていることを意識してください。この統制を維持するために、動物は食物連鎖を通して外部から取り入れる食料のエネルギーを使っているのです。

ヒトの眼の中での視細胞などの配置

ここで、もう一度深く眼の構造の配置に注意してみましょう。先に述べたように、角膜、水晶体を越えた光は、眼球内部のガラス体を経て網膜に達します。ガラス体側の網膜の部分は神経叢《そう》で、その奥に視細胞層があります。図8－1で示したように、視細胞の光受容を担う外節のほうが、眼球の外側、つまり光の入射方向よりも遠いところにあります。第7章で述べたように、節足動物の複眼の視細胞は、光の入射方向側の最先端、角膜と円錐晶体というレンズ系の直下にあるのですが、ヒトなどの脊椎動物では視細胞がレンズからもっとも遠いところに位置しているのです。

しつこい記載になってしまいますが、視細胞の光受容部位が遠いところにあるだけでなく、水平細胞、アマクリン細胞、双極子細胞、神経節細胞、ミューラーグリア細胞などの5種類を含む細胞が網状になっている神経叢が、光が入射する側に存在しています（図8－3）。いくらこれらの細胞がほとんど透明で光を透過しやすいといっても、効率の良い設計だとは思えませんね。光が入射してくる側に視細胞があったほうが、光学的にクリアーになるはずです。図8－3には省きましたが、眼の中には、それらの細胞を維持することに関わる血管や脈絡膜があります。

図8－4は、ヒトの眼球の網膜における錐体視細胞と桿体視細胞の分布を示しています。縦軸がそれぞれの視細胞の単位面積あたりの数で、横軸が中心窩を0度として左右の角度を表しています。実線で示しているように錐体視細胞の密度は中心窩にもっとも多く1㎜四方あたり14万個を超え、中心から離れるとなくなるわけではありませんが、極端に数が減少しています。一方、点線で示している桿体視細胞の密度は、中心窩の周辺から黄斑《おうはん》と呼ばれる部分に多く分布し、中心から離れた

周辺部では徐々にその密度が下がっていくことがわかります。また、図8−1〜図8−3で示した視細胞における興奮は、神経叢で情報処理されて電気信号となり、神経節細胞から伸びた軸索を通って脳に向かっていきます。軸索の出口には視細胞を置くことができないので、軸索の出口にきた光刺激を受容することができません。そのために、眼で見えない部分ができ、生理学的な（機能的な）視点から盲斑《もうはん》*11と呼ばれます。

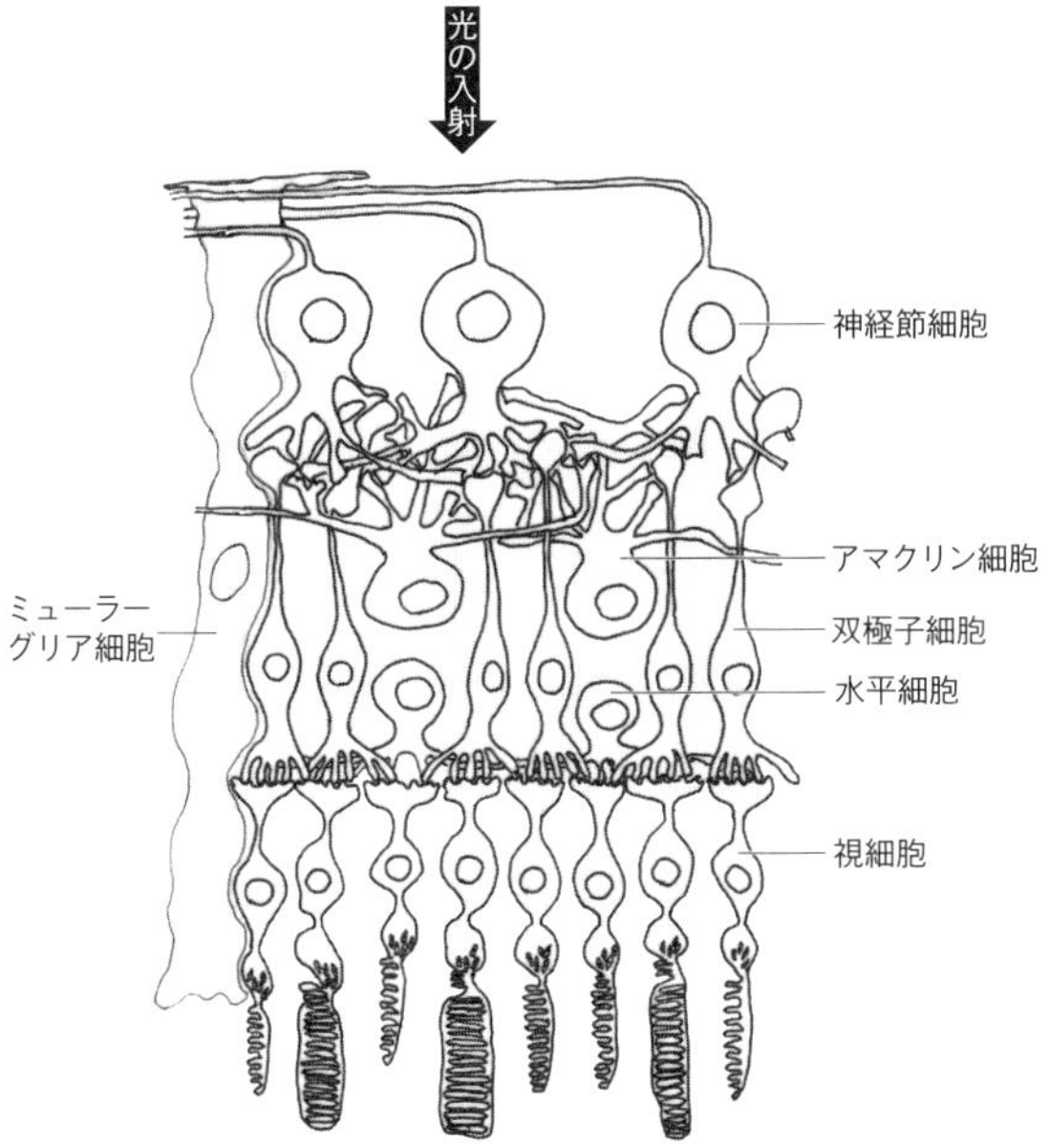

図8−3　視細胞より光の入射側で神経叢を構成する5種類の細胞

この盲斑の存在を、読者ご自身を実験台にして、簡単に経験することができます。そのためにたとえば図8−5を使って、右眼を閉じて、左眼の正面辺りに星印を置いて、星印を見ながら、顔を近づけたり遠ざけたりすると左の丸印が見えなくなる場所（距離）があることがわかります。この操作を左右逆転させて、右眼の盲斑を経験することもできます。左眼を閉じて、右眼の正面に丸印がくるようにして、左眼で体験したのと同じように実験してみてください。

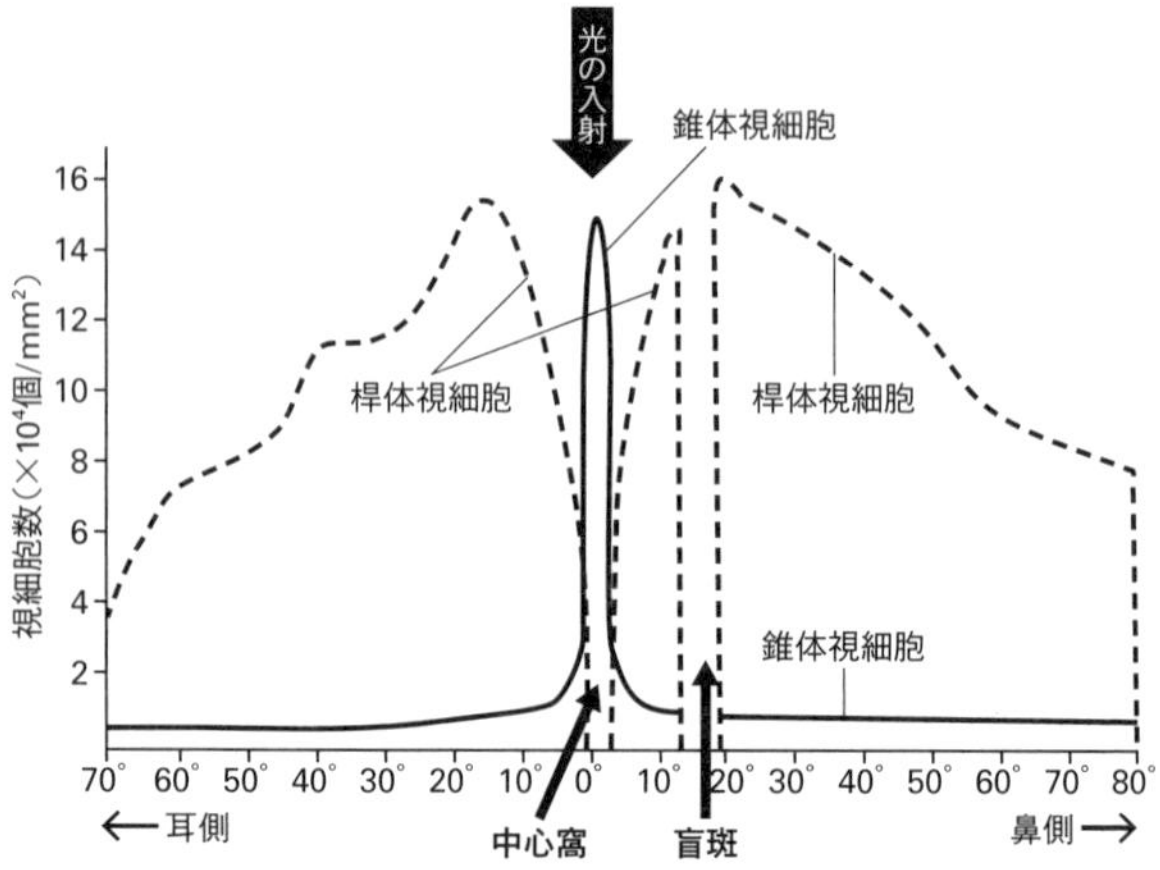

図 8－4　錐体視細胞と桿体視細胞の網膜の中での分布の様子

図 8－5　盲斑を体験する。右眼を閉じ左眼の正面辺りで☆を見ながら、顔を近づけたり遠ざけたりすると●が見えなくなる場所がある。同様に左眼を閉じて右眼の正面で●を見ながら動かすと☆が見えなくなるポイントがある。

眼には光（色や形など）を知覚することができない部分があるのです。この盲斑は、両眼視することで反対側の眼の視野にカバーされることもありますが、それよりも周囲の映像が脳によって補足されることで、盲斑の存在が日常生活のなかで気になることはありません。前述のように、そもそも中心窩で見ている世界は2度程度なので、脳が補って空間を見ているのですから、盲斑を意識するはずがないのです。実験していただいたように、盲斑によって像が消えるのは、ある点を見つめて眼球を動かさないときだけなのです。

図8－1Aと図8－4で示された視神経が束になっている部分には視細胞を配置することができないために、盲斑と呼ばれる見えない部分があることを図8－5で体験できました。では、中心窩と呼ばれる錐体視細胞がたくさんあるところはどうなっているのでしょうか。図8－1Bで示したように、三つのタイプの錐体視細胞があります。かつては青錐体（B）、緑錐体（G）、赤錐体（R）などと呼んでいました。ヒトの感覚のRGBに対応した呼び方ですね。RGBで表記することは決して間違いではないのですが、それぞれの錐体視細胞の吸収波長域と、ヒトが感じる色とは一致していません。そのため、先にも説明しましたが、最近ではRGBの順に、長波長（long）、中波長（middle）、短波長（short）を表記に利用するようになりました。青錐体をS錐体、緑錐体をM錐体、赤錐体をL錐体とするのです。どちらかの表記に固執する必要はないと思いますが、色の物理的起源は光の波長の違いですから、波長で錐体視細胞の名前とすることも理にかなっています。

ここで、理にかなっているのだということを、もう少しお話ししましょう。タマムシの胸部や鞘翅の緑色に見える部分の反射ピークが570nmだったことを思い出してください（口絵⑫⑬）。そして、改めて**口絵㉑**Aを見ていただくと、びっくりされることでしょう。赤錐体と呼ばれている視細胞の吸収ピークがおよそ５６０nmなのです。タマムシの緑の反射よりも、10nmも短波長側です。そのピーク波長は赤ではないのです。ヒトが赤く見えると意識できる波長帯域は６００nm付近から６５０nmあたりです。**口絵㉑**A、Bでは慣例に従って赤の曲線と、赤のドットで示していますが、赤錐体は、ヒトが赤く見える波長帯域に吸収のピークをもっているのではなく、緑色に見えるところに吸収ピークがあるのです。にもかかわらず、赤錐体が長波長側の、いわゆる赤色を識別しているのです……少し驚いていただけたでしょうか。

ヒトの眼の中心窩

ヒト一人の網膜の中には4.6×10^6個もの錐体視細胞があるという報告[3]もあるのですが、これらの錐体視細胞は、中心窩の中でどのように分布しているのでしょうか。実験的に、ヒトや動物の網膜の中の3種類の錐体視細胞の分布を見ることができます。**口絵㉑**Bは、ロチェスター大学のH・ホッファーらが、ヒトの網膜上の錐体視細胞の分布について発表されたデータを模式的に示した一例です[4]。この図から、赤錐体が一番多く、ついで緑錐体、青錐体は非常に少ないことがわかりますね。それと、配列に規則性が見られず、かなり〝いい加減〟に、適当に並んでいるかことがわかります。人間が造るカメラやロボットの眼の素子の並びは、しっかりと規則性をつくっているのに、ヒトの中心窩における錐体視細胞の並びは、バラバラです。ホッファーらの論文[4]を読むと、この錐体視細胞の並び方は、個人差があると書かれています。配置がバラバラであるだけでなく個々人で配置が違っていても、3種類の錐体視細胞が揃っていることで、色の弁別能が可能になっているのです。錐体視細胞の配置は〝いい加減〟だけど、脳における色の情報処理は〝良い加減〟にしているようです。ヒトの眼の視細胞の配置は、デジタルカメラのセンサーの配置とは設計原理がまったく異なっています。どうも色覚の識別には、網膜上での錐体の配置がそのまま反映されているわけではなく、脳の外の世界を「ヒトにとって都合良く」見るように、網膜からの電気的信号を使って、脳が「見える色」を調節しているようです。

第7章で、「単一変数の原理（principle of univariance）」について説明しました。この原理は、「眼に入った光が視物質で吸収されると、視細胞にとっては視物質の何個が光異性化されたかどうかが、視細胞の興奮につながる」というものです。口絵㉑Aで考えれば、たとえば550nmの波長の光が眼に入ってくると、M錐体とL錐体にある視物質がそれぞれ90％ぐらいを吸収して視細胞が興奮します。そのとき、何色であるかという情報はまったくありません。どの波長を吸収しやすいか、あるいは吸収しにくいかということが、視細胞の次の神経系と脳で色としての情報に変換されているのです。550nmの波長の光をS錐体はまったく受容できません。すると、M錐体とL錐体がそれぞれ90％ぐらいを吸収したときに、550nmの波長帯域の光を緑色と感じると脳で処理されるわけです。脳が外の世界を、「別々の波長域に応答極大をもつ三つの錐体の興奮の度合いを比較して、ヒトにとって都合の良い情報としてとりだしている」のです。つまり「波長のコントラスト」として外界を見ているのです。

ヒトの場合は、色を意識でき、他者の感覚世界と言語などを通して比較できるので、赤なら「赤」

という共通の外界があると信じるようになるのですが、実際には個々人が共通の「赤」に匹敵する波長を同じように感じているかどうかはわかりません。先に述べたように、中心窩にある3種類の錐体視細胞の比率も配置も個人によって違いますし、そのうえ、情報処理の仕組みがそれぞれの人間によって異なっている可能性もあるからです。

われわれヒトも含めて、多細胞生物は細胞が集まって個体を形成しています。中心窩の錐体視細胞に多様なバラツキがあるように、体中で細胞の配置に多様なバラツキがあると想像されます。同種の個体同士は同じ構造をもっていて、同じように外界を感じているように思ってしまいますが、すべての個体は外界の情報を入手する感覚器レベルにおいてでさえ、大なり小なり多様なバラツキがあることに気をつけないといけませんね。われわれは、工場で大量生産された均一なロボットではないのです。

サルやイヌの眼の中心窩

哺乳類は一般に二色型色覚ですが霊長類は三色型色覚です。そのために、霊長類はより高度な色覚をもっていると考えることが多いと思われます。ところが哺乳動物以外の魚類や鳥類などの脊椎動物はS、M1、M2、Lの4種類の色覚視物質をもっているものが多く、これらのS錐体は、青色領域だけでなく紫外線領域を受容するものも多くあります。中生代を夜行性動物として細々と生きていた原始哺乳類はM1とM2とを失い、S錐体とL錐体だけの二色型色覚となったと考えられていて、現生の哺乳類のほとんどが二色型色覚であることの理由とされています。進化のなかで、旧世界ザルのなかにL遺伝子を重複させたものが現れて、それから類人猿とヒトが分岐して、哺乳類のなかでも霊長類だけは三色型（S錐体、L錐体と、Lから派生したM錐体をもつ）色覚となったと考えられています。[5] そしてサルなどの霊長類でも、これらの錐体視細胞はヒトと同じように中心窩に集まっていることが報告されています。[6]

二色型の夜行性の哺乳動物では、中心窩があるのでしょうか？ 犬猿の仲のサルには中心窩があるので、犬の眼を見てみましょう。イヌ（犬）の網膜を詳細に調べたところ、1㎜四方にヒトの中心窩とほぼ同じ密度の、およそ12万個の錐体視細胞が存在する小さな領域があることが報告されました。[7] 色の見え方は二色型ではあるものの、犬がヒトの中心窩に似た構造をもっていることが明らかにされたといえます。犬の視覚はヒトよりも悪いといわれていましたが、ヒトよりは少ないとはいえ、数多くの錐体視細胞が小さな領域に集まっているということは、空間分解能としての視力が良い可能性も出てきました。犬がヒトよりも嗅覚が優れていることは明らかですが、視力も劣っていない可能性がありますね。

これまで、霊長類以外の哺乳類では中心窩がなく、桿体と錐体が比較的均一に分布した網膜だと信じられてきましたが、この犬の眼の研究は脊椎動物の視覚の研究に新たな1ページを与えたものと思います。また、このような発見がなされることで、研究の世界にも「〝定説〟という信仰に近い思い入れ」があるのではないかと感じるのです。ある論文が発表されて、その論文の内容が人々にとって理解しやすいものだと、その論文の主張を簡単に受け入れてしまい、その説があたかも真実であるかのごとく言い伝えられてしまうことが多くあるのではないでしょうか？ 〝定説〟を信じてしまうと科学の発展は停滞してしまうのですが、〝定説〟を信じると心は穏やかになるので、立派な科学者の方たちもつい〝定説〟に心の安寧を求めてしまうのかもしれません。

犬や猫と暮らしていると、もともと夜行性だったのかしらと思うほど、昼行性の人間と生活をともにしてくれます。日中、人間と一緒に生活し、夜間は寝ている犬猫がほとんどではないでしょうか。でも、夜になって彼らの眼がピカッと光ると、彼らはもともと夜行性なんだとあらためて気づかされます。網膜の裏には光を反射するタペタム(「輝膜」ともいう)と呼ばれる層があるので、車のヘッドライトなどで照らされると眼が光るのです。網膜の視細胞で吸収されなかった光が、ふたたび視細胞に戻る構造になっています。このおかげで、先祖の犬や猫は、薄暗い環境でも獲物に近づいて狩りをできていたのだろうと想像できます。でも、タペタムは、眼全体に広がっているので、中心窩の機能との関係はまだ不明です。ヒト以外の動物たちがどんな視覚世界のなかで生きているのか、これからの研究報告に興味津々ですね。

錐体視細胞と桿体視細胞はどちらが先か

先に述べたように、脊椎動物の視物質は、四つが色覚に関係すると考えられる錐体視物質で、もう一つが桿体視物質です。[*12] つまり、脊椎動物の視物質は、分子系統的に五つのサブグループに分けられます。分子系統学的研究[*13]により、ロドプシングループは、錐体視物質が四つのグループに分化したあとに、緑グループから分化していることが報告されています。[3] 錐体視細胞は明るいところで機能し、とくに色や形の知覚に寄与していて、桿体は光に対する感度が高いため暗いところで機能しています。脊椎動物においては、分子系統学的に色覚を獲得したあとに、薄明視[*14]や暗所視[*15]を進化のなかで獲得したことが示唆されたことになります。一般に〝定説〟のように信じられている「薄明視用の桿体視細胞から、明るいところで使われる錐体視細胞ができた」というわけではないのですね。どうもわれわれは、薄暗いところでようやく見える視覚能を獲得したあとに、色という華やかな情報を得るようになった、つまり、単純に思えるものから複雑なものができあがってきたと考える癖があるようです。

錐体視細胞外節より桿体視細胞外節の構造をのほうが複雑であることから（図8－1B）、分子系統学的な研究で錐体視細胞のほうが桿体視細胞の誕生よりも先であることが納得できます。その構造の特徴の違いとは先に述べたように、錐体視細胞では円錐状の外節は細胞膜が襞状に折りたたまれていて、桿体視細胞では襞状に折りたたまれたものがちぎれて、細胞内に袋状の膜に包まれた円盤が細胞内で重なっていることです。細胞膜が折りたたまれているだけでなく、円盤状にして外節の中に入れ込むほうが、構造的に面倒なつくりですよね。でも構造の単純さから錐体視細胞のほうが古くからあったという考え方は、私の作業仮説にすぎません。視細胞の構造がどのように変わってきたのか、将来の研究が明らかにしていってくれるものと思います。

ヒトの眼の中心窩の外側

色覚や形態視覚ができる中心窩にある錐体視細胞のお話ばかりしてきました。色や形は意識しやすいですからね。でも、夜でも物が見えるのは、中心窩から20度ぐらい離れたところから中心窩の外側にたくさん桿体視細胞があるおかげなのです（図8－4）。桿体視細胞は、錐体と比べると光に対する感度は数十倍から1000倍ほど高く、暗いところでものを見る際にはたらきます。ほとんど光がない暗所視のときには、この高感度な桿体視細胞がはたらいているのです。夜空の星を見上げるとき、薄暗い星を見つめると消えてしまいます。見つめないように視点を見たい星から、ちょっとだけずらすとその星が見えることがあります。これは中心窩の周辺の桿体視細胞に薄暗い星が焦点を結んだからだと考えられています。見たいものが星であるだけに、見つめると消えるけれど、見つめないと現れるって、ちょっとロマンチックな感じですね。君を見つめると消えるけど、見ないふりをすると現れるって……、科学的な本を書いているのに、ロマンチックな空気で遊んでいてはいけない、いけない。

あとで説明しますが、錐体視細胞もある程度暗順応するのですが、一定光量以下になると、視細胞が光を受容して信号に変えるのが難しくなります。さらに、中心窩の部分が錐体視細胞ばかりでできているので、色や形がよく見えなくなるのです。錐体視細胞の代わりに、暗順応時には桿体視細胞が活躍してくれるのですが、その桿体視細胞があるのは中心窩の外側なので、見たい星から目を逸らすとふたたび見えるという経験をします（まだ経験したことのない読者はぜひ夜空を眺めてみてくださいね）。

じつは桿体視細胞では、1個の光量子が視物質に受容されただけで興奮し、信号として捉えることができると考えられています。[8] 1個の光量子がもつエネルギーは$E=h\nu$で計算できます。hはプランク定数（6.62607015×10^{-34} J・s）で、νは振動数です。光速cは、波長（λ）と振動数（ν）

をかけたものなので$c=\nu \cdot \lambda$と数式で記載でき、光速は光の波長と振動数の積です。$E=h\nu$なので、$E=h \cdot c/\lambda$となり、単純にヒトの桿体視細胞の吸収ピークを５００nm、光速cを299,792,458 m/sとして計算すると、4.0×10^{-17}Jになります。Ｊはジュール（joule）です。１Ｗ（Ｗはワット［watt］）の電力を１秒間使用したときのエネルギーが１Ｊです。ジュールはエネルギーの単位なので、同じエネルギーの単位との間で関係があり、１Ｊは約０・24 calです。１個の光量子がもつエネルギーをカロリーで示すと、0.96×10^{-17}J（およそ1.0×10^{-17}J）です。なんでこんな計算をあらためて書いているかというと、カップラーメンを引き合いにして、１光量子のエネルギーの少なさを感じてほしかったからです。カップラーメンの裏書きを見ると３５０kcalと書いてありました。カップラーメン１個分と同じだけのエネルギーを５００nmの光量子の数で得るとしたら、3.5×10^{22}個です。仮にこの光量子が１秒間あたり１ｍ四方に降り注いだとしたら、真夏の炎天下の明るさと同じかそれより少し明るい感じになります。

前述の計算式を無視していただいても、エネルギーとしてはとても小さな値であることをおわかりいただければ、それでＯＫです。植物などが行なう光合成の場合は、一つの光量子を大事な信号として捉える視覚とは異なって、太陽光などの強い光を捕捉してそのエネルギーを使って化学エネルギーに変換しているので、視覚とは生物学的な合目的性が大きく違うことに注意してください。信号として使われる光（光量子）は、細胞がエネルギーを使って増幅しているのですが、光合成では、光量子の数が有機物として蓄えられるエネルギーになっています。

ほんの少しの光量子が視細胞に入り、ロドプシンの中の11-*cis* レチナールがall-*trans* レチナールに光異性化されて、活性型のメタロドプシンになると（光を受容すると）、細胞内で急速に数段階の情報伝達・増幅の反応が進みます。たとえば1個のロドプシンが光量子を受容して活性型のメタロドプシンに変わると、活性型のメタロドプシンが1秒間あたり1000分子程度の情報伝達物質に影響を与え活性化させるので、一つの光量子の信号が大きく増幅されるのです。*16 ヒトを含める脊椎動物の視細胞では、視細胞のチャネルが閉じて、細胞は過分極します。先の章で説明したタマムシをはじめとした昆虫では、視細胞が興奮すると脱分極するのと逆の反応です。外界の環境変化を情報処理するためには、細胞は一定の状態から変化するだけでよく、細胞がプラス側に変化してもマイナス側に変化しても問題ありません。前章で「単一変数の原理」を説明したように、視覚細胞にいったん光が吸収されると、各受容器細胞においては、吸収した光量子の総数のみが有効な変数となり、錐体視細胞や桿体視細胞のそれぞれの増幅率に従って興奮（視細胞のチャネルの開閉総数）するのです。つまり、視細胞で受容された光量子の数に比例した信号となるのです。

でも、ここでふたたびしっかり注意しておきたいのは、光の波長に関する情報は失われていることです。それぞれの視細胞が受容しやすい波長帯域の光を受容することで興奮し、その興奮の変化量を情報処理の信号として処理しているのです。決して視細胞において色の情報に変換されているわけではありません。

読者のみなさんにとって、ここでも、はじめて聞く専門用語を多用して申し訳なかったと思います。正確に書こうとすると専門用語を散りばめることで、字数を少なくすることができるのですが、そのぶん、「注」が増えてしまいます。ここに書かれてある専門用語は雰囲気で読み取ってくださればうれしいです。なんとなく、「そういうことなのだな」と思っていただくだけで問題ありません。なんとなく眼の中で起こっていることの雰囲気を摑んでいただければ充分です。

この章の内容を、まとめてしまえば、

1. 網膜の中には錐体視細胞と桿体視細胞があって、錐体視細胞は明るいときに使われ（明所視）、桿体視細胞は暗いときに使われ（暗所視）ています。一つの光量子を受容しても、錐体視細胞と桿体視細胞とで増幅率が異なります。桿体視細胞のほうが暗所視にすぐれているように、増幅率も錐体視細胞よりもずっと大きいのです。
2. 錐体視細胞と桿体視細胞は眼球内で特徴的な配置があります。
3. 錐体視細胞や桿体視細胞は、それぞれ視細胞ごとに吸収しやすい波長帯域があるのですが、それぞれの視細胞は光量子を受容したあとは、電気的な信号に変わるだけです。

といったところでしょうか。専門用語ってその道の人たちには便利なのですが、はじめて聞く人たちは理解しにくいものです。専門用語をいまわからなくたって問題ありません。専門用語は、特殊な方言のようなものなのですから。

第9章 タマムシたちには見える――ヒトが見えない光

ヒトが見ることのできない空の模様

空を見上げてみましょう。真っ青に広がる青空、ときどき流れるいろいろな形の白い雲。雨の日に空を見上げると、どんよりと黒い雲で覆われて、雨粒が視界を邪魔します。これから話題にしたいのは、晴れた日の天空です。

晴れた日の青空に、太陽が浮かんでいます。白い雲が太陽を隠すこともたまにあります。眩しい太陽が隠れると、青空をゆっくり眺めることができます。太陽が隠れても、青空全体の印象はそれほど変わりません。じつは、青空にはヒトが見ることのできない模様（空に描かれたパターン）が隠されているのです。

ミツバチは空を飛ぶ――自分の巣から飛び立って蜜源からまっすぐ巣に帰る

その空に描かれたパターンを昆虫が利用していることを明瞭に記載したのは、K・フリッシュ（1886〜1982）です。フリッシュは、エクスナー[*1]の甥《おい》にあたります。エクスナーは、図7-

6で説明した連立像眼と重複像眼の区別を世界ではじめて記載した人です。フリッシュは、大学生のころはお医者さんになる教育を受けたのですが、その後、叔父のエクスナーが比較生理学[*2]を研究していたこととの影響もあり、彼の興味に基づく科学を推進するために動物学者に転向したといわれています。

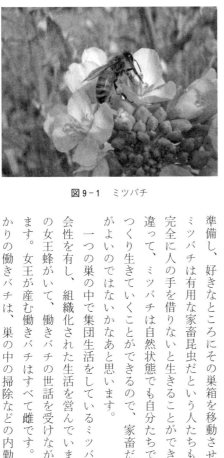

私たちも日常的に、ミツバチが花々を訪れ、蜜を吸い花粉を運んでいる姿をよく見かけます。ミツバチはわれわれに馴染み深い昆虫の一つといえるでしょう（図9－1）。受粉を手伝いながらハチミツを生産してくれる能力を人間が利用するために巣箱を準備し、好きなところにその巣箱を移動させていることから、ミツバチは有用な家畜昆虫だという人たちもいます。でも、完全に人の手を借りないと生きることができないカイコ[*3]とは違って、ミツバチは自然状態でも自分たちで餌を集め、巣をつくり生きていくことができるので、家畜だといわないほうがよいのではないかなあと思います。

図9－1　ミツバチ

一つの巣の中で集団生活をしているミツバチは、高度な社会性を有し、組織化された生活を営んでいます。巣には1匹の女王蜂がいて、働きバチの世話を受けながら卵を産み続けます。女王が産む働きバチはすべて雌です。成虫になったばかりの働きバチは、巣の中の掃除などの内勤の仕事をし、内勤のあとは蜜集めなどの外勤の仕事をします。

巣から飛び立った働きバチは、蜜源である花を探して飛び回ります。そのため出巣のときの飛翔軌跡はあちらこちらへとクネクネとしたものになります。ところが、蜜源を見つけたら、飛んだことのない空間をまっすぐに巣に戻るという帰巣行動[*4]を示します。ミツバチは、帰巣の際に花を探し回ってクネクネと飛翔した同じ道をたどって戻ることはしないのです。この巣から飛び立ってクネクネと飛翔しながら蜜源までたどり着き、蜜を吸ったあとにまっすぐ巣に帰るためには、蜜源まで飛んできた方向と距離がわからないとならないはずですね。クネクネ飛翔していたら、あっちへ向いたりこっちへ向いたりして方向も定まらず、とても長い距離になってしまいます。でも、ミツバチは、方向も距離も、最短のルートを計算できるのです（ただし、われわれヒトがやっているような数字を使っているとは思えません。いくつかの神経細胞だけを使って、この情報処理をしていると考えると、その方法を知りたくなりますよね？　でも、まだ不明です）。この帰巣行動は、経路統合[*5]といわれます。このミツバチの経路統合は、視覚情報を中心として達成されていることが研究されています。

この巣と餌場などを行ったり来たりすることをナビゲーションといいます。みなさんにお馴染みなナビゲーション戦略は、アリが同じ道を行ったり来たりする「道しるべフェロモン」をたどる方法だと思います。私たちヒトの場合などはランドマーク（目印）を使って経路を予想する方法などをとっています。それぞれの動物の種によってやり方はいろいろとあるようです。

先に述べたように、方向に関しては、ミツバチは空に描かれているパターン（模様）を、指標として使っているのです（図9－2）。道標といいたいところですが、道標は道路の辻や街道の分岐点に設置された方向や距離を示す構造物なので、ちょっと内容が異なりますね。ミツバチは、広い空の一部のパターンを見ることで方向を知ることができるそうです。われわれヒトにはまったくわからないのに、どうしてミツバチはそのパターンが見えるのでしょう。人間は、自分が感じる範囲以上のことに気づくことはとても難しいので、ヒトには見えない天空のパターンをミツバチが使っていることを、簡単には気づくことはできません。ヒトの天空の見え方をもとに、ミツバチも同じ世界を見ているのだろうと考えてしまいがちです。そのうえ、ミツバチを含め、「虫ケラごときが……」と、昆虫を嘲笑うがごとくの言葉があるように、人間様のほうが偉いと勘違いしている人さえいます。ミツバチがヒトよりも優れた能力をもっていることを、以下の説明で知っていただければと思います。

ミツバチは空の偏光を識別できる……のに

ミツバチは、ヒトは通常知覚できない偏光を受容できます。そして遠く離れた天空にある偏光パターンを使って、自身のいる場所を知ることができるのです[1]（図9－2）。太陽と地球の距離は1億4960万kmもあります。光の速度は、前の章で計算に用いたように299,792,458 m/s（約30万km／s）なので、太陽の光は8分間以上もかかって地球に降り注いでいます。太陽から地球まで届く光は、太陽の直径が139万2700kmなので、地球にとって太陽はほぼ点光源であり平行光が地球に降り注いでいると考えてよいと思います。太陽からやってきた光は、非偏光の光（自然光）で

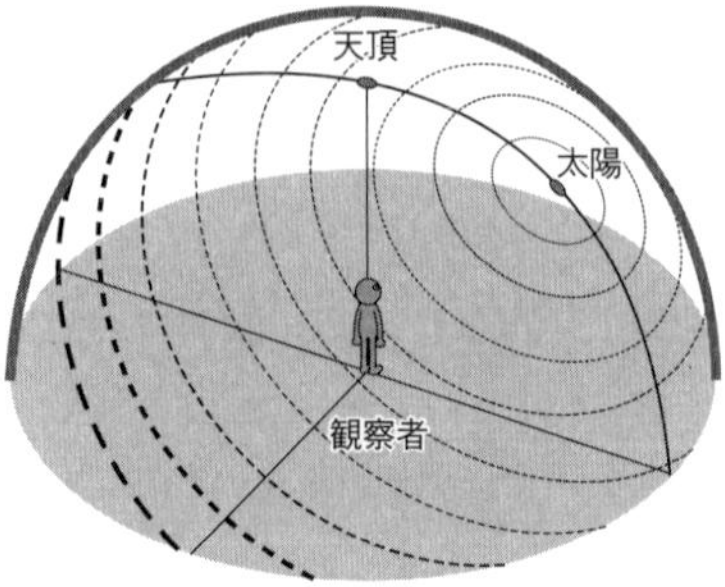

図9－2　太陽を中心にした偏光パターンの概念図

す。ところが、観察者が空を仰ぐとその人が見晴らすことができる天空はドーム状になるので、観察者と太陽は、ドーム状の天空を介して対峙することになり、以下で説明するように特徴的な偏光成分が空に広がります。

第5章で、青空は、光の波長に比して微小な物体による散乱、つまりレイリー散乱によっているというお話をしました。レイリー散乱では、ヒトに青色に見える短波長側の波長のほうが、赤色よりも約5倍も強く散乱されるので、図5－1で示したように380nmから450nm付近にピークをもち、長波長帯域も含んでいるスペクトルで空は青色に見えているのです。

偏光に注目すれば、空では光が散乱されているので、青空の位置によって偏光が強調されています。観察者が空を仰いで見える天空のドームの上に、太陽を中心にして偏光パターンが形成されていることになります（図9－2）。現行の高校の生物の教科書では、「ミツバチは、太陽の位置を指標にして、蜜源から巣に戻ると、垂直に配置された巣板の上で円形ダンスや8の字ダンスを踊って、巣にいた働きバチに蜜源（餌場）のありかを教えます」と記載されています（図9－3）。太陽の方向を巣板の重力方向（g）に置き換えて、その重力方向からのミツバチがダンスで向から角度（θ《シータ》）が蜜源のある方向に一致していることが記載されています（図9－3）。たしかに、ミツバチが太陽の位置を指標にして、巣内で仲間のミツバチにダンスで餌場のありかを教えるということは、高

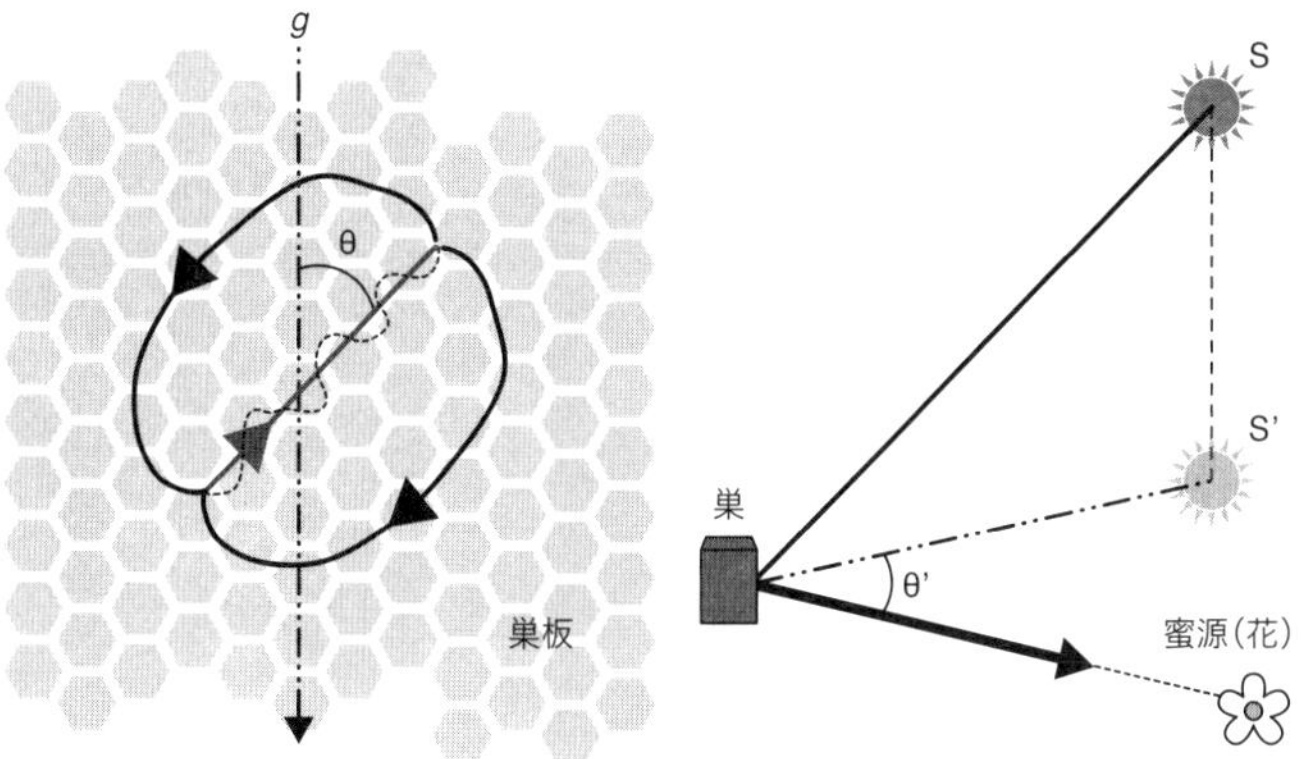

図9－3　ミツバチが蜜源を知るために使う8の字ダンスの仕組み

校生に対して〝驚異の生物の能力〟としてのメッセージ性があります。でも、なぜ太陽を指標にしていることだけが書かれているのでしょうか？　太陽の位置は、われわれも知ることができるので、人間中心の教科書としては、教育上の配慮なのかもしれません。でも、フリッシュが、ミツバチが偏光を受容でき、しかも天空の偏光パターンを指標にしていることを記載したのは、100年も前のことです。そのうえ、経路統合によってミツバチが帰巣できることも。フリッシュの発見から100年も経ったいま、ヒトとは異なり偏光受容ができる生物の能力を学べない日本の教育現場と教育行政を恥ずかしいと思います。ほかの生き物たちとヒトを比較して、ヒトとは異なる生物がヒトとは異なる情報世界をつくっている可能性が高いということを、高校生たちは知らなくてもよいのでしょうか？

そしてもっと心配なことに、高校の「生物」の教科書ではヒトの感覚器の記載の次に「動物の行動」が書かれていて、そこには鳥だとかカイコだとかアメフラシなどの行動について、ヒトとは異なる彼らの感覚入力や情報処理に触れることもなく、刺激に対する行動が説明されています。ほかの生物の感覚器とヒトの感覚器は、その構造や機能がずいぶんと違うことの説明がほとんどないまま、ほかの動物の行動について述べられているので、学習者たちは、ついほかの動物たちの感覚や情報処理もヒトと一緒で、ほかの動物たちもヒトと同じように世界を感じていると考えてしまうのではないでしょうか？

それぞれの生き物の情報世界を理解するための教育をしないで、環境保全を実現できる人間を育成できると思いますか？　「ヒトはパンのみにて生くるものにあらず」という表現がありますが、「生物もパンのみにて生きる」わけではないのです。パンとはエネルギーです。前章でも述べましたが、エネルギーを獲得するための行動様式は、それぞれの種のなかで進化してきました。エネルギーは生存のために不可欠だからです。でもそれぞれの種が進化獲得してきた行動様式は、エネルギー獲得のためだけではないのです。同種の仲間を選び・選ばれて子孫を残すことや、なかには子育てをする動物もいることは、エネルギーを獲得することとは異なった行動があることを示しています。この行動では、同種のなかで情報が共有できることが重要になります。

偏光を生物が利用していることの発見

ミツバチがドーム状の天空のなかにできている偏光パターンを指標にして、方向を知ることができると記載したフリッシュの話を先にもちだしましたが、じつは動物の偏光受容に関する研究は、スイスの昆虫学者のF・サンチ（１８７２〜１９４０）が、１９２３年に帰巣行動をするアリが帰巣の際に天空の一部が見えれば戻れるが、帰巣中のアリの上に大きめの紙を広げるなどして空を覆ってしまうと戻れなくなることを発見したことに始まります。サンチはアリが天空の一部が見えれば帰巣できることを発見したのですが、天空の偏光パターンを利用していることまでは気づかなかったのです。サンチの発見からおよそ50年後、フリッシュは、天空の偏光パターンを使ってミツバチが帰巣することを見事に証明したのです。フリッシュはこの発見も含め、数多くの比較生理学を基礎とした動物行動学の研究成果を称えられ、N・ティンバーゲン（１９０７〜88）、K・ローレンツ（１９０３〜89）らとともにノーベル生理学・医学賞を受賞されました。その後、環境には、青空の偏光パターンだけでなく多様な場所に偏光があり、生物がそれらの偏光を利用していることが発見されるようになりました。

ノーベル賞など、賞を受賞されることはすばらしいことですが、その研究の長い歴史のなかで、賞を受賞することなどまったく歯牙にも掛けずに研究に打ち込んでいた多くの研究者がいたり、受賞を欲していたができなかった方がいたり、賞の存在すら知らずに研究している方がいたりするのです。多くの研究者たちの努力があることを、忘れないでほしいと思います。科学者一人だけの力では「ある解」にたどり着くことさえできません。研究成果は、先人の研究があった恩恵と、良くも悪くも先人との共同作業の結果です。ただの個人だけでの科学的成果はありえません。空を見上げていたアリの能力に気づいたサンチの先見の明に脱帽です。

生物や自然を見つめる力は、学校での勉強だけでは決して養えません。家の前の川にどんな生き物が、どんなふうに生きているのか、里山の森のなかには何が棲んでいて、木々との関係はどうなっているのか、そんなことを体験することが不可欠なのです。自然がわれわれを指導してくれるのです。自然からの恩恵を受けることで、生物や自然を見つめる力をつけることができます。子供から大人まで、自然と対話する時間が不可欠なのです。第1章で、私が子供時代に体験した空気感を記載しました。自然が私を指導してくれたのです。自然が人間を指導してくれる恩恵に感謝です。

ミツバチ以外の昆虫が偏光を識別する――フンコロガシ（糞虫）のお話

甲虫のコガネムシ科のタマオシコガネ属の仲間たちは、おもに哺乳動物の糞を餌にすることから「糞虫《ふんちゅう》」と呼ばれます。糞虫類のなかでも、糞をボール状に加工して、これを転がしながら運搬するものを、とくに「フンコロガシ（ball-roller）」と呼びます（図9－4）。古代エジプトでは、フンコロガシが糞を丸くまとめて転がす様子から、フンコロガシを、太陽を動かす神のように考えたようです。現代の研究で、太陽は植物が光合成をして多くの生物が利用できる有機物を産み出すエネルギーのおおもとであることがわかっていますが、古代エジプト時代でも太陽は再生や復活の源と考えられていて、フンコロガシはその太陽を移動させる神の化身だったのです。古代エジプトの人たちは、フンコロガシに対し畏敬の念をもって見ていたのかもしれません。虫を尊敬していた文化って、すばらしいですね。

日本では「一寸の虫にも五分の魂」という諺《ことわざ》が使われています。ネット検索してみると「どんなに小さく弱い者でも、それ相応の意地や感情があり侮ってはいけない」と解説されていました。私は、この解説は不充分だなと思います。この諺には、わざわざ「虫」のことをいっているのだから、もう少し別の解説がないかと思ってまたまた検索してみると「どんなに小さな虫にも、生きているものにはそれ相応の命があるのだから、粗末に扱ってはならない」という解説にたどり着きました。ちょっとだけ私のその諺のイメージに近づきましたが、でも「それ相応の命」というくだりが気に入りません。「一寸の虫にも五分の魂」について、その諺がいつごろからいわれるようになり、どなたがつくり、どうして広がったのかなど、まったく何も知らないのですが、私はこの諺に対してネットや辞書に書かれていることと違った印象をもっています。日本の文化そのものを、この諺は示しているのではないかと思っています。

みなさんのなかには、J・ファーブル（1823〜1915）の昆虫記を読んで糞虫を知っている人がいるかもしれませんね。ファーブルが「糞のボールをつくるタマオシコガネは、仲間同士なのにとても仲が悪いのです」と記載していたように、自分で糞のボールをつくるだけでなく、同じ種の別の虫がつくったボールを奪い取るという行動もします。糞のボールを奪い取られないためには、できるだけ早く材料の糞の塊から離れることが大切です。そのためには、餌である糞からできるだけ短いルートで離れるほうが得策となります。

図9−4　フンコロガシ

1989年にH・シュロッツが、昼行性の糞虫の*Pachysoma striatum*の行動を観察し、巣の周囲のランドマークの位置を変えても、太陽を隠しても、巣を見つける能力に変化が見られないことを報告しました。[2] では、何を〝手がかり〟にして最短距離で糞の塊から離れ、巣に移動する方向を知ることができるのでしょうか。

シュロッツは、生理学的に眼の研究をしている方たちと連携して、この糞虫の複眼の背側の端の部分に、直線偏光を弁別できる個眼があることを見つけることができました。研究者がほかの研究者と連携することによって見つけることができた発見です。その連携のお陰で、方向を知る〝手がかり〟の一つが、太陽がつくる天空の偏光パターンだとわかりました。糞虫もミツバチと同じような視覚の能力をもっているのですね。シュロッツが行動学の方法で天空を見るだけで方向がわかることを発見してから10年も経ってから、その生理学的な証拠を見つけることができたのです。研究を達成するには、続けることが大切だなあと思います。そして、多様な研究者とつながることも大切だなあと思うのです。

昼行性ではなく、黄昏時から夜に活動するフンコロガシ *Scarabaeus zambesianus* の定位行動と複眼の構造の研究も興味深いです。*S. zambesianus* は、黄昏時に飛翔して糞塊に着陸し、糞のボールをつくると、糞塊からまっすぐに離れます。黄昏時から夕刻にかけて、天空の偏光パターンを方向決定のための〝手がかり〟としていることがわかりました。ただし、夕刻にしっかりと定位できるのは月があるときだけだったのです。月のない夜には、このフンコロガシはくねくねとした奇跡を描いてしか移動できません。月を直接見えないようにしても直線的な移動ができるのですが、偏光フィルタを使って天空の偏光情報を乱すと移動方向を変えることから、月がつくる夜空の偏光を利用できることがわかりました[3]。日中よりも数百万倍暗いとされる月の光によってつくられる、天空の偏光パターンを利用して方向決定できる昆虫がいるのです。タマムシやミツバチは昼行性の生き物で夜は飛翔しません。昼行性の昆虫と夜行性の昆虫で、眼の構造が違うことをエクスナーが記載しましたが、視細胞の感度の生理学的な研究は、スウェーデンのE・ウォラントたちを中心に、報告されるようになりました。[4]

偏光受容能のような研究報告を知ると、「生物ってすごいな」と感心するとともに、どうしてこんな奇跡のような能力を手に入れることができるのだろうかと考えてしまうのです。われわれヒトも含めて、個体がもっている能力は、その個体がもともともっていた能力の範囲を、ごくごくほんの少しだけ改変することしかできません。中立説という木村資生が考えた遺伝的浮動の進化の仕方であろうが、突然変異で進化しようが、もともと存在する個体の形質を、少しだけ改変しているに過ぎないのです。その、遺伝的にほんの少しだけ改変した形質が、ある種の全体の形質に定着するかどうかも、確率的にはずいぶんと少ないものになります。確率的には少ない変化が積み重なっていくことで、種独自の形質の違いが生じ、種の多様化が存在しているのだと知ると、われわれヒトという種も、ほかの生物の種も、いっそう愛おしく感じませんか。

ところで偏光って何？　ヒトでも見えるの？

昆虫が偏光を使っていることを、ミツバチやフンコロガシの例でもなんとなくおわかりになったでしょうか。でもいざ「偏光って何？」って聞かれると、わからないですよね。わからなくて当然です。だって、ヒトが偏光を知覚できないのだから、簡単にはイメージしにくくて当たり前です。ヒトは自分が体験できないものは、自然のなかにあっても「なし」に等しいのです。ほかの生物にとって、生存のためにとても重要であっても、ヒトは自分たちが知覚できないものは重要ではないと思ってしまうことに、とても大きな注意が必要であるともいえます。

偏光は、光の電場および磁場の振動方向が規則的なもののことをいいます。われわれが日常の多くの場面で体験しているのは、無規則に振動している光で、非偏光あるいは自然光と呼ばれるものです。自然光が、空気中の塵によって散乱されたり、水などの物質の表面から反射したり屈折したりすると、偏光成分が際立つことがあります。先に説明しましたが、地球に到達した太陽からの光は自然光なのですが、大気を通過したあとの光は偏光の天空のドームを形成し、また地表や水面に到達した光も物質との相互作用で偏光成分をもつようになります。地球のあらゆるところに偏光が満ち溢れているといってもよいほどです。

偏光があることが当たり前ですといわれると、いっそう偏光の片鱗だけでも感じてみたいですよね。先に、ヒトは天空の偏光のドームを知覚できないと書きましたが、偏光だけであれば見える人もいるんですよ。私も偏光を見ることができる一人です。みなさんも見えるかもしれません。ちょっとご自身で実験してみませんか？

自分が偏光を見ることができるかどうかを実験する一番簡単な方法は、コンピュータの液晶モニタの画面を使うことです。画面を真っ白にして、モニタの真ん中あたりを見つめて見てみてください（図9－5）。するとボヤッとした鉄アレイのような、あるいは瓢箪《ひょうたん》のような黄色いモヤモヤが出てきます。モニタの画面の中心あたりを見つめながら頭をゆっくり左右に傾けてみると、そのモヤモヤがより見えやすくなることがあります。目の錯覚ではないか、残像でも見ているのではないかと思えるようなモヤモヤです。私には黄色く見えますが、人によってはそのモヤモヤが青色として見えることもあると聞きます。この黄色と青色のそれぞれの瓢箪の形が直交して見えるヒトもいるそうですよ。みなさんは、果たしてモヤモヤしたものが見えるでしょうか。そして、もし見えたとしたら何色に見えるのでしょうか。ぜひ試してみてください。

これは「ハイディンガーのブラシ」と呼ばれ、偏光が色として感知される現象です。[5] W・ハイディンガー（1795〜1871）は、日本での江戸末期に活躍した科学者で、コンピュータの液晶画面を見たわけではないのにこの現象に気づいたのです。すごいですね。鉱物を調べているときに偏光した光を使っていて発見したそうです。目的をもった研究遂行のための実験をしていると、実験中に現れる余計な現象を無視してしまうことが多いのに、ハイディンガーは素晴らしい注意力をおもちだったのですね。

図9-5　ハイディンガーのブラシ

偏光をもつ面を見たときにのみ淡い像として現れるので、われわれの日常生活のなかでは、このモヤモヤを見ることは難しいです。液晶モニタが偏光を出しているので、それを利用して実験するのです。わざわざ白くした液晶モニタを見ても感知できない人もいるので、見えなくても心配しないでください。見えないことは、ヒトが偏光を、生きていくうえでの〝手がかり〟としてまったく使っていない証拠でもあるのです。それなのに実験をしてみていただくのは、ヒトでも偏光を見える可能性があるということを体験してほしいからです。

コンピュータの液晶画面でハイディンガーのブラシの観察が一度体験できてしまうと、図9－2で示した青空の偏光パターンに向かって目をやると液晶画面で見えたブラシ状のものが見える方がいるかもしれません。太陽を直接見ないように心がけて実験してみてください。太陽から90度ほどずれた天頂周辺あたりから太陽の反対方向の青空を眺めると、見えることがあります。私は、自信をもって「これだ」というほどではありませんが、周りの青い色に比べて、少し茶色い部分を見ることができます。日によっては黄色っぽく見えることもあります。目の錯覚ではないかと思う程度ですが、見ている空の場所を変えても見えます。そしてその濃さも天空ドームの場所によって違うことがわかります。コンピュータ画面で見えたみなさんは、両手で双眼鏡みたいな形をつくって横から入ってくる光を塞いで青空を見てみてください。太陽を背にして右側や左側の青空を仰ぐと、もしかしたらあの色がハイディンガーのブラシかなあというのものが見えると思います。

コンピュータ画面でハイディンガーのブラシを見ることができた読者のみなさんのなかには、私よりも、はっきりとモヤモヤを見ることができるかもしれません。青空に偏光の信号があることに気づくことができ、ミツバチやフンコロガシになった気分を味わう体験ができますよ。一度体験すると「見えなかったものが見える」のです。「気づかなかったものに気づくことができる」ってすごいですね。「見る目を養う」ことの一つといってもいいのかもしれません。学校で身につけた知識は人間同士の学びに過ぎません。学校での学びは、決して無駄にはなりませんが、学校での学びだけでは「見る目を養う」ことはなかなかできません。独りよがりの自分勝手な世界観だけしか身につかない危険もあります。それは、学ぶということが「正解を求める訓練」に陥ってしまっているからです。ハイディンガーは、実験中に教科書に書かれていないモヤモヤに気づくことができたのです。

青空にハイディンガーのブラシが見えなかった方も、がっかりしないでください。人間は道具を使うことができます。偏光フィルムを2枚用意してください。2枚の偏光フィルムの方向を直交させて青空を見てみましょう。青空の方向の違いによってそれぞれの偏光フィルムの明るさが異なることを体験できます。

偏光を、どうやってキャッチ（受容）するの？

「見える」とか「感じる」とか「気づく」とかするためには、外からの信号を受け取る〝もの〟がなければならないのです。ヒトにも偏光を受け取る〝もの〟があるからハイディンガーのブラシを体験できる方もいるのです。さて、その〝もの〟とはなんでしょう？　第7章でも簡単に説明しましたが、あらためて光受容分子の復習をしながら偏光を受容できる仕組みを考えてみましょう。前章で述べた視物質の説明を思い出しながら、以下の文を読んでください。

みなさんは「ニンジンを食べなさい」といわれたことはありませんか？　ヒトは、ビタミンA[*6]を摂取しないとならないからです。ニンジンに限らないのですが、ヤサイにはカロテノイドが多く含まれています。カロテノイドは人間をはじめとする動物の必須栄養素のビタミンAのもとになります。ヒトの場合、食事した食べ物に入っていたカロテノイドやビタミンA[*7]は腸で吸収され、ビタミンAは血流にのって、肝臓に運ばれます。肝臓でレチノールと呼ばれるビタミンAのある形にされ

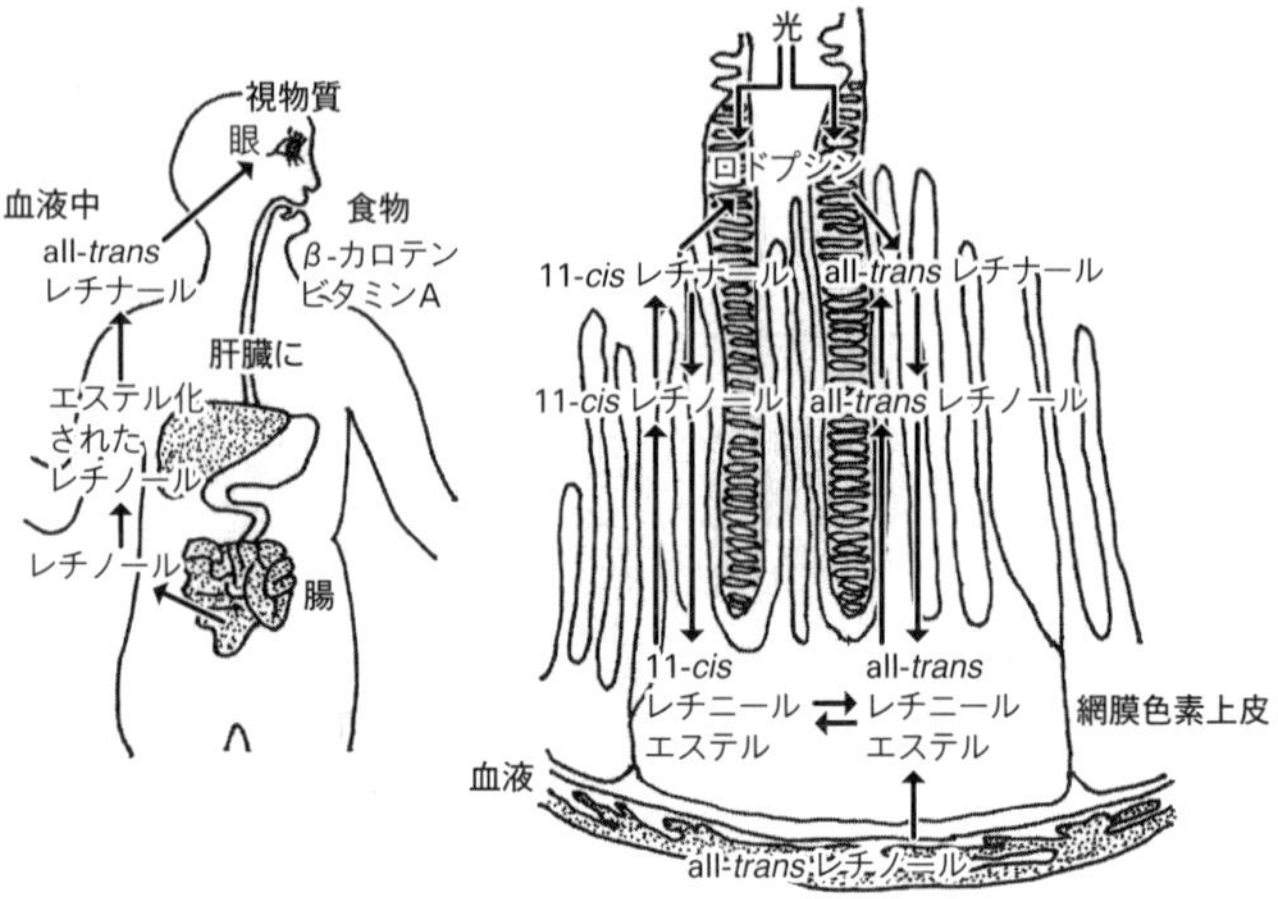

図 9－6　カロテノイドやビタミンAが視物質に取り込まれるまで

たものがふたたび血液で運ばれて、眼の血管まで到達します。そこで網膜の中に取り込まれて光を受容する役割をする視物質の中に入ります（図9－6）。

このビタミンAの大きな役割の一つとして、タンパク質の中に入って光を受容する物質、つまり視物質としてはたらくということが挙げられます。とくに、このときのビタミンAは、ビタミンAアルデヒド体のレチナールになっていて視物質発色団（以下、発色団）と呼ばれ、両側が細胞膜表面から顔を出しているタンパク質（オプシン）の中にあります（図7－3）。

光は、テレビやラジオと同じ電磁波の仲間なので、光を受け取る発色団の長さと向きが大事であると第7章で述べたことを覚えていますか？ レチナールの発色団がアンテナの金属棒と同じように細長い特徴をもっているので、光の波の方向に、発色団の向きが一致すると効率よく光を受容しま

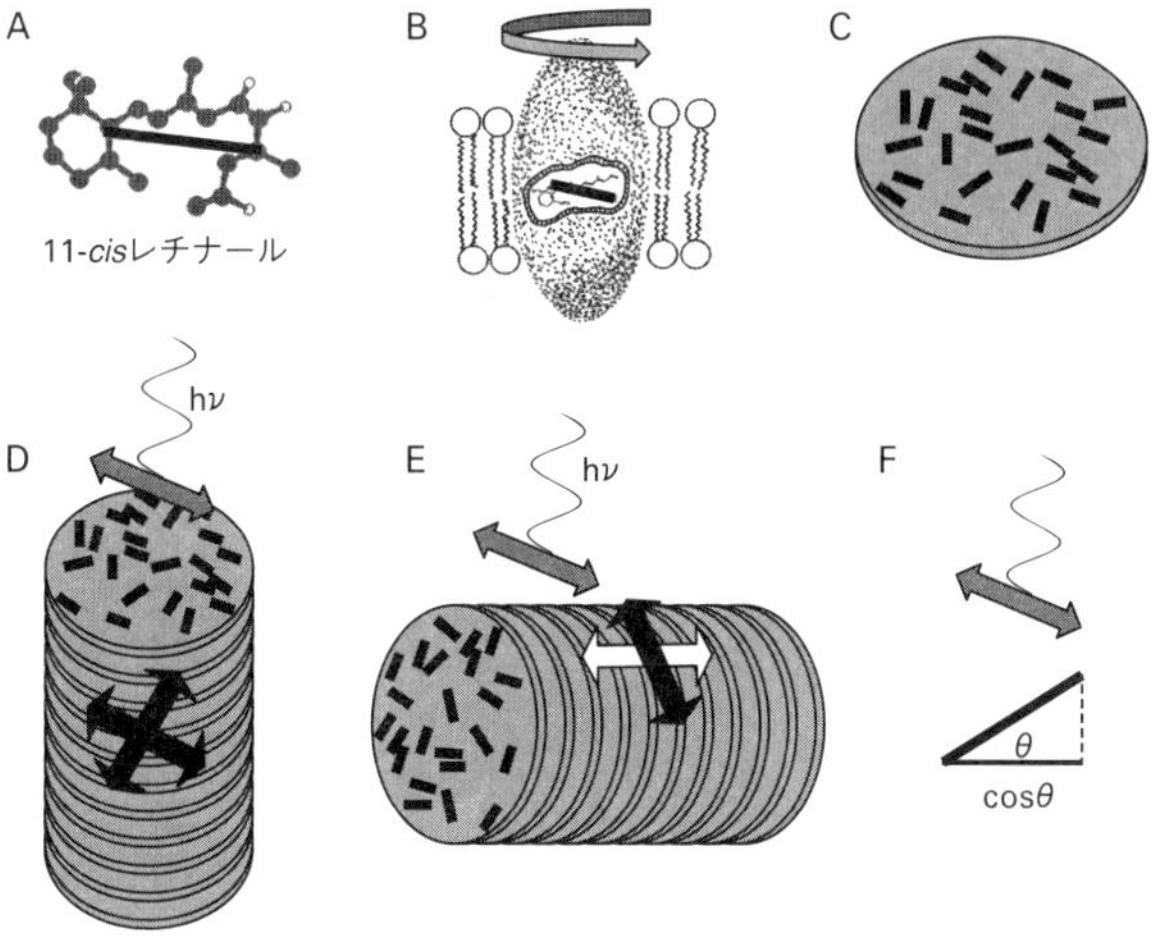

図9－7　視物質発色団の偏光の方向の知覚

す。少しずれても光を受容できますが、発色団と光の波の向きが直角になってしまうと、ほとんど光をキャッチできません。この現象が、偏光の方向によって視物質の吸収が左右されることと関係しています。

発色団のレチナール自身が、偏光の方向によって吸収率が変わるという物理化学的実験報告があります[6,7]。11-*cis* 型や all-*trans* 型のレチナールを溶液に溶かして、石英のスライドガラス上で拡げると一方向に並びます。その石英のスライドガラスに偏光を照射して、偏光の角度を変えながら吸収率を測定すると、角度依存的に吸収率が変わることから、物質としてのレチナールが偏光を吸収するには方向性があることを示した報告です。一番はじめに光を受容する発色団の吸収の特性が、偏光の方向に依存することがわかりましたね（図9－7A）。

発色団はオプシンの内部にあります（図9－7

B）。ということは、発色団の吸収率に方向性があるのであれば、オプシンに含まれたとはいえ、視物質の吸収率に方向性が生まれるはずです。ところが、オプシンは7回膜貫通型タンパク質なので、視細胞の脂質二重膜の表側と内側に頭を出して浮遊している状態です。脂質二重膜の堅さはオリーブオイル程度とされていて、[8]発色団がオプシンの中に入っている視物質は、タンパク質に対してゆるゆるの脂質二重膜の中でクルクルと回ってしまう（図9－7B）し、横にも移動してしまうはずです。膜タンパク質は、生体膜中で自由に回転したり（フリーローテーション）、自由に場所を移動したり、そのうえごく少ない頻度ですが、膜の内側と外側をでんぐり返し（フリップフロップ）したりすることが知られています。

　われわれヒトの視細胞は、錐体視細胞も桿体視細胞も脂質二重膜がお皿のような構造をしていて、そこにロドプシンなどの視物質が存在しています（図9－7C）。偏光した光が入射してきても、受容側の視物質が平らなお皿の上でクルクル回っていたら、偏光の方向は関係なくなってしまいます（図9－7D視細胞外節に示した黒矢印）。自然光でも偏光でも光がやってきたということはわかるのですが、偏光の方向を区別できません。でも、お皿の横から偏光を照射したらどうでしょう（図9－7E）。この状態だと、視物質がお皿の上でクルクル回っていても、発色団の方向が図9－7Fのようなときは、偏光面に対しての視物質の吸収率におおよそ$\cos\theta$をかけた値で、光の吸収が起こるので、図9－7Eの黒矢印で示した視細胞外節では光を受容することができ、視細胞として興奮することができます。$\cos\theta$をかけるのは、視物質の正射影をイメージして、光の吸収率は視物質の正射影に近似すると考えてのことです（図9－7F）。図9－7Eの白矢印方向で示している視細胞外節の長軸方向の偏光が入射しても、その視物質は光をほとんど吸収できないのです。視細胞外節が横になって円盤の方向が光の入射角に平行になれば、脊椎動物の視細胞が、偏光受容のセンサーとしての役割を担うことができるようになります。

先の、ハイディンガーのブラシが知覚されるのは、われわれヒトの中心窩付近の桿体視細胞が光の入射光軸に対して横向きになっている部分が偏光を受容し、その視細胞が受容できる波長を色として知覚しているのだろうと推論できます。人によって見える方もいれば見えない方もいるのは、体験数の違いによるのかもしれませんし、中心窩付近の錐体視細胞の配列に個人差があるからかもしれません。

節足動物は偏光を受容できるのか——理論的な偏光感度

先に説明したように、昆虫や甲殻類などの節足動物の視細胞の視物質が集まっている場所はラブドームといわれ（図7-6、図7-7）、個眼の中の光受容部位です。いくつかの視細胞が個眼の中で集まってラブドームを形成しているのですが、一つの視細胞の光受容部位はラブドメアと呼ばれています。このラブドメアは、多数の円柱状のマイクロビライから形成されています（図9-8A）。マイクロビライは、直径およそ60 nmの長軸の円柱状の構造で、たくさんの細胞膜が並ぶことになり、ラブドメアの総表面積が大きくなるので視物質を集積することができ、光受容のために優れた構造であるといえます。また、マイクロビライの長軸の円柱状の構造が偏光受容能を獲得するのにとても適しているのです。視物質がマイクロビライの生体膜中でフリーローテーションしていても、マ

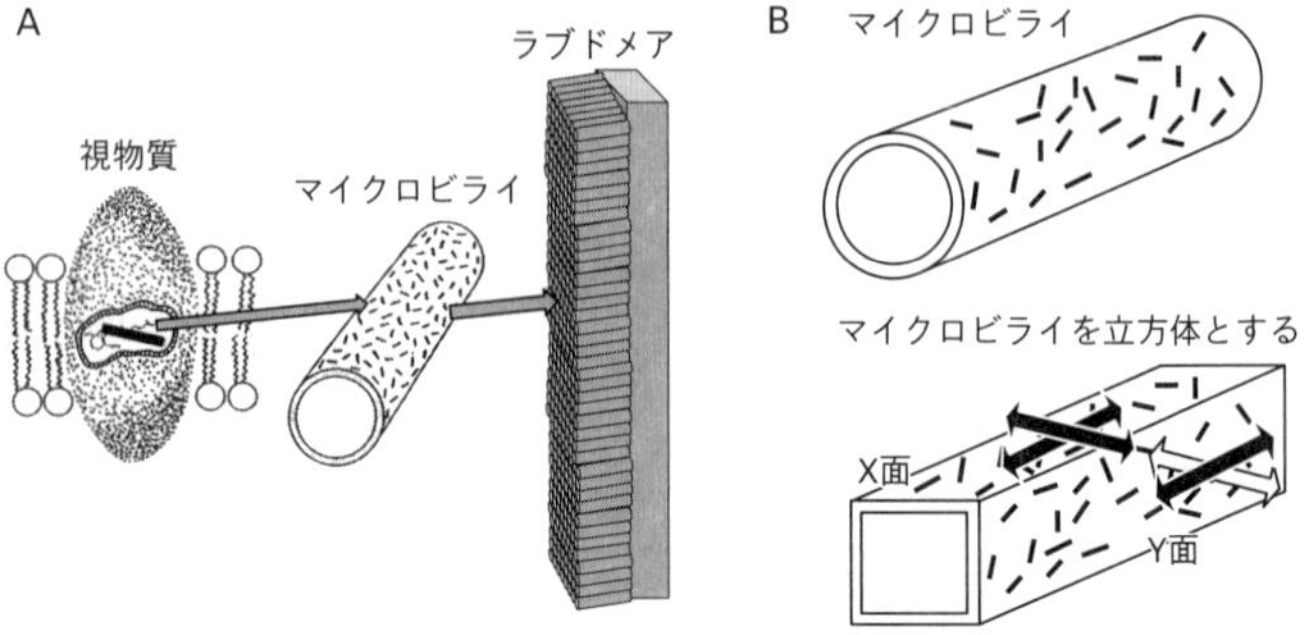

図9－8　マイクロビライによる視物質の吸収

イクロビライの長軸方向に対する直線偏光の吸収率は短軸方向に比べて約2倍高いと考えてよいのです。[9]

視物質は、7回膜貫通型の細胞膜の内外を貫いている膜タンパク質ですが、ラグビーボールのように描いて、マイクロビライの生体膜の上でフリーローテーションしているイメージが図9－7Bで、偏光の吸収に関して視物質の吸収率におおよそ$\cos\theta$をかけて、マイクロビライ全体での視物質の吸収を積分すればよいのですが、この本の中に数式をたくさん並べないとならなくなります。[10] 数式を並べないで理解を簡単にするために、円筒状のマイクロビライを図9－8Bの下図のように四角柱に変えたものを仮定しましょう。数式を使って積分することの代わりです。視物質の吸収の方向がランダムな状態で存在した場合、X面では四角柱の長軸方向の光も短軸方向の光も吸収することができるので、偏光の向きによる光の吸収の差がありません。しかし、Y面では長軸方向の光の吸収は起こるのですが、短軸方向の光は吸収できません（白矢印で示した方向の偏光に対して視物質の吸収が起こりにくくなるからです）。そのため、「長軸の視物質の吸収」対「短軸の視物質の吸収」の比率がて機能できることがわかります。

2：1となるのです。マイクロビライに視物質をもつ節足動物の視細胞は、直線偏光分析装置として機能できることがわかります。

ちょっと面白い不思議な偏光受容の話――生理学的計測による偏光感度

ところが、実際に視細胞に微小電極を刺入して直線偏光に対する細胞電位を記録すると、ほとんどの節足動物で、理論値の2：1よりも高い偏光感度を示します。

偏光感度が高いとか低いとかいう前に、その高い偏光感度を生理学的に測定する方法をお話しないといけないですね。視細胞が光を受容して変化することを観るために、ガラス微小電極を用います。ガラス微小電極を視細胞に刺入すると、視細胞の内側と外側の電位差を測ることができることを利用するのです。視細胞が生きていないと光応答は記録できないので、生きたままの個体を実験に用いるのですが、動物の動きを止めないと、簡単にガラス微小電極が視細胞から抜けてしまうのです。視細胞の大きさは種によってさまざまですが、おおよそ細胞体の直径が10～20 μm、長さが50～100 μmです。そこに刺入するガラス微小電極の先端の太さは1 μm以下なので、動物の体がほんの少し揺れただけでも記録できなくなってしまうのです。しっかりと身体を固定します。

カニやエビのような眼柄をもついくつかの節足動物の種では、その眼柄の動きもデンタルセメントなどを用いて固定します（口絵㉒A）。もしも脚の動きが邪魔なときは、輪ゴムなどでしっかり固定したり、松脂と蜜蠟を混ぜたものを溶かして脚を止めたりします。甲殻類などの場合は、熱をかけると自切[*8]するので、ちょっとかわいそうですが、熱くしたハンダゴテなどを脚の基部につけて脚を除去したりします（口絵㉒A、B）。フナムシなどは、ピンセットで脚の基部を摑むと自切します。できるだけ、個体に負荷をかけないで、生理条件をできる限り健全にして実験を行なう工夫を、それぞれの種に対して実施するのです。昆虫の固定は比較的簡単で、頭部と胸部の間を、薄いプラスチック板に挟んで、そこに先を細くしたハンダゴテで溶かした松脂と蜜蠟を垂らすと、動きを止めることができます。昆虫が熱さを感じている時間を、できるだけ短くするために、フーフーと息を吹きかけて冷ましたりします。どの視細胞にガラス微小電極が刺さっていたかを、あとから形態学的に確認する方法があります。ガラス微小電極のガラス管の中に、蛍光物質を入れておくのです。電気的特性をもっている蛍光物質を選んでおけば、視細胞の反応を記録したあとに電場をかけることで、ガラス微小電極から視細胞に蛍光物質を移動させることができます。口絵㉒C、Dの黄色く輝いているところが、蛍光物質が注入された視細胞です。口絵㉒Dで見られるように、視細胞が光っている部分よりもラブドメアの部分のほうがより明るく光ります。それは、たくさんあるマイクロビライの中まで蛍光物質が入り込んでいるので、明るく見えるのです。サワガニの視細胞は重集合型なので、交互にラブドメアが入り組んでおり、一つの視細胞が出しているラブドメアは櫛状に染まっています。

角膜の表面に微細なカミソリで1辺が30 μm程度の三角形の穴を開け角膜と円錐晶体を除き、その穴からガラス微小電極を視細胞内に刺入し、視細胞に光を当てて応答を記録するのです（口絵㉒）。三角形の穴は、複眼の表面を実体顕微鏡で見ながら、自分の手で開けます。30 μm程度の三角形の穴を、カミソリの刃先を使って手で開けるのです。超スゴ技です！　角膜と円錐晶体は硬く、穴を開けないとガラス微小電極の先端は簡単に折れてしまうので、このスゴ技を身につける必要があります。あまり大きな穴を開けると、甲殻類の場合は体液が吹き出してきますし、昆虫の場合は体液が瘡蓋《かさぶた》のように穴の表面を固めてしまいます。適当な大きさで角膜を除去してすぐにガラス微小電極を刺入すれば、細胞たちはガラス微小電極より柔らかいので、折れることはありません。でも、手でガラス微小電極を小さな視細胞に刺すことはできないので、およそ1µmずつ進ませることができる電動マニピュレータという機械に、ガラス微小電極を取りつけて視細胞に刺入します。ガラス電極を刺入する視細胞は、さきほど角膜に開けた穴より離れた場所を狙います。穴を開けた際に複眼内の視細胞の形が機械的に乱れて、視細胞の構造的な特徴が損傷を受けていないようにするためです。

細胞は、細胞の内側と外側の間に静止膜電位[*9]と呼ばれる電位差があるので、細胞に入ったかどうかは、電位差を測定できるオシロスコープの画面を見ながら確認します。電動マニピュレータでガラス微小電極を細胞に向かって進めていって、マイナス60mVぐらいの静止膜電位レベルに急激に電位が下がったら、細胞にガラス微小電極が入った証拠です。イメージで表現すると、0Vからストンと突然マイナス60mVに飛び込む感じ。実験していて、思わず「よし!」と口にしてしまう快感があります。細胞膜は脂質二重膜でできていて脂成分が多いので、電極が細胞膜に穴を開けても電極のガラス面を脂成分がすぐに覆ってくれて、実効的に穴はなくなるので細胞膜の内側と外側の電位差を記録できるのです。

これからが目的の実験の開始です。それぞれの個眼の視野角は1度から2度ぐらいしかないので、個眼の光軸にまっすぐ刺激光が当たる位置、つまり一番反応が高くなるところを探して刺激光源をセットします。視細胞は、刺激光の明るさ（光強度）に比例して反応の大きさが変わります。薄暗いときには反応は小さく、明るくなると大きな反応を見ることができます。この性質は光強度の違いだけでなく、波長の違いに対しても反応の大きさが変わります。たとえば５００nmにピークをもつ視細胞だったとしたら、５５０nmや４５０nmの波長で５００nmと同じ光量子の数を照射しても、視物質の光異性化の比率が下がるので、反応の大きさが小さくなります。同様に、５００nmの一定光量の刺激光で光照射しながら偏光板の角度を変えても、反応の大きさの変化を観察することができます。単一変数の原理そのもので、視物質がどれだけ光異性化するかの比率によって、反応の大きさが変わるのです。

偏光の実験として、刺激光源の前に置いた直線偏光板を10度ずつ１８０度回転させてみました（刺激光の偏光の角度と視細胞の偏光受容との関係なので、３６０度の実験は不要です）。結果は、偏光板の角度の違いによって応答の大きさに違いが見られました。視細胞が、偏光の方向によって応答する高さが異なることが示されたのです。そして、理論値より高いことがわかりました。

そこで、いくつかの節足動物を用いて、偏光感度の測定を試みてみました。その偏光感度（直線偏光の偏光角に対しての応答性）を、節足動物の種ごとに示したものが図９‐９です。それぞれの種からの記録は、イエバエやフナムシなどの分散型ラブドームをもつ種に比べて、サワガニやザリガニといった重集合型のラブドームをもつ種のほうが圧倒的に高い偏光感度を示し、トノサマバッタなどの集合型ラブドームをもつものでは、分散型と重集合型の中間的な値でした。数値で示せば、偏光感度が低い分散型ラブドームでは、偏光感度はおよそ2程度ですが、集合型ラブドームではお

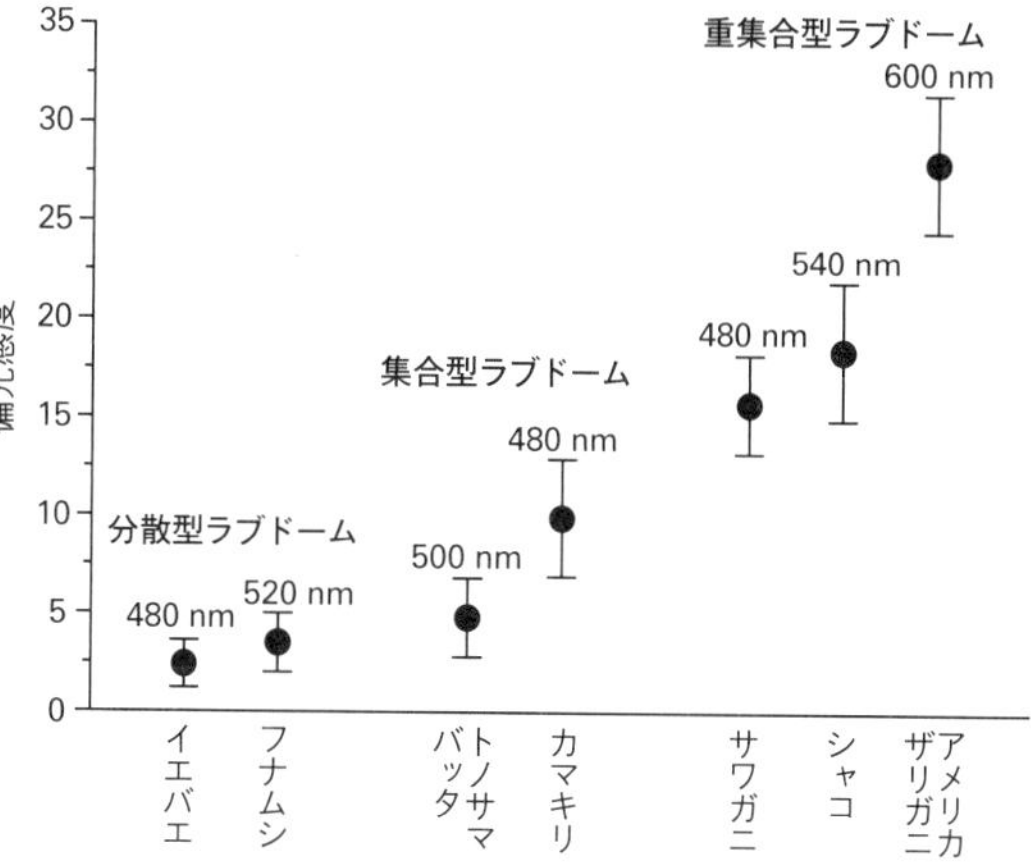

図 9－9　節足動物の種ごとの偏光感度の違い

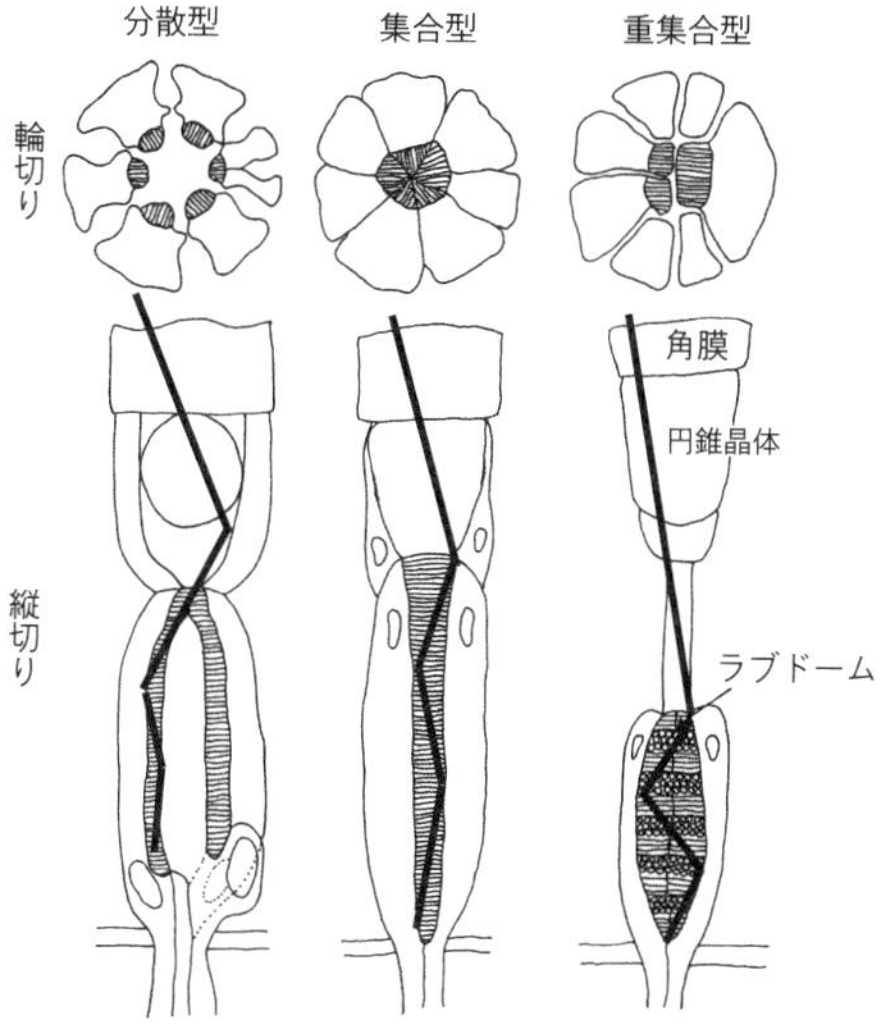

図 9－10　ラブドームの形態による偏光感度の違い

よそ5程度になり、重集合型では20に達していたのです。ラブドームの形態（図9－10）によって偏光感度が異なっていることが明らかになりました。

先に、視物質はオリーブオイル程度の粘性をもった脂質二重膜の上で自由に運動していても、マイクロビライの上に乗っていることで偏光感度が2：1になると述べました。ところが、生理学的実験をすると、数学的シミュレーションの結果よりも高い値でした。これは視物質の配列がマイクロビライの膜中で運動を制限されて、マイクロビライの長軸方向に配列していないと生じません。では、視物質はどのように運動を制限されているのでしょうか？

直径およそ60 nmのマイクロビライを長軸に垂直に切断し、輪切りの像を電子顕微鏡で観察すると中心に軸のような構造が観察されます。ヤマトタマムシを例にすると、口絵⑳Dの矢印の先にある黒い点です。もっと高い倍率で観察すると、この軸の周辺には自転車のスポークのような像も観察できることから、この電子密度の高い構造が、視物質のアンカータンパク質[*10]と結合している可能性が考えられています。[11] しかし生理学的な実験により示唆された、膜タンパク質である視物質の運動性の制限をつかさどるアンカータンパク質の詳細で決定的な報告は、まだ得られていません。マイクロビライの中で、タマムシも含めた昆虫の視物質の運動性はどのように制限されているのでしょうか。どうして理論値よりも高い偏光感度が、生理学的実験で記録されるのでしょうか。もっともっと深く研究してみたいものです。

光の吸収は光路の長さと光吸収をする物質の濃度の影響を受けます。物理化学的によく知られた、物質の吸収が濃度や厚さで決まるというランベルト・ベールの法則[*11]が、重要な役割を果たします。

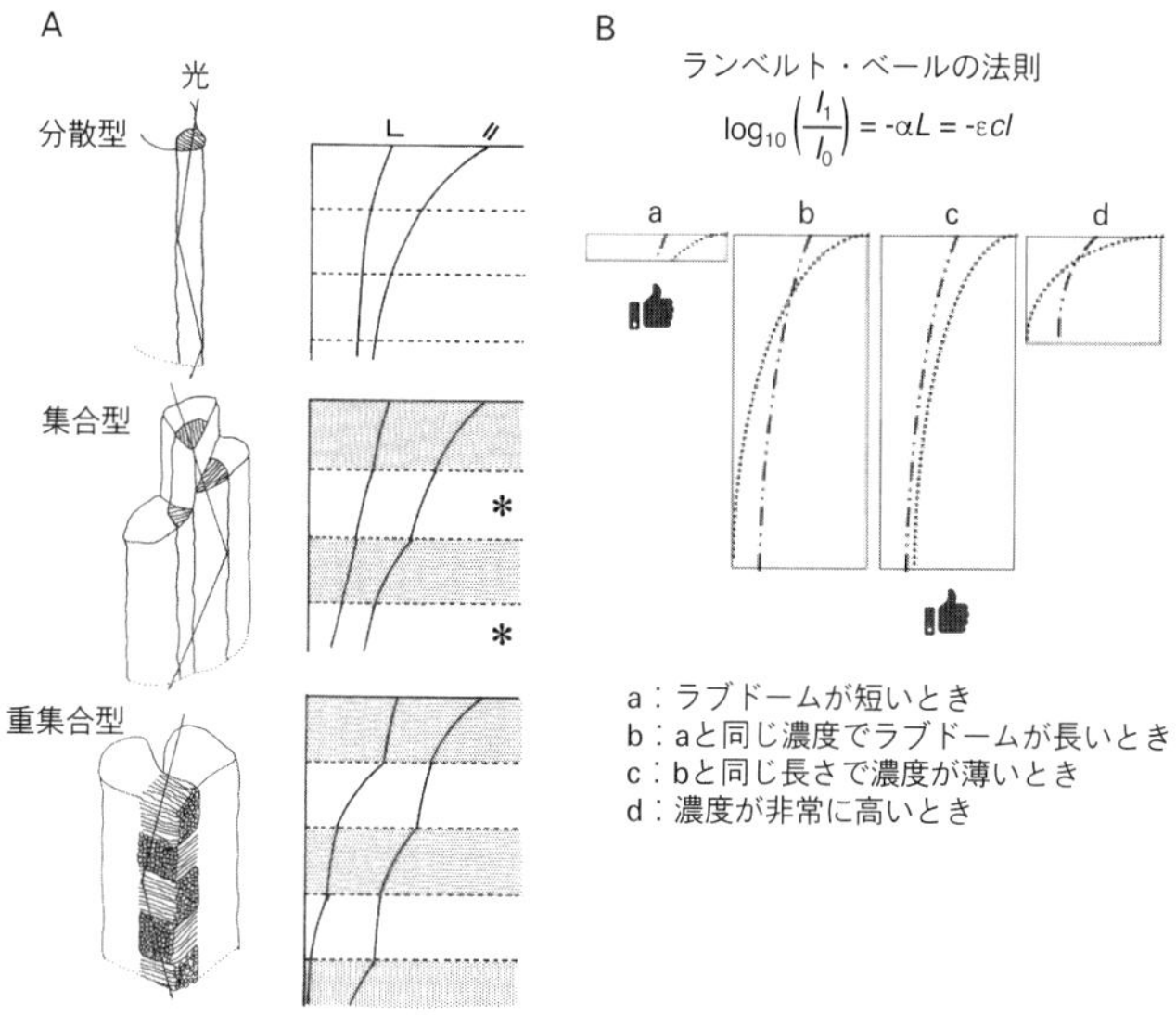

図9-11　ラブドームの長さによる偏光感度の違い

図9-10で示したように、光路であるラブドームで光吸収が起こると、ラブドームの中であればあるほど到達する光量は減少することになります。ランベルト・ベールの法則を理解することを目指して、視物質がラブドメアの上から下までしっかりと埋め尽くしていて、マイクロビライ上の光の入射方向に直角に並び、マイクロビライの長軸方向に強い吸収が起こり、短軸方向には弱い吸収があるという理想的な配置だと仮定して考えてみましょう（図9-11A）。光を個眼に向かって照射すると、何が起きるでしょうか。光は、ラブドメア内を導波管（ライトガイド）として伝わっていきます。ランベルト・ベールの法則（$I_{out} = I_{in}10^{-\varepsilon cl}$。ここで、$I_{out}$：通過した光強度、$I_{in}$：入射する前の光強度）で示される吸収が起こります。εcl（ε《イプシロン》はモル吸光係数、c

は媒質のモル濃度、lは光が通る長さ）は吸光度と呼ばれ、この式からわかるように、光の吸収は、光吸収をする物質の量（c）と、その物質が存在する長さ（l）で決まっています。lの長さをもつラブドメアで吸収される光量Pは、$P=I_{in}(1-10^{-\varepsilon cl})$と表すことができます。図9－11Aは、その深さ（$l$の長さ）による光吸収$P$の度合いを、分散型、集合型、重集合型のラブドームにおける定性的なグラフとして示したものです。定性的なグラフではありますが、入射してくる偏光がマイクロビライに平行（$/\!/$）なものは、吸収が急激に起こり、直交（⊥）するものは、ゆっくりと起こることが分散型のグラフからわかると思います。ラブドメアが重なっている集合型では入射光が別のラブドメアにも進むので、マイクロビライに平行（$/\!/$）の視細胞での吸収はなくなり、ほかの視細胞から戻ってきた光は偏光面が修飾されているので、吸収の低下は分散型ほどではなくなると考えられます。重集合型はそれが顕著で、直交しているマイクロビライの束によって、吸収率の減衰は少なくなり、マイクロビライの吸収特性がそのまま反映されて、高い偏光感度をもつことになっているのだろうと推測されます。

ここで、図9－11Bのa、b、c、dの条件を考えてみましょう。点線がマイクロビライと平行な偏光の吸収、2点破線が直交しているときの吸収です。ラブドームが短いと、マイクロビライと平行なほうの吸収が高くなって、偏光感度が高くなります。視物質の濃度が同じままで、深さ（長さ）lが大きくなるに従って、光吸収の比率のよいものであれば急激に吸収され、その後ほとんど吸収されなくなり、吸収の比率の悪い方向のものでも徐々に吸収が進み、lが充分に大きければ、両者の差は小さくなることがわかります。つまり、微絨毛の偏光特性を示しているのは、光が入射した直後のごく短い部分だけであり、ラブドメアが長ければ、1本の微絨毛がいかに偏光の方向に対して吸収率が異なっていたとしても、ラブドメア全体として吸収しうる光量には、長軸方向と短軸方向の間で差がなくなり、視細胞自身の偏光感度がなくなるということです。ところが、図9‐11Bbと同じ長さで視物質の濃度が薄くなった場合は、偏光感度が高くなります（図9‐11Bc）。視物質の濃度が高い場合は、ラブドームの長さが短くても偏光の方向による吸収の差がなくなり偏光感度が低くなります（図9‐11Bd）。これらの物理光学的推論からわかるように、ロドプシンの濃度が薄いこと、ラブドメアの長さが短いことが、偏光感度を高くすることができる重要なパラメータとなります。逆に、ロドプシンの濃度を上げてラブドメアを長くすれば、偏光を感じることのない波長依存的な高感度の受容器となることになります。

色と偏光の情報はごちゃごちゃになってしまう

ランベルト・ベールの法則の説明で、ちょっと難しそうな記述が続きましたが、「動物が偏光を受け取る〝もの〟は視物質で、視物質の中に入っている発色団がアンテナのように光を受容する一番はじめのものだ」そして「その現象は、物理化学的な視点で理解できるのだ」ということがおわかりになったと思います。生物のいろいろな現象も、単純な物理化学的な考え方を適用できるところがたくさんあるのです。

でも、「あれ？　おかしいな」って思った人がいるかもしれませんね。そうなのです。視物質の光吸収の効率は、「光量」と「波長」と、「偏光の振動面」の影響を受けるのです。つまり、一つの視細胞が波長を弁別しようとするときには偏光方向の違いがノイズになり、逆に偏光を弁別するときには波長の違いがノイズになるのです。そして、そこに光量の違いまでが加わると、なにがなんだかわからなくなってしまうのです。第7章で説明した「単一変数の原理」を思い出していただければうれしいです。視細胞で吸収された光量子の総数のみが有効な変数となり、視細胞では偏光も波長も区別できないのです。「単一変数の原理」で考えるのが難しい人は、前述のハイディンガーのブラシを思い出してください。これは偏光を出す白いモニター画面を見つめると、色のついた鉄アレイのようなものが見える話です。これは偏光の刺激が、薄い黄色の光を受容するヒトの受容細胞を刺激してしまった結果なのです。つまり、偏光を区別しているのではなく、偏光方向の光を受容できる細胞があって、その細胞が黄色を強く感じる細胞だっただけなのです。このように波長と偏光の刺激を区別することは難しいのです。

この問題を解決するために生物は、どんな工夫をして生存の可能性を高めてきたのでしょうか。物理化学的な視点からは答えを想像することができます。まず昆虫の複眼を使って、偏光の振動面を利用することを考えてみましょう。図9-11Baのようにラブドメアが短いとき、または、図9-11Bcのようにラブドメアに含まれる視物質の量が少ないと、偏光受容に適することがわかります。もちろんマイクロビライの方向が揃っていないと偏光受容センサとしては機能しません。ミツバチなどの昆虫では、偏光を弁別するために特化したDRA[*12] (dorsal rim area、背側の端っこの場所という意味) が複眼上部の空を見る位置にあります。そこの視細胞では、マイクロビライの方向が揃い、ラブドメアは短い形態をしています[12]。DRAの視細胞に含まれる視物質量も、きっと少ないことだと思います。視物質発色団量は簡単に測定できる時代になったので、時間をみつけて測定してみたいなと思っています。

一方で、色を弁別する部分では、ラブドメアが長いものが多いといえます。色弁別に特化した視細胞のなかには、ラブドメアの形を平面上で扇型にして微絨毛を多方向に配置したり、長いラブドメアを光軸にそって捩《ねじ》っていたりするものも報告されています。[13] 昆虫がマイクロビライをもっているから偏光視を優先しているだけではなく、視細胞の構造を変えることで偏光視能を獲得したり、あるいは遺棄したりしていると考えたほうがよさそうですね。複眼をもつ昆虫などの節足動物は、ノイズをできるだけ軽減し、欲しい信号を取り出すために、光受容部位、とくにラブドメアの構造を変え、構造を変えた個眼を複眼の特別な場所に配置することで対応していたのです。ヒトの眼がカメラと違っていたのと同じように、昆虫の眼もカメラと違っていました。生存に必要な情報を、効果的に抽出して、生き残るために工夫をしているのです。

偏光って空にあるパターンだけなの？

このように、ヒトとは異なる、昆虫をはじめとした動物たちは、直線偏光の識別といった、われわれの知らない情報を生存戦略にも役立てているのです。フリッシュがミツバチの偏光利用を明らかにしたことで、ほかの動物が天空以外の偏光を利用していることがわかるようになりました。

直線偏光を識別することによって、

1. (色は波長のコントラストですが)偏光による対象間のコントラストを増強
2. 動く対象物の識別(魚の鱗などの平坦な表面からの反射でできた偏光の強度が、個体の動きによって変化する現象を利用して餌となる動物などを見つける)
3. 水面からの水平方向の直線偏光を見ることによって、水中が見えなくなることで水面を識別
4. 水平方向の直線偏光をカットすることで水面を通して水中を見る(魚釣り用の偏光サングラスと同じ)
5. 空の偏光パターンを識別して、動物の移動であるオリエンテーションやナビゲーションを行なう

などのはたらきがあることがわかりました。

1と2は似たようなお話です。背景から直線偏光を使って対象物を浮き出して見つけるのに役立っていることとです。魚の鱗が浮かび上がって見えるのは、魚同士の信号にもなるし、魚を餌とする水棲昆虫のタイコウチなどが利用しているかもしれませんね。3と4は、ちょうど逆の仕組みです。3の、水面の識別は、直線偏光成分が強調されていることを利用しています。これを使ってトンボやアメンボは、水面を知るのです。たとえば、トンボが水面に卵を産むときに、この直線偏光の情報を使っています。トンボの番《つがい》がつながって水面に卵を産んでいるシーンをよく見ますが、ときどき車のボンネットにも同じようにお尻をぶつけている風景を見ることがあります。よく磨いた車の表面が、水面と同じように直線偏光の偏りを生み出してしまうので、トンボが水面だと勘違いしてしまうのですね。そうそう、先日、アメンボが、洗車したばかりの停車中の自動車のボンネットに

張りついているのを見ました。これもアメンボがきれいな車の表面からの偏光の偏りを、水面と勘違いした結果だと思います。なかには、ボンネットや屋根の上で、水面を泳いでいる姿のまま、干からびてしまっているものもいました。かわいそうな姿なので、なんとかしたいと思います。アメンボの複眼が、どのような波長の偏光に引き寄せられるのかを研究すれば、車の反射を防ぐことでアメンボを救えるかもしれませんね。

ヤマトタマムシは偏光を利用しているの？

ヤマトタマムシは、「森の宝石」といわれるほどピカピカと美しい反射を、クチクラの最外層の多層膜が生み出していることを第5章で説明しました。多層膜の外側は平らな面が多いので、鞘翅に照射された光は、界面によって直線偏光を反射してきている可能性が高いのではないかと思いました。そこで、鞘翅からの反射光の偏光の有無を物理光学的な手法で測定すると、緑、あるいは赤いストライプといわれる（反射スペクトルからは赤いストライプの真ん中あたりは黒）部分のそれぞれで、偏光した光を反射していることが、オランダ・フローニンゲン大学のD・スタヴェンガ先生との共同研究でわかりました[14]。

その解析をしたあと、北海道大学名誉教授の下澤楯夫先生と一緒に、タマムシの翅の色を生み出している鞘翅の構造の詳細を調べようと、研究を一緒に始めたときのことです。下澤先生が、鞘翅の長軸方向（頭尾軸方向）と短い軸方向（左右軸方向）を走査型電子顕微鏡で観察していると、軸の方向によって鞘翅の割れ方が違うことに気づかれました（図9－12）。下澤先生は、北海道大学

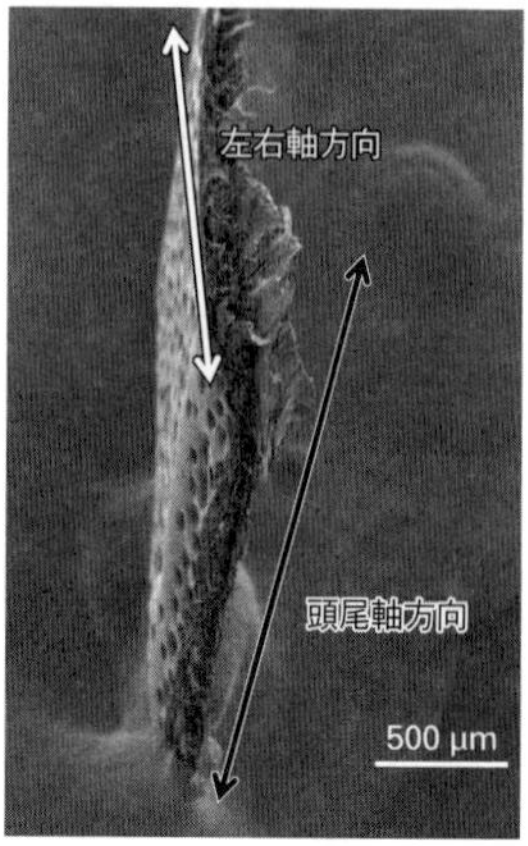

図 9−12　鞘翅に見られた割れ方の違い

の工学部で電子工学の研究を進められているなかで、新しい電子工学を築くためには生物学を学ばなくてはならないと自ら考えられて、電子工学の研究室から理学部の生物学の研究室に移られた方です。すでにご自分の研究者としての地位を電子工学の研究で築いたにも関わらず、新たな分野に飛び込まれたわけです。その決心たるや、並々ならぬものがあったと思います。理学部生物学の助教授として、後進の学生や大学院生を育てながら、コオロギの尾葉《びよう》を使った研究を大きく発展されました。われわれがコオロギの尻尾といっている尾葉には、ものすごく多数の細い毛が並んでいて、その細い毛が外界の「空気の流れ」を識別していることを発見されました。[*13] 細い毛が空気の振動によって傾くことで、その毛の基部にある機械受容細胞が感知するのです。細い毛が揺れるのにはコオロギが必要とする「空気の流れ」だけでなく、周辺の温度変化などで生じた空気の流れ（熱による雑音）でも動くのに、どうして熱による雑音を除いてコオロギにとって必要な「空気の流れ」の情報だけを抽出できるのかという研究もされた方です。雑音の中から必要な情報をいかに取り出しているかについてです。この研究の実験的手法は、いわゆる電気生理学といって、神経活動の仕組みを生物が発する電気を指標として解明する方法です。たぶん、下澤先生が兼ね備えていらした工学的な知識もとても役立ったのだろうと想像します。その後、下澤先生は北海道大学電子科学研究所所長など重職を務められました。

先生は私とタマムシの翅の構造色の研究を開始したころは、走査型電子顕微鏡をほとんど使ったことがありませんでした。電気生理学では神経の電気的信号に注目しますが、走査型電子顕微鏡では形に注目します。先生は、はじめて形に注目した実験をされているにも関わらず、タマムシの鞘翅の縦軸と横軸の割れ方の微細な違いに気づかれたのです。観察する力というのは、対象物が違っても発揮できるものなのだなあと、下澤先生の笑顔を見て、あらためて研究者の能力を感じました。「ほんのわずかな違い」をわれわれは見逃してしまいます。ほんのわずかな違いを「あれ、おかしいな？」と気づくには、教科書どおりの正解を求める癖から離れている必要があります。正解を急ぐと「あれ、おかしいな？」と感じて考える余裕さえなくなるのです。教科書に書かれた正解とは、先輩である他人がつくったものにすぎません。自分の目で、自分の感覚で、自然を見つめることを大切にしないと、他人がつくった正解に惑わされて新たなことを見つけることができないのだなと、あらためて思いました。

でも、下澤先生の気づきは、「縦軸・横軸に偏光の違いがあるかもしれない」という「曖昧な仮説」を生み出すことができる、形態学的結果を手に入れたに過ぎません。まだ、その形態の違いが何を意味しているのかわからないのです。下澤先生は、イオンエッチングという走査型電子顕微鏡の難しい技術を使ってその解明に取り組まれています。作業仮説として実験計画を立てるには、「縦軸・横軸に偏光の違いがある」という命題にしなくてはなりません。「……かもしれない」というあやふやな状態では、実験計画は立てられないですよね。

そんなとき、「あたりをつける実験」[*14]が味方になります。作業仮説をつくる必要性、つまり「人は見たいものしか見えない」ということを踏まえて、実験計画を立てて研究を進めていく必要があるのですが、新しい発見がこれまでの論理性と脈略もなく出現してきたときや、これまで論理的に矛盾がないと考えていた論理の外側にあるような発見がなされたときなどが「あたりをつける実験」の出番です。検証できるか否かも不明な段階です。でも逆に、適当に〝良い加減〟な作業仮説を立てて、「あたりをつける実験」を気軽にできますし、もしかしたらその〝良い加減〟な実験で、いままでの考え方を大きく覆すことができるかもしれないので楽しい時間でもあります。

　前章まで著者は、「人は見たいものしか見えない」から作業仮説をしっかり立てるべきだと記載していたのに、ここでは「あたりをつける実験」をしろといっています。ここまで丁寧に読んでくださった読者のみなさんは、この本の著者が書いていることは矛盾していると思ったのではないでしょうか？　そのとおりです。若干の矛盾を含んでいます。「あたりをつける実験」は、感性と論理性を混ぜこぜにして行なう作業なのです。作業仮説―検証実験法では、これまでの実験や洞察から導かれた論理性のある考えに基づいて実験計画を立てて研究を進めていきます。「あたりをつける実験」では、どちらかというと論理性より、感性を優先させて楽しむのです。あたりをつけているものとは別のものが現れても決して見逃さないぞという気持ちをもって。大事なものを見逃さないためには、感性が必要不可欠なのです。新たな作業仮説構築を目指す実験ではありますが、もしかしたら同時にセレンディピティ[*15]を期待している作業なのかもしれません。悪い意味での〝いい加減〟ではなく、真面目に良い意味でのあやふやな〝良い加減〟な作業仮説探索の「あたりをつける実験」も楽しめるといいですね。

第10章 NanoSuit法の発見——あたりをつける実験

「良い意味でのあやふやな〝良い加減〟な作業仮説探索」つまり「あたりをつける実験」について、この章で私が実際に体験したお話をしたいと思います。ここでいう「あたりをつける」とは、できるかどうかもわからない状態のときに、「できるかもしれないという予感をもてるようにする」ための作業です。

生きたままの生物の微細構造を電子顕微鏡で観たい

生物の形態を詳細に観察することは、生物学にとって基本中の基本です。視覚性動物の人間にとって、対象の生物を観ることは対象物がもつ謎を解くための最初のステップです。肉眼でじっくり見つめたあと、虫眼鏡を使ったり、実体顕微鏡[*1]や光学顕微鏡[*2]を用いたりすると、生物の機能を考えるたくさんのヒントをもらうことができます。ヒントをもっともらうために、光学顕微鏡の解像度を大きく上回る、つまり高い倍率にしても像がぼやけない電子顕微鏡が不可欠な道具となっています。

ちなみに、電子顕微鏡には、観察したい試料をとても薄く切り出して、その試料に電子線を照射して抜けてきた電子の量を観察する透過型電子顕微鏡（ＴＥＭ）[*3]と、試料に電子線を照射して、その試料から反射してくる反射電子や二次電子を観察する焦点深度の深い走査型電子顕微鏡（ＳＥＭ）[*4]があります。

続く第11章でくわしく述べますが、私は「バイオミメティクス」[*5]を研究するグループに、15年以上前から属しています。バイオミメティクスとは、生物の生存戦略をしっかり学んで、その生物が獲得している技術体系を人間が理解し〝ものづくり〟などに利用しようとする研究分野です。その研究推進のためには、まず生物がどのような構造をしているのかをしっかり観察する必要があります。焦点深度の深いＳＥＭを用いて生物の表面構造を、「生きたまま・濡れたまま観察できるようにしなくてはならない」と考えました。なぜかって？　それまでに、そしていまも用いられているＳＥＭを用いた観察法は、ＳＥＭ内が高真空環境であるために、とても〝荒っぽく面倒な作業〟を必要とし、生物が生きているときとは異なった表面構造を観察しているのに過ぎないと思わざるを得なかったからです。

何で、〝荒っぽく面倒な作業〟をするようになったのか、まずは電子顕微鏡の歴史を振り返ってみましょう。

電子顕微鏡小史

光学顕微鏡の限界を越えた高い解像度の観察が可能となったのは、１９３１年のＭ・クノール[*6]と

E・ルスカ[*7]による電子顕微鏡の発明が幕開けでした。光学顕微鏡の最大分解能は、理論的には光の波長の約半分（およそ200～300nm）に制限されるのですが、実際の光学顕微鏡は1000nm（1μm）程度です。光学顕微鏡で、染めた細菌[*8]が球状なのか棒状なのかの区別がつけば、手入れの行き届いた光学顕微鏡だといえます。ところが電子顕微鏡では加速電子を用いるため、分解能がマイクロメートルからナノメートルレベルまで高くなり、高倍率にしても細部の観察が可能になったのです。ルスカは、1938年にシーメンス株式会社において世界で最初の商用電子顕微鏡を製造し、1986年にノーベル物理学賞を受賞しました。

じつは、電子顕微鏡の開発が始まってすぐに、E・ルスカの弟のH・ルスカ[*9]（1908～73）が、細菌、寄生虫、さまざまなウイルスなど、いくつかの超微視的な生物の構造を電子顕微鏡内で観察していました。[1] その後1966年にR・ピィーズ[*10]（1936～）らは、SEM内で生きている生物の個体をそのまま観察しました。SEM内に直接入れた甲虫など多くの生物標本は、真空環境のSEMでの観察中に動きが停止していたものの、観察後、大気中に戻すと通常の活動を再開したと報告しています。[2] この研究報告のことを知っている日本の研究者は、いまや少ないのかもしれません。でもじつは、とても凄い研究なのです。

電子顕微鏡の中などで電子を飛ばそうするときに、空気があると電子線を試料まで到達させられません。空気中に含まれている分子などが電子線の通過を妨害してしまうからです。そのため、電子顕微鏡の中を高真空にしなくてはならないのです。高真空にすると生物試料からは水やガスが奪われてしまって死んでしまうはずです。ピィーズらの実験ではSEMの中では動いていないのですが、取り出したら動きだしたというのはSEMの中では仮死状態だったものが、大気に戻すと息を吹き返したということです。大発見ですよね。高真空環境下にさらされた生物が生きていたのですから。しかしその後、生物をそのまま電子顕微鏡で観察した研究は途絶えてしまいました。その理由は、想像ですが、電子顕微鏡内が高真空のために、ほとんどの生きたままの生物試料から水が奪われて、ペシャンコになってしまったことが原因なのかなあと考えています。

　現在の生物試料観察の主流は、生物試料を固定・脱水し、プラズマスパッタコーターを用いて金属コーティングする[3]という観察法です。世界中のほとんどの研究施設で、この固定・脱水・乾燥・金属蒸着処理という、それぞれの作業スピードを上げても1日がかりとなる処理を実施しています。固定とは、新鮮な組織や器官、あるいは個体といったサンプルそのものを、固定液に含まれている化学物質で処理することで、できるだけ生きた状態に近く安定化させることです。化学物質には、有毒のグルタールアルデヒドやフォルムアルデヒドなどを用います。

　試料に固定液が浸透しやすいように細切するなどの工夫をして浸透処理をしたものを、小さな試料瓶に入れて冷蔵庫温度で一晩以上置いておきます*11。乾燥処理はアルコール（またはアセトン）を水溶液にして、その濃度を徐々に上げていきます。つまり、固定液のpH*12を生体に近くした緩衝液に置換したのち、低アルコール濃度の50%溶液に10分間ほど浸し、60%、70%、80%、90%、95%、99・9%を2回という工程で、アルコール濃度を徐々に上げていきます*13。それぞれ、10分間ずつの操作です。脱水工程で、およそ1時間半。この後、t-ブチルアルコール*14に置換して凍結乾燥します。この乾燥の最終段階の操作は、生物組織などの試料がひずまないようにする処理です。ところが、この乾燥試料は導電性がなく、直接ＳＥＭで観察すると電子線が試料にたまってチャージしてしまい観察像が歪むので、試料表面に金属を蒸着します。これらの工程を経て、ようやく観察可能になるのです。私たちはこの方法を「従来法」と呼んでいます。

この作業工程を読んだだけでも〝荒っぽく面倒な作業〟だなって想像できるでしょ？ 固定液を用いたあと、アルコールなどを用いてカランカランに乾燥させるのです。面倒で時間がかかるだけでなく、固定液が毒物であるために使用済みの液を捨てる場所にも困ります。その一方で、この試料は、良好なコントラストが得られるために、とても綺麗に見えます。人は美しく見えるほうが好きですから、この方法が大好きになってしまったことが、ピィーズらの論文による、生きたままでも観察できるという報告が忘れられていった理由なのかもしれませんね。

美しく見える一方で、前述の凍結乾燥装置や、臨界点乾燥装置など変形を防ぐように開発された脱水用の機器を用いても、やはり試料の収縮や変形から完全に逃れることはできません。そのうえ、脱水工程に用いるアルコールやアセトンなどの有機溶媒によって、生物がもともともっている表面のワックスなどは、すべて洗い流されてしまいます。乾燥した試料の表面に金属コーティングしているのでコントラストが高く美しい像が得られるのですが、人工的に改変されてしまったアーティファクトを観察している可能性があることに、充分に注意する必要があります[4,5]。誤解を恐れずに極端な表現を用いると、現在世界中で用いられている観察法は、生のイカを観たいのに、干したスルメを観ているようなものだといえます。

一方で、人々は、できる限り生物のありのままの姿を見たいという思いは捨てていません。その研究者たちは、スルメではなくて生のイカを観察すべきと思っているのだと思います。このアーティファクトを観察しているのではないかという問題を回避するために、試料周辺の真空レベルを下げて観察する環境SEMや、電子顕微鏡筐体《きょうたい》の真空度を下げた低真空SEM、あるいは試料を大気中に置いて観察する大気圧SEMなどの機器が開発されて、多くの成果が得られるようになりました。[6～8] これらのSEMの開発は、生きている状態にできるだけ近い生物試料を高解像度で観察したいという研究者の要求の表れで、必要不可欠な研究だと思います。ただ、現状のこれらの機器では、真空度を下げることにより電子線に影響が及び、どうしても解像度が低下してしまいます。真空度を下げると、空気中の分子が邪魔になって電子線の航路が乱されてしまうので仕方ないですが……。また、試料を大気中に置いて観察する大気圧SEMは、大気中に置いた生物試料を観察するので将来がとても楽しみですが、現状ではまだ、一般の生物学者の研究にすぐに役立つレベルではないといわざるを得ません。

「感性」を使った発見

先に述べたように、私たちは15年ほど前に、バイオミメティクス研究を効率よく進めるために、生物をできるだけありのままの姿で、しかも高解像度で観察したいという気持ちが高まりました。バイオミメティクス研究には、ありのままの姿をしっかり観察することが必要だからです。

どうせ実現不可能かもしれない研究開発をするなら、環境SEMや低真空SEMの分解能を超えた観察ができるものを目指したいと思いました。それと、正直にいって環境SEMはとても高価なので、簡単には手に入れることができないことも開発開始の一つの理由でした。高解像度のＳＥＭは、ＦＥ‐ＳＥＭという電子電界放出を利用した、輝度のきわめて高い電子線を試料表面に対して走査し、試料から発生する二次電子や反射電子などを検出することで、試料形態を高解像度（高倍率）で観察することができる装置です。でも、この装置の中は、地球を周回している人工衛星（サテライト）の外側（10^{-4}〜10^{-5} Pa）[*15] よりも1桁ほど高い真空度です。だいたい10^{-4}〜10^{-7} Paぐらいの範囲といわれています。

超高真空の世界！　人工衛星の外側と同じぐらいの超高真空ならば、宇宙服を試料に着せてしまえばよいのではないかと妄想しました。生命維持の機能をもち、しかもその宇宙服を電子線が突き抜けて試料表面まで達して二次電子や反射電子を放出するという「透明な宇宙服」の作成です。どうやって膜を試料表面に簡便に作成すればいいでしょうか？　これはまだ誰もやったことのない研究です。

「透明な宇宙服」を試料に被せて観察するなんて雲を摑むようなアイデアですし、どうやって実験をスタートさせればよいのか、名案どころか、とっかかりさえまったく案が浮かびませんでした。「あたりをつける実験」をするしかありません。前述したように、私が電子顕微鏡の使用方法を教えてもらっていたずいぶん昔に、虫をそのままＳＥＭに入れて観察した研究報告があったという話を聞いたことを思い出しました。最近のコンピュータ検索は便利ですね。[*16] ピィーズらの60年近く前の論文[2]をすぐに見つけることができました。でも、その論文は「見えました」と書いてあるだけの観察日記のようなもので、なぜ高真空環境下で生物が命をつないでいるかは書かれていませんでした。研究のための作業仮説は立てられませんが、「透明宇宙服を60年前に着せていたのかもしれないなあ」と漠然と思いました。「あたりをつける実験」を開始するのに、この論文は充分な応援歌となったのです。「生物は、もしかしたら簡単には真空環境下で死なないのかもしれない」と感じたのです。

頭を使わないで、とにかくいろいろな生物をFE‐SEMに入れて、生命維持できる生物を見つけ出すこと、また一方では「(観察の邪魔にならない)透明宇宙服」としての素材になるだろう物質を、頭を使って探していくことにしました。昔のSEMの真空度は低かったはずですが、それでも先達が観察できたのだから、自分たちだってチャンスはあるだろうと。ただ一編だけの論文の存在が、雲を摑むような研究の実験開始の救いになったのです。「やれるかもしれない。やれるはずだ!」と……。

「やれるかもしれない」と思うと気持ちが明るくなります。片っ端からいろいろな生物をFE‐SEMに入れました。「あたりをつける実験」の本格的な始動です。この段階では、まったくできるかどうかわからないのですが、とにかく「やれるはずだ!」と思い込むことにしたのです。例として、クラゲやイソギンチャクと同じ仲間の刺胞動物のヒドラと呼ばれる生き物などを電子顕微鏡に入れてみたことをお話しましょう。

ヒドラは再生医学の研究に必要な重要な生き物で、体をいろいろな場所で切りきざまれても、切られた破片の一つ一つがふたたびもとの体に戻ることができる能力があるので、もしかしたら電子顕微鏡内の環境でも生きているのではないかと思ったのです。同じように扁形動物のプラナリアも

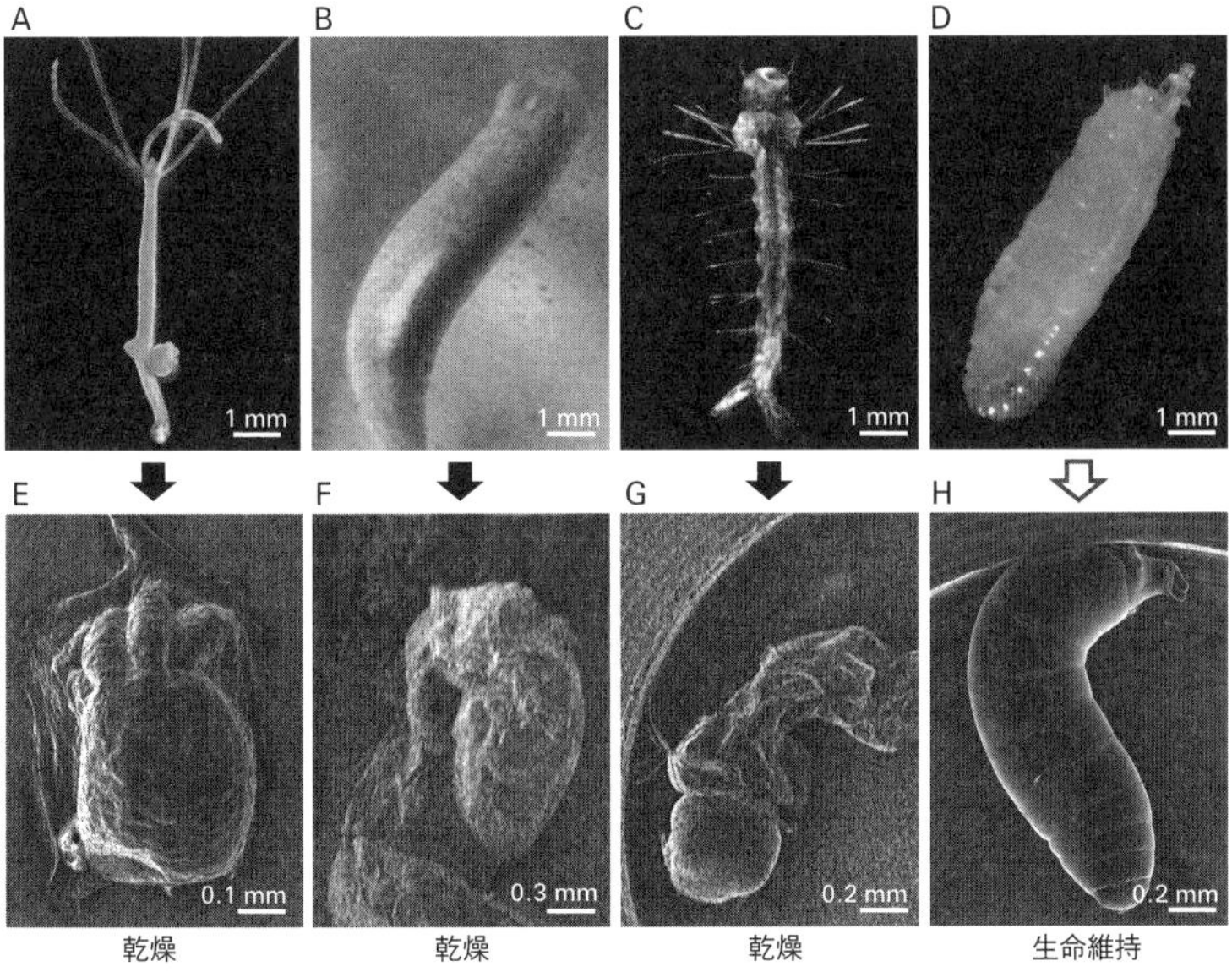

図 10-1 あたりをつける実験として実施した従来法での電子顕微鏡観察。刺胞動物門のヒドラ（A）、扁形動物門のプラナリア（B）、節足動物門のボウフラ（C）、節足動物門の幼虫（D）と、それぞれの真空中での状態（E、F、G、H）。

再生する生き物なのでSEMに入れてみました……が、結果は敢えないもので、ヒドラ（図10－1A、E）もプラナリア（図10－1B、F）も電子顕微鏡の中ではペシャンコになってしまいました。シマダラカの幼虫（ボウフラ）も、同じようにペシャンコになりますが、頭の固いところだけがかろうじて形を保っていました（図10－1C、G）。真空の中でペシャンコになる理由は、身体の中に約80％もの水が含まれているからです。やっぱり、人工衛星の外側に宇宙飛行士が出るときは、宇宙服が必要なのです。ほかの動物と同じくヒトの身体にも約80％の水が含まれているのです。

この実験ができたのは、浜松医大の技術系職員の村中祥悟さんと太田勲さんたちの協力があったからです。真空の中でペシャンコになっていたということは、生き物から水が抜かれていたということです。それまで生きたままの生き物や濡れた試料を電子顕微鏡に入れることなどもってのほかとされていました。電子顕微鏡を触るときは、手の油さえ付けないように綿の白い手袋をすることが常識のように考えられていたのです。でも、彼らは電子顕微鏡が壊れたら直せるぐらいの技術があるので、生ものの生物をＳＥＭに入れることを許してくれたのです。それだけでなく、われわれと一緒に実験をしてくれたのです。すごい技術力と自信、そして研究に真摯に立ち向かう方々の協力をいただけたことによって研究が推進できました。とても感謝しています。

ちょっと話が横道に逸れますが、ずいぶん昔のことです。東北大学助手になったばかりの私は、オーストラリア国立大学（ＡＮＵ）のＡ・ホリッジ教授[*17]（１９２７〜）の研究所に短期留学しました。到着した翌日、ホリッジ教授からある技術職員（Technician）を紹介されました。彼の話ぶりから、数多くの技術面について知見が深そうだなと感じました。数日後の朝、その方から私が目指している研究について直接尋ねられました。自分がやりたいことを丁寧にお話すると、ノートを取りながら聞いてくれ、いくつかの質問をされました。私の話を彼が面白いと感じてくれたのかなあ、お友だちになれるかなあなんて思いました。ところが、その話をした翌日に、私が求める以上のすばらしいデータができあがっていて、かつデータの読み方まで教えてくれました。私が同じ実験をしたら何日もかかるであろうという内容です。一気に尊敬の目をもってその方と接するようになりました。数週間後、昼食をともにするほど仲良くなってから、その方に「なぜ教授を目指さないのですか？」と質問しました。いまから考えると失礼な質問だったかもしれません。でも、彼はニコニコしながら答えてくれました。「僕は、研究は大好きだけど、夜中まで研究のことを考え、1日中研究にまみれているのは好きじゃないので、Technicianがいいんだ。Technicianのなかには、研究にまみれることが好きで研究者になる人もいるよ」と……。日本での技術職員の扱われ方と、大きく違うように感じました。当時、日本の多くの大学では、技術職員の方たちは、研究者の下働きをするものとされていました。ところがANUでは、科学の前ではすべての人が対等で、それぞれの人が自由で、ともに協力しあって自然の謎の解明に立ち向かっていたのです。帰国後、仙台に戻った私は、職種による人への差別を重苦しく感じるようになっていました。

幸いなことに、それから10年ほど経って浜松医大に赴任したとき、ANUと同じような明るい雰囲気を感じました。村中祥悟さんと太田勲さんとわれわれは、技術職員と研究者というくだらない壁を感じることなどまったくなく、ともに「あたりをつける実験」に立ち向かうことができたのです。彼らの優れた技術力だけでなく、実験が苦しいときに彼らの笑顔にどれほど助けられたか！そして笑顔とともに発せられるアイデアが、どれほど研究を推進させることにつながったか！すべての人が対等で、自由に明るい気持ちで過ごせることが、研究推進には不可欠なのです。

ヒドラやプラナリア、ボウフラなどの動物をそのままSEMに入れるとペシャンコになってしまったことにひるまず、手当たり次第にいろいろな生き物を電子顕微鏡に入れてみました。常に見られる仲間の笑顔によって、「やれるはずだ！」と思い込み続けることができたからです。たくさんの実験の結果、ほとんどの試料はペシャンコになってしまったのですが、ショウジョウバエの幼虫

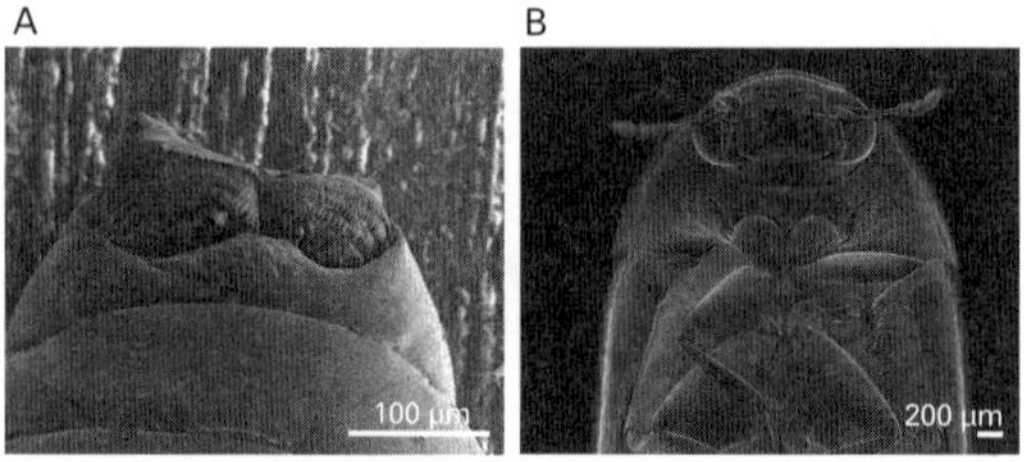

図10－2　ショウジョウバエの幼虫（A）とチビミズムシ（B）の走査型電子顕微鏡での観察

（図10－1D、H）と水棲甲虫のチビミズムシの成虫が、元気に電子顕微鏡の中で生きていることを発見しました。ショウジョウバエの幼虫はFE－SEMの中で1時間ぐらい動いていました（図10－2A）。チビミズムシのほうは、はじめのうちはSEMの試料台に乗る小さな篭の中に入れて観察していたのですが、その動くスピードはとても早く、SEMの走査線が試料の全面を走る時間よりもずっと早いので像がぼけてしまいます。仕方なく、背中側を試料台に両面テープでしっかりくっつけてSEMで観察しました（図10－2B）。でも、なぜこの2種の動物がSEM内で動いていたのでしょうか？

ショウジョウバエの幼虫もチビミズムシも、ペシャンコになったほかの生物に比べて、身体の外側に〝ねばねば〟している物質をもっていることと関係しているのではないかと思いました。この〝ねばねば〟が生命維持の鍵となる点ではないかと「感じ」たのです。作業仮説をもって論理的に実験計画を立てたものではなく、実験をしているなかで「感じ」ることができたのです。「あたりをつける実験」を数多くこなして生まれた「ある生物はSEMの中で動いている」という発見と、それらの生物が共通にもつ〝ねばねば〟がSEM内での生命維持の秘密に関係していそうだという「感じ」です。「感じ」続けていると思いが深くなります。その思いを無理矢理作業仮説にすると……「〝ねばねば〟している物質が宇宙服代わりになり、高真空下で生命維持を可能にする」。〝ねばねば〟というと少々わかりにくい表現になるかもしれないので、「細胞外物質（extra cellular substances：ＥＣＳ）」と呼ぶことにしました。作業仮説をイメージし、そのイメージを言葉で表現できるまでに、およそ半年を要したことになります。「ＥＣＳが高真空下での生命維持を可能にする」です。でも、注意してください。ＥＣＳがどのような物質なのかわからないままです。それに2種の動物はＥＣＳと関係なく、別の要因でたまたまＳＥＭの中で動いていただけなのかもしれません。ＥＣＳをもっていることが、ＳＥＭ内での生命維持にどのような関係があるのか？

ここでもう一つ、突飛なヒラメキがありました。「あたりをつける実験」を注意深くやっていたお陰の思いつきだといっても過言ではないかもしれません。「ＥＣＳをもつ生物が電子顕微鏡観察の高真空の中で、変形もしないで動いているということは、宇宙空間で飛行士を守る役割をする宇宙服のようなものが創られているのかもしれない」と考えたのです。研究のはじめから「透明な宇宙服」をイメージしていたのですが、ＥＣＳから宇宙服のような役割をもつ何かができているのではないか……という実物がありそうな「感じ」をもったのです。いまになって思うと、大胆な発想だったなと我ながら思います。この発想に対して「あたりをつける実験」を追加して、研究に弾みをつけるにはどうしたらいいかと考えました。大気中にいた生物が電子顕微鏡の中に入れられて変わる環境とは、高真空になることと、高真空下で電子線を当てられることの二つです。生物個体がもつＥＣＳそのものが真空状態に耐えるのであれば、電子顕微鏡の中の真空状態にショウジョウバ

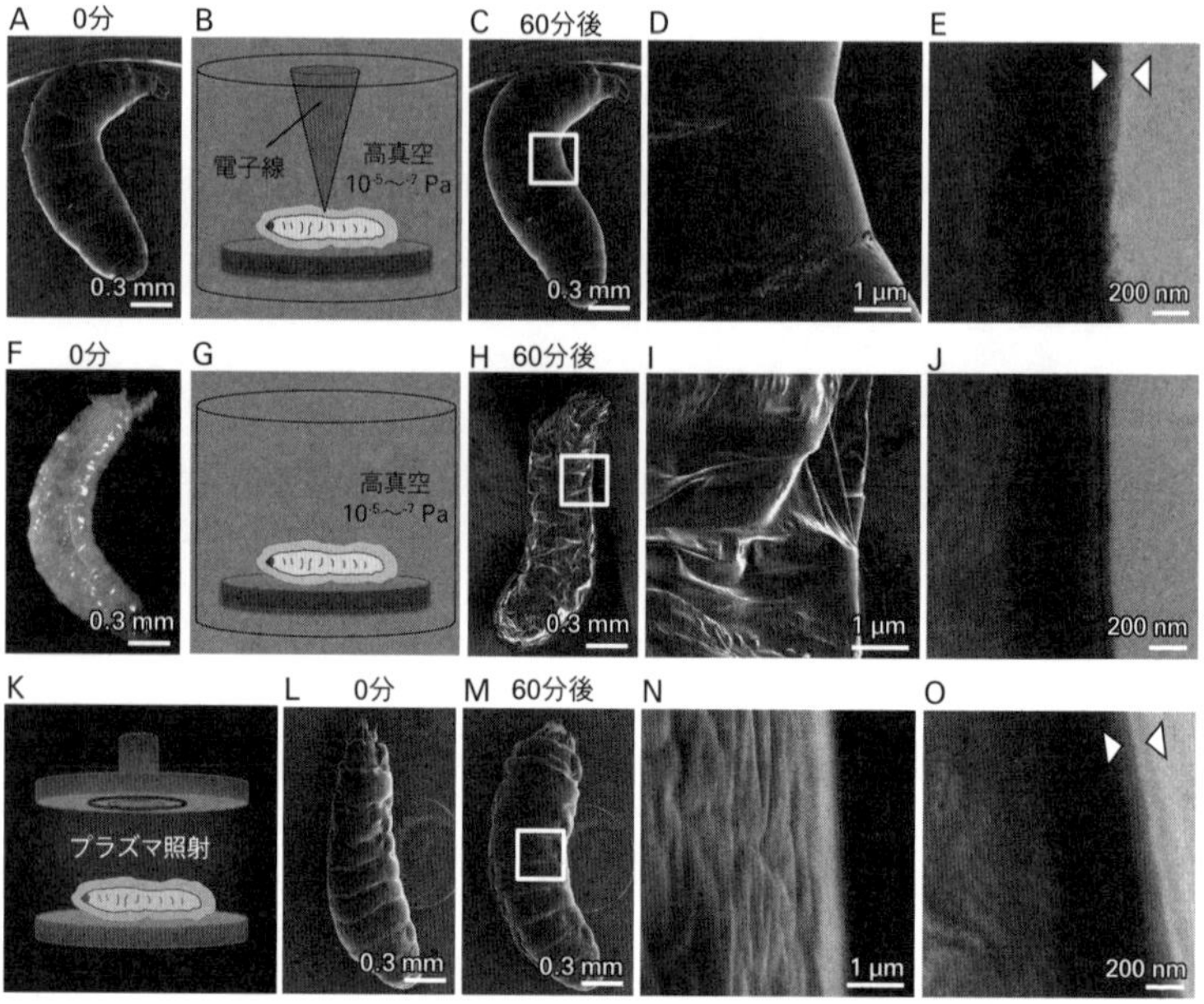

図 10-3　ショウジョウバエの幼虫を走査型電子顕微鏡に入れてすぐ電子線を照射（A、B）し、60 分後に観察した結果（C、D）。同じ幼虫を真空環境に 60 分曝し（F、G）、その後電子線を照射して観察した結果（H、I）。走査型電子顕微鏡に入れる前にプラズマ照射し（K）、照射後すぐに観察した結果（L）と 60 分高真空環境に曝したあとに観察した結果（M、N）。E、J、O はそれぞれの透過型電子顕微鏡で観察した結果。

エの幼虫を曝《さら》しておいても生きているはずです。一方、電子顕微鏡内で生きるために電子線が照射されることが必要だとしたら、電子顕微鏡に幼虫を入れて〝すぐ〟に、観察に必要な電子線を飛び出させることが必要なのではないかという、二つの実験をすればよさそうだと思いついたのです。

すぐに実験です。前述のように、幼虫をSEMに入れて〝すぐ〟に電子線を照射すると、60分間を過ぎても動いていました（図10－3A～D）。この幼虫を電子顕微鏡に入れ（図10－3

F、G)、そのまま60分くらい電子顕微鏡の真空環境に曝してから、電子線を照射するスイッチを入れて観察すると、ペシャンコになっていました(図10－3H)。二つの実験を通して「ECSをもつショウジョウバエの幼虫を電子顕微鏡に入れて時間を置かずに電子線を照射すると、宇宙服のような機能をもつらしい」という期待が高まりました。本当に、宇宙服ができているかもしれない！

宇宙服ができているかどうかは、幼虫の外側にあるクチクラの表面に何かあるかどうかを観察することで、判断できるだろうと思いました。TEMを用いてショウジョウバエ幼虫のクチクラ表面を観察してみました。電子線が当たるとECSが膜のようになっていることがわかりました(図10－3Eの矢頭で挟まれた部位)。このナノサイズの薄膜が宇宙服の役割をしている可能性が高いと思いました。その理由は、ペシャンコになった幼虫の表面には薄膜が観察されなかったからです(図10－3J)。

薄膜ができるのかどうかについてダメ押しの実験をしてみました。この実験は、バイオミメティクスの研究仲間がそばにいてくれたからできた実験です。バイオミメティクスの研究グループは異分野連携を実際に発揮することができる人々の集まりです。物理学者と化学者の先生たちが、ショウジョウバエの幼虫がSEM内で動いている姿を見ながら、私たちが撮影した図10－3EのTEM写真を見て「高分子の電子線重合が起こっているのではないか」と二人で話し合っていました。「えっ！　電子線重合って？？？」と、当時の私にとってはじめて聞く用語で、ちんぷんかんぷんでした。二人は口角に泡を飛ばしながら熱烈に話し合っているのです。彼らが興奮していることが充分に伝わってきました。その議論の合間に「高分子の側鎖が、電子線という高エネルギーを得ることで重合することです」と私に教えてくれました。
「電子線重合が起こるならプラズマ重合によっても、この虫の表面に薄膜の形成を引き起こせるのではないか」と、もう一人の物理学者がいいました。プラズマ重合ってなんだろう？　私は、この用語についても初耳でした。でもさっそく実験をしました。図10－3Kのように、真空プラズマ装置にショウジョウバエの幼虫を入れて空気プラズマを照射した幼虫を準備しました。でも、そんなふうに記載すると、どんな実験道具でもすぐに手に入ると勘違いされてしまうでしょうね。専用の真空プラズマ装置なんて、普通の生物学者がもっているはずはありません。電子顕微鏡観察の補助に使う金属蒸着装置の金属（金の板）を外して実験したのです。この装置は金属を外せば空気プラズマを発生させることになるのです。実験は工夫次第でスピードアップします。

プラズマ照射したショウジョウバエの幼虫をSEMに入れてすぐに（0分）観察したものは、図10－3Lのようにぷっくりしていました。でも、このぷっくりは図10－3Aと同じで電子線の照射で引き起こされている可能性があります。別途プラズマ照射した幼虫をSEMに入れ、電子線を当てて観察せずに60分間高真空環境下に曝すことにしました。電子線重合が起こらないようにするためにSEMでの観察を1時間待つのです。プラズマ重合して宇宙服ができていれば、高真空環境下のSEM内で電子線を照射しなくても生きているはずですよね。

プラズマ照射した幼虫を10匹ほどSEMに入れて、ドキドキしながら1時間待ちました。そして、電子顕微鏡の電子線が出るスイッチを押して観察してみると、5匹の個体が動いていました。残りの5匹に動きはほとんどありませんでしたが、動きがないものも図10－3Mで示したように、すべての個体がぷっくりしていました。図10－3Hのように、ペシャンコになったものは観察されなかったのです。プラズマ照射した幼虫の表面をTEMで観察するとSEMの電子線を照射して観察した表面に膜がある（図10－3E）のと同じように薄膜が形成されていたことがわかりました（図10－3O）。プラズマ照射によって電子線照射と同じように、薄膜形成の効果が得られたのです。電子線照射あるいはプラズマ照射によって、生物の体の表面に薄膜が形成されることがわかりました。体表にあるECSが、電子線かプラズマが照射されることで薄膜化して宇宙服代わりの役割をしているらしい！　ECSが薄膜として重合しているらしい！　ここまでの「あたりをつける実験」を実施することで、ポジティブな結果が得られるまでに、秋から春までかかりました。

ステップアップするために、半年という時間が必要だったのですが、あれから10年経ったいまでも、その時間が早かったのか遅かったのかわかりません。「よい意味でのあやふやな時間」を過ごし、ECSが重要な物質のようだと「感じ」ることができたのは、ラッキーだったのでしょう。雲を摑むようなアイデアに基づいて実験を続けた日々は、少し辛かったですが、同時に楽しい時間でもありました。次々と出てくる実験結果を見て、自分の心の中にある「感性」が、ECSがたくさんある生物と少ない生物の電子顕微鏡観察の結果の違いについて気づかせてくれたのだと思います。「感性」とは、「自然を見る目」と言い換えてもいいかもしれないです。「あたりをつける実験」には「感性」が不可欠であることをしみじみと感じました。作業仮説を立てて検証実験をするという「理性」による実験の進め方も科学の遂行のためにとても大切ですが、「なんかできそうかもしれない！」と思いついて実験し続けることも大切なんですね。また、どうなるかわからない実験をし続けることができたのは、バイオミメティクスの研究仲間の笑顔の励ましと、異分野の視点の楽しいヒラメキのお陰でもあったと思います。……「電子線重合って？？？」。用語さえ知らなかったのです。

NanoSuit 膜を形成する NanoSuit 溶液

次のステップは、「ＥＣＳが宇宙服として機能し、高真空下で生命維持を可能にする」という「感じ」を膨らませて、これまでペシャンコになっていた生物をＳＥＭ内でぷっくりとした形のまま観察できるようにすることです。高真空下でペシャンコになってしまい生命維持できなかった生物の体表をＴＥＭで観察すると、薄い膜はありませんでした。ショウジョウバエの幼虫がもつＥＣＳと同じような物質を、先の実験でペシャンコになった生物に塗布すれば高真空下での生命維持が可能になるはずですよね。そろそろ作業仮説を立てて行なう実験計画をつくってもいい研究段階に入ってきたように「感じ」始めたのですが、まだＥＣＳがなんだかわからない段階でした。

そこで、またまた「あたりをつける実験」をしました。ボウフラをショウジョウバエの幼虫と一緒に小さな瓶に入れ、ショウジョウバエの幼虫のＥＣＳをボウフラのクチクラにくっつけてＳＥＭ観察すれば、ショウジョウバエがＳＥＭの中で動いているようにボウフラも動くのではないかと思ったのです。ところが、どうしてもうまくいきません。ショウジョウバエ幼虫と一緒に置いておいたボウフラも、相変わらずＳＥＭの中でペシャンコになってしまいました。

なぜショウジョウバエ幼虫と一緒に瓶に入れていたボウフラがペシャンコになるかって？　それ

ぞれの生物の表面はその生物が棲むニッチに最適化しているので、ショウジョウバエ幼虫のＥＣＳがそう簡単にはボウフラの体表に移動しないのです。それぞれの生物の表面の濡れ性*18は大きく異なります。たとえばボウフラは水の中に棲んでいて親水性が高いのですが、成虫になった蚊は超撥水《はっすい》性の体表になり、水辺に棲んでいても水に溺れることはなくなります。簡単にほかの生物がもつ体表のＥＣＳがくっついてしまうと生きていけないのです。ボウフラの体表は親水性が高いのですが、ショウジョウバエ幼虫のＥＣＳの表面側の物質は水に簡単には混じらないのです。それぞれの生物が、自分たちが棲むニッチに適応するために、最適化しています。簡単に別の動物に体表物質が移動するようだと生きていけないのです。そのために多くの工夫がなされていることがいまではわかりますが、2種類の生物を混ぜて飼ってみていた当時はわからなかったのです。

「なんでボウフラはペシャンコになり続けるのだろう？　あーあ、どうしよう」と、ちょっと途方に暮れました。研究仲間の高久康春君たちと相談しました。高久君は、第1章で述べたように仙台でタマムシを一緒に探した仲ですが、その縁もあってこの研究にも参加してくれて数々の研究のステップアップに貢献してくれました。「高分子の界面活性剤を使ってみたらできるかも……」と、仲間の誰かが小さな声を口に出しました。その小さな声を拾って、議論している仲間の声がだんだんと大きくなっていきました。チビミズムシが棲んでいる池が排水施設で、その水にずいぶんと界面活性剤が含まれているはずだ、もしかしたら界面活性剤がＥＣＳの代わりをするのではないかというアイデアが誕生しました。研究仲間の議論のなかで、界面活性剤の可能性が高いのではないかという思いつきが市民権を得ました。そうです。仮説というよりも、大胆な思いつきです。論理的

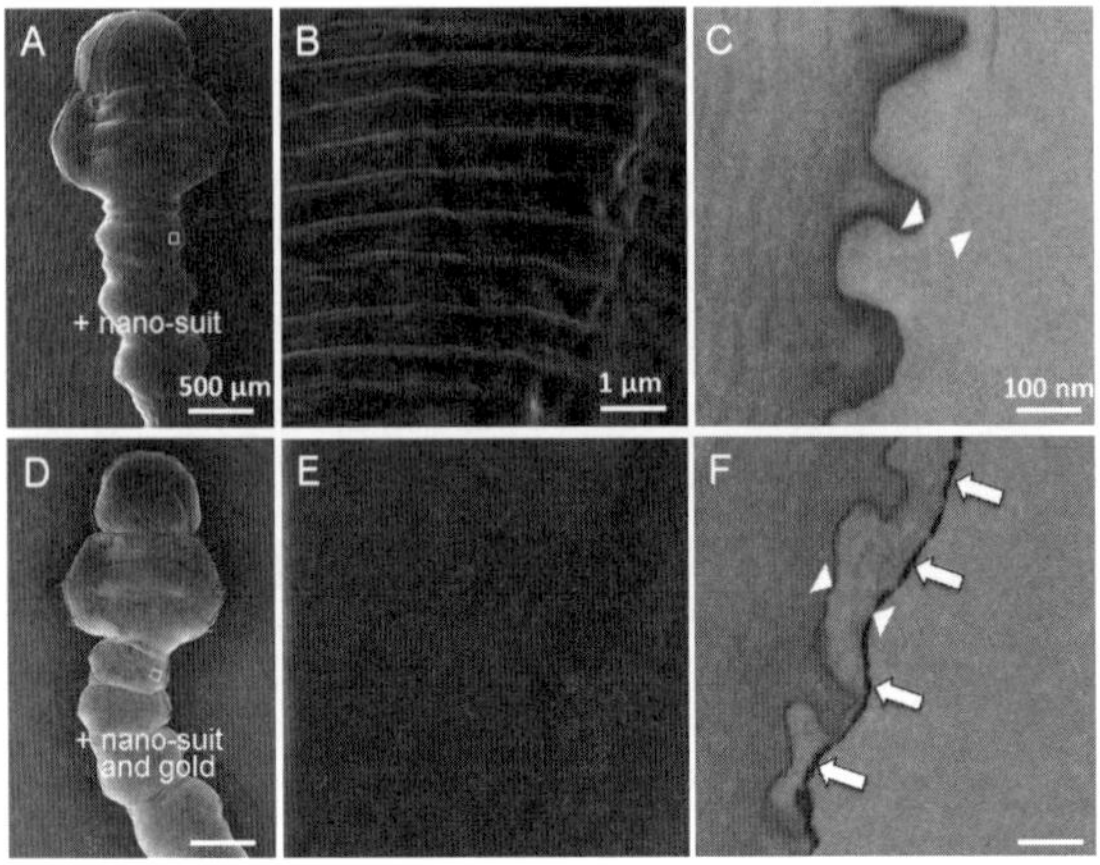

図 10‐4　NanoSuit 法を用いた観察。NanoSuit 膜のみに覆われたボウフラ（A）とその表面構造（B）の走査型電子顕微鏡画像。これをさらに金属で覆って観察されたボウフラ（D）とその表面の構造（E）。C、F はそれぞれの透過型電子顕微鏡画像。

な実験をするのであれば、チビミズムシを真水の環境で飼育して、電子顕微鏡の中で守れなくなるという段階を踏むべきですが、その段階をすっ飛ばしました。思いついたことを、すぐにやるという感性を優先しました。

　ボウフラに、ある界面活性剤を低濃度に水に加えた溶液を塗って、そのままSEMに入れて電子線を照射して観察をするという実験を開始しました。なんとFE‐SEMの高真空の中でぷっくらとした形態を維持しているだけでなく、動いていることまで観察できました（図10‐4A、B）。大きなステップアップです。界面活性剤が、ショウジョウバエ幼虫がもっているECSを機能的に真似《ミミック》ることができたのです。生物がもつ仕組みに学んでわれわれの生活に活かす、高分子開発利用のバイオミメティクス研究の一つといえる発見につながりました。このECSをミミックした溶液でできる薄膜は、生物試料の凸凹にしっかりと沿って成膜できるので服のように思えました。そこでこの方法でできる薄膜を、NanoSuit 膜と呼びました。「ナノサイズの薄い服」という意味です。この膜の素材を NanoSuit 溶液、方法には「NanoSuit® 法」という造語を当てました。

先にも述べましたが、電子顕微鏡の中の真空度は人工衛星の外よりも1桁高いのです。そのうえ、ボウフラは体中に電子線を浴びせられています。高真空の中で電子線を浴びるという厳しい環境に曝されたにも関わらず、そのボウフラを顕微鏡から取りだして池の水に戻して飼育すると、シマダラカの成虫になりました。ボウフラを入れておいた水槽の上に蚊がいたのです。この発見があまりにも嬉しくて高久君と一緒に、自分たちの手や足を差し出して血を吸わせてしまいました。蚊のお腹が赤くなりました。まだ、デング熱が日本で流行る前のできごとでした。その後、デング熱の伝染の報道を聞いて、自分たちの軽率な行動を反省しましたが、あのときの興奮はいまだにはっきりと記憶に残っています。

このＥＣＳをミミックできる、つまり人工的に調整した NanoSuit 溶液から薄膜を形成させて宇宙服代わりの機能をもたせることができるという発見で、多くの生き物を生きたまま電子顕微鏡で観察できるようになりました。生きたままの生物の微細なところまで、ありのままの姿で見ることができるって、すごいことだと思います。

NanoSuit 膜は透明な宇宙服にできる

宇宙服代わりの機能をもたせることができるという NanoSuit 法の発見とは、ナノ薄膜を生物表面に装着させ、生物試料から水やガスが抜けることを極力避け、試料の形状をそのまま観察するという方法です。ショウジョウバエ幼虫やチビミズムシなどの生物がもつ表面素材をヒントとして発明し、高真空環境下で湿潤／生存状態で構造を維持させる技術になりました。

ただ、われわれが服を着ることで身体を隠すことができるように、生物試料にNanoSuit膜を着せると生物試料が隠れてしまうかもしれません。その確認の実験をしました。NanoSuit膜を着せてSEMの中で動いていたボウフラを、TEMで観察すると図10－4Cの両矢頭で挟まれた膜が観察されます。ボウフラに服を着せたことになります。実験処理で厚さを、厚くしたり薄くしたりすることができます。*19 表面の微細構造が観察されている状態のときの膜厚は50～100nmでした（図10－4B）。この観察レベルのとき、NanoSuitの厚さが100nm以下であれば、物体の微細な構造を確認できるわけです。このボウフラの表面に金属を蒸着してNanoSuit膜の表面を金属で覆うと、低倍の観察であればNanoSuit膜だけに覆われたもの（図10－4A）と、金属蒸着したもの（図10－4D）で大きな差は見られませんが、高倍率にすると、金属の表面で反射や二次電子が発生するので表面構造を観察することができなくなります（図10－4E）。そのように中を覗くことができなくなった試料をTEMで観察すると金属がNanoSuit膜の上に付着している層を観察することができます（図10－4F：二つの矢頭はNanoSuit膜を示し、四つの矢印はNanoSuitの金属表面を示す）。この結果が意味するところは、NanoSuit膜は透明な宇宙服として機能させることができるということです。電子線は、NanoSuit膜からも返ってくるので、厚いNanoSuit膜を試料に着せると、ぼんやりした像になります。生物試料を守るためには厚いNanoSuit膜であったほうがいいのですが、厚すぎると試料からの電子線を得にくくなるので生物試料の観察が難しくなります。そのため、試料を守り、かつ観察倍率に適したNanoSuit膜を造って観察するには、試料ごとにある程度の予備実験による調整が必要です。でも、実験手順が簡単なので、調整にはそれぞれ数分間の作業を割り当てればよいのです。厚すぎず薄すぎない「季節に合った」服、つまり「観察目的に合った」NanoSuit膜を利用して、たくさんの発見をしてほしいなと思っています。

じつは、われわれ以外の方たちも、高解像度のSEMを使って生物試料を観察するための研究をされてきました。その研究の一つは、シリコンを使って被膜する方法です。[9] これは処理が難しく高価な機器を必要とします。別の方法として、イオン液体という高真空下でも蒸発しない溶液で試料を覆う方法があります。この保護溶液は毒性があるだけでなく、粘性[10]があるために表面微細構造の観察が困難になるなどの問題が残っています。これらの研究でも、多くの研究報告がなされていて将来の期待がもてると思うので、諸問題が解決されることを祈っています。

NanoSuit溶液は生物適合性高分子、つまり間違って口に入れてしまっても無毒な物質からできているので、子供たちが実験してもなんの心配もありません。たとえば、浜松科学館みらいーらでは、「でんけんラボ」[*20]というコーナーをつくって子供たちに電子顕微鏡の世界を楽しんでもらい、たくさんの素晴らしい研究がなされています。ぜひ、読者のみなさんにも浜松科学館を訪れて、NanoSuit法の体験をしてほしいなと思っています。

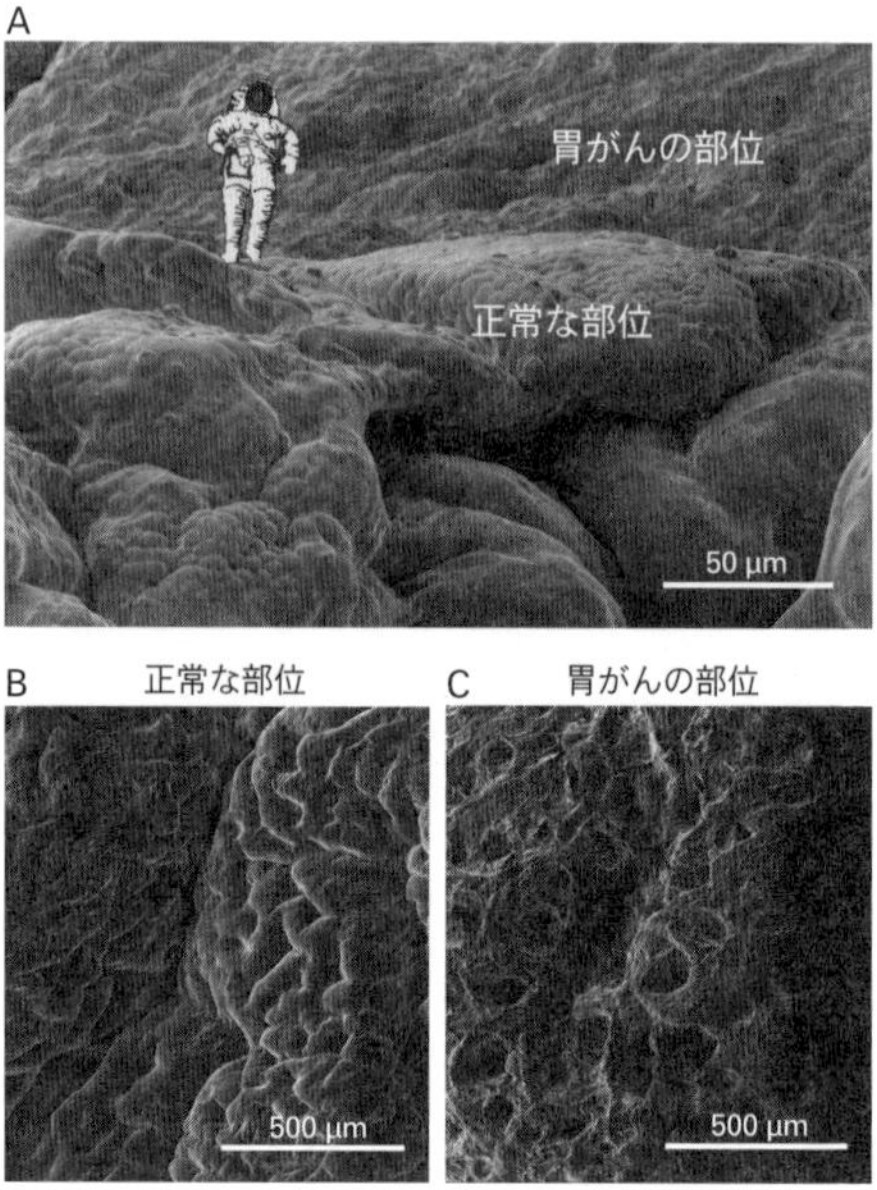

図 10-5　NanoSuit 法で観察されたヒトの胃がんの固定標本（A)。B、C はそれぞれ正常な部位と胃がんの部位の拡大画像。

NanoSuit 法による観察の例

私は大学の医学部に属しているので、周りにお医者さんたちがいっぱいいます。人の興味はその人が生活している空間の影響をもろに受けます。お医者さんたちは、虫が電子顕微鏡の中で動いていることの科学的重要性はわかるのですが、虫にはさほど感動されませんでした。「なんか医学応用できないでしょうか？」といわれました。私としては、虫が動いているだけで感激していたのですが、お友だちのお医者さんにも一緒に喜んでほしいと思い、ヒトの胃がんのサンプルをいただきました。胃がんの固定標本です。化学固定したサンプルを NanoSuit 法で観察できるかなあ、固定標本でも水分保持できるかなあと思いながら、NanoSuit 溶液を滴下して観察してみました。問題なく観察できました。胃がんの部位と正常な部位を簡単に区別でき（図10-5A)、少し高倍率にして正常な部位と胃がんの部位を観察すると明らかに形が違うことがわかりました（図10-5B、C)。そのうえ、その組織は濡れたままなので、電子顕微鏡から取り出して2本のピンセットで割くと、組織の内側まで簡単に観察できるのです。

次にもっともっと高倍率で医学上の生体試料を観察してみようと思いました。ネズミの線維芽細胞にウイルスをばらまいてみたのです。図10-6Aの右下にある白太矢印が線維芽細胞の細胞体、左上にある細矢印が細胞体から伸びている繊維です。小さな矢印の先を見てください。小さな丸い粒状のものが見えるでしょう。矢印がないところにもたくさんあります。細胞体の上にもあります。これがウイルスです。細胞膜の上にばらまいたウイルスを観察すると、5分経ってもウイルスは細胞膜の上に見えますが、10分、30分と経て、1時間経つと細胞膜の凸凹は見えなくなりました。細胞は酸素がなくなると活性を失ってしまうので、これらは別々の細胞にウイルスをばらまいたサンプルを、時間を追ってSEMに入れて観察したものです。細胞の外側にあったウイルスが内側に入っていく過程を見ることができました（図10-6B～E）。

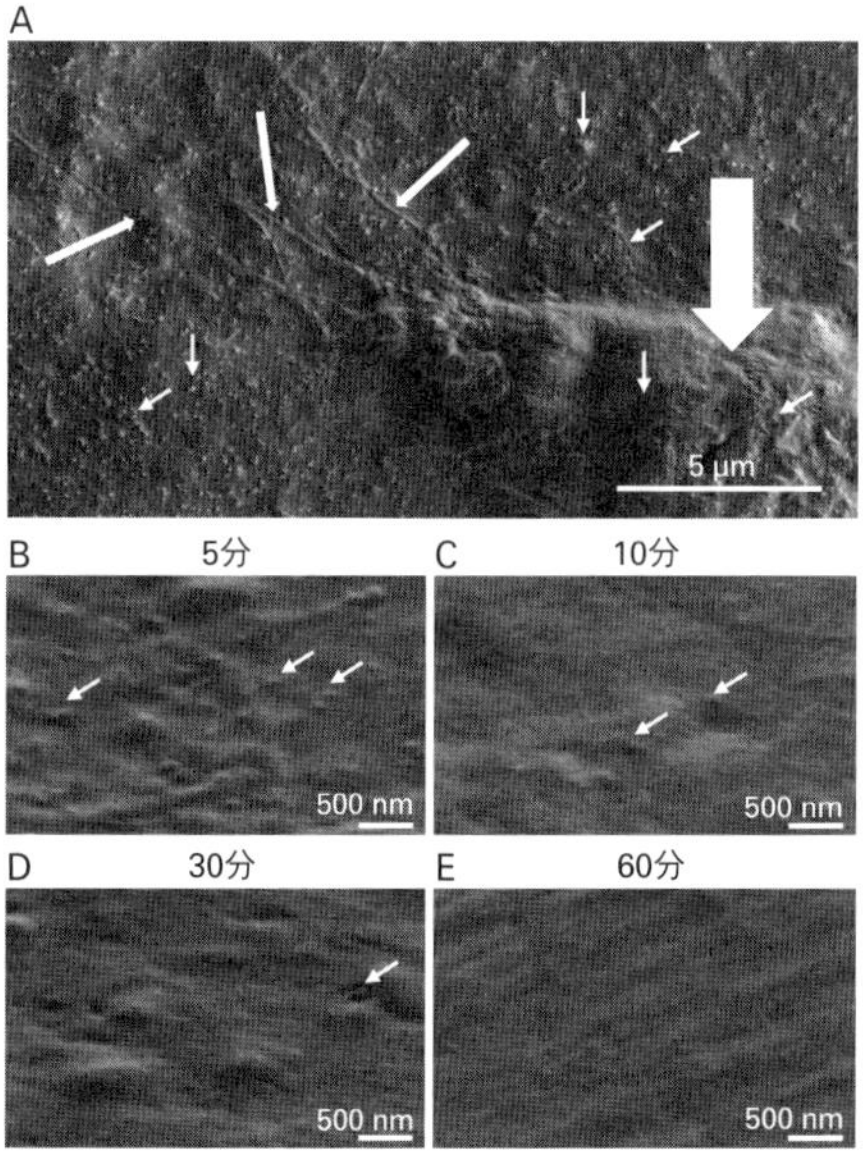

図10-6　ネズミの線維芽細胞にウイルスをまいてNanoSuit法で観察した結果（A）。ウイルスをまいて5分（B）、10分（C）、30分（D）、60分（E）の経過で、ウイルスが細胞の内側へ移動している様子が観察された。

とくに、ウイルスをばらまいてから30分後の図の矢印のところは細胞膜が窪んで、ウイルスらしきものがその窪みの中に入っていきそうに見えて、私にとってお気に入りの1枚です（図10－6D）。

これまで〝ありのままの試料〟を観察する研究がなかなか実施できなかった理由は、「電子顕微鏡に生ものを入れることは電子顕微鏡を壊す無謀な行為だ」という教えと、「電子顕微鏡内は真空中だから水を含んだ生物をそのまま見ることなどできない」という常識が蔓延していたからなのだと思います。私も、電子顕微鏡を扱うときには白手袋をして、唾を飛ばさないために、電子顕微鏡を用いた実験中はあまりしゃべらないようにという教育を受けた者です。「まことしやかな伝説」が科学実験の現場で生まれてくるのはとても不思議ですが、どうも現代も「伝説」が生まれ続けているようです。また、それらの「まことしやかな常識」に加えて、「美しいものが真実」だという信仰心に似た思いも、一度定着するとなかなか研究者のマインドから離れることは難しいのかもしれません。最近は、それほどでもなくなってきたのかもしれませんが、私が電子顕微鏡を習い始めた半世紀ほど前では、学会会場で著名な先生がすべての電気を消して、電子顕微鏡写真を投影するように命じていました。重々しく偉そうに、〝至極の1枚〟であることを述べられていました。科学を遂行するには〝至極の1枚〟を大事にするのではなく、自然全体を観察し現象を一般化して理解することのほうが大切なのですが「美しい電子顕微鏡写真」に拘っていると、「まことしやかな伝説」から抜け出すのはなかなか難しいですね。

あたりをつける実験――「感性」から生み出される「論理性」

私は何かを進めるときに、「なんとか実現できないかな？　実現するぞ！」って思うことがあります。ところが、ほぼ同時に、「やっても無理に違いない」と消極的な気持ちも、とてもよく起こります。ジレンマともいえそうな、プラスとマイナスの思考の葛藤を繰り返しているのが私の日常かもしれません。みなさんも日常生活のなかで、できそうにも思えないのだけど、どうしても実現したいなあと思う気持と、やっても無駄だという気持ちが、たびたび起こっていると思います。

できそうに思えないと思っていると、いつまでも何も進まないのですが、「もしかしたら可能性があるのではないか」と「できるイメージ」をもつことで、できないと思っていたことが急にできるようになるのです。できるという予感を身近に感じることによって、次の一歩を漸く踏み出せますよね。じつは、科学的な研究の場面でも、「なにかできるのではないか？　できるだろう。できるに違いない！」と感じて、自分の考えを広げることができるのです。そのために「あたりをつける実験」が欠かせないのです。真面目なんだけど、〝遊び心〟に満ちあふれた時間です。少しだけ〝できないかもしれないという不安〟が残っているので、その不安を払いのけるほどの〝遊び心〟がとっても必要なのです。

もしかしたら、〝遊び心〟をなかなかもてない人がいるかもしれません。どうやったら〝遊び心〟をもつことができるでしょう。第1章の「生き物との乖離」の項で、「人は長じる過程で、大切なものを見失う時期があるのかもしれません」と書きました。子供のころは〝遊び心〟に満ち満ちているのに「年齢を経ると、他人が〝よし〟とすることを善とすること」が多くなってきてしまいます。

他人が〝よし〟とすることってなんでしょう？　その人の収入や地位が高いこと、きれいな服を着ていること、偉そうな態度を適当に示すこと、決められた冠婚葬祭の所作に合わせた振る舞いができること……。他人から〝よし〟という評価を受け称賛されるのってうれしいですよね。つい、その称賛が欲しいために他人の目ばかりが気になって、日常の振る舞いを他人の価値観、その時代の社会がもっている価値観に合わせてしまいがちになります。でも、その価値観ってあくまでも〝その時代・その地域〟の価値観なんです。所変われば品変わる。時代が変われば、常識も変わるのです。他人が〝よし〟としているものに決まった価値がないのだから、〝遊び心〟をもって別のことをすることに遠慮する必要はないはずですよね。それにも関わらず、〝遊び心〟をもてないのはなぜでしょう？「できないかもしれないけどやってみよう」という気になかなかなれないのはなぜでしょう？

科学は自然と向き合い、万人が理解できる普遍的な法則を求めるもので、〝その時代・その地域〟の価値観に左右されないものを求めています。ところが、科学者も社会のなかで生活しているので、〝その時代・その地域〟の価値観の影響をもろに受けてしまうのです。現代の〝よし〟とされる価値観は、地位、研究費獲得の量、論文の数、インパクトファクターと呼ばれる論文の評価点数などで、大学や企業の研究所に職を得るときなどに、これらの総合評価を受けることになります。その総合評価点を稼ぐためには、〝遊び心〟をもった一か八かの研究、つまり「あたりをつける実験」で時間を浪費することは無駄になります。新しい現象を見つけて新たな「作業仮説」をつくった研究も、実験してみないとわからないので時間の無駄が続く可能性があります。これまでのレールに則った、

少し だけ重箱の隅を楊枝でほじくることをした研究は、論文にしやすいのです。論文は、その雑誌社が雇っているEditor（編集委員）と、数名のRefereeと呼ばれる査読者とが著者が投稿した原稿の価値を認めることで、雑誌への掲載がなされます。当然のことに、われわれはこれまでの価値観で他人の書いた原稿を読むので、〝遊び心〟に満ちた、これまでの科学の世界では発表されていなかったことは、Refereeになかなか理解してもらえないので、論文を受理してもらえないことも起こります。

そうなると、負のスパイラル現象が科学者と科学社会のなかで始まります。科学者は、自分以外の大多数の科学者が〝よし〟と受け入れてくれやすいものに迎合する。科学者たちは、その時代に流行っている理解しやすいものを好んで研究するようになる。結果として、科学は自然と向き合っている振りをして、万人が理解できる矮小な世界を築き続けることになってしまうのです。〝遊び心〟をどうしたら醸成することができるのでしょうか？

第11章

バイオミメティクス——既存の学問を総合的に利用して自然の理解へ

日常生活に追われていると人間のことばかりが目につきますが、じつは地球上には、記載されている生物だけでも約180万種がいます。たとえば、現在、ヒトという一つの種だけでも人口72億人以上が生きていると推定されているのですから、現存の生物の総数となると、天文学的な数になりますね。これらの生物は、太陽エネルギーをもとにした地球のエネルギー循環のなかで生存競争を営んでいます。

亜社会性動物[*1]のヒト*Homo sapiens*[*2]は、およそ20万年前にアフリカで誕生したといわれています。その後、1万年前に始めた農耕牧畜の開始によって集団化しました。家族などの血縁関係を超えた人々の定住生活が可能になったのです。定住生活によって、日々の糧を安定して得ることができるようになり、1日中、来る日も来る日も糧を探して獲得する作業が続く日々から解放されるようになりました。集団のなかには、農耕牧畜の作業からも解放されるグループが現れるようになり、なかでも統治する特殊化したグループでは完全に労働から解放されたのです。作業からの時間的解放は、新たな学びの世界を構築するようになり、農業に直接関係する天文学や、天文学を支える数学などの文化や文明がヒトの集団のなかに誕生していくことになりました。また一方で、集団による社会活動によって、人々の食料の安定的獲得と衛生状態の改善がなされた結果、人口が爆発的に増加しました。ヒトが都市に集中し肥大化し文明が誕生することで、地球環境が徐々に変えられていき、砂漠化現象なども引き起こしたのです。日本では江戸時代の中期、「享保の大飢饉」が起こったころの18世紀半ば、産業革命が始まりました。産業革命は19世紀にかけて続き、地球規模での環境破壊が目に余るようになりました。いまや、低環境負荷のライフスタイルが喫緊の課題なのですが、産業革命以来、大量エネルギー消費のライフスタイルが身についてしまい、解決策が見つからないままでいます。近年のＡＩ開発や再生可能エネルギーの出現も根本的改革にはつながりません。

ちょっと人間社会の視点から離れて、自然を眺めてみましょう。46億年前に地球が誕生したあと、およそ10億年を経て生命が誕生しました。36億年の生命史のなかで進化し続けてきた現世の生物は、常に環境と関わり、性能テストを繰り返し環境条件に適応してきた結果として生存しています。生物は、構造に基づく機能を備えているのですが、その構造を形成するおもな構成要素は、第2章でも述べたCHOPiN[*3]と呼ばれる軽元素です。炭素や水素などを素材とし[*4]、その構造をつくるために大量のエネルギーを使うことはありません。この生物を手本として、生物の〝ものづくり〟や〝環境への適応〟を学び、持続可能性社会をつくる鍵としようとするものがバイオミメティクスです。生物の生き方をしっかりと見つめ、生物学をはじめとした多様な科学分野の視点で学ぶことが、次世代の存続に直接関わる時代になってきました。

この章では、生物学の始まりとその歴史を振り返り、学問や文化は、たくさんの人間が協同して創り上げた生物学的にも文化人類学的にも、ほかの動物に類を見ない独特の世界であり、各時代時代で人間の考え方が変わることによって生活様式が大きく変わってきていたことを見ていきましょう。

Homo domesticus による環境収容力の改変

通常、生物は時間の経過とともに個体数が増え、ある空間（地域）で特定の種を維持できる最高のレベルに達すれば、その数は頭打ちになります。これは自然の摂理で、ある環境に継続的に存在できる生物の最大量である「環境収容力」（carrying capacity）を超えることができないのです。ところが人は、1万年前に始めた農耕牧畜業の開始、つまり農業革命によって文化を成長させ知識を養い、環境に改変を加え続けます。たとえばライオンに襲われないために槍をもち、住まいの周りに塀をつくります。都市の水が不足すれば、水源用ダムを建築し、水路をつくります。人口の増加を維持するために、環境収容力を常に大きくしようと努めてきました。

それでも人口増加はゆっくりしたものでしたが、産業革命以降は指数関数的といっても過言ではない人口爆発を遂げています。その結果、ヒトは自然のなかで生きられなくなり、自分自身をどんどん「家畜化」していきました。私は自虐的に、賢いヒトという意味の *Homo sapiens* を意識しながら、*Homo domesticus* という学名を造語しました。これは「家畜化したことがヒトの特徴」という意味です。馬や牛、犬や猫のようにヒトによって家畜化された動物はいくつか挙げられますが、自分自身を家畜化した動物はヒト以外にはいません。*Homo domesticus* は、実際には本当の自然のなかでは生きられなくなっているので、地球を改変し続けることで家畜動物としての人間が住める場所を増やし続けています。そのため、地球の主であるかの錯覚をもつようになり、産業革命以来ずっと大量エネルギーを使用する生活の拡大を選んでいるのが現実です。この近代の人の営みによるいまの地球環境は、自然の摂理ではなく、人が自分自身の手で築いてきたものです。人がたまたま築いてきたものですから、人が改善する責任もあるといえます。

歴史上の生物学の始まりと、暗黒時代

アリストテレスは、プラトン[*5]の弟子であり哲学者の1人です。彼は、人間の本性が「知を愛する」ことにあるという「フィロソフィア」を唱え、その言葉が「哲学」を意味する語源となり、長い歴史を経た現代も使われていることは有名です。一方で彼は、「万学の祖」とか「生物学の祖」などと称されています。アリストテレスは、古代ギリシャ時代の紀元前384年から紀元前322年の間、生きていたとされます。いまから2300年以上も前のことですね。彼の著作とされるものが数多く残っているのですが、あれほどの観察と記載を、彼が生を受けていたほんの62年の間に1人でやってのけるのは、いかに彼が天才だったとしても時間が足りないのではないかと考えてしまいます。大量の著作が彼1人の記載によるものか、後世の人々が加筆したのかの真偽はさておき、アリストテレス自身が自然に対峙し、自然や生物から多くのことを学んでいたことは間違いないだろうと思っています。アリストテレスは「霊魂論」で、ヒトには視覚、聴覚、触覚、味覚、嗅覚の五感があると記載しています。五感だけではヒトもほかの動物も生きることができないことを現代人のわれ

われは知っています[*6]が、当時、外界の入力を感覚器官に基づいて分類した業績は非常に大きいと思います。ソフィア（知）を得るためには、自然や生物の姿をしっかり見なくてはならないと考えて生きていた先人の姿が見えてくるようです。

その後、ヨーロッパでは中世暗黒時代[*7]と呼ばれる期間が長く続きました。当時、伝統的にとられていた学問のスタイルは、おもに修道院で行なわれていた古典の権威を通して学ぶ方法で、先人の知恵をそのまま書き写し、記憶していく方式でした。それに対して、スコラ学と呼ばれる学びの方法が、11世紀以降にヨーロッパのある地域の神学者や哲学者によって確立されました。スコラ学では、ある問題から理性的に、理詰めの答えが導き出される手法が取られたのです。著名な学者の記した本や聖書などが題材として選ばれ、それを丹念に、かつ批判的に読むことによって学びを深めていく方法。しかし、修道院での学びの方法では先達の教えを鵜呑みにしていたことに反して、スコラ学では批判的に論理的に読むという違いはあっても、結局、題材は先人が唱え書き残した著作など、人が創ったものでした。自然に学んだ学問ではなくなり、先人の教えを規範として学ぶことの繰り返しが行なわれ、自然の理解はゆがめられていきました。書き写された図鑑では、五弁の花びらをもつ植物が、四弁の花びらに変わり、葉の様相も変わっていたことが、自然から学ばない学習法の恐ろしさを、われわれに伝えてくれます。先人がつくったものが正しいと鵜呑みにすることを繰り返すと、暗黒時代がやってくることを、この時代の歴史は教えていると思います。「井戸の中の蛙は、外界を見ることがない」ので、井戸の中だけの世界で満足してしまいます。われわれ現代人もしかりではないでしょうか。果たして、現代はどんな時代でしょう？　まさか暗黒時代ではないですよね。果たして輝かしい時代のなかなのか。

自然の理解の再開

暗黒時代とは大きく変わった時代がルネッサンスだったということは、誰もが認めるのではないでしょうか？ ルネッサンスは、一義的には古代ギリシャ時代や、ローマ時代の文化を復興しようとする文化運動であるともされています。イタリアのフィレンツェを中心に14世紀に始まったこの動きは、ヨーロッパ各国に広まりました。当時、敬虔なキリスト教信者を抱える国々で、華やかな文化の復興が起こったことは注目に値します。宗教を称える文学や芸術の開花だけでなく、レオナルド・ダ・ヴィンチに象徴される当時の科学技術や兵器の開発などは、自然のなかの生物に学んでいました。鳥やコウモリ、昆虫のように翼を羽ばたかせることによって飛ぶ航空機は、オーニソプター[*8]と呼ばれる羽ばたき式飛行機ですが、レオナルドはすでにその原型をつくっていました。動植物の仕組みをよく見て〝ものづくり〟に応用しようとしたレオナルドは、バイオミメティクスの始祖であるとしてもよいのかもしれません。

現代のフィレンツェの街角を歩くと、ルネッサンスの輝きが想像されます。高くそびえる石造りの建物、いまも昔のまま使われているフィレンツェ大学の建物と庭。さぞや安定して伸びやかな日々だったことだろうと感じられます。ところが、その安定と輝きは長くは続かなかったのです。戦争が起こったり、ペストが蔓延したりすることで輝きは失われてしまったのです。人心の荒廃は宗教が救ってくれますが、過度な信仰は自由を奪ってしまいます。ルネッサンスで自然から学ぶ科学の自由が誕生したのですが、短い期間でその自由は失われていってしまいました。

1701年に生まれたリンネは、神がお創りになった世界の生物の規則性を知りたくて、スカンジナビア半島への冒険的採集旅行に出かけ、生物の「種」を、二命名法として属名と種小名で記載できることに気づきました。この出来事は象徴的です。神が創られた生物なのだから、人間が分類できると信じていた彼は、種同士で関連があることに気づき、その功績でリンネは分類学の父として歴史に残ったのです。しかし、自然は神が創られたものという大前提があると、そこには「進化」という概念は生じないのです。当時、リンネやリンネの業績を知った研究者たちは、生物同士に関連性があることに気づいたものの、生物には系統があり、系譜をたどると共通の祖先があったことには気づくことができなかったのです。「自然は神が創られたものという常識」に囚われて、生物の進化を想像することができなかったのです。現代に生きるわれわれも、じつは、新しい理論に結びつくデータは入手しているのに「現代の常識」に囚われてしまって、気づかないでいることがたくさんあるのではないかと、リンネが産みだした分類学の膨大な業績を見ながら思います。常識に囚われているほうが、生活が楽ですからね。第10章の末で「科学者は自分以外の大多数の科学者が〝よし〟と受け入れてくれやすいものに迎合する」と記載しましたが、大多数の科学者が〝よし〟とするものが、現代の常識の一つになっている可能性があると思います。

リンネと同様に、ダーウィンも探検家でした。1809年から1882年にかけて生きた彼は、5年にわたるビーグル号での航海をこなし、世界の各地を回り、種の変化の不思議を「自然選択説」という進化の様式として1838年に思いつき、1859年に『種の起源』という本にして世に発表しました。航海という探検を通して、ダーウィンは地球上の生物を眺め、進化の理論を提唱することができたのでしょう。しかし当時は、何が遺伝の要因なのかまでは、不明のままだったのです。

修道院の司祭であったG・メンデルは、1822年の生まれです。機が熟したというべきか彼が天才だったというべきか、古典の権威をそのまま学んでいたはずの教会の修道院のなかで、庭の植物の形質の変化を見つめることで遺伝の法則を発見したのです。メンデルは、自然そのものを相手にしてしまった罪深き司祭となったといってもいいのかもしれませんが、彼自身は新発見をするつもりなどなく、地域の自然科学協会のなかで研究を続け、自らの研究をまとめ、発表したのです。教会の教義の枠を超えるつもりはまったくなく、ただ素直に自然を見つめたのです。自然観察は、彼が望むか否かに関わらず、遺伝の法則を示してくれることになりました。暗黒時代に、先人が創ったものを正しいとして、写経のように人間の叡智を鵜呑みにして学んでいった時代からの脱却が始まった時代なのかもしれません。メンデルの発見は、ダーウィンに伝わらなかっただけでなく、メンデルが1884年に死去したあと20年ほど経ってから、ようやく研究成果が研究界で認められることになったのです。生前、メンデルは当時の細胞学の権威であるK・ネーゲリ（1817〜91）に論文の別刷りを送っていたのですが、数学的で抽象的な解釈が理解されなかっただけでなく、「反生物学的」とされてしまったようです。最近の論文投稿のリジェクトの理由にそっくりであることに驚いてしまいます。リジェクトの理由に「あなたの論文は、われわれの雑誌の目的に合っていない」とされて、ついでに「あなたの重要な論文を世に出すためには、別の雑誌を選んでいただいたほうがよい、時間節約のために「リジェクトする」という記載を目にしたことのない研究者はいないと思います。科学は、査読者や読者がわかることだけを重要なものとするセクト主義、縦割り社会であってはならないはずなのですが、現代において普通に見られる光景です。ひょっとすると、メンデルの発見に匹敵する重要な論文が、縦割り社会、グループ主義のなかで世の人たちの目に触れるチャンスを失っているかもしれませんね。人間は、自分に見えるもの、理解できるものにしか興味を示しません。修道院長の仕事に忙殺された敬虔なキリスト教徒であるメンデルが、ダーウィンの思想を科学的データから援護せずに済んだことは、神のメンデルへの恵みだったかもしれないと考えるのは、私がとってもひねくれすぎているためでしょうか。

歴史を眺めていると、メンデルの出現のころから、第二のルネッサンスが細々と始まったように私は感じます。メンデルは、自然を見つめ、自然と対峙して法則を見つけることができたのです。

環世界という思想の出現

「食う・食われる」ことや「同種内の異性と交信する」ことなどの相互関係は、生き残ることができるかどうか、自分の子孫を残すことができるかどうかに直接関係する淘汰圧となり、個体群の遺伝子プールからの選択がなされてきました。選択に負けないためには、センサー（感覚器）からコントローラ（情報処理系）、そしてアクチュエータ（効果器）への一連の機能が、ほかの個体よりも少しでも高いことが必要です。結果として、「感覚器だけでなく、情報処理系も効果器も淘汰され、種内における特徴が際立つ」ようになり、「種がもつ行動の特徴が発達」していくのです。

メンデルがまだ生きていたころ、というよりメンデルが1868年（明治元年）にブルノ修道院長に就任する直前の1864年に、J・ユクスキュル（1864～1944）がエストニアに誕生しました。ユクスキュルは、おもな研究生活をドイツで送りました。彼は、「それぞれの動物が知覚しその個体がはたらきかける世界の総体が、その動物にとってのすべての環境である」とし、Umwelt説を提唱しました[*9]。つまり、Umweltとは、進化のなかで「種がもつ行動の特徴が発達しているのだから、ある一つの種のなかだけで成り立つ情報処理が存在していると理解してよいだろうと考えるのです。

このUmweltは、日高敏隆[*10]（1930～2009）氏により、はじめのうちは「環境世界」と翻訳されていましたが、環境という用語がエコロジーと誤解をされることを避けるため、氏によって「環世界」と改訂され、いまに至っています。この「環世界」の考え方を別のいい方で表現すれば、「自然のなかの動物たちは、いかに自然が実存していたとしても、それぞれの動物はその動物の感覚器と情報処理器の能力の範疇《はんちゅう》でのみしか自然を理解できないし、その理解の範囲で自然にはたらきかけている」となるでしょう。ユクスキュルの思想は、動物行動学という生物学の一研究分野を誕生させることにつながり、日高氏によって日本に広められました。アリはアリの世界のなかに生き、ヒトはヒトの世界を創り、カエルはカエルの世界を創り出しました。効果器を含めた種の形質（外観）が違うことは簡単に意識できますが、内面においても種ごとにそれぞれ別の進化を遂げてきたということに気づくことは、なかなかできないですね。同種間内の相互理解が深まる一方、異種間同士の理解はとても難しいものになっていきました。

ローレンツが、1903年にオーストリアに誕生しました。オランダのティンバーゲン、オーストリアのフリッシュとともに動物行動学の研究を推進し、彼らは1973年に、ノーベル生理学・医学賞を受賞しました。ローレンツは、生得的行動様式(本能行動)を説明するために「鍵刺激」[*11]の概念を発展させました。本能行動の開始は、その行動を引き起こす鍵刺激によって、一連の行動が、小さな滝の連なりを水が連続して流れるように継続的につながって発現するものであることを明確に示したのです。つまり、本能行動において、引き金となる鍵刺激を受容すると、一連の行動が次々と続いて起こります。そして、本能行動は、その種がもつ遺伝的に伝えられる形質であること、つまり動物の行動が、それぞれの生物がもつ色や体型などの形質と同じように、進化や自然選択の文脈で扱えることをわれわれに納得させたのです。

動物の行動は、その行動様式の複雑さから、反射、本能、学習、知能といった四つのグループに分けて考えることができます。そしてこれらの行動様式すべてが、生物の形質の一つにすぎないことを意味します。反射行動、本能行動は、そのまま遺伝され、学習行動や知能行動をつかさどる脳の基本構造も遺伝されるのです。われわれヒト *Homo sapiens* の行動がほかの動物に比して、いかに複雑であったとしても、われわれの行動もこの遺伝される形質の一つに基づいていることを否定することはできません。臨機応変に変わっているように見える動物の行動も、多くの部分で遺伝的な形質として決まっているとしたら、ちょっとがっかりですが……。

歴史のなかの人の行動は変遷してきたが、生物としてのヒトは同一の種――哲環世界

先に述べたように、われわれヒトは、およそ20万年前にヒト発祥の地のアフリカの大地溝帯を後にし、世界に広がったとされています。でも、生物学的には、20万年前のヒトも、古代ギリシャ時代のヒトも、現代人も、なんら進化していない *Homo sapiens* と呼ばれる単一の「種（species）」と考えなくてはならないでしょう。同じ一つの種であるヒトは、国の違いや、年代の違いに伴った遺伝的な違いはないのです。基本的に同一の種の生き物は、個体が違ってもほとんど同じ遺伝子をもち、よく似た体つき（構造）をしています。基本的に同一の種内では、個体同士で同じ形質をもっています。

ネクタイをした紳士もゴージャスなドレスで着飾ったレディも、裸のまま描写されるアダムとイブとその形質はほとんど変わらないし、石器時代の狩猟採集生活をしていた先祖たちともほとんど変わらないはずです。「20万年前に誕生したヒトと現代人は、文字文化をもっているか否かで大きく異なっているじゃないか。裸に近い格好で生活しヤリをもって狩猟していた先祖と、高層ビルのオフィスに革靴を履いてエレベータに乗って通勤している現代人は、明らかに違うじゃないか。1万年前にコンピュータの前に座っていたか？」といわれれば、その違いは認めざるをえません。しかし、その違いを招いた要因は、種としてのヒトの生物学的な変容ではなく、集団生活のなかで誕生したソフィア（知）の集積と整理がなされたことによるものです。ソフィア（知）の集積と整理を、文化といってもよいかもしれません（図11－1）。生物学的にいえば、個体の学びである獲得形質は遺伝的に残ることはありません。人間の共有財産として集団のなかに残す方法を人間は確立し

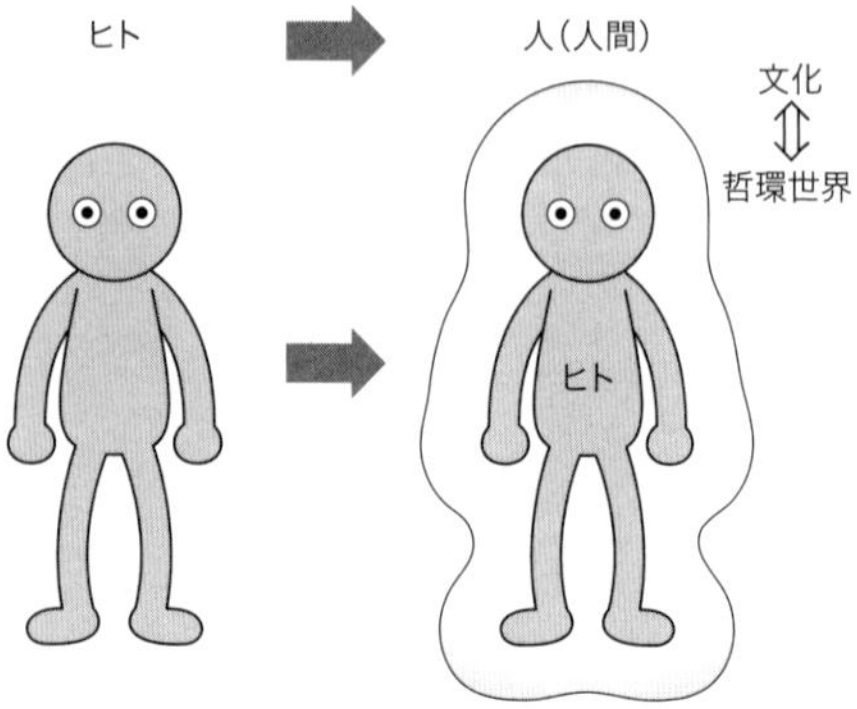

図 11－1　文化の存在が、生物としてのヒトから人間としての人への変容をもたらした。文化をまとった人が観る世界を「哲環世界」と呼ぶ。

たのです。古代のヒトが進化して、現代では新たな種になったというわけではないことを肝に銘じなければならないと思います。そして、文化は一個人としてのヒト（人）から離れて、成長を続けているのです。

アリストテレスが注目したソフィアは、脳がつくり出した世界であり、その世界は数千年の歴史のなかで変化してきました。ソフィアは変貌する！　脳が生み出したソフィアは、成長したり衰退したり、消失したりしてきました。唯物論だ、唯神論だ、汎心論だなどといった先達の膨大な数の哲学の種類がありますが、その哲学を生み出しているのは、ヒトがもつ脳の中に埋め込まれた文化というソフトウエアに過ぎないことを認めるしかなさそうです。個体の学びの結果として獲得した考え方が、文化という人間集団の財産になり、次世代に伝承される……。その考えや論理を、ほかの動物に伝えることは決してできません。それどころか同種のヒト同士でも、日本語で考えたことを、そのままの言語体系で他言語の人間に伝えることができない。それぞれの言語をもったそれぞれの集団は、言語を通した別々の文化をもっているからです。同じ文化地域内の者同士でも、ある教育を受けた者と別の教育を受けた者同士が、それぞれの考えを共有することは難しいのです。なぜなら考えや論理は、言語に支えられ、教育に支えられているからです。ある地域の言語や教育は、ある地域固有の文化に育まれていて、その地域で育ったものはその文化の継承者になるといってもよいと思います。ヒトの脳は、文化によってつくられ、染められ、思考体系が決まってしまうのです。文化の修得によって、生物としてのカタカナで表現する「ヒト」から、人間としての漢字で表す「人」へと大きな変容を遂げるのです。

ヒトは、種として遺伝的に決まっている脳がもつ情報処理体系のなかに文化が仕込まれた世界観で、世界を認知するしかないのです。人間をコンピュータに喩《たと》えることが適当かどうかわからないですが、「ヒト」としての脳のハードウエアに、文化というソフトウエアを入れることで「人」が誕生するといってもいいのではないかと考えています。その地域の人々の共通する考え方が文化であり、文化はコンピュータに喩えたヒトの脳に組み込まれるべきソフトウエアです。「所変われば品変わる」という諺がありますが、まさに、その土地土地で風俗や習慣、言語が異なっているのです。それだけでなく、個々人の生活がそれぞれ異なるので、個々人の考え方も異なっていくのです。「品」は一つではなく、多様な品が存在し、これからも品を変えていくことができます。いまの生活の仕方、いまの生き方が、唯一無二の不変のものではありません。一個人であっても、一晩眠って夢の影響を受ければ別人に生まれ変わっているといっても過言ではないでしょう。同じ肉体をもつが、一晩寝ている間にソフトウエアが更新されている可能性も否定できません。「人間の叡智」という素敵な語句をたびたび耳にすることがありますが、人間集団が形成している叡智も、唯一無二の不変のものではないのです。叡智は、変容するソフトウエアの一つにすぎません。

この文化によって形成され、その考え方に包まれた世界によってのみ、われわれヒトは世界を見ることができるので、「環世界」に準じて、「人間は『哲環世界』をもつ」と、私はいうことにしました。ヒト以外の動物が「種」として世界を弁別できる範囲が決められてしまうことを環世界というのですが、ヒトは、生物としての遺伝的に仕組まれた情報処理系がつくり出す「環世界」とともに、人間同士が創り上げた文化を基礎としたソフトウエアを加えた「哲環世界」によって世界を観ている生き物です。

人新世、COVID－19（新型コロナウイルス）に象徴される現代世界の脆弱性

地球46億年の歴史のなかで、現在は、1万1700年前に始まった新生代第四紀「完新世（Holocene）」の時代とされ、最後の地質年代とされていました。ところが、P・クルッツェン[*12]（1933～2021）が2000年に「完新世ではなく、いまは人新世（Anthropocene）である」としました。1800年代ごろに始まった産業革命以降、巨大エネルギーが使われるようになり人口増加と森林破壊が続いてきました。帝国主義の台頭は世界戦争を引き起こし、野放図な資本主義によって貧富の差が拡大するようになりました。第二次世界大戦終了後、1950年前後を境にして、完新世と明確に区別できるだけの地質学的証拠が豊富に存在するようになったのです。いわゆる「グレート アクセラレーション（Great Acceleration：20世紀後半における人間活動の爆発的増大）」による大変化がもたらした集積物が地表を覆っているのです。マイクロプラスチックしかり、放射性物質しかりです。人間の活動が、地球環境に甚大な影響を及ぼしています。地球温暖化は、氷河の消滅、南極の氷の融解、海面上昇だけでなく、気候変動による風水害を各地にもたらしてい

ます。バクテリアやウイルスなどの病原体の出現は、グローバル化と相まってパンデミックを引き起こし、現代世界の脆弱《ぜいじゃく》性を露わにしました。COVID‐19は、健康被害が心配なだけでなく、世界中の経済活動を極端に低下させました。いま日本では、各地の漁港で上がる魚種が変わり、北海道でトラフグやガザミ（南の魚やカニ）が上がるという報道がなされています。異常気象も続いていて、日本も地球温暖化の波にどっぷりと浸かってしまったのです。

SDGs[*13]が叫ばれていることは、人々が現代世界の脆弱性に気づき、「なんとかしなくてはならない」と気づいたことを示していますが、これらの難局に対して、産業革命以来の旧態依然とした「人間の叡智」に頼ってなんとかしようとしているのが現状です。大学の工学部で、農学部で、医学部でなど、各学部で学んだことをもとに、それぞれの分野で優秀な科学者を輩出し、社会応用することが「人間の叡智」の結集であり、ロボットを創り、ITを整備することでSDGsが達成されると、一般大衆も政府も信じているように見えます。いったい、この方法でSDGsが達成されるでしょうか？

問題の代表例だけをあげてみても、1．大学では、産業革命以来積み上げられてきた学問が教えられている。2．縦割り教育が続き、異分野連携教育が達成されていない。3．企業は、大学での教育に重点を置かず、大学入試での選抜で優秀な成績を納めた者を欲しがっている。4．時の政権は、学術を自分に都合のいいようにねじ曲げようとしている。5．学問の評価体系が、経済優先になってしまい、文化形成の重要性が失われつつある。

この現状を踏まえ、諸問題を解決しSDGsを達成するためには、「新たな生き方、考え方」「新たな人間の叡智」づくりを根底から模索せざるを得ないのではないでしょうか。いま、その模索を達成し、新たな生き方を見つけない限り、人間はその社会を破滅させることになり、生物としてのヒトも絶滅の途をたどることになります。

前文で述べたように、人は文化などを吸収し「哲環世界」を形成し、その世界観を文化のなかに戻して文化を成長させる生き物であるために、各時代時代で人間の考え方が変わることによって生活様式が大きく変わってきました（くわしくは第13章）。新しい考え方、新しい生き方を発見することは、ほんの少しのきっかけと、ひらめきがあれば達成されるはずです。既存の学問分野に固執するのではなく、新しい「哲環世界」を発見し新しい文化を構築することが急務ではないでしょうか？

人新世のいま、じつは暗黒時代なのではないか

日本の縄文時代の後半に、農耕牧畜業が始まったといわれています。自然の恵みを利用した現代のエネルギー問題とは無縁だった時代です。だからといって、高エネルギー使用問題を解決するために、あるいは大量消費問題を解決するために、縄文時代、弥生時代の生活に戻すことは誰もできないでしょう。縄文時代になかった切れ味のよい現代のナイフを渡されても、自然のなかで数日間生き残ることができる方はごくわずかでしょう。すでにわれわれは自然のなかで生き残ることができる「ヒト」ではなくなっており、文化を纏った「人」という動物になってしまっているのです。自然のなかで生活することができる *Homo sapiens* と呼ばれる地球上のわれわれの仲間は、数える

ことのできるごくごく少数になってしまったのです。[*14] ヒトから人に変容してしまったわれわれは、原始の生活に戻ることはできません。生活が不自由になるなどという問題以前の大問題として、生き残ることが不可能なのです。ヒトは本能によって生存できるわけではなく、どうも生き残るためにはその時代の文化が必要なようです。

そのうえ、18世紀の中ごろから始まって19世紀に花開いた産業革命は、地球環境を大きく変え、人口増加と巨大エネルギー使用が経済のアンバランスを引き起こし、イデオロギーの違いという名のもとに世界各地に戦争やジェノサイド[*15]を引き起こしています。人間は、いっそう自然から乖離され、人工物の塀の中のみに棲むことができるようになってしまいました。人間は、自分で自分を家畜動物化した唯一の動物です。家畜のくせに、同種に牙をむく動物です。[1]

中世暗黒時代を乗り越えたフィレンツェも、メディチ家の衰退とともに往年の輝きを潜めました。その後、16世紀には宗教改革も起こり科学文化的成長としては静かな時代が続いていました。この期間を、第二の暗黒時代といってもいいのではないだろうかと想像しています。その後、18世紀のL・ガルバーニ（1737〜98）のカエルを用いた生物電気の研究から、電流を人間が扱えるようになったことなども大きなきっかけとして、ふたたびルネッサンスのような世界中に拡散する文明の伝播が起こり、輝かしい産業革命を人類は迎えることができました。このような大まかな世界史の流れを見ていると、科学や文化の発展が停滞する暗黒時代と、輝かしい発展が起こるルネッサンスが繰り返されているように見えます。

さて現代は、どのような時代というべきなのでしょうか。こと教育に目を向けると……あれ！

いまの日本の生徒さんがやっている受験勉強がおかしい！　小・中・高と学校では修道院形式での受験勉強、自然を観ないで、問題だけ解く練習に明け暮れているように見えます。もしかしたら周辺に自然があふれていた修道院での勉強方式よりレベルが低いかもしれません。大学での教育にアクティブラーニングが入って、ようやくスコラ学形式になるのかも。理系の大学では実習がありますが、カリキュラムに則った〝お膳立てされた実験もどき〟で自然と対峙できるわけがありません。この学習方法は、暗黒時代と一緒ではないかなあ。自然を観ない学習方法は、誤りを導いてしまうことは前述しました。現代の大学入試用学習方式では、テレビのクイズ番組と同じで、すでに記載されている〝決まった正解〟だけを求めています（そのうえ、教科書に書かれている範囲から出題されることに決められているのですが、その教科書も古いままの間違った記載が残っているのがいまの日本の状況です）。現代は、宗教に束縛されていない自由な時代のはずだったのですが、現代人は自ら形式的学習方式を好み、自らを含む集団を暗黒時代に導き、すでにどっぷりと暗黒時代のなかで生活しているのではないでしょうか。幸福感は、近隣の他者との比較で生まれるから、昔の暗黒時代の方々も決して不幸を感じてはいなかったでしょう。その時代にどっぷり浸かっていると、幸せなまま暗い生活を送ることができているのかもしれません。

バイオミメティクスの例　その1

バイオミメティクスとは

あらためてお聞きしますが、バイオミメティクス（biomimetics）という用語をご存じでしょうか。

生物（bio−）＋真似る（−mime−）＋学術（−ics）から成ります。日本語では生物模倣技術ともいわれます。１９５０年代、アメリカ合衆国のエンジニアのＯ・シュミット（１９１３〜98）による造語です。現代のバイオミメティクス研究では、数学・化学・物理学のみに基づく旧来の工学から、生物学の視点から生物に学ぶ持続可能性の高い工学への変革を提唱しています。国内では「特定非営利活動法人バイオミメティクス推進協議会」[2]が設立され、そこではバイオミメティクスのことを「バイオミメティクス（生物模倣）は、生物の構造や機能、生産プロセスなどから着想を得て、新しい技術の開発やものづくりに活かそうとする科学技術であり、古くより合成繊維や電気回路の発明をもたらしてきた。今世紀になって、世界的なナノテクノロジーの展開と相まって、ロータス（蓮の葉）効果やゲッコテープなどの新しい材料が開発され、生物学・博物学と材料科学や工学の緊密な学際融合に基づいた新しい学問体系を生み出すとともに、材料設計や生産技術の新規開発とそれに基づく省エネルキー・省資源型モノつくりなど、持続可能性社会実現への技術革新をもたらすものとして産業界からも注目されています」と定義されています。新幹線の形状が、魚を捕るために水に飛び込むカワセミに似ていることも有名な例です。

カナブンやタマムシが、金属原子を一つも使わずにCHOPiNだけを用いて、光輝く鞘翅を常温常圧でつくり上げる能力は、まさに「優れた技術」です。しかし、産業革命以来の「人の技術」は残念ながらそこまでに至っていないのが現状なのです。

ミクロンとナノが織りなす高摩擦と低摩擦――バイオミメティクス研究のなかで

科学の基本は、作業仮説をつくり、そしてその仮説を検証することです。前半のタマムシの研究の記載で読者のみなさんは「そこまでやるの」と研究者のしつこさに、もしかしたらうんざりされたかもしれないと心配しています。続くNanoSuit法の発見の記載では「あたりをつける実験」も大切であることを理解していただけたと思います。でも、科学の世界のなかでも、「神が降りてくる」ことがあるのです。人々は、科学の分野におけるこの神の降臨を「セレンディピティ」という用語を当てるようです。日本語では「閃き」ともいうこともありますね。

私にセレンディピティが訪れたのは、10年以上前、つくばでの農業関連の研究会に参加するために、早朝の混んだバスの中にいたときでした。昆虫やクモ、そして爬虫類のヤモリなどは、木々や葉っぱはもちろん、家屋の中の壁や天井をものともせずに移動できます。これは、脚先に鉤《かぎ》があるだけでなく、脚裏にたくさんのミクロンサイズの毛が密集していて、その毛がファンデルワールス力[*15]で接着しているのだと説明されています。[3]私に降りてきたセレンディピティは、「昆虫やヤモリがどこでも歩けるのがファンデルワールス力だというなら、実効的な接触面積を減らせば接着力が落ちるだろう」というものでした。興奮した私は、バスを降りてすぐに一緒に研究会に移動中だった弘中満太郎君にしゃべりかけました。「虫を落とせる方法を思いついた」……と。弘中君は、何をいわれているのかもわからないまま、会議室の入り口まで話につきあってくれました。

研究会から戻った私たちが実施したのは、どこにでもくっつくことができる昆虫を数種類選び出し、回転する板の上に置いて、虫をぐるぐる回すという単純な実験です。板の回転をよほど早くしない限り、ムシが板から落ちることはありませんでした。その表面が平らなＯＨＰシートでも、ガラスやアクリルのようなものであっても問題なく、逆さまになっても落ちることはありませんでした。

一方、モスアイ構造*17と呼ばれるナノピラー構造*18が蛾の眼の表面にあることが知られており、[4] この構造によって光の反射を防ぎ、入射光量を増やす物理学的仕組みも報告されています。[5] 擬人的な表現を許していただければ、光の波長よりも短い凸凹構造があると、光にとって界面の位置が不明になるので、モスアイ構造が反射の低減効果をもつといえるのです。比較的近年になって、モスアイ構造は光の高い透過性が報告されているだけでなく、蚊（カ）の複眼上にあるモスアイ構造などでは超撥水性を示すことも報告されました。[6] 蚊の生活環境が水辺であるだけでなく、水中に棲息する幼虫のボウフラが、同じく水中生活をする蛹のオニボウフラから羽化する際に水の表面張力から脱出することを考えると、体中に高い超撥水性を備えていることは理解しやすいですね。ナノピラー構造の凸凹構造が撥水性をいっそう高めているのです。

虫の脚裏の毛が接着力を増していること、モスアイ構造が光の透過性と撥水性をもつことは、これらの既報の論文を勉強することによって知っていた知識です。私に与えられたセレンディピティの実験はこのあとに続きます。モスアイ構造に興味をもっていた私は、バイオミメティクス研究に役立てようと、光の反射を防ぎ透明な翅をもつエゾハルゼミやクマゼミなどではどうなのだろうと、走査型電子顕微鏡を用いて観察していました。すると、透明部分の翅膜だけでなく、光を透過しない翅脈にもナノピラー構造があることがわかりました。そして高い撥水性が生命維持に必要である

A

B

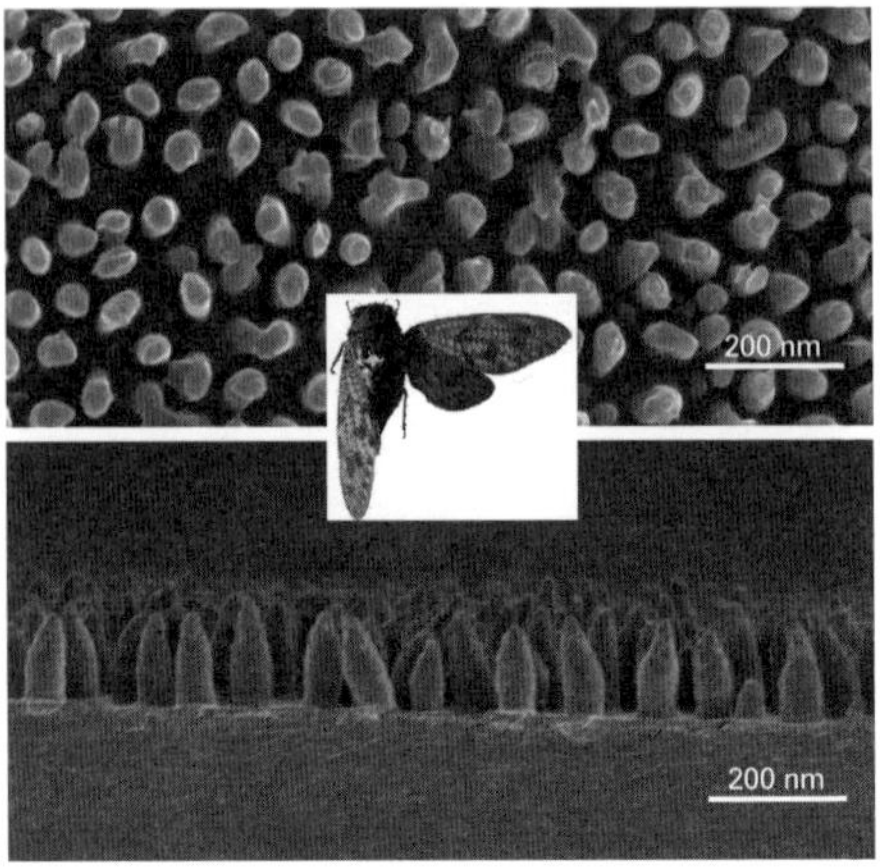

図 11－2　NanoSuit 法を用いたアブラゼミ翅の走査型電子顕微鏡観察。翅を上面（A）および切断面を横（B）から撮影。

ならば、透過性をもたない他種にもナノピラー構造があるのではないかと考えてアブラゼミの翅を観察したところ、ほぼ同じサイズの凸凹構造があったのです（図11－2A、B）。なぜ透明でないアブラゼミの翅にナノのレベルの凸凹構造があるのか……。

この問いを出張先でなんとなく考えているところで、「昆虫やヤモリがどこでも歩けるのがファンデルワールス力だというなら、実効的接触面積を減らせば接着力が落ちるだろう」という考えが閃いたのかもしれません。つまり、昆虫の脚先には微細な毛状やヘラ状のクチクラの突起構造（剛毛）の集合体、あるいは袋状の構造が見られ、この二つが高い摩擦性あるいは接着性を生み出す基本構造です。また、ヤモリなどの脚の建物外壁への付着は、昆虫の脚先と同様の構造によるファンデルワールス力であるとされています[7, 8]。その論文を意識していたわけではないのですが、セレンディピティが起こったのです。バスの中では、ファンデルワールス力のことなどを考えていたわけではありませんでした。

アブラゼミの翅を集めてシートをつくってみました。垂直のＯＨＰシートの上ではアリは自由に動いているにもかかわらず（図11－3A）、アブラゼミの翅シートを垂直に設置してアリを摑まらせると一瞬のうちに滑落しました（図11－3B）。ぐるぐる回る板の上を歩けるいろいろな昆虫を、アブラゼミの翅シートに置いてみると滑落しました。アブラゼミの翅のナノピラー構造の効果を人工物で確認したいと思いました。調べてみると、無反射性の向上を目的としたモスアイ構造をもつ

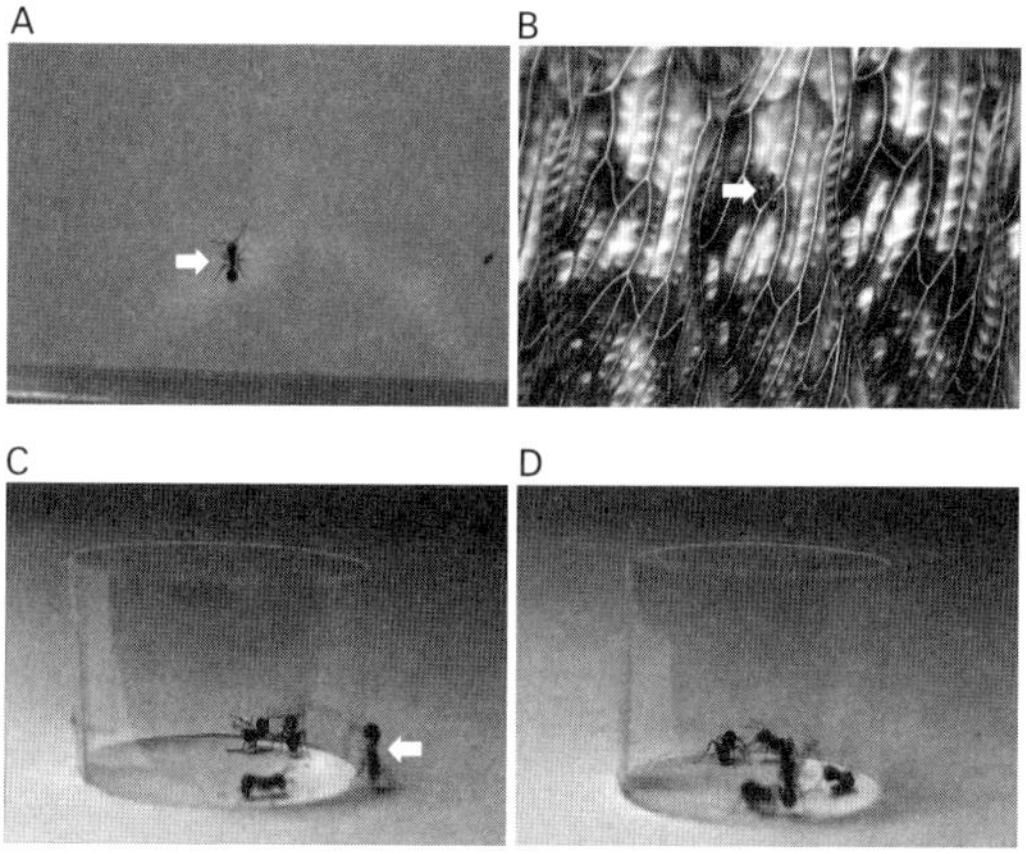

図11－3　セレンディピティによる「思いつき実験」の例。アリは垂直のOHPシートを登れる（A）が、アブラゼミの翅シートだと滑落する（B）。瓶の内側に貼ったOHPシートを登って瓶の外に出ることができる（C）が、ナノピラー構造のシートを貼ってあると登ることができない（D）。

シートは工業化されていました。当時、三菱レイヨン（現、三菱ケミカル株式会社）に勤務されていて、そのナノピラー構造作成法の開発の中心的役割を担われて、しかもバイオミメティクス研究の仲間でもある魚津吉弘さんにお願いしました。そのナノピラー構造のシートはモスマイト™という商品名がつけられていました。[9] A4サイズほどのシートを数枚分けていただき、板の上に貼りました。その上に昆虫を置き、板を傾けると板の確度が90度になる前に滑り落ちました。定量的に実験するために、ゆっくりとぐるぐる回る回転台を手づくりし、その回転台にモスマイトを敷いた板を設置

し、モスマイトの上に昆虫を置くと、板が垂直方向になる前にすべてが滑落しました。昆虫の種によって違いますが、70度ほどの傾きで落ちるものが多く観察されました。

垂直の壁をもつガラス瓶の内側にOHPシートを巻くとアリは平気で垂直の壁を登っていき、器の外側に出てしまいました（図11-3C矢印）。数秒のうちにすべてのアリが器の外に出てしまいました。モスマイトを器に巻くと、アリはガラス瓶を登れなくなりました（図11-3D）。数十分間観察していても、アリは壁を登ることができず、なんとなくしょんぼりしている姿に見えました。ナノピラー構造は、昆虫がもつミクロンサイズの剛毛などの構造物に対して滑落性を備えていたのです。セレンディピティによる「思いつき実験」の大成功です。

タマムシの後翅

タマムシが飛翔する際、左右に開いた前翅がグライダーの翼のように揚力を稼ぎ、角度を変えることで方向を決めていて、後翅の羽ばたきが推進力になっていると第2章で書きました。後翅は、飛翔のときは広げられますが、ランディングしたあとは鞘翅の中にきれいに折りたたまれています。どうやってあのぺらぺらで柔らかい後翅が、固い鞘翅の下に格納され、飛翔時に簡単に外に出されるのでしょうか。鞘翅の表と裏の構造を、走査型電子顕微鏡で観察してみました。表側は、実体顕微鏡で観察した（口絵③）のと同じ大きな凸凹があることが観察される（図11-4A）のですが、裏側は小さな突起がたくさんあることがわかりました（図11-4B）。後翅が当たる胴体側はどうかと思って走査型電子顕微鏡で観察してみると、やはり、たくさんの数ミクロンサイズの小さな突

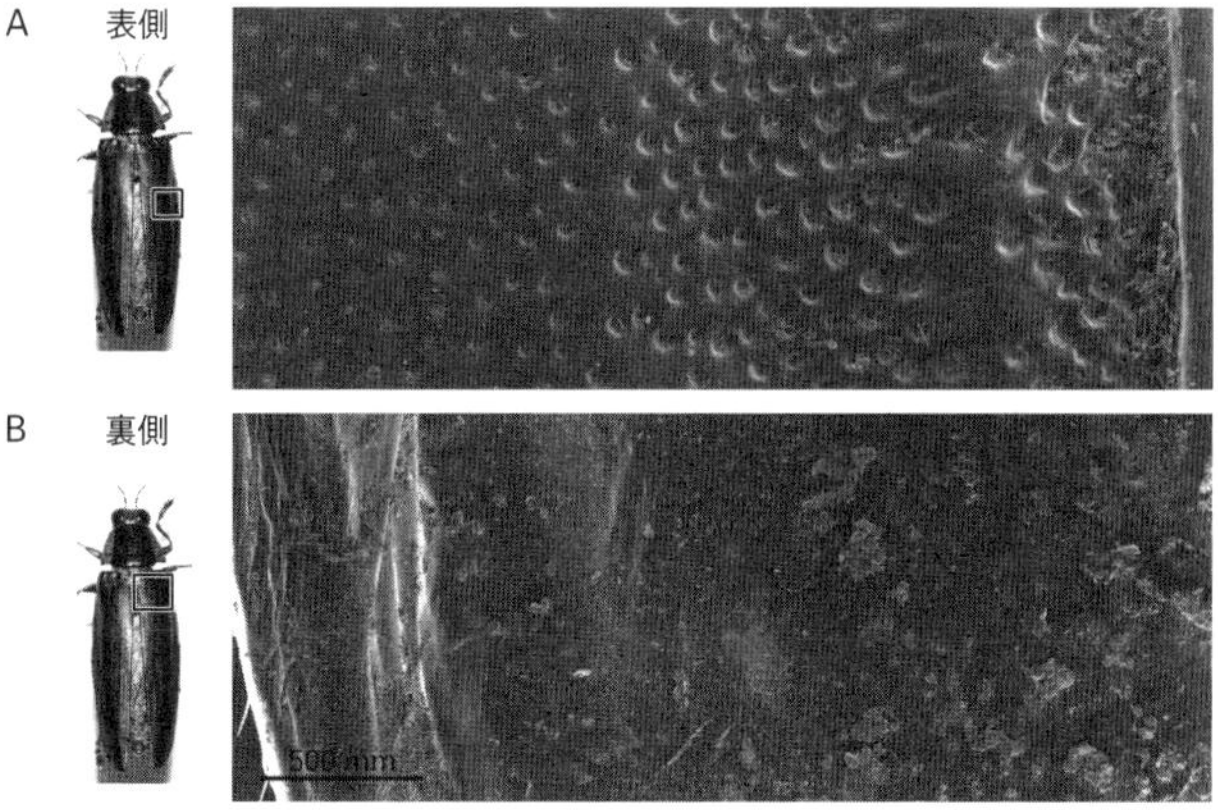

図 11-4　タマムシの鞘翅の、表側と裏側の構造の違い

起が並んでいることがわかりました。この鞘翅と胴体にぶつかるはずの後翅の表面を観察してみると、数ナノメートルのとても小さな突起構造があります。前述のように、ミクロンサイズとナノサイズの凸凹構造同士はよく滑ります。どうもミクロンとナノの構造の組合せによって摩擦が低減され、固い身体と固い鞘翅の間から、柔らかい後翅を簡単に広げることができているようです。柔らかい後翅を自由に広げさせる細やかな生物の工夫を垣間見ることができました。

じつは、タマムシの後翅や、前翅の裏側や、後翅が当たる胴体の表面がナノピラー構造、鞘翅と胴体背側にはミクロンサイズのたくさんの毛があることを、走査型電子顕微鏡を使って観察していたのですが、なぜそんな細かな構造があるのか、その構造にどのような機能があるのか不思議でした。「思いつき実験」のお陰で、この機能を推測できるようになったわけです。ナノピラー構造の反対側にミクロンサイズの毛があることによって、ミクロンサイズの毛とナノピラー構造との間で滑りをよくすることができ、翅を広げやすくする微細構造なのだろうと考えることができるようになりました。「閃き」を実際に実験で確かめたお陰です。

これらの結果から、生物表面がもつナノピラー構造は、低反射性、超撥水性に加えて、低摩擦性の機能ももつことがわかりました。生物表面は同じような生物素材を少しだけ改変することで、進化の過程で生存戦略としての多機能性を獲得してきたことがわかりました。

構造を伴わない機能は存在しないのですが、機能は人間が気づかないと見いだせないことがあります。生物がもつナノピラー構造には、別の機能がもしかしたらあるかもしれないという注意をもって研究を続けていきたいと思います。

窓や壁を自由自在に移動する昆虫やヤモリ。それらがなぜ自由に動けるのかという興味がとても大切です。生物が生きているのが当たり前と思ってしまうと、興味は出てきません。いくら私たちに「閃き」という神が降りてきたとしても、興味がないと「閃き」と発見がつながりません。自然に対する興味と学びがあって、そこに閃きが訪れてセレンディピティ研究となるのではないでしょうか。自分では説明のつかない内的洞察力なのですが、準備してないと、気づかないまま流れていってしまうのかもしれません。

第12章　タマムシに学ぶバイオミメティクス

セレンディピティが舞い降りて、昆虫の剛毛（seta）と呼ばれる脚先にある多数の毛のミクロンサイズの尖端が生み出すファンデルワールス力を、ナノサイズのナノピラー構造が接着面積を減らすことで、接着能が落ちることに気づいたことを前章で述べました。ここでは、動物の脚がもつナノピラー構造による接着能を人が利用できる〝ものづくり〟に役立てるきっかけになった、小さな歴史をお話したいと思います。答えを先にいってしまうと「データベース化した画像」を利用したのです。

バイオミメティクスの例　その2――がん患者支援手袋

指紋の機能

人それぞれで形の異なる指紋は、時には判子の代わりに使われたりしますが、指紋の機能としては、指先と基質との摩擦が重要なのではないかといわれています。[1,2] ところがいくつかの論文を読んでみると、じつは、その摩擦に関するメカニズムはSetaよりも明確ではないようです。メカニズムとして指紋の凸凹を使って吸盤としての機能が摩擦を高めていると考えられてきましたが、[3] ２００９年の研究報告では、指紋の山と谷の凸凹で、基質に対しての接地面積が３分の１にも小さくなることで、摩擦力も相応に小さくなるという報告[4]がなされました。汗をかくことで指先の摩擦力が上がる経験をされた方もいらっしゃると思いますが、水の存在が摩擦力の上昇を引き起こすという研究もあります。[5] このように指紋の摩擦力の解明の研究が数多くなされていることは、指紋が日常生活で重要な役割をしていることを反映していると思います。

　近年、急性心筋梗塞や脳卒中とともに三大疾病の一つとされるがんに対して、抗がん剤の投与がなされることがあります。しかし、抗がん剤は、増殖する細胞に対して効果を及ぼすため、がん細胞だけでなく、皮膚や腸管、骨髄、毛母細胞など、細胞が分裂したり増殖したりすることで形態や機能を維持している組織や器官に、副次的に影響を与えます。[6] そのため、投薬療法を受けている患者のなかには、副作用の一つとして指紋の消失が生じることがあります。[7] 指紋を失った患者では物と指の間で滑りが生じてしまい、物を掴みにくくなりＱＯＬ[*1]が下がります。新聞をめくれない、ペットボトルの蓋が開けられないなど、さまざまな日常生活の制限が生じることがあるのです。このような患者の不便を軽減し、ＱＯＬの向上を実現するために、指紋の機能に代用できる手袋や指サックなど、患者にとって最適な補助具の開発は、喫緊に解決すべき課題です。ヒトの指紋そのものと摩擦能の関係の解明をまたずに、ヒト以外の生物がもつ接着能を学び〝ものづくり〟に活かすバイオミメティクス研究を推進することとしました。目的は、患者に寄り添ったＱＯＬの改善です。

ヤモリの肢の接着面

ヤモリは、脊椎動物の爬虫類のヤモリ科に属し、南極を除く世界中の大陸に広がって分布しています。ヤモリの多くが、ガラスやタイルなどの平らな垂直の壁を登ったり、天井に逆さまに張りついたりして、[8] 小さな昆虫を餌として食べています。全長10㎝程度まで成長するニホンヤモリ *Gekko japonicus*（図12－1A）が、玄関先の門灯などで昆虫を食べている姿をご覧になったことのある読者も多いのではないでしょうか？

図 12－1　ニホンヤモリ（A）を透明な天井に張りつかせ反対側から見たところ（B）。指先を光学顕微鏡で拡大すると層状の構造が観察できる（C）。走査型電子顕微鏡で指先を拡大すると鉤状の構造が観察でき（D）、NanoSuit 法でさらに拡大すると Seta の構造まで観察できる（E）。

ニホンヤモリを透明な天井に張りつかせて反対側から撮影すると（図12－1B）、四肢のそれぞれが五つの指をもち、指先に層状に見える構造があることがわかります（図12－1C）。走査型電子顕微鏡で観察すると指先に鉤状の構造があり（図12－1D矢印）この鉤が物にくっつくことに役立っているように思えますが、平らなガラス面に張りついている姿を光学顕微鏡で観察すると、鉤ではなく層状の構造部分だけが平面の天井に触れている（図12－1C）ことから、この層状の構造部分がニホンヤモリの体重を支える高い接着能があることがわかります。ヤモリがもともと棲息する自然の木々や葉の凸凹構造に対しては鉤構造が、平らな面に対しては層状構造が役に立っているのでしょうね。実際、網戸などに張りつかせると、鉤をメッシュの間にしっかりとはめ込みながら歩いています。

平らな面に接着している層状の構造部分を、走査型電子顕微鏡を用いてNanoSuit法で高倍率にして観察すると、たくさんのSetaがあることがわかります（図12－1E）。Setaの先端に注目してみると、先が割れた構造をしていました（図12－1E矢印）。Setaが接着する基質との間の力は、前章で述べたようにファンデルワールス力であると考えられています。[8] ファンデルワールス力は、双極子と双極子の相互作用、双極子とそれによる誘起双極子との相互作用、および誘起双極子と誘起双極子との相互作用によって、Setaの先の分子と基質の分子の間に形成される結合であるので、Setaの先が多数に割れていることによって実効的な接着面積が増えることで相互作用が増え、接着力が増しているのです。[9,10] また、この接着力は温度や湿度にも依存していることも報告されています。[10] これらの報告から、Setaが接着面積を上げてファンデルワールス力を駆使していることを知っても、全長10cmを超え体重が4g近くあるニホンヤモリが天井に張りつき歩くことを見ると驚きますよね。

ヤモリだけでなく、多くの昆虫も平らな天井に張りつくことができるし、垂直の葉の上を歩き回り、葉の上で強い風にあおられても落下することはありません。このような昆虫の脚先を走査型電気顕微鏡で観察すると、ヤモリと同じように脚の尖端に鈎状の構造をもち、かつたくさんのSetaを備えています。また、ある種の昆虫の脚先のSetaには、油滴が分泌されているという報告[11]があり、その場合は、多数のSetaによる接着面積の増加と、そのSetaの先に付着した油滴の表面張力が接着力を増していると考えられています。

これらのヤモリや昆虫の接着機構では、接着したら剝《は》がすことができないということはなく、強い接着力をもつと同時に、自ら自由に離脱することも可能であることが、人が利用する〝ものづくり〟の可能性を大きくしてくれます。

サブセルラーサイズの世界と〝気づき〟

これまで述べてきたように、観察と解析は、すべての科学の基本となるものです。多くの科学においてミリからメートルという大きなスケールの観察と、分子レベルの解析は盛んに行なわれてきたのですが、細胞の大きさ前後のサブセルラーサイズの世界にはほとんど注目されてきませんでした。[12]じつは、このサイズの世界には生命維持につながる物理現象を説明するヒントがたくさん隠されているのです。昆虫などの生物のサブセルラーサイズの微細構造を観察するのには走査型電子顕微鏡が適しているので、第10章でお話しした「NanoSuit法」の発見につながったのです。とくに生物の表面構造の観察には走査型電子顕微鏡を欠かすことはできないのですが、これまでは一部の分類学者や生理学者などの研究者の使用にとどまり、生物の表面構造を広範に観察したものはありませんでした。つまり、研究者個人か小さな研究者グループのなかで、走査型電子顕微鏡の写真が見つめられていただけというのがほとんどでした。

バイオミメティクスの発展のために、北海道大学総合博物館では、２０１１年11月から大原昌宏教授らを中心として画像検討会が立ち上げられ、異分野の研究者からなる老若男女が一堂に会して意見を交換されるようになりました。参加しているそれぞれの研究者が貯めた走査型電子顕微鏡のデータを持ち寄っていました。生物のある場所をみなで見て、思いついたことを勝手にいい合うことで、あらたな〝気づき〟を得ようという試みです。定期的に開催するために、たいてい週末の土曜日に実施されました。通常ではお休みの日ですが、大学では研究が続いているのです。みなでお茶を飲みながら「あーでもないこーでもない」と気楽にものがいえる雰囲気でした。多数の生物の表面構造をプロジェクター越しに眺め、異分野の先生方の多様な意見が飛び交い、新しい見方が重ねられ、構造に対する機能の提案がなされました。「見れば見るほど生物の微細構造の精緻さに畏敬の念を抱かざるをえない。その精緻な美しさは見ればわかるが、その奥にある機能などはみなで議論することで〝気づき〟が与えられた」というのが、画像検討会に参加された方々の多くの弁でした。昨今の研究では、成果を短い時間で上げることが求められて、忙しい時間を送られていることが多いのですが、画像検討会のなかでは豊かな時間が流れていました。口絵⑧で示したタマムシの鞘翅のエピクチクラの層の厚みが身体の場所によって異なることや、図9‐12の鞘翅の方向によって割れ方が違うことなども、この画像検討会で大きな話題になりました。

この活動もあり、生物の表面構造の大量のデータが蓄積されるようになりました。北海道大学大学院情報科学研究科の長谷山美紀教授や小川貴弘教授らを中心に、それらの画像の特徴の共通性や

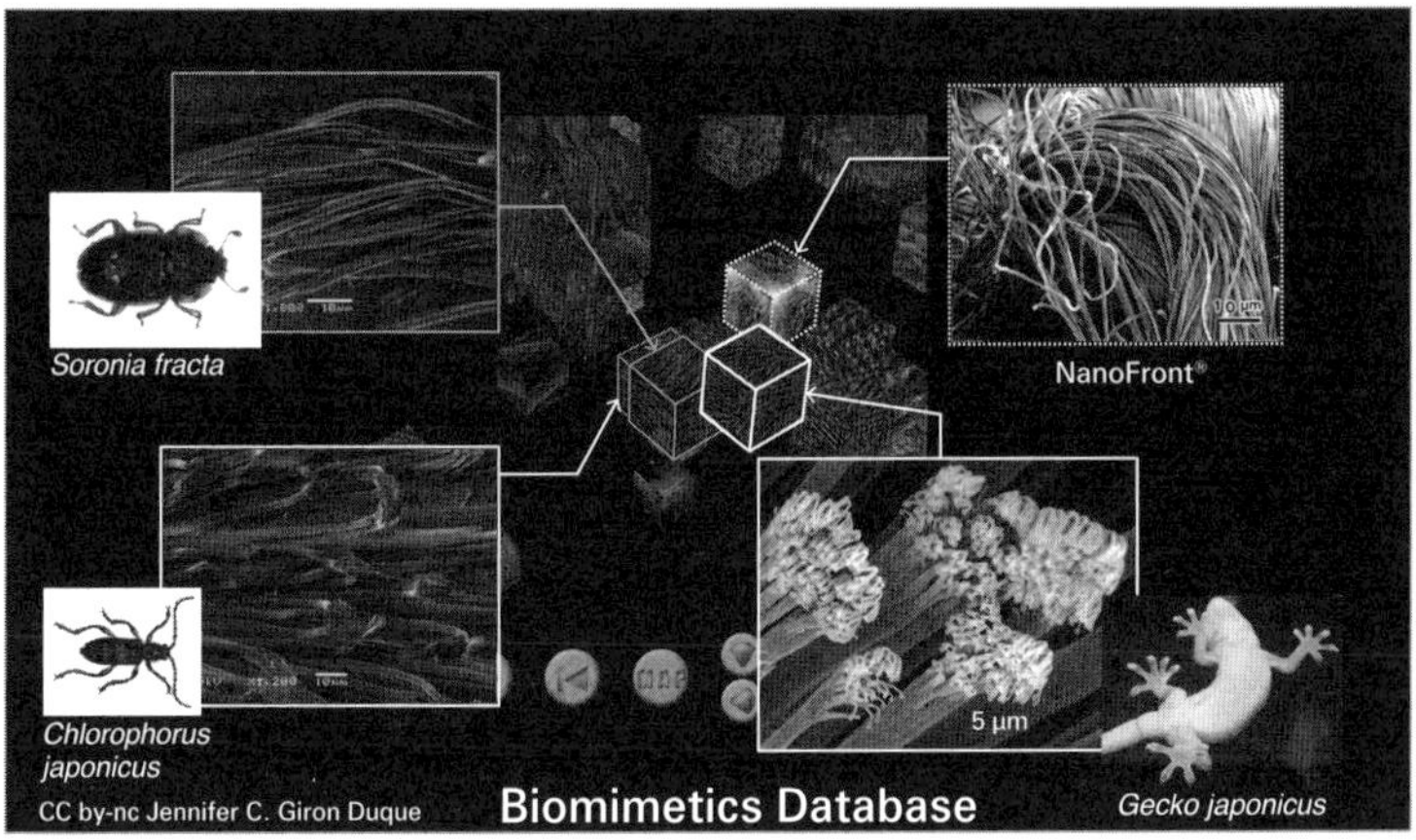

図 12-2　生物の表面構造のデータベースから共通の特徴を抽出した結果。ここではオオキマダラケシキスイ（左上）、エグリトラカミキリ（左下）、ニホンヤモリ（右下）の表面構造と、人工繊維 NanoFront®（右上）に共通の特徴が見つかった。

普遍性について情報学を駆使して関連づけ、研究者に〝気づき〟を与える取り組みが開始されました。コンピュータ画面に向かって画像をクリックするだけで、画像と別の画像の特徴が関連づけられ、共通の特徴の抽出が起こる様は圧巻です（図12－2）。その生物構造をもとにした〝気づき〟の力と可能性の大きさから「長谷山エンジン」とも呼ばれています。[13] この「発想支援型画像検索システム」では、画像検討会でのデータに加えて、国立科学博物館の野村周平さんらが精力的に走査型電子顕微鏡観察している昆虫表面のデータも融合され、下村政嗣教授を代表とする新学術領域研究「生物多様性を規範とする革新的材料技術」の研究成果とともに、画像データのビッグデータ処理の本格的運用に近づけようとしています。サーバーをどこにどのように設置するかなどや資金面のサポートも必要なので、遅々としていることがとても気がかりですが、これまでなしえなかった莫大な量の生物の形態学的情報を用いた生物学的解析も夢ではないのです。国立科学博物館が所蔵する標本は世界の人々の宝物であり、自然と人間をつなぐ〝翻訳家〟です。人間は自然から直接学ぶべきですが、画像検討会のように「あーでもないこーでもない」と〝気づき〟を紡ぐか、コンピュータの力も利用して〝気づき〟を得ることで、自然への理解が深まるのです。自然に対する〝気づき〟が起こらなければ、自然は人間から遠く離れたただの自然でしかないのです。〝気づき〟を得たあとに、異分野連携を深めることもできます。人間は、自ら見ようとしたものしか見ることはできません。自然から抽出した電子情報を規範として、多様な生物の形態から〝気づき〟が誘発され、構造と機能の解析を通して原理を解明し、人々の技術開発に進むことができるようにしていきませんか。

サブセルラーサイズの動物の接着面と人工物

ここで電子情報を規範として、多様な生物の形態から〝気づき〟を得て、抗がん剤療法によって指紋喪失した患者支援につながった例を示しましょう。ヤモリや昆虫がもつファンデルワールス力による接着能をもつ布であれば、変形可能でかつ通気性もあり、指や手を守ることができる基材となり得えると考えました。そこで、前述の「長谷山エンジン」に、人工物としての布の画像情報を加えました。するとヤモリや昆虫の Seta の構造の画像との関連が示されました（図12－2）。帝人フロンティア株式会社が開発した1本の糸の直径が700nmの超極細ポリエステルナノファイバーからなる生地 NANOFRONT®[14]を見つけることができました。[15]そしてコンピュータ検索をかけると、その滑りにくさが報告されていたのです。[16]

がんの薬物療法では、先に述べた指紋の消失のほか、末梢神経障害による指先の痺れや手に力が入らないなどの副作用なども挙げられ、患者のＱＯＬだけでなく患者には痛みを伴うことがあります。その痛みの軽減のために、患者は綿の手袋をすることで日常をしのいでいることを知り、NANOFRONT®生地を用いた手袋を作製することにしました。手袋の縫製で有名な四国に向かい、ヒトの手の指紋構造の範囲と指の作動様式も考慮した手袋の作製をお願いしました。紙をめくるなどの指で対象物に接着している日常の動作が、指先や指の横で行なわれていることを確認し、手袋の縫製によってNANOFRONT®生地が占める部分を調整しました。つまり、ヒトの手のひらを観察すると、指紋の隆起した線（隆線）は指先の皮膚だけでなく指の腹と甲の中ほどまであり、また指の動かし方を観察すると人差し指と小指のこの部分で紙をめくる作業などをしていることがわかりました。そこで、通常の手袋の縫製よりも人差し指と小指側で甲に近い部分まで長くNANOFRONT®でカバーすることとしたり、爪先周辺にはプロテクターをつけたりなど工夫をしました（図12－3）。

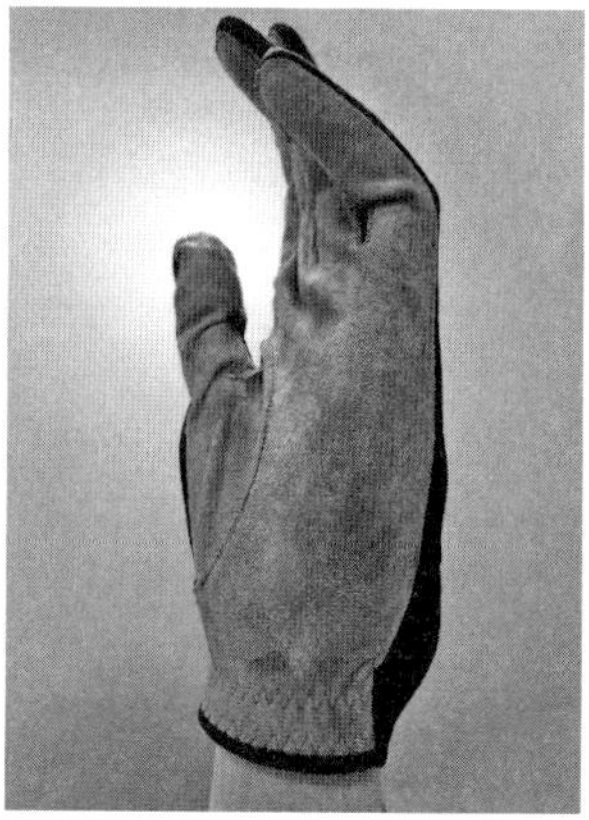

図12－3　がん患者支援手袋「ナノぴた®」

手の込んだ縫製のお陰で、日常生活に適した利便性の高い手袋となりました。実際に指紋を消失した方々にこの手袋の使用をお願いしたところ、「紙をめくりやすくなった」「ペットボトルのキャップが開けやすくなった」などの好評を得ることができました。この結果を受けて帝人フロンティア株式会社は、この手袋を「ナノぴた®」として商標登録し販売を開始しています。[16]

ヒトの脳の記憶の引き出しはとても優れていて「あえて記憶を失ったり、あえて間違えたり」することができます。しかし、コンピュータのほうは、記憶の引き出しをいくらでもつくることができ、図書館にどのような本が備わっているかを簡単に検索できるように、自然物がもつ人間が取り出した大量の情報を検索することはわけもないことです。これまで一人の研究者が現役を引退すると、その方の情報はほぼ使えなくなっていました。記憶を喪失することは人間がよりよく生きるためには不可欠ですが、自然物から抽出した記憶を多くの次世代の人が利用できる空間を準備することが急務なのだなあと、この手袋開発の成功を経験して思うのです。その空間づくりは比較的簡単です。自然から情報を抽出する〝遊び心〟をもった科学者の協力、ビッグデータを蓄えることができるサーバーを用いたデータベース化、必要なデータを取り出し情報を生み出す「長谷山エンジン」のような情報処理装置、そしてその情報を利用できる〝遊び心〟をもった科学者やクリエーターの方たち、その情報から次世代のライフスタイルを決めることのできる為政者の方々……。もちろん、豊かな自然と、その自然と人間をつなぐ科学博物館や自然史博物館の存在も必要です。楽しい空間を、みなでつくり出しましょう。

バイオミメティクスの例　その３――表面構造で水を上げる

フナムシの脚による吸水機構

半陸棲生活を送るフナムシは、海岸の桟橋や岩場などに棲んでいます。暖かい季節になると、びっくりするほど数多く見ることができます。フナムシは、節足動物甲殻類の等脚目という分類群に含まれます。甲殻類は、エビやカニに代表される食品でもあるので見慣れていると思います。その仲間の等脚目は、海中に棲息する深海性のオオグソクムシや海浜性のコツブムシなどから、人の生活環境に近いところに棲むダンゴムシやワラジムシ、高い山にも棲息できるヒメフナムシなど多様な棲息環境に適応したものがいます。節足動物は、「体節」と呼ばれる構造単位をたやすく見ることができます。それぞれの体節には、基本的に一対の脚が備わっています。等脚目の体は、その構造と機能によって、頭部と胸部および腹部に分けます（図12－4A）。フナムシの胸部は七つの体節に分かれて、各体節に脚が一対あり総計14本の胸脚（pereiopods）があります。胸脚は、歩行肢としての機能をもっています。腹部には6対の腹脚（pleopods）があり歩行の役割はなく鰓《えら》として呼吸機能をもちます（図12－4B、○で囲んだ部分）。機能は違っても、各体節に一対の構造体があるという規則は変わらないのが面白いですね。

ダンゴムシなどに比べてフナムシは乾燥状態に弱く、水なしで生活することはできません。フナムシを乾燥状態にさらすと、3時間ほどの間に体重は90％にまで減少してしまいます。体重60 kgのヒトが3時間で54 kgになったら大変なことですよね。それに、生体を構成している分子のなかで水が占める割合がもっとも高く、多細胞生物の体内に占める水の割合は、70～80％です。水がそんな

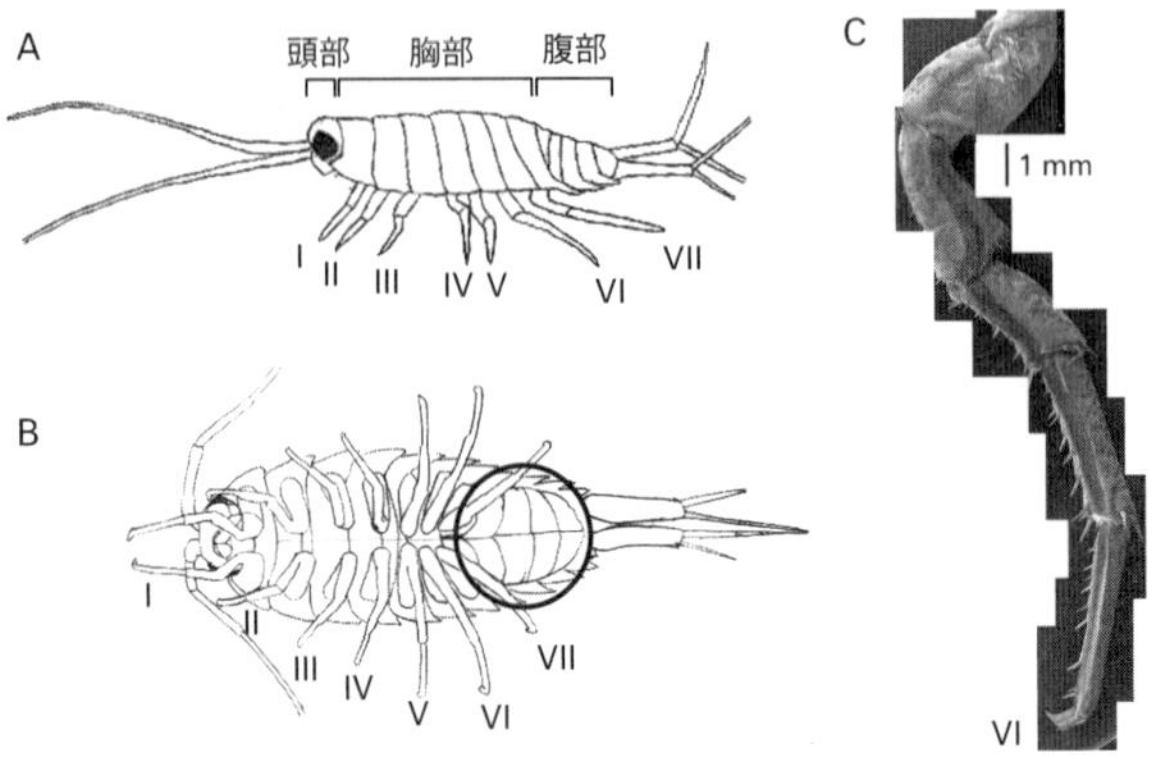

図 12－4　フナムシの体の構造（A、B）とVI番目の脚の走査型電子顕微鏡像（C）

に減っても生きていられることもすごいですが、乾燥したフナムシの前に濡れた新聞紙などを置くと、後脚Ⅵ番目とⅦ番目の2本を揃えて濡れた面のところで数秒間静止させる行動をすぐに開始します。この行動をしたフナムシの体重を測定すると、もとの重さまで増加していました。後脚が水の吸収に重要な役割を果たしていることが想像されますね。両脚を揃えているということは、ストローのような構造ができて、毛細管現象[*2]で水が上昇しているのでしょうか？　でも、細いストローを水の入った瓶に刺すと水が上がることを観察できますが、濡れた新聞紙に置いても水が上がる現象を見ることはできないですね。

　Ⅵ番目の脚を走査型電子顕微鏡で観察してみると、2番目から6番目の節にかけて、溝のような構造があることがわかりました（図12－4C、図12－5D、E）。またⅦ番目の脚では6番目の節にだけ毛状の突起物が整列していました（図12－5C）。

　胸脚は、先端側に爪状の構造（unguis）があり、そ

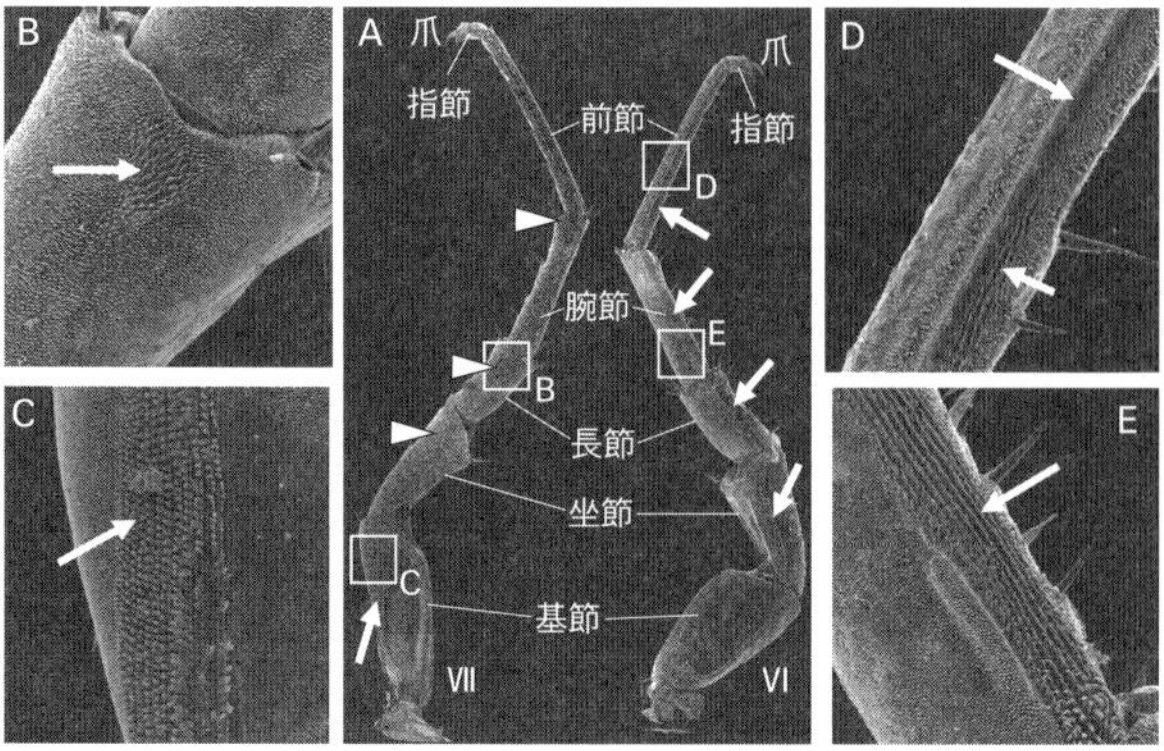

図 12－5　フナムシの胸脚の構造（A）。B ～ E はそれぞれ、長節、基節、前節、腕節の拡大像。

こから指節（dectylopodite）、２番目の脚の前節（propodite）、腕節（carpopodite）、長節（meropodite）、５番目の脚の坐節（ischiopodite）、基節（basipodite）と六つの節があります（図12－５A）。繰り返しになりますが、Ⅵ番目の脚では、両脚が密着している側の前節から坐節までの５節、Ⅶ番目の脚では基節に顕著な毛状構造の配列が見られます。体の中心部に向かうにしたがって毛状の突起物の大きさが大きくなっていることがわかります（図12－５D、E、C）。また、面白いことにⅦ番目の脚の節の部分にはタワシ状の毛状構造がありました（図12－５B）。

この形態学的な観察結果から、Ⅵ番目とⅦ番目の脚自身によって吸水現象が生じるのではないかと考え、それぞれの脚を体から単離して先端側から赤く染めた海水に浸けてみました。ちょっとかわいそうですが、フナムシなど多くの甲殻類では脚を少し強く触ると、自ら脚を体から離す自切といわれる行動を示します。自ら脚を体から離すので出血もほとんどありません。

そして、脚は再生してきます。

Ⅵ番目の脚の先を海水につけると、指節の中ごろから坐節と基節の間まで、脚の表面の特定部分に沿って一気に水が上がることが見られましたが、基節には水の上昇が観察されませんでした（口絵㉓A）。Ⅶ番目の脚では指節から坐節までまったく水の上昇が観察されなかったのですが、基節の遠位側が海水につかると、ここでも脚の表面の特定部分に沿って一気に近位側*3まで水の上昇が観察されました（口絵㉓B）。この実験から、それぞれの脚の表面の特定の部位の表面構造が水を上昇させていることがわかりました。

脚だけの観察だけでなく、自由にしているフナムシがどのように水を集めているかを観察してみようと思いました。食紅で赤く染めた水を紙に吸い込ませた場所をつくり、乾燥状態に1時間ほど曝したフナムシを放してみました。水で湿った紙の上にフナムシが群がりました。数分後、フナムシの腹部側を観察すると鰓（口絵㉓D）が真っ赤に染まっていました。脚で吸い上げた水は、鰓までたどり着いていたのです。

ヒトでは、食物あるいは水そのものを口から摂取し体内に取り込みますが、節足動物などでは肛門から水を摂取するものもいます。フナムシでは、ガス交換を行なうために鰓の表面には常に適度な量の水分を蓄えておくだけでなく、体表から常に失われる水分補給のため肛門から鰓にある水分が腸管に送り込まれます。実際、赤く染めた海水を吸水させた個体を解剖すると、肛門から後腸にかけて赤く腸が染まっていることを確認できました。[17,18] 一方、陸上生活に適応したダンゴムシやワラジムシなどに食紅で染めた水を提供してみると、口から前腸にかけて赤く染まり、口から水分を体内に補給していることがわかりました。

タワシ状構造の役割

ところでタワシ状に毛が密に集合した構造は、何をしているか想像できますか？　Ⅵ番目の脚での水の上昇は、片足だけだと、ときどき脚の節のところで止まることがあります。Ⅶ番目の脚に存在するタワシ状に集まった毛の塊は、Ⅵ番目の各節の上に覆い被さることになり、水が止まることや、各節での水の浸み出しを防いで水の上昇を助ける役割をもつようです。そしてフナムシの脚の動きをよく見ていると、両脚を上下にこするような動きをします。もしかしたら、水を毛の溝に沿って誘導しているのかもしれません。

先にも少し述べましたが、指節に続く前節の毛状突起構造が始まるところでは、毛状突起は針状の構造ですが、腕節ではその針状構造が太くなり、長節では板状に変わります。坐節と基節とその板状構造は変化し、毛状突起の列の数が増えています（図12-5）。つまり、この毛状突起構造は、Ⅵ番目の脚の遠位側から近位側にかけて徐々にその総面積が大きくなり、またⅦ番目の脚の毛状構造が最大となっているのです[19]。この表面構造の総面積が体の基部に向かって増えることは、水を重力に逆らって効率よく上昇させることができることと関係があるのだと考えられます。そして、両脚を揃えることで水が上がり、脚を開くことで水の上昇が止まるということだけでなく、鰓に溜まった水が逆流することも防いでいるのです。水の位置は、表面張力のバランスで決まるので、水の経路を乾燥させたり、経路を物理的に閉じたりすれば、毛状突起構造が続く限り水を上昇させることが理論的にはできるのです。

このように吸水を可能にした脚に特殊化した表面構造をもつフナムシの体表面では、水を保持できず常に蒸発させています。この水が蒸散しやすい体表面構造は、ただ単に保水能が未発達なのか、フナムシの体温コントロールに寄与し夏の炎天下での行動を可能にするために適応しているのか、今後詳細な生物学的検討が必要です。

クチクラの基本設計図は共通

タマムシを含め、完全に内陸に適応した昆虫では、クチクラ構造の上にワックスがあり乾燥耐性に特化した構造をもっています。しかし極端に乾燥して水分の補給が難しい砂漠に棲息する昆虫は、より特殊な水の摂取法を獲得していることも知られています。海岸に近いナビブ砂漠に棲む甲虫は、海から運ばれる霧を三つの方法で利用しています。[20] 一つは、砂そのものを舐《な》めたり草本や岩についた水を舐めたりするもの、もう一つは虫が自ら塹壕《ざんごう》のように砂に溝を掘り、その溝の上についた水を摂取するもの、そして早朝に砂の上で逆立ちをして、鞘翅についた水滴を口に運び摂取するものです。この霧が吹く風に向かって逆立ちして水分を集める鞘翅は、親水性の高い水分が付着しやすい小さな瘤《こぶ》と、疎水性の高い面とがパッチワーク状になった表面構造であり、親水面に付着した水分は水滴となり、重力によって疎水面を流れることでその甲虫は効率よく水を口へ運ぶことができます。[20]
吸水現象を起こすフナムシの脚の親水性の毛状構造[21]やナビブ砂漠の甲虫[22]の鞘翅の親水性と撥水性

の構造は、両方ともCHOPiNを元素とするクチクラでできています。素材が一緒なだけでなく、節足動物の外骨格であるクチクラを形成する遺伝的な基本設計は同じなのです。この基本設計を少しずつ改変して表面構造を変えることで、撥水性と親水性の違いを生み出しているのです。フナムシの脚の先には鉤爪があり岩礁地帯での移動に適しており、水面を自由に移動するアメンボや粘り気のある巣の上を歩くことのできるクモの脚先には毛が密集していますが、これらも表面構造のクチクラを形成する基本設計図は同じです。進化のなかで生物が獲得した表面構造の設計原理は共通で、生物が必要とする撥水や親水の「機能を実現するためにほんの少し改変することによって、それぞれのニッチに適応する機能を付加している」のであり、生物を模倣した工業製品開発に際して、生物の全種類を学ばなくても生物の基本設計を理解し応用することができることを示唆しているといえると思います。つまり、バイオミメティクスを目指す工学者は生物がもつ情報を学ぶ際に、広範な生物学や多様な生物のすべてを理解する必要はなく、基本的設計原理を理解することによって応用に結びつけることができると私は考えています。これまで生物学が培ってきた知識をデータベース化し、工学者を含む多数の研究者が学びやすいキーワード検索できるような仕組みが作成され、将来の科学に寄与できればと願っています。それによって、工学者と生物学者など、広範な学問分野の強い連携が期待されるのです。

タマムシに学ぶバイオミメティクス――構造色の再現と応用

タマムシの鮮やかな光沢が構造色による発色であることは第3、4、5章で詳細に述べました。

短く復習すると、タマムシの構造色は、タマムシのクチクラの最外層（エピクチクラ）のナノ多層膜構造に起因していました。タマムシの体表に入射した光は多層膜干渉により特定波長の光が選択的に強調されて反射し、緑だとか赤だとかが表出されていたのです。

つくばにある国の研究所、物質・材料研究機構（NIMS）に所属されている不動寺浩さんは、バイオミメティクス研究のリーダーの一人で、タマムシに似せた人工物を作製する研究をされています。彼は、タマムシ鞘翅の断面の透過型電子顕微鏡像（図4−2など）をよく観察されて、その像の白黒のコントラストは屈折率の違いを示していて、屈折率の周期構造が形成されているであろうことに着目されました。この多層膜構造を再現することで、人工的に模倣タマムシを作製できるのではないかと考えられたのです。将来、工業的に利用することを考えると、できるだけ作業が簡単でなければなりません。それに、作業も材料もあまり高くないもので実現することが望ましいのです。不動寺さんはその方法として、コロイド粒子[*4]が自己集積により三次元に規則配列するコロイド結晶[*5]を利用しようと考えました。たとえば、コロイド粒子の間を埋めている溶媒の中にコロイド粒子を拡散させます。それを基盤の上に広げて溶媒の水などが蒸発していくとコロイド粒子の距離が縮まります。蒸発の時間をかければもっとも密になったコロイド結晶ができあがるという方法です。

はじめて目にする用語が続くこのような記載だと、どうやってタマムシの色の表出を手本にして、人工的な色を生み出しているのかの理解が難しくなるかもしれないので、話を少し簡単にしましょう。直径1㎝ぐらいのビー玉が、たくさん机の上に転がっていることをイメージしてください（コ

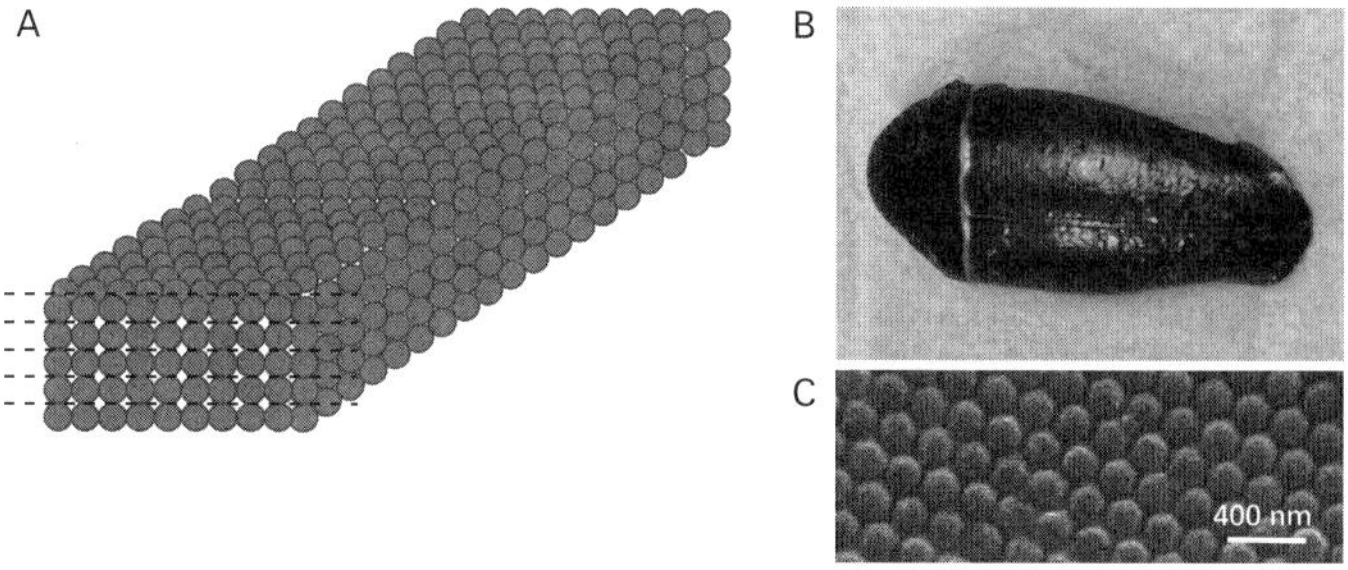

図12-6　コロイド粒子でタマムシの翅の多層膜構造を再現するイメージ。点線で示した層の間が構造色の反射波長を決める(A)、模倣タマムシの写真(B)、模倣タマムシの表面のコロイド粒子の走査型電子顕微鏡像(C)。

ロイド粒子は三次元に広がっているという違いはありますが、イメージなのでその点は大目に見てくださいね)。はじめは、ビー玉はバラバラですが、幅10㎝、長さ20㎝、高さ5㎝ぐらいの箱にぎっしりと入れることにしましょう。すると、1層、2層……とビー玉の高さごとに一定の幅の層ができます(図12-6Aの点線)。すると、入射した波にとっては、各層の表面で反射することになります。ビー玉の直径が光の波長より短ければ、実効的にタマムシの最外層に似せた多層膜ができたことと一緒になります。[*6] コロイド粒子がビー玉で、コロイド結晶が図12-6Aで示したように粒がぎっしりと充填されている状態だと考えれば簡単ですね。

実際には、不動寺浩さんは、コロイド粒子の粒の大きさと屈折率、充填物質(コロイド粒子の間を埋めて、最終的に接着させる物質)の種類と屈折率、そしてコロイド粒子の間隔を調整することで、本物のタマムシによく類似た模倣タマムシの作製に成功されたのです(図12-6B)。

この開発された成膜技術は、凸凹していたり湾曲していたりする複雑な三次元形状をした表面に、結晶薄膜の塗工が可能です。また自己集積という、新たなエネルギーを加えることなく物質が勝手に配列してくれる技術なので、環境負荷の少ないプロセスで新しい構造色を生み出すことができるのです。

不動寺さんたちは、充塡物質に一工夫することを考えられました。ゴムのように伸びる材料の中にコロイド粒子を混ぜて、引っ張るとどうなると思いますか？　粒子と粒子の距離が変わるので、各層の厚みが変わります。[23]タマムシの鞘翅の光学的機能をもった太めのゴムバンドをイメージしていただければ、何に使えるか想像できるのではないでしょうか？　そうです、橋桁やトンネル内の壁にそのゴムバンドを貼れば、構造が維持されているかを一目瞭然として観測できるのです。もし橋桁に貼った「タマムシゴムバンド」が、緑色から赤色に変わったら、コンクリートなどにヒビが入ったことがわかるのです。インフラの老朽化問題[24]は、喫緊に解決しなくてはならない重要課題ですが、インフラの状況をしっかり把握するために役に立つ技術となりました。[25]

千葉大学の桑折《こおり》道済《みちなり》さんは、生物がもつ構造色の素材そのものを利用して、構造色を生み出す研究を続けられています。[26]クジャクやタマムシ、モルフォチョウの構造色の仕組みのもとになっているのは、もちろんその構造そのものなのですが、構造の中に屈折率の異なる物質が周期構造を創ることが必要です。クジャクやタマムシで高い屈折率を生み出しているのはメラニンです。メラニンとはヒトの髪の毛や日焼けした皮膚などに見られる物質というだけでなく、ほとんどすべての動物が兼ね備えている物質です。メラニンは、メラノサイトと呼ばれる動物の細胞内で産生されるので、メラニン自体は人工的に作製するのは困難なのです。でも桑折さんは、神経伝達物質であるドーパミンを重合して容易につくれる高分子「ポリドーパミン」が、メラニンと同じような性質を示すことがわかってきたことに着目され、ポリドーパミンで微細構造をつくることで、クジャクの羽のキラキラを再現した構造色がつくれ、粒子配列の計算をしっかりすれば、狙った色を出すことができることに気づかれました。ヒトにもあるメラニンを使っていることもあり、近々、化粧品やインクへの利用もできるようになることでしょう。また結晶を割れにくくするなどの工夫[27]もされていて実用化も近いことと思います。

第13章

マントの考え方：風土・文化そして蟲瞰学《ちゅうかん》

子供時代から育み続けないと育たない「自然を知るための感性」

第1章で、私の子供時代は宝塚で育ったというお話をしました。そんな話、どうでもいい、興味なんかないと思われた読者がいらっしゃったかもしれません。他人の子供時代の話なんてどうでもいい話。そのとおりです。にも関わらず、あえて子供時代のことを記したのは、「人は子供から大人へと変わっていく生き物である」ことを再確認したかったからです。子供のころの世界の見え方と大人になってからの見え方は、誰しも違います。少女のような少年のような清らかな心をもつ大人は素敵ですが、その大人は清らかな心の持ち主であるのであって、決して子供のままの大人であるわけではありません。一方で、子供時代の体験は、その人の一生に影響を与えます。なぜなら、子供時代から育み続けた「感性」は一生を左右するぐらい、第11章で述べた「哲環世界」に影響を与えるからです。そして「その人の哲環世界」だけでなく、後述するようにもっと広い意味での「自然と人間の調和」に不可欠だからです。第1章の冒頭で述べたかったのは、子供時代から自然と触れ合い「感性」を養うことの大切さで、個々人の「感性」を醸成していないと「自然と人間の調和」

の価値さえわからない、つまらない人生になってしまうことを想起してほしいなと思って記しました。

「生態系サービス」[*1]という用語があります。生物そのもの、あるいは生態系に由来し、人類の利益になる機能のことを意味します。ただ、サービスという用語は「人のために尽くすこと」だそうです。service は、serve の名詞形で、serve の由来はラテン語の servus。ラテン語が示すように「奴隷」という意味が語源なのです。高校の生物の、ある教科書をめくってみると「私たち人類は、歴史的にも現在の日々の暮らしのなかでも、さまざまな自然の恵みにあずかって生活している。この恵みは生態系サービスと呼ばれ、生態系や生物多様性を保全することの重要性を社会に浸透させるためによく使われる用語である」と記されています。「生態系サービス」の説明のなかに「自然の恵み」という用語がありながら、なぜわざわざ「サービス」という「奴隷」を連想させる用語を日本の教科書に用いるのか？ 私は「生態系サービス」などという用語を用いるよりも、「自然の恵み」という用語のほうがずっと美しいと感じます。へそ曲がりの私は「相変わらず西洋語の輸入が大好きで、西洋語だと高尚な考え方だと思ってしまう日本人気質」のためかなあと、意地悪な思いがよぎってしまいます。生態系に、人間のために奉仕させるという「サービス」という語が用いられていることに対して、私が少々過敏過ぎるのかもしれませんが……人間が自然を支配するという驕《おご》りに満ちた用語だと、みなさんも感じませんか？ 「生態系サービス」ではなく「自然の恵み」と呼ぶことに何の問題があるのでしょうか？ 「自然の恵み」には、自然に感謝する言霊が含まれているように感じませんか？

ところで、その「生態系サービス」の役割として、通常、四つないし五つの項目が挙げられています。[*1] その一つの項目の「文化的サービス」の説明では、「野外でのレジャーはもちろん、芸術や宗教にもかかわりがあり、私たちにさまざまな喜びや安らぎを与えてくれる」とあります。この項目が意味する「生態系サービスの役割」が、子供たちを中心にわれわれの社会から失われようとしていることに気づいている大人は、どれぐらいいるでしょうか。目の前に自然があっても子供たちが自然に触れるチャンスを奪い続けているのが、現代日本の教育体制をも含めた状況です。自然があっても自然に気づかなければ、生態系は何もしてくれません。目覚めとともにあわてて学校に行き、日中を学校内で過ごし、家に帰って宿題をして寝る。ときどきテレビゲームをして気分転換。校庭に生えているタンポポの花をつまみあげることさえない。タンポポの花を見るのはiPadなどのモニター越しだけ……、手も汚さずに説明つきの花の情報が手に入る。まあそこまで極端ではないにしても、子供が自ら自然に触れるチャンスは、私の子供時代に比べて激減していることは事実です。

自然をなんとか感じることができるレベルに育った現代の大人にとっては、自然から感じる精神的・文化的な心地よさとしての「文化的サービス」を得ているといってもいいのかもしれません。しかし、いまの子供に対して、「文化的サービス」などを含めた「生態系サービス」の恩恵は与えられているでしょうか？　いまの大人の人たちには、母なる自然が無償で「文化的サービス」の一環である「自然への感性の醸成」を育んでくれたのです。ところがいまの子供たちは、「自然の恵み」としての自然を感じる能力育成のチャンスを、いまの大人たちがつくった教育・社会システムによってなくしてしまったというのが現実です。

現在の宝塚の小逆瀬川（支多々川）は、三面張り[2]の工事がなされ、自然を感じることが難しい川になってしまいました。私は、東京に戻るまで自然のなかで遊び回ることができましたが、三面張りの川の周辺に住む子供たちはどれだけ遊べているのでしょうか？　あのサワガニや蛍たちの子孫が、どこかに生き残ってくれて、いまの子供たちに話しかけてくれているとはとても思えません。価値ある自然を破壊して、ひたすら生産性を上げる日々を送っている大人は、現代の子供たちから「感性」を奪っていることに気づくことができていないでいます。われわれは母なる自然から、無償で「自然への感性」を授けていただいていたので、自然のなかに水が流れていることが当たり前のように、「自然への感性」はヒトに備わっていると感じてしまうのでしょう。

「文化的サービス」の役割の説明でなされている「芸術や宗教」というのは、１８０万種を超える多くの生物種のなかで、人間だけがもつ世界観です。ヒトが人として存在し、ある一人の人がもっている世界観とは、動物としてのヒトが纏《まと》った〝マント[3]〟のようなものだと理解すべきではないでしょうか？（図11－1の哲環世界）。逆にいえば、マントを纏うことによって、動物としてのヒトから人になります。ところが、そのマントは、個人個人でほんの少しずつだけ形が変わっています。哲環世界の重要な要素がマントです。哲環世界は「ある風土」に住む人々（個体群）が共通に意識できる世界観で、マントは個人が育成し続けるもの。そのマントを纏うために不可欠な条件が、ヒトが「自然や芸術などに対する感性」を身につけていることです。注意していただきたいのですが、ヒトが纏っているマントが包含する「感性」は、ヒト（&人）世界の外側に厳然とある自然と、人がつくりあげた文化などの人の思考世界、この両方にアンテナを向けているものを想定しています。マントは一個人のもので、自然と、人間が創った文化の両方の情報を入力して、個人の情報処理系によって、その人の生存のために利用され、人生を享受できる世界観です。

繰り返しになりますが、これまでは、〝自然のなかにどっぷりと浸かる〟だけで「自然（の恵み）」から、この感性を与えられてきたのですが、現代の子供たちは自然に触れるチャンスを奪われ、自然からの感性教育を享受したり、体全体で自然を感じることができない状況になっています。子供たちが、タマムシを直接手に触れることなく自然を感じたりすることができるでしょうか？　草原や森を流れる風を感じる経験をもたずに、どうやって自然と自分を結びつける「感性」を身につけることができるのでしょうか？

〝マント〟ってなんだ？

マントは、「文化」とか「風土」などの用語がもつ言霊に似ています。用語を勝手に創るのは、これまでの人間の知的な歴史をないがしろにするものであり、極力避けるべきです。にもかかわらず、あえてマントなどというふざけた用語をここで用いている理由について説明しましょう。短く定義を述べると、マントは、「ヒト個人が纏っている虚の空間」です。哲環世界は個体群のなかで共通なものなので、「地域集団が纏っている虚の空間」。哲環世界は、個体群としての人々、あるいはインターネットなどが発達した現代では、ときとして地域集団を超えて地球生態系としての人全体とも共有することができます。「風土」や「文化」は、個人や集団から離れている「成長し続ける虚の空間」です。虚の空間にある「風土」や「文化」は、個人のマントを通してその人のなかに定着させることができ、マントを介して自然界との齟齬《そご》がないかをチェックすることができます。人から離れている「風土」や「文化」は、自然から乖離している虚の世界であり、実の自然と対比するためには、個人のマントが不可欠です。

タンポポの花をモニタ越しに眺めることは、人間がつくった「風土」や「文化」の方向ばかりを見て、自然を見ないことになります。マントは両方の間で形成されるものなので、モニタばかりを見ていることが続くと自然とどんどん乖離してしまい、「風土」や「文化」という「虚」の世界が頭でっかちの個人をつくりあげていきます。

動物行動学では、動物の行動を、1．反射や走性行動、2．生得的行動、3．学習行動、4．知能行動と、階層に分けて考えることがあります。刺激に対する反応が単純な場合、それを反射と呼び、刺激の方向に対して特定方向への移動や向きを変える動きを走性といいます。ヒトの反射で有名なものは、膝蓋腱《しつがいけん》反射ではないでしょうか？　丸いお椀《わん》のような膝蓋骨のすぐ下にある膝蓋靱帯を叩くと、大腿四頭筋の収縮により膝関節が伸展する反応です。熱い物に触れると思わず手を引っ込める行動も反射です。熱いという感覚は、あとからやってきます。走性も反射に似た行動ですが、たとえば光に反応して光源に近づいたりその反対に光から避けたりするような行動の走光性は、反射行動に比べて時間的にずいぶんと長い行動ですね。走光性はもしかしたら、次に説明する生得的行動のグループに入れるべきなのかもしれません。

行動が、生得的なものであるのか、後天的なものであるのかで分ける考え方もあります。生まれつきの行動を生得的行動としますが、生まれつきであればその行動を決める遺伝子が存在し、神経系や筋肉系など生まれながらの装置に基づいているはずです。複雑な行動を行ない、目的を達するような行動を本能行動と呼ぶのですが、どれぐらいの複雑さからが「複雑な行動」と判断すべきなのでしょうか？

タマムシは、仲間の鞘翅を見て交尾相手を見つけるために飛翔接近しているように見えますが、これは構造色に向かって飛翔する走光性に似た行動なのか、飛翔の結果として交尾相手にたどり着くので本能行動と呼ぶべきなのか、どちらなのでしょうか？　走光性そのものの生物学的な意味もよくわかっていないのですが[1]、光を見つけ光に定位して移動するというとても複雑な行動を昆虫たちは達成しています。

後天的にできるようになる行動を、まとめて学習（学習行動）といいます。よく動物実験で行なわれる学習行動の例として、迷路を使って、迷路の先に報酬となる餌などを置き、目的地の餌場にたどり着く道筋を覚えさせることが挙げられています。何度かの試行錯誤のあと、目的地にたどり着けば失敗する数が減り、やがて脇道に逸れずに最短距離で目的地にたどり着けるようになるように、道筋を学習できるのです。慣れも学習の一つで、たとえばアメフラシの水管を叩いて引っ込める運動を続けさせると、叩いても引っ込める運動が少なくなるという行動が、高校の生物学の教科書などに書かれています。

そして、ここで注目したいのは、「知能行動」[*5]。未経験なことに対して、結果を洞察して行なわれる[*4]適切な行動のことをいいます。ここで、霊長類の登場です。W・ケーラー[*6]（1887〜1967）

が、チンパンジーを用いて実験しました。天井につるしたバナナを得るために、何度か天井に向かって飛びついてもバナナに届かなかったチンパンジーが、部屋に置かれていた箱を重ねてバナナを取ったり、さらに手近にある棒を用いて餌を取ったりすることにも成功するという、問題解決にかなった行動を示したことを報告しました。

ヒトないし別の動物が「ある困難な情況に直面したとき、解決手段を見いだす行動を知能行動である」と定義されているのですが、このチンパンジーが生まれてこのかた箱に乗ったことがなかったり、仲間のチンパンジーが箱に乗って何かに手を伸ばしているのを見たことがなかったりしたら、バナナを取るために箱を利用できるのかなあと、私はケーラーの報告には少し懐疑的です。仙台のカラスが木の実を割って食べるために、「車がよく通る道路上に胡桃《くるみ》を落として、車のタイヤに踏ませることによって胡桃の殻を割る」という行動がテレビで放映され、「カラスには知能がある」と巷間に広がったことがあります。これは知能行動なのか、学習行動なのか？　あるカラスがたまたまクルミを道路上に落としたら楽して中身を食べられることを学習して、「胡桃割りカラス」がある時期だけ誕生したのかもしれないですね。

知能の定義も曖昧ですが、学習の定義も曖昧で、私は深く追求できないでいます。もともと四つに分けた行動の階層は連続スペクトルといってもよさそうな境目のない行動形質ですし、これらの階層自身が人為分類であることに注意する必要があります。この人為分類は、このように注意が必要なのですが、とても便利なものなので、ついつい気になってしまいます。得意になって人に説明したりすることもあります。実際には、生物の行動を分類して四つの階層に当てはめても、一つ一つの行動そのものについて科学的思考になるものはほとんどなく、人為分類はあまり役に立たないことをあらためて思い知らされます。

このように科学的思考には何の役にも立ちそうもない四つの階層分けなのですが、私にとっては、とても大きなヒントになりました。「知能行動」は動物のなかに存在するということを完全否定することができないかもしれないが、「知能」は動物の進化のなかで誕生したのだろうかという疑問が生じたのです。ヒトが「知能」をもっているとしたら、ヒトがアフリカで誕生したとされるおよそ20万年前に、すでに「知能」を獲得していたのだろうか？　ミトコンドリア・イブも[*7]、リンネに賢いヒト（*Homo sapiens*）といわれるほど、地球に出現したそのときには、すでに「賢いヒト」だったのだろうか？　ミトコンドリア・イブも私も同種であるのであれば遺伝子はほとんど同じはず……。知恵のリンゴ（善悪の知識の木）をアダムとイブが食べる前から「知能」があったのだろうか？　果たして「知能」とは何で、どのように維持され続けているのだろうか？……と考えさせてくれたのです。四つの階層分けのどこかの位置に、あるいは延長上の新たな五つめの階層にヒト（人）の行動を位置づけて理解していくことが、ヒトを特別視して生物の仲間はずれにしないことになるのではないかと考えました。ヒトは生物学的に特別なものではなく、ヒトが動物の一員であり、生物学の視点から「ヒトと人」を見つめ直す必要があるのではないかということです。生物の進化的な行動形質の変化は区切りのない連続スペクトルとはいえ、神経系の複雑化とも兼ねあって動物の単純な行動からより複雑な行動に進化してきたことは、どうも確かそうです。ヒト（人）の特徴的な「知能」行動も、「風土や文化」も生物学の視点から考えられるはずだ、考えるべきだと思ったのです。

あるヒト（人）だけのcreativeな独創性のある知能（知恵や発想）などはほとんどなく、他者が生み出した知を真似て発想を生み出しているか、「風土」や「文化」の知の集積を参考にして知能を生み出しているという、他者の学習をヒトやチンパンジーの情報処理系が利用しているだけなのかもしれないと考えました。ほとんどすべての発想が、個人が生み出した知能ではないように感じるようになってしまいました。知能といいたくなるような、複雑な学習処理系がはたらいているだけなのかもと思うのです。ただ、「あたりをつける実験」や「セレンディピティによる実験」の発想の位置づけをどこにするかはいまだに迷っていますが……。

〝マント〟は「風土とともにそして文化とともに」――「自然のなかの生物」を人の目で観る

マントが、生物としてのヒト（人）が獲得した行動を決定する要素であり、ヒトの生存を支配するものであることに、読者のみなさんも同感していただけたでしょうか？　マントはヒト（人）に特有で、「複雑な学習処理行動」を引き起こす、すべての一個人のなかに創られる情報世界です。この情報世界によってのみ、ある個人は外界を観ることができるようになります。外界からの刺激など、つまり自然からの刺激や、他人が示す思考世界などを受容し、受容したヒトに遺伝的に備わっている神経ネットワークを利用して個々人のマントの中に組み入れていくのは、(現段階での証拠は、私がそうだからとしかいいようがありませんが……）動物としての個々人のヒトの情報処理系を用いています。マントの中には「知」がたくさん詰まっていて、そのマントを纏った人は、「知」を利用して生存価が上がるので、各個人のなかで「知」は変化し続けます。マントはある個人が生み出した目に見えないものですが、個人の成長に伴って変化が続くのです。各個人が日々暮らすなかで変化し続けるマントを美しく纏い、そのマントをより美しくしたいものです。

個人にとっての「知」の変化や成長は、日々生活するなかで得たものなので、獲得形質のようなものです。私が死ねば、私が経験した「知」の変化・成長もともに消失するはずです。ところが、生物の獲得形質は次世代に伝えることができないのですが、「知の獲得形質」はその人のマントの外側に出すことができるので、生物の一般則である「獲得形質は遺伝しない」という法則から外れます。マントの「外側の物」とは、個人を囲む個体群が共有している「風土」や「文化」の中にある「知的空間」です。人は、人の外側にいる同じようなマントを纏った人と相互作用をします。たとえば私のマントを観ることで、そのマントを観た別の人のマントが広がります。マントの「外側の物」とは、たとえば書物であり情報機器などです。私の外側にある「知」は、個体群のそれぞれのマントの集合体としてその土地にできあがった「知の塊」を形成します。これはとくに「風土」[*8]というべきものかもしれません。「地域がもつ知の塊」は、それぞれの人のマントを介して、その地域の知の塊同士で相互作用を生み出し「文化」を形成しているのかもしれません。「風土」も「文化」もともにマントと相互作用が可能ですが、ヒト（人）は、「風土」や「文化」がもつ「すべての知」を学ぶことはできません。あまりにもその「知」が巨大すぎるからです。

ここで、先の話に戻ります。「感性」によって、身体の外部の「知」を感じ、「知」を享受し、必要なときに「知」の一部を学び論理性を利用していると考えると、「自然の恵み」を受けるためには、自然への感性（自然を感じる力）が人に備わっていなくては始まらないことを理解していただけると思います。自然に対する感性がなければ、マントの価値がわからないし、自然とヒト（人）を結びつけてマントを成長させることさえできないのです。感性の欠如したマントは、人工物である「風土」や「文化」からしか情報を得ることができません。「スマホのなかに世界がある[*9]」という一部の哀れな子供のようになってしまいます。「感性」を身につけるために、自然のなかに悠々と身を委ねましょう。「感性の醸成」です。

〝マント〟、風土そして文化――これらはすべて人間の世界（哲環世界）

人が纏うマント自身も淘汰に曝されますが、完全に人の外側にある、「風土」や「文化」という「知の形質」も淘汰されます。自然災害などによる攪乱もごくたまに起こりますが、「風土」や「文化」に対する淘汰圧は人間集団の営みです。つまり、人々が長い歴史、広い空間のなかで繰り広げてきた「風土」や「文化」は、人間が創りあげ続けているもので、独立した生命のような動的平衡状態を示しながら成長します。ただし、「風土」や「文化」は生命体のように見えますが、進化はしません。淘汰を受けてもその歴史は残るからです。過去の「風土」や「文化」が完全に消える・絶滅することはありません。人々が創りあげている生命体のように見える「風土」や「文化」は、マントを介してヒト（人）と相互作用します。生物としてのヒトの生存価に影響を与え、人間が創りあげている生命体からの情報は、人の日々の暮らしに厚みを与えることになります。「風土」や「文化」は、常に成長し続ける人間が創る「独立した生命体」のようにみえるものであり、一瞬たりとも定常状態のものはありません。「風土」や「文化」などから得た知恵は、マントを纏ったその人の、ある瞬間だけの「正解」でしかありません。*10 しかも、人間にとっての「正解」です。地球に棲んでいる動物としてのヒトの正解でもなく、ましてやほかの生物たちにとっての正解でもないのです。

第2章から第7章にかけて、タマムシの秘密を明らかにしました。タマムシの行動の背景を明らかにするために、ずいぶんと時間がかかったものだと思います。とてもハードな時間であるとともに楽しい時間であり、研究遂行させていただいた関係者のみなさまに心から感謝しています。タマムシの研究で知ったことをお話しようと、一般の方々向けのセミナーなどに呼んでいただくことがあります。「タマムシおじさん?」と私に声をかけてくださる聴衆の方がときどきいます。そうです。私はタマムシおじさんなのです。でも、タマムシを材料として楽しい研究を遂行していた背景には、蟲がどんな世界(観)のなかで生きているのかを知りたいという、学問的な興味があったのです。

「それぞれの生物はそれぞれの情報世界のなかで生きている」ことを明示する環世界という用語は、素晴らしい〝気づき〟をわれわれに提示してくれたのですが、哲学的概念としての価値を支える科学的証拠を手に入れることがとても難しいのです。なぜでしょうか? 環世界の定義が明示しているように、〝ある生物〟の気持ちがわかるのは同種の生物だけであって、他種の生物が〝ある生物〟の世界を垣間見ることは通常できないからです。ヒトもほかの動物も進化のなかで獲得してきた〝見えるもの〟しか見えません。環世界の概念とは、ある動物はその動物の仲間同士、ヒトはヒトとしかコミュニケーションできないということです。「風土」や「文化」をどれほど自分のマントの中に取り込んでも、それは人間の考え方を成長させているに過ぎないのです。

不思議なことに、このことにほとんどの人が気づいていません。万能の神でもないのにも関わらず、人間が、自分たちの仲間のことを霊長類といってしまうところに似ています。「霊長」とは、霊妙な力を備えていて万物のかしらとなるもののことです。この誤解を与えるPrimates（霊長目）という用語は、再考すべき時期になったと私は考えています。なぜなら人間は、言霊に左右されるからです。霊長類という用語を使い続けることで、ヒト（人）が地球を支配してもよい、あるいは支配しなくてはならないと、人間が考えてしまう危険があるといわざるをえません[*11]。

「霊長」であれば、タマムシの研究などしなくてもタマムシの気持ちがわかるはずです。たしかに、人間の考える範囲のタマムシの気持ちは、研究しないでもわかります。タマムシについてある程度のことは簡単に口にすることができて、「ある人が口にした的外れなタマムシの気持ち」が一人歩きしていきます。ほとんど的外れですが、人同士のなかではタマムシのことがわかった気になります。

ある人間が的外れな〝事〟を口にしているのに、その的外れな〝事〟に対する共感は、ある一定の地域に棲む人、あるいは同じような教育を受けた人同士の間で起こります。ある概念が一人歩きできるのは、その概念を共感できる共通の情報処理をもった集団が存在するからです。先にマントと表現した流れでお話を続けると、身につけているマントが似ている者同士の間でのみ共感できるのです。ニューファッションのマントが突然出てきてしまうと、そのマントを着ている者を仲間として受け入れられません。ある島の人たちが着ているマントとは、まったく異なるマントを着ている別の島の部族とは情報の交換が難しいのです。情報交換が難しくなるのはマントの違い、あるいはは風土の違いといってもよいわずかな情報処理のソフトの違いであって、生物としてのヒトとしての違いはないことに注意してほしいと思います。

Humancentric から Non-Humancentric に

最近、生物学者と自称されている方々のなかに、昆虫など、ヒト以外の小動物のことを「奴らロボットと同じだぜ！　単純な機械だ」という人が出てきたように感じます。自然を理解し、生物の生き残り方まで提案するべき立場である科学者が、「虫はロボットだ」という一面的な視点で研究業績を伸ばし、あたかも自然の理解を深めているかのごとく暮らしている姿を悲しく感じています。[*12]「小動物は機械だ」といわれる方々に、「動物（生物）は自身で見えるものしか見えない」、一方「ヒトも見えるものしか見えないのだが、人は自分で見ようとしたことしか見えない」ということを真摯に考えてほしいと思います。「生命はロボットだ」という目で生き物を理解しようとしたら、ヒトも含めてロボットであると見えてしまうのです。「人には運命が決まっていて、その運命から逃れることができない」と信仰している方たちと大して変わらない、ナンセンスな発言なのです。どうも、そのナンセンスな発言をしたり聞いたりするのが、人々は大好きなように見えます。

「昆虫は単純な機械だ」という発言は、ヒトラーを引き合いに出すまでもなく、優生学が猛威を振るった時代を想起させます。「個々人は、人類全体の幸福のためにある。社会の一員としての機械のパーツである。そして、人類のために国や世界があり、世界は人類のためにより快適に生きる手段を獲得しよう、次世代にこの素晴らしい人類の世界を引き継いでいこう」という人間中心的

(humancentric) な考え方です。

でもその思考は、ＳＤＧｓ(sustainable development goals：持続可能な開発目標)と表現を変えて世界を駆け巡っているのではないでしょうか？ ＳＤＧｓは２０１５年9月の国連サミットで採択され、国連加盟１９３カ国が２０１６年から２０３０年の15年間で達成するために掲げた目標なのですが、その17の目標は、「すべての努力は人のため」と読み取れます。「人類みな兄弟」の標語はさすがに近年聞かれなくなってきたように見えますが、人間を中心に利益集団を形成することは、人間が生存してくために当たり前のことなので多くの人の理解を得やすいのです。また、「風土」や「文化」自身が、人の集団が創りあげている仮想空間なので、人が自然から乖離すればするほど、人間中心的な世界観となっていくのは必然的な方向性なのかもしれません。

生物は、生物の生存戦略が有効にはたらいたものが現存しています。過酷な自然環境のなか、自分が餌とはならずに生き残り、同種とのコミュニケーションに成功して子孫を残したものたちの系譜は、生き残り戦略を生物の身体にたたき込んでいます。アリもタマムシも生き残った結果のものが現存しているのであり、ヒト(人)も同様です。もちろん木村資生の中立説で示されているように、常に淘汰圧の結果を見ているわけではありませんが、生き残った結果が現存する生物です。少々過激な表現ですが、「人は基本的に自己中心的(egocentric)な振る舞いをして、自分のために得になる振る舞いをするように進化している」という部分があることは否定できません。自己中心性はマントの形成に直接関わっているので、自己中心的なマントの集まりである「風土」や「文化」は、人間中心的になりやすいのです。人間中心的な活動は、不可欠な行動様式の一つです。ただし、人新世[13]を迎えたいま、人間中心的な思考では自然を理解し、自然と人間が調和をとって生き残る仕組みを知り、時代に合った「風土」や「文化」を創造することは不可能であることに気づく必要があります。「持続可能な環境形成を目指すＳＤＧｓが、人間中心的であってはならない」ということの説明は必要ないのではないでしょうか？　目指すべきは、生物同士および生物と自然環境との本当の調和です。でも、前述のユクスキュルがいうように「生物は、同種内でコミュニケーションを共有するように進化してきた」ので、他種の行動をどうすれば理解できるでしょうか？

蟲瞰学の創成は生物学の変革——生物の魂の世界を理解して環世界を科学にする

科学を遂行するうえで、その科学者の哲学がどのようなものかは研究の方向性を決めることになります。自然を理解するのが自然科学者の役割なのですが、科学は文化の一部なので、どうしても人間中心的な思考が中心になってしまいがちです。言葉の遊びではないですが、人間中心的思考を止めるとしたら非人間中心的（non-humancentric）にすればよいのではないかと思いますよね。

われわれの日本の「風土」にある「八百万神」は、人間の自己中心的な考え方と非人間中心的な考え方を交えた、自然中心的（naturecentric）な日本の「文化」の源泉ではないでしょうか？　八百万が示すように、無数の神々が存在するのですが、その神々は自然のあらゆるものに宿っています。非人間中心的な自然と、我という自己中心的な存在が直接交信できる風土があるのです。最近では神という語の代わりに、パワースポットという用語を使う若者もいますが、風土の本質はさして変わらないのかもしれません。

ある意味、日本が科学（哲学）後進国といわれてきた背景に、八百万神信仰があるためだとされ、科学界から排斥を受けてきたような面もあります。誰がいったか知りませんが、八百万神信仰はアニミズムであり文明のレベルが低いという迷信がまかり通っていたのかもしれません。しかし、日本の「風土」なので排斥されきれませんでした。排斥されることなくよかったと思います。欧米各国が抱える人間中心的な科学の問題を、日本人の風土である八百万神を感じることができる国民性による自然観の優位性を科学哲学のレベルまで成長させ、新たな科学を見せつけることが可能となるかもしれません。八百万神という自然と人が融合しやすい非人間中心的な文化に基づき、日本の技術力や開発力を基礎に自信をもって再燃させることで、海外の科学力に充分に追いつくことができます。そして、非人間中心的な地球環境保護と自己中心的な人の利益の両立を図ることができるのではないでしょうか？

具体的には、蟲瞰学《ちゅうかんがく》を創成することから始めたいと思います。蟲瞰学とは、蟲が瞰（観）ている世界、つまり蟲の環世界を科学的に理解しようという新しい科学の創成です。タマムシを題材にした研究では、生物学や化学として視覚生理学や行動学、鞘翅の干渉現象の解明のために物理学、ヒトと比較する比較生理学などを用いました。そしてバイオミメティクス研究の仲間たちと研究の社会実装などを目指しました。この研究手法は、日本の縦割り教育に続く縦割り研究からの脱却です。人間中心的な科学から脱却するには、科学者個人が縦割り空間から足を洗う必要があると考えたのです。自然と会話しマントをいかに膨らませるかが、大切だと思うからです。科学という文化の一部を膨らませるためには、縦割りという分業制のなかで自分ができることだけを遂行すればよいのですが、自然と対峙して自然と科学を結びつけるためには、科学者個人の縦横無尽な自然の理解が不可欠です。タマムシの研究の経験を基礎に、蟲瞰学では多様な分野の科学者とともに多様な視点と分析技術を駆使し、昆虫の情報処理系をあからさまにしていきます。そして人間の考えを深めるために、情報学とも連携して昆虫の多様な感覚および感覚情報処理を人間が理解できる形に翻訳できるようにしなければ、いつまでも「異種の生物の環世界」を科学的に知ることはできません。

反射・生得的・学習・知能という階層分けが正しいかどうか注意をしなくてはなりませんが、われわれの視点を担うヒトの情報処理系は、進化のなかで育まれた形質としての行動を支えるものです。いまのわれわれの視点を通すと「昆虫はロボットである」という言葉に代表されるような、人間中心的な独りよがりの科学になってしまいます。非人間的な視点から研究を開始し、自然中心的な科学の創成を目指したいと思います。

「自然の恵み」を、人以外の目で理解できる学問への発展を目指して……。

おわりに

ヒトは人に強い興味を抱く

第1章では、私の子供時代の思い出の記載からはじめました。子供がもつ自然への関心と、子供を育ててくれる「自然の恵み」を述べたかったからです。どっぷりと自然に浸かることができていました。ところが、少し成長した私の目の前から、昆虫たちが消えました。目の前にいる虫が本当に消えるわけはなく、見えているのに見えなくなってしまっていたのです。虫だけでなく本物の生き物や自然と、何年もの間、対峙しなくなってしまったのです。山登りが趣味ですと言いながら、高山植物の一つ一つにゆっくり目をやったことはありませんでした。たいした登山家でもないのに、あの山の難しいルートを登ったことがありますと言うような、賞賛を得たいがためのピークハンターに過ぎず、ふもとから山頂まで一気に登っていくのです。ちょっとした岩登りが含まれていてその難易度が高ければ嬉しいのです。ほんの一瞬、崖に咲いた黄色い花に目をやることもありましたが、見つめることはありませんでした。それは町の公園でも同じで、「きれいな花があるな」というだけ。青年だった自分は、自然そのものの美しさを感じてはいたものの、幼いときのように自然と対峙することはなかったのです。ほかの人間への強い興味をもってしまっていたのでしょう。人に見られることを意識し、賞賛されることがうれしい時代で、自然のことなど気にならかった。そのまま若き成人になってしまい、忙しい日常生活を送り、自分たちの身の回りのことばかりに目が行っていました。朝起きたらすぐに、今日中に済ませなければならないことを思い出し、日中は馬車馬の如く前進あるのみ。この地球上には人間しかいないのではないかと思ってしまうほど、人間社会に埋没し生活に追われていました。自分を粉にして人のために働く……、起きている間中。どうも人間のことが強く気になる時期は、ヒトの成長段階で多くの人々に生じる現象のようです。

それでも子供時代の自然への関心と、自然の恵みを受けることが非常に大事なのです。成長段階の一定期間を過ぎることで、子供時代に育んだ自然への感性が蘇ってきます。

地球はヒト（人）だけでできているわけではない

およそ137億年前のビッグバンによって宇宙が創生されたとされています。46億年前に地球を含む太陽系が誕生し、およそ10億年を経て現在のバクテリアに似た生命が誕生した痕跡が見つかっています。いまから20億年ほど前に太陽のエネルギーを使って光合成をするシアノバクテリアが地球上に誕生したことで、地球環境は劇的に変わりました。光合成の結果、酸素が地球上に充満するようになったのです。バクテリアによる地球大革命でした。バクテリアは、長さ1μm程度の小さな生命ですが、その後、長さ10μm以上の真核生物が誕生し、多細胞化していきました。約5・4億年前に始まるカンブリア紀に、現存する生物の先祖がすべて現れ、それをもとに多様化していったと考えられています。多細胞化した真核生物は、陸上進出も果たし、地球上のありとあらゆる環境を埋め尽くしていきました。生命は連続性のなかで進化してきたので、バクテリアがわれわれの先祖でもあります。

さて、ヒトが地球上に誕生したのは東アフリカの片隅で、20万年前ぐらいだろうとされています。新石器革命だとか農耕革命と呼ばれる、およそ1万年前から人類が農耕を開始するようになると、生産性の向上と食料の備蓄が可能となり人口の急増が起こり、一気に農耕・牧畜社会は拡大していきました。根菜から穀類の育成に変わることで、食料の備蓄ができるようになり、社会にゆとりが生まれ、農耕牧畜業に直接携わるだけでなく、交易を行なったり、専門技術を担ったりする人たちも現れたのです。この分業によって、社会のなかに階級が現れ、神官や王が出現し、権力の集中により、より大きな生産力を得ることになり人口増加が起こりました。社会にできたゆとりと人々の地域的集中によって、文化が形成されました。

タマムシの研究で見えたこと——環世界という哲学

この本の前半では、タマムシの研究結果を詳述しました。楽しんでいただけましたでしょうか？できる限り、タマムシの立場に立ってタマムシの環世界を知ろうと思いました。本文中にも書いたように、環世界はユクスキュルが考えた哲学で、科学的な記載は難しいのです。

この本は、なんとかタマムシの環世界を、非人間中心的な視点で解明したいと、たくさんの時間を費やしたことを記してあります。人間中心的な見方をすれば、こんなに実験しなくてもよかったのかもしれません。でも、タマムシの環世界を少しだけ知ることができてよかったなと思うのです。研究を通して、人（ヒト）は見ようとしなければ見えないことを痛感しました。

それぞれの生物が生存していくためになす行動は、進化のなかで獲得された形質なので、厳然とそこに存在しているのです。人間中心的な視点では簡単には理解できません。そのために、科学的な視点に基づく解析が必要なのです。その解析は生物学的な行動の観察だけではできません。タマムシの鞘翅がピカピカ光る色をどのように創り上げているかなど、多様な視点を含めてデータ取りをすることで、少しだけタマムシの環世界に近づくことができます。ヒトが人に成長していく段階で、人間のことが強く気になる時期があると述べましたが、環世界や、人の行動が哲環世界に縛られていることに気づくことによって、ようやく人間だけへの興味から、自然への興味が加わっていくことができるのだと思います。

ヒト（人）は生殖年齢を過ぎても生き続ける種です。生物学的には「寿命が長いことは集団としてのその種の生存に役立っているのではないか」と仮説をもつことができます。この仮説は実験的に検証できないものですが、「多くの生物は生殖年齢を過ぎてしまうと寿命が尽きるものが多いのですが、霊長類に分類される動物は寿命が長い」ことから、霊長類の生存戦略の一つなのかなあと推測することはできます。この推測が正しいかどうかの真偽はさておき、長い寿命をもつ人間は哲環世界や文化を成長させ続けていることは事実です。哲環世界や文化は人が造ったもので、成長したり変容したりするものであることに注意したいと思います。

人新世は否定された

46億年の地球の歴史のなかで人類が繁栄した時代を、新たに「人新世」として地質学上の区分に加えようと進めている国際的な学術団体の作業部会は、人為的な環境の変化が年単位で調べられる場所の選定を進めていました。２０２３年夏のＮＨＫのニュース報道で、アナウンサーが残念な表情で「カナダのオンタリオ州にある〝クロフォード湖〟を正式な候補に決めた。日本の別府湾が選ばれなかった」と、がっかりした声を出しました。人間が地球を破壊している地点として日本の地域が選ばれることが、なぜ求められているのか不思議でした。その後、２０２４年の春に、国際地質科学連合の下部組織「第四紀層序小委員会」が新たな地質時代である「人新世」を否決しました。種々議論がなされ、採決が過半数を超えたというレベルの否決だったのです。

この否決は、地球の変化を地質学的な科学的根拠と共に定義することができなかったととらえるべきで、人類が地球に大きな影響を与えていることを疑う人はほとんどいないだろうと私は思います。Ｐ・クルッツェンさんが人新世という語を生み出した危機感を、われわれは共有しなくてはなりません。国連の「世界人口白書」によると、世界人口は２０１１年に70億人に達したと推計されています。地球上で、実際に人が集まって過ごしている場所は、極端に高い人口密度です。高密度な環境で人々が暮らしていると、地球はあたかも自分たち人間のために用意された空間のように錯覚してしまいますが、本文で説明したように多様な生物との共存によって地球環境は維持されているのです。マイクロプラスチック、放射性物質などなど、地層にしっかりと証拠が残ったときには、タマムシもヒトも地球から消えてしまうことになるのでしょう。「人新世（Anthropocene）」という語に代表される、ヒト（人）が影響を与えている地球という時代がやってきてしまっているのです。

マントとミームは似ている——あえてマントという理由

第13章で書いた「マント」に違和感をもたれた方がいらっしゃるかもしれません。すでに「ミーム」という用語があるだろうと……。たしかに、哲環世界や文化とヒト（人）が関係をもち、哲環世界や文化が変わるという点ではそっくりです。あえてマントと記載した理由は、ミームは進化すると定義されているからです。マントは成長するが、進化しません。またマントが関わる哲環世界や文化も進化しません。個人が纏うマントを、生物学的概念に当てはめようとすると、つい進化といいたくなることもわかりますが、勝手に哲環世界や文化が進化することは起こらず、必ず個人が影響を与えなくてはならないのです。だから哲環世界や文化は成長するのです。

どうも人間は、科学もどきを生活のなかに脳天気に取り込むことが多いようです。現代の企業や社会の戦略のつくり方に、自然科学の普遍的な法則を下地にしたつもりになっていることも脳天気な生物学もどきだと思います。たとえば政治や経済の世界では、中立説のほうが新しく生物の進化に矛盾がないにも関わらず、ダーウィン進化論の「競争と淘汰」という概念だけを重視して、「選択と集中」をスローガンに走り続けているのです。

ところが、マントではなくミームの出現の高い可能性が懸念される出来事が生じました。ChatGPTなどの生成ＡＩの出現とその利用です。人が造った哲環世界や文化のデータを用いて、人が知らぬ間にコンピュータが計算をします。すると哲環世界や文化は、人の知らぬ間に進化します。人が哲環世界や文化を成長させるのではなく、コンピュータが電気エネルギーを使ってコンピュータの情報処理に従って進化させてしまうのです。これは、ミームの出現なのだろうと私は危惧しています。哲環世界や文化は、ヒトが身に纏って人に成長するものですが、勝手に進化してしまっている人間の限界を超えた情報処理世界が、勝手に身に纏うべきものを造ってしまうのです。

原子力を人間が利用できるようになって危険性が増した時代よりも、生成AIによる勝手な情報処理の進化のほうが、生物を危機的状況に追いやる危険性が高いかもしれません。

タマムシの観察を懸命に進めることができた浜松医科大学の森は、最近になって伐採が進んでしまっています。一本の榎木が切られただけで、タマムシの飛翔行動は変わります。それが数十平方mの規模で伐採されているのです。大学構内でヤマトタマムシが見られなくなるのも時間の問題かと思っています。タマムシが棲めなくなる環境になることはとても残念ですが、伐採を計画した人たちは、まったく悪気などなく、ただ人間中心的な見方に基づいているだけなのです。地層に人の悪行の痕跡が残る人新世の定義も大切ですが、目の前の都市内部の環境破壊に目を向けることができるわれわれの力こそが、人新世の時代のなかを生き残るために不可欠なことだと思います。自然への感性を育み、非人間中心的な視点を養うことができますように。

謝辞

2007年に『生き物たちの情報戦略』を、化学同人の担当者の津留貴彰さんのアドバイスを受けて出版しました。そのときのお題は「生き物の驚異の世界」をタマムシの話も含めて書いてくださいというものでしたが、当初の計画を変更したこともあり、出版後に2作目の話をもちかけられたのです。すぐに著作できると思いつつ、それから17年も経ちました。その間も津留さんはたゆまずに執筆を勧めてくださいました。この本が上梓できたのは津留さんのお陰です。本当にありがとうございます。

この本の中には研究に協力してくださった関係者の方々のお名前を載せましたが、話の流れで掲載できなかったお名前もあります。この研究はたくさんの方々のご協力のもとになされたものです。皆様本当にありがとうございました。

たくさんの人生の友人たち、そしていつも笑顔が素敵な「み・ゲ」に感謝しています。

針山　孝彦

巻末注

第 1 章

＊1　種（しゅ，species）とは，生物を分類するうえでの基本単位である．基本単位の種から，属，科，目，綱，門，界と広い分類群になる．

＊2　鉄の釜の下から直接薪などをくべて暖める風呂．ご飯を炊く鉄の釜を大きくしたような形で，石川五右衛門が釜ゆでの刑に処せられたという話による．当時の家では，鉄の釜の下の薪をくべるところにガス台を入れて沸かしていた．

＊3　果物の匂いに少し似た刺激臭を放つ．劇物である．

＊4　神経起源の内分泌器官．カイコでは脳に続いて側心体神経を経て側心体とアラタ体と並ぶ．

＊5　脳から側心体を経てアラタ体につながる．神経内分泌腺で脱皮に関与している．前胸腺ホルモンと関係をもつ．

＊6　樹木の上部で葉と枝が集まった部分．

第 2 章

＊1　この本では，あえて生物の名称を漢字で書いたり，カタカナで書いたり，ラテン語で書いたりしている．和名はエノキのようにカタカナ表記することが約束になっているが，蚊を「カ」と書いてしまうと文章中で読みにくくなってしまうこともあるからである．一方，*Celtis sinensis* のような表記は，二命名法と呼ばれ，種を属名と種（小）名の二つで表している．ここでは *Celtis* が属名で，*sinensis* が種小名である．*Zelkova serrata* も同様．分類学の父と呼ばれるカール・フォン・リンネがこの命名法を始めたとされる．1707 年に誕生した人である．日本で，一個人の名前を，家族を表す氏と，個人を表す名の二つを用いているのと似ている．ラテン語表記をすることと定められている．高校の生物学の教科書などで，二命名法の説明でヒトを *Homo sapiens* とラテン語で表記するといっていながら，次のページではホモ・サピエンスとカタカナ表記をしている点が残念である．人間を，あえて生物学的な意味をもって表記したければ，カタカナ表記で「ヒト」としたほうがよいと思っているので，この本で「ヒト」として表記している場合は，人間が築いた文化とは離れた生物学的なヒトという意味で用いている．

＊2　金属板を鏨《たがね》や糸鋸《いとのこ》で切り透かして文様を表す技法．金属を用いた透かし彫り．文様とする部分を残して地を透かす〝地透し〟と，地に直接文様を切り透かす〝文様透し〟がある．

＊3　organelle．細胞の内部でとくに分化した機能をもつ構造をいう．原核生物には細胞小器官はなく，真核生物の特徴とされる．ミトコンドリアも細胞小器官の一つ．

＊4　くわしくは図 8-4 を参照．

＊5　クチクラの外側から，構造の違いによってつけられた名称．それぞれ外表皮，外原表皮，内原表皮と訳されたり，表角皮，外角皮，内角皮と訳されたりしているが，ここではカタカナ表記とした．「epi-」は「上の」，「exo-」は「外の」，「endo-」は「内（部）の」を表す接頭語．

＊6　考えを言語で表したもので，真または偽という判断をつけることができる文．

＊7　仮説，命題，主張などが間違っていると証明すること．仮説を含め，科学の理論

は，誤っていることを確認するテストを考案し，実行することができるものでなくてはならないと考える反証可能性の理解も重要．K・ポパー（1902〜94）の科学哲学に関する著作などが参考になる．

＊8　chattering．機械的振動など幅広い意味として使われるが，ここでは切片を切り出すときに，波を打ったように厚さが変わる現象を指す．くわしくは，第4章「ヤマトタマムシの鞘翅を切片にして翅の中の構造を見てみよう」を参照．

第3章

＊1　前章で1 μmについて述べたが，改めてマイクロメートル（μm）やナノメートル（nm）という長さの単位について確認する．1 mの1000分の1が1 mm．1 mmの1000分の1が1 μm．1 μmの1000分の1が1 nmである．1 mも1 mmも肉眼で見えるが，1 μmになると高性能の光学顕微鏡が必要である．1 nmのものを見るためには，電子顕微鏡が必要．卓球の公式球の直径が40 mmだそうなので，それを1 nmだとすると，1 μmは40 mになる．1 mmになると40 kmでマラソンの距離ぐらい．1 mになると，地球1周の距離40,000 kmというイメージになる．

＊2　宇田川榕菴が「細胞」を造語したとされる第3章の文献1では，「時期は不明だが細胞，属も含まれる」と記載されている．現代の中国語で「細胞」が用いられていることもあり，cellの翻訳の歴史の詳細を確認する必要がある．

＊3　M（mol/L）は濃度を表す計量単位．一方モル（mole）は，国際単位系における物質量の単位．1モル（mol）には6.022×10^{23}個の要素粒子が含まれる（アボガドロ数）．0.1 Mでは，0.6022×10^{23}個の要素粒子が1リットル（L）の溶液に含まれる．

＊4　actin filament．真核生物の細胞は，細胞骨格（アクチンフィラメント，微小管，中間径フィラメント）と呼ばれる3種類の繊維をもっている．アクチンフィラメントは，タンパク質であるアクチンが螺旋状の多量体を形成したものである．筋細胞の中では，ミオシンとともに筋収縮に関わる繊維である．

＊5　脱水処理では，50%アルコール溶液に10分から15分ぐらい浸けて，次に60%アルコール溶液に10分から15分ぐらい浸け，70%，80%，90%，95%と同様の作業をして，最後に100%アルコール溶液で2回同じ作業をしてから，100%プロピレンオキサイドで2回同じ作業をする．固定処理をした試料でも，最初から100%アルコール溶液に浸けると，急激に脱水されて，試料が大きく変形することが多いために，この長くて面倒な作業が必要である．また，溶液を入れ替えるときに，機械的な振動を与えたりピペットが試料にぶつかって破損したりするなどの変形が生じないように注意も必要である．とくに，今回のタマムシの実験では，クチクラの層の厚さを測る必要があったので，脱水処理作業を注意深く実施した．

＊6　力や波動などの物理的作用を伝える仲介物となる物質のことをとくに「媒質」という．真空中には物質がないので，昔のヒトは光を伝えるエーテルと呼ぶ媒質があると考えていた．

第4章

＊1　artifact．本来，自然のなかには存在しないが，実験操作や処理などの人為的作業によって生じるノイズや構造．ここでは，切片切り出しの際に，チャタリングによってできてしまった構造．

＊2　矢状面（sagittal plane）は，左右対称な動物の身体の正中矢状面（頭尾軸の背側から腹側の面）に平行な面のこと．横断面（transverse plane）は，矢状面に直角な面のことをいう．

＊3　プラスチックに埋めた試料をもとに，光学顕微鏡用に切ったものを樹脂包埋切片ということもある．樹脂包埋切片はパラフィン切片に比べて解像度がよく，比較的細かい構造まで観察できる．

＊4　トルイジンブルーは塩基性の色素で，組織を青く染める．透過型電子顕微鏡用のプラスチック包埋した切片を光学顕微鏡で観察するときなどに利用されている．組織切片の染色液は，種々開発されており，組織や細胞を特徴的に染色することができるので，目的に合った染色液を選ぶと，細胞小器官など目的の場所を染め出すことができる．

＊5　第5章でくわしく述べるが，多層膜干渉は，薄い膜を何層も重ねたような構造による光の干渉．膜厚の組み合わせ，各層の枚数の組み合わせによって干渉の仕方が変化する．漆器や帯などに使われる装飾技法の螺鈿《らでん》に用いられる夜光貝やアワビなどの貝殻の内側は，真珠母と呼ばれる炭酸カルシウムの薄膜が多層構造を形成している，多層膜干渉によりさまざまな色合いがある．

＊6　モス（moth）は蛾，アイ（eye）は眼で，蛾の複眼の表面にある，アイスクリームコーンを逆さまにしたような，光の波長よりも短いナノレベルの微細な突起が一定間隔で多数並んでいる構造のことをいう．その構造によって複眼に入射する光をほとんど反射することなく取り込むので，蛾が暗環境に適応した結果と考えられている．

＊7　小腸の内壁にある上皮細胞の無数の小さな突起が有名．小腸だけでなく，同様の構造が細胞の表面積を増やす機能をもつので，いろいろな細胞で観察される．節足動物では，複眼視細胞がたくさんの微絨毛を出していてそこに視物質が集積されることで光受容能を高めている．

＊8　研究者が雑誌社に論文を投稿すると，そこの編集者が自分の雑誌に一致した内容か，論文を掲載する価値があるかを判断したあと，査読者2名から3名ぐらいにその論文を読んでもらいコメントを集める．編集者のチェックが第一関門，査読者のチェックが第二関門．査読者のコメントの評価が低いと論文掲載はされない．査読者は投稿された論文が新しいことを述べているかどうかのチェックもするので，新しい研究分野で未完成なものはコメントの評価が下がり掲載されることは滅多にない．

＊9　ある雑誌に掲載された論文が1年あたりに引用される回数の平均値．研究者数が多い分野で掲載された論文，あるいはすでに注目されている研究分野の論文は引用回数が伸びる．

＊10　ローマ帝国の衰退に伴い，西ヨーロッパの人口動態，文化，経済が悪化した時代のこと．科学の分野では，自然から学ぶのではなく，教科書を覚えその教えを理解することの繰り返しとなった．中世の暗黒時代は，14世紀に始まるルネッサンスまで続いたとされる．

第5章

＊1　ここで色といっているのは，特徴的な波長が強調されること．

＊2　蛍光灯や水銀灯の光は，スペクトルのところどころに線が見られる．線スペクトルという．線スペクトルには，明るい線の輝線と，暗い線の暗線（吸収線）の二

つがある．輝線は，原子が発する光で，それぞれの元素に固有である．吸収線は，原子が連続光のある特定の波長を吸収するために現れる．

＊3　自然光でも人工光でも，照明光のスペクトルが変わってもその照明光の波長特性に引きずられることなく，同じ物体は安定して同じ色として知覚される現象．ただし，あとの章で述べるようにプルキンエシフトなどはその現象とは異なる．

＊4　光を波長ごとに分解する機械．プリズムや，回折格子，光学フィルタなど．

＊5　光源から物体へ時間あたりに照射される，面積あたりの放射エネルギーを表す物理量．国際的に定められた単位系における単位はワット毎平方メートル（W/m^2）が用いられる．１ワットは，毎秒１ジュールに等しいエネルギーなので，時間の単位も含まれている．

＊6　光は波としての性質と，粒子としての性質もある．光の粒子の１粒１粒を光子（光量子）という．ある物質に光源からの光が当たっているとして，そのときに，１秒間に当たる光子の数をその物質の受光面積で割った値を光量子数という．

＊7　スペクトルには，連続スペクトルと線スペクトルの２種類がある．さまざまな波長の光を含んでいて，その波長が広い範囲で連続的に分布している太陽光などは，連続スペクトルである．一方，ネオン管や水銀灯のような光は，スペクトルのところどころに線があり，線スペクトルという．線スペクトルには，明るい線の輝線と，暗い線の吸収線（暗線）がある．第５章の＊２も参照．

＊8　生物と無関係に外に存在する世界は，実際にあると人間は予想できるが，実際にはヒトの情報処理を介して外に存在する世界を知覚している．ヒト以外の生物も，進化のなかで獲得してきた種独自の感覚器と情報処理器をもち，種特有の世界をもつ．これがある生物種が外環境として捉えている世界である．理論生物学者J・v・ユクスキュル（1864～1944）が1900年ごろに提唱した．『生物から見た世界』（第５章の文献２）参照．

＊9　山型の曲線の広がりを表す指標．最大値の半分の値に注目して，そのときの幅がどれぐらいかを山型の広がりとする．つまり，タマムシの反射スペクトルのように，ほぼ対称な山型の曲線では，その1/2（50%）の高さにおける幅をいう．

＊10　ある均一な液体や固体（相）が，ほかの均一な液体や固体と接している境界のことをいう．物体の表面も界面の一つ．フランスの物理学者のA・J・フレネル（1788～1827）が導いた，界面における光のふるまい（反射・屈折）も参照．

＊11　写真フィルムや印刷物などの濃度を測定する計器．タンパク質などを電気泳動で分離したときなどに，その濃度測定のために生物学実験では利用されることが多い．

＊12　顕微鏡に分光測定器をつけて，微小領域の反射スペクトルや吸収スペクトルの定性的定量的測定を行なう装置．

＊13　不用で不適のものを排除すること．生物学では「自然淘汰」あるいは「自然淘汰説」という表現で使われ，生物のある種の生存確率や次世代に残せる子の数に差を与える選択（自然選択）がはたらくことを意味する．ここでは，ある文化圏の言語も，同様の淘汰圧がかかるだろうという意味で用いている．

第６章

＊1　生物のもつ性質や特徴のことをいう．形態，生態，生理，分子などの特徴があり，行動も形質の一つである．これらは種内で遺伝的に子孫に伝えられる．

＊2　本書の各所でこの用語を用いている．研究を行なう際に正しいかどうか不明であ

ることを前提に，暫定的に作成する仮説．あらためてこの章でも注を加えたが，これまでの章で何度も作業仮説について述べてきた．「こうではないかな」という思いで対象物を眺めることと，漫然と眺めることで，見え方の違いが出てくることに注意してほしい．

＊3　ここでの信号は，動物にある行動を引き起こす刺激のこと．信号刺激とか鍵刺激などということもある．とくに鍵刺激の場合は，動物に一連の定型的行動である本能行動を引き起こすときに用いられる．「手がかり」「cue」などともいう．

＊4　ここでは作業仮説に基づき，その仮説を確かめる実験計画を立て，実験結果に基づき仮説を証明すること．

＊5　作業仮説などが間違っていることを証明すること．科学哲学者でもあるポパーは，反証可能性を科学的基本条件とした．

＊6　人間も生物の種としての *Homo sapiens* 特有の環世界を基礎としており，その上に人間としての文化を築いているために，ほかの生物を人間特有の見方で見てしまう傾向がある．のちの章で使う用語の「humancentric」と対比して考えてほしい．

＊7　最終章で述べるが，人は地球の支配者であると錯覚し，よかれと思って，地球を人間の思うがままに改造している．たとえば，慧眼の持ち主である社会生物学者のE・O・ウィルソンなども「……言語，科学，哲学的思考の能力のおかげで，私たちはバイオスフェア（生物圏）の管理人にして頭脳となったのだ．私たちは倫的知性を駆使して，この役割を全うすることができるだろうか」と『ヒトの社会の起源は動物たちが知っている―「利他心」の進化論』（NHK出版）のなかで述べている．

＊8　ここでは，精神が高揚すること．生理学的記載の場合は，興奮は神経細胞などにおける特別な生理現象を示すので，文脈でどのような意味かを読み取る必要がある．

＊9　フェロモンとは，生物が体外に分泌し，同種の個体間で作用する化学物質のこと．一般に種特異性が高く，多くは微量で作用する．性フェロモンでは，通常，雌が雄に対する求愛行動として腹部末端のフェロモン腺からフェロモンを空気中に放出し，反応した雄はこれに誘引されて雌に接近する．

＊10　雌雄ともに誘引・定着させ，集団の形成，維持のはたらきをもつ匂い物質．

＊11　ツェツェバエ（tsetse fly）は双翅目ツェツェバエ科（Glossinidae）に属する昆虫の総称．アフリカ睡眠病の病原体を媒介する．私は，ケニヤのICIPE（The International Centre of Insect Physiology and Ecology）でツェツェバエを捕獲するためのトラップの研究をしていた．拙著『生き物たちの情報戦略』参照．

＊12　高校生物の教科書などにも載っているれっきとした学術用語．「食う・食われる」とは生態系のなかのエネルギーの流れに注目した用語だと私は理解している．個体を中心に考えれば「食う・食われない」という用語にすべきだろう．

＊13　隠蔽（カムフラージュ）生物の擬態の一つ．背景に隠れる隠蔽擬態（crypsis，保護色ともいう）を意味するが，枯葉や枝や花などの自然物をそっくりまねる扮装擬態（masquerade，変装すること）も隠蔽の一つとされる．本文中ではコノハチョウ，ハナカマキリ，ナナフシの例を示した．

＊14　aposematism．目立つことで餌になりにくい方法．毒をもつ生物のなかには，警告色（蜂の黄色と黒のしましま模様など）によって自分が危険な動物であることを示し，目立つことで餌にされないようにしているものがいる．ベイツ型擬態や，

ミューラー型擬態などが知られている．なんで黄色と黒の縞模様が警告色として多いのかは不思議．

第7章

＊1　地質学的方法で研究できる地質時代を，おもな生物の種の生存期間に基づいて区分したもの．古いほうから，始生代，原生代（先カンブリア時代），古生代，中生代，新生代に大きく区分されている．新原生代（Neoproterozoic）も，地質時代の区分の一つ．原生代の最後の3紀（トニア紀，クリオジェニア紀，エディアカラ紀に分かれる），10億～5億4200万年前にあたる代である．

＊2　生物の生活の跡が化石となって残ったもの．足跡や巣穴，排泄物，接触の跡など．

＊3　細胞から生えている毛状の構造．ヒトの呼吸器官の気管などにもあり，病原体を含む異物を排除するためにも機能している．

＊4　地質時代の年代区分の一つで，古生代の最初の紀である．カンブリア紀の爆発とも称されるように，この時代に生物は爆発的に多様化した．

＊5　左右は面対称で，前と後ろ，上と下は対称ではない．

＊6　二つ以上の刺激の違いを感知すること．識別ともいう．

＊7　身体の内外で起こる状況の変化を刺激として受け取ることのできる器官．外界の物理化学的変化が感覚器に届いたものを「刺激」，感覚器に入力されて刺激を利用できるようになったものを「情報」と，用語を区別すべきである．

＊8　介在神経や運動神経に対するもので，各種の感覚受容器からの感覚情報を，介在神経や中枢神経に送る役目をもつ求心性の神経のこと．逆に，運動神経は，介在神経や中枢神経から筋肉などの効果器に情報を送る遠心性の神経である．

＊9　電波は電磁波であり，特定の振動数の範囲のものをいう．電波の定義は，1950年制定の電波法で決められていて「電波とは，300万MHz以下の周波数の電磁波をいう」となっている．

＊10　光の定義が，人間中心的（humancentric）であることに注意してほしい．霊長類を除くほとんどの動物が紫外線受容できることが，光を定義する時代には知られていなかった．

＊11　電気を体外に放電するための電気器官をもつ魚がいる．直流から50Hzぐらいまで，数百Hzの低周波に応答できる電気受容器によって，個体の周辺の環境を知ることができる．

＊12　興奮とは生物学では，生物の感覚細胞や神経，筋肉などにある刺激が加えられたとき，それに反応して静止状態とは明らかに異なる活動状態に移行することをいう．「精神的な興奮」とは異なった意味をもつ．

＊13　アデノシンのリボースに3分子のリン酸がつき，2個の高エネルギーリン酸結合をもつヌクレオチド．原核細胞や真核細胞などすべての生物の細胞にある解糖系でも産生される物質であるため，地球上の生物の体内に広く分布する．

＊14　食物連鎖における各段階のこと．分解者，光合成などによって無機物から有機物をつくり出す生産者や，生産者がつくる有機物を消費する一次消費者，その一次消費者を食べる二次消費者などの段階がある．またこれらを分解する分解者もある．

＊15　生産者，一次消費者，二次消費者と栄養段階が上がるにつれて，個体数や生物量，生産力は減少するため，それらを積み重ねるとピラミッドの形となる．

＊16　呼吸には，外呼吸と内呼吸がある．内呼吸では，細胞において酸素や栄養素から

ATP を得て，老廃物を排出する代謝を行なう．原核生物の場合，真核生物の呼吸の中心であるミトコンドリアはないが，原核生物の細胞質基質で「解糖系」の呼吸がなされる．

＊17 近年では便宜上，視物質をロドプシンと総称し光覚に関与する視物質を示すことが多いが，その他の呼称もたくさんある．オプシンの種類と発色団の組み合わせにより，また新たな視物質が発見されると新たな名前がつくということで，たくさんの名前がつけられてきた．高校の教科書では，視物質全体をロドプシンと表記しているものがある一方，桿体と錐体の視物質を分けて，前者をロドプシン，後者をフィロプシンと表記しているものもある．

＊18 動物の発生の違いによる分類．前口動物は，初期胚につくられた原口がそのまま口になるもの，後口動物は，体軸が逆転し原口が肛門となり（あるいは，原口付近に新たに肛門が形成される）ものをいう．たとえば，昆虫は前口動物で，ウニやヒトは後口動物である．前口動物を旧口動物，後口動物を新口動物ということもある．

＊19 1分子内にアミノ基とカルボキシル基をもつ有機化合物の総称．タンパク質は20種類のアミノ酸から構成されている．

＊20 七つの α ヘリックス構造が細胞膜を7回貫通し，N末端は細胞外にC末端は細胞内に位置する膜タンパク質である．Gタンパク質と呼ばれるタンパク質を介してシグナル伝達が行なわれるので，Gタンパク質共役型受容体ともいう．タンパク質はアミノ酸が数珠状に配列したものであり（一次構造），片側をN（アミノ）末端，反対側をC（カルボキシル）末端と呼ぶ．α ヘリックスや β シートなどの二次構造を保って，立体構造である三次構造を形成する．

＊21 細胞膜の基本構造であるリン脂質を主とする膜．リン脂質が疎水性部分を内側に，親水性部分を外側に向けて隙間なく並んで二重の層となっている．リン脂質が主材料で，リン脂質分子同士の結合はゆるいので，各リン脂質分子は脂質二重層の中を横方向に自由に移動することができる．

＊22 進化上の共通祖先に由来すると推定されるタンパク質をまとめたグループを，タンパク質ファミリーという．タンパク質ファミリーの定義は研究者により異なり，ファミリーの範囲も厳密に定義されるものではないが，ファミリーより広い範囲をスーパーファミリー，より狭い範囲をサブファミリーとする分類の表記も用いられる．

＊23 発色団（chromophore）は，分子のなかで色の原因となり，光が当たったときに分子の立体構造変化を引き起こす部分．

＊24 レチナールがオプシン中のリジン残基とプロトン化したシッフ塩基結合をつくることで長波長側に吸収帯域がシフトする．ここで急に，リジン残基，プロトン化，シッフ塩基結合と三つの新しい用語が出てきて戸惑われた方もいると思うが，第7章の文献20を読んでいただくと，くわしく解説されている．

＊25 光の伝播を粒子の流れ，光の量を粒子数としてとらえる場合の粒子．光子，photon ともいう．光の本性として「波動説」と「粒子説」の二つが存在していたが，19世紀末にJ・マックスウェルの理論が検証されて光の波動説が確立された．その後，M・プランクが物質やエネルギー量子の概念を発表し，A・アインシュタインが光の波動説を支持しつつ，光量子仮説を示した．

＊26 quantum yield．光化学反応を起こした原子または分子の個数と，吸収された光子の個数との比のこと．

＊27　Gタンパク質はGDPやGTPを信号伝達サイクルの制御に使っている分子スイッチ．GDPがGタンパク質に結合すると，Gタンパク質は不活性化する．GDPがGTPと置き換えられるとGタンパク質は活性化し，信号を伝えるようになる．
＊28　形態と機能を同じくする細胞が多数集まって組織を構成し，複数の組織が集まって器官を構成している．
＊29　生物学におけるニッチは，一つの種が生息するために利用する環境および環境要因のこと．
＊30　微絨毛のこと．microvillusの複数形がmicrovilli．細胞の表面積を増やし，体積の増加を最小限に抑える微細な細胞膜突起．小腸にある微絨毛が有名だが，前口動物の視細胞にも多く見られる．
＊31　「興奮」に関する三度目の注釈．生物学では，細胞が静止状態から活動状態になることを興奮という．細胞レベルでは，刺激によって細胞膜のイオン透過性が変化することによって，電位差の変化が生じる．活動電位が発生した状態を「興奮」と呼ぶと高校の教科書には書かれている．しかし，ほとんどの視細胞では，「緩電位（graded potential）」と呼ばれる光の量に比例して静止膜電位の深さが変化することで興奮となる．つまり，「興奮」は「緩電位」あるいは「活動電位（action potential）」のことを意味するので，文脈で読み分ける必要がある．

第8章

＊1　第5章の注8を参照．
＊2　生物学では「利他的行動」という用語が用いられ，「自己の損失を顧みずに他者の利益を図るような行動」という定義が一人歩きして，ヒトの同様の行動も利他的行動と表現されることがある．生物学としての「利他的行動」を理解するためには，「適応度」と「包括適応度」の二つの用語に注意しなければならない．適応度とは，ある生物の個体が生んだ次世代の子のうち，繁殖年齢まで成長できた子の数とされ，自己の遺伝子をどれぐらい次世代に残すことができるかという視点から考えられている．包括適応度とは，ある個体の遺伝子が次世代に残るために，その個体がどの程度寄与するかを示す量である．つまり，適応度では，ある個体の子孫にどれだけ自分の遺伝子が残るかを考えるが，包括適応度では，ある個体の親族，あるいは同じ対立遺伝子をもつ可能性のある他個体にまで広げたものをいう．ミツバチの働き蜂（ワーカー）が，生殖行動をせずに，自分の巣や女王蜂などを維持する行動が，ある個体の親族を守ることで自分と同じ遺伝子を効率的に伝えていることの説明としてこの用語が用いられる．ここであえて「自己犠牲的行動」と記したのは，ヒトは，自己の遺伝子の次世代への継承とは関係ないにも関わらず，自己の時間・労力・身体・生命をささげることから，自己の遺伝子が多く残る行動である利他的行動と区別するためである．
＊3　「わたしたちは，地球が，現在の，そして将来の世代が必要とするものを支え続けられるように，持続可能な消費や生産，天然資源の管理，気候変動に対する緊急の行動などを通じて，地球を破壊から守ることを決意します」という宣言．日本ユニセフ協会ホームページ（https://www.unicef.or.jp/kodomo/sdgs/preamble/）より．
＊4　ここでいうエネルギーの流れとは，食物連鎖で象徴される太陽エネルギーを植物（生産者）が同化してATPや炭水化物などのほかの生物が利用しやすい化学エネルギーに変換し，一次消費者・二次消費者と呼ばれるほかの生物にエネルギーが

伝わり，最終的に熱エネルギーに変換されることと，過去の生物が地球に残した化石燃料などを利用することに注目している．

＊5　生態系において，生産者を出発点とする食物連鎖の各段階（生産者・一次消費者・二次消費者・三次消費者など）のほかに，生物の遺骸や排泄物などを分解して生きる分解者も重要な栄養段階の1グループである．ただし，分解者と消費者の境界は便宜的なものである．本文中にも記載があるように，栄養段階に分けられる生物種は，それぞれ複雑に関係をもつので，分解者の区別が便宜的なものであるだけでなく，各栄養段階の生物種の区別も便宜的なものであることに注意が必要である．

＊6　静止視力に対して動体視力という用語がある．スポーツ選手にとっては動体視力が重要だが，静止視力が良いから動体視力も良いということにはならないことに注意．

＊7　錐体視細胞は cone photoreceptor，桿体視細胞は rod photoreceptor の日本語訳．cone はアイスクリームコーンでもおなじみの円錐状のことを示し，rod は釣り竿のことを rod というように，細長い円柱状の形を示します．

＊8　connecting cilia．この部分にはタンパク質で形成された繊維状構造があり，外節と内節を結びつけているので結合繊毛という．光受容部位に繊毛をもつものを繊毛（シリア）型，細胞膜が変化して微絨毛構造による膜構造をもつものを感桿（ラブドーム）型と呼ぶ．

＊9　ミトコンドリアは脂質二重層でできた外膜と内膜を有し，内膜はクリステと呼ばれる櫛状の構造．ミトコンドリアでは，高エネルギーの電子と酸素分子を利用して，ATP を合成する．すなわち，ミトコンドリアは真核生物における好気呼吸の場である．

＊10　シナプスとは神経を伝わる信号を出力する側と入力される側の間に発達した興奮伝達のための接触構造である．神経と神経，神経と筋肉の間などで見られる．

＊11　盲点と盲斑は同義．視神経が集まって小さな面をつくっているので，点ではなく斑と表現するようになった．これは生理学的な表現で，解剖学的な視点からは視神経乳頭という．

＊12　第7章の注17で示したように，ロドプシンは視物質の総称として用いられることもあり，また桿体がもつ視物質をロドプシンと特定することもある．

＊13　第2章参照．ここでは，視物質の塩基配列を使って，視物質の進化的道筋を解明．

＊14　光量が少ないが完全な暗黒ではない薄暗い状況．桿体視細胞のはたらきにより青色に近い波長域で視感度が高くなり，錐体視細胞のはたらきもある程度可能な光量での視覚が機能する状況．

＊15　錐体細胞は微弱光量の場合には機能しない．暗所では桿体視細胞のみが光受容するので，暗所では色覚は生じない．

＊16　現行の多くの高校生物の教科書では「視物質に光が当たると，レチナールの構造が変化して，オプシンから外れる．この反応がきっかけとなり，視細胞に電位変化が生じる」と書かれているが，これは誤った記載である．ごく昔の生理学の教科書に書かれていたことがそのまま記載されている．この記載のとおりの現象が視細胞の中で起こっているとすると，1光量子による視物質の異性化によって細胞内で増幅することができず，数少ない光量子を受容することで信号とすることはできない．また，昆虫などの節足動物の視細胞に含まれる視物質は，レチナールが光異性化して視細胞が興奮しても，オプシンから離れることはない．オプシ

ンからレチナールが離れることが電位変化のきっかけであるなら，節足動物でも離れなくてはならないはずである.

第 9 章

＊1　比較生理学および生理学的観点からの知覚心理学の研究を遂行した．彼は昆虫の複眼の機能を説明し，1891 年に昆虫や甲殻類の複眼の生理学を解説した *Die Physiologie der facettierten Augen von Krebsen und Insekten* を出版した.

＊2　生物の個体や部分の機能を，生物界を構成するさまざまな生物種にわたって比較研究する学問分野．フリッシュと A・クーン（1885～1968）は，比較生理学の論文を扱う科学雑誌 *Zeitschrift für vergleichende Physiologie* をつくり，現代の *Journal of Comparative Physiology A* として続いている.

＊3　カイコの幼虫はほとんど移動せず，成虫は翅があるのに飛べない．幼虫も成虫も人の世話なしでは生きていけない.

＊4　動物が，巣などから離れても，ふたたびそこに戻ってくる性質または能力.

＊5　path integration．移動している動物が，自らの移動方向と移動距離を，コンパス（移動している方向）と距離計を使って記録して，その方向と距離のベクトルを積算することで，帰巣開始地点から出発地点の位置情報を推測する方法．ミツバチは飛翔移動の際に生じるよぎった視覚情報の量を，またサバクアリは歩いた歩数をそれぞれ移動距離の指標としているとされる．方向に関しては本文を参照.

＊6　それぞれの生物の種の生存・生育に必要な栄養素のうち，三大栄養素（炭水化物・タンパク質・脂質）以外の，その生物の体内で充分な量を合成できない有機化合物の総称．このビタミンとミネラルは微量栄養素とも呼ばれ，この二つを加えたものを五大栄養素という．生物の種によってビタミンとしてはたらく物質は異なる．たとえばアスコルビン酸はヒトにはビタミン C だが，多くの生物は合成可能でビタミンではない．ヒトのビタミンは 13 種が認められている．ビタミンは機能で分類され，物質名ではない．たとえばビタミン A はレチナール，レチノール，レチノイン酸などからなる.

＊7　黄，橙，赤色などを示す天然色素の一群．自然界におけるカロテノイドの生理作用は多岐にわたり，とくに光合成では補助集光作用，光保護作用や抗酸化作用などに重要な役割を果たす.

＊8　自切とは節足動物やトカゲなどが脚や尻尾を自ら切り捨てる反応．自切の場合，怪我と違って体液も血液もほとんど出ない.

＊9　細胞は，細胞膜を介して膜の内側と外側で異なるイオンの分布があるために，膜電位をもつ．イオンの流出入は止まることはないが，電荷の移動はある条件において見かけ上，定常状態になる．このときの膜電位を静止膜電位という.

＊10　anchor protein．ここでは視物質の膜中での運動性を止めるために，船のイカリのように視物質と結合し，マイクロビライの中心にある黒い点に見える部分に結合しているタンパク質をイメージしている.

＊11　Lambert–Berr's Law．物質による光の吸収を定式化した法則．物質に光が吸収されるので，徐々に入射する光の強度が下がり，物質の濃度と物質が含まれる長さに比例する.

＊12　複眼の背側の端の部分にある，DRA 以外の複眼の形状と顕著に異なる部分．偏光受容に特化している特徴として，ラブドメアの配列やラブドームの長さが短いこと，レンズの配列が平坦であることなどが挙げられる．コオロギやバッタなど

では，肉眼でもその特徴的な場所を確認できる．

＊13 われわれヒトは，外界の振動を中耳にある片耳あたり1枚の鼓膜が，内耳の蝸牛に伝えて脳に伝える電気信号としているが，コオロギは，前肢の脛節に鼓膜がある聴覚器官をもつ．脚にある聴覚器官を用いて，仲間のコオロギが奏でる翅の音を受容し種内コミュにケーションに用いている．

＊14 「あたりをつける実験」を私はパイロットスタディというが，ネット検索すると「パイロットスタディとは，研究プロジェクトを開始する前に，その研究デザインの実現性を見極めるために行なう予備的な小規模調査」だとか「研究者が大規模な研究プロジェクトをどのように実施するのが最善かを決めるのに役立つ予備的な小規模なスタディ」だとかの説明があった．ここで用いる「あたりをつける実験」は，論理的に正しそうな作業仮説を導くための実験という意味が深いので，あえてパイロットスタディという用語を使っていない．

＊15 serendipity．ホレス・ウォルポールが1754年に記載した造語．偶然に，予想外のものに気づくこと．あるいは何かを探索しているときに，探しているものとは別の価値があるものを偶然見つけること．

第10章

＊1 物体の表面や内部を観察するために使用される光学顕微鏡の一種．虫眼鏡や実体顕微鏡は，おもに立体的に試料を観察するときに用いる．光学顕微鏡よりも倍率が低く虫眼鏡よりは拡大率が高いので，ここではあえて実体顕微鏡を光学顕微鏡と別の表記としている．

＊2 コンデンサーレンズなどを介して試料に光を照射して，接眼および対物レンズによって透過光・反射光・蛍光などの光を結像させて観察する．観察可能な倍率は一般に数十倍から数百倍で用いられ，1000倍程度まで観察可能である．

＊3 透過型電子顕微鏡（transmission electron microscope : TEM）は，数百倍〜数百万倍の広い倍率をカバーする．試料を投影拡大して像を得る．

＊4 走査型電子顕微鏡（scanning electron microscope : SEM）は，電子線を試料に当てて，試料表面からの反射電子や二次電子を観察する．試料から放出されるこれらの電子を，試料近くに設置したセンサーで受け取るので，電子線を試料表面に走査させて立体像を得る．SEMは光学顕微鏡をはるかにしのぐ分解能を有するため，材料や半導体デバイス，生物学や医学など，さまざまな分野で幅広く利用されている．

＊5 生物の構造や機能，生産プロセスを観察，分析し，そこから着想を得て新しい技術の開発や〝ものづくり〟に活かす科学．生物を直接利用するバイオテクノロジーとは異なる．現在では，生態系に学んでそこから着想を得る「エコミメティクス」へと，バイオミメティクスの考え方が広がることになった．

＊6 ドイツの電気技術者で，E・ルスカとともに電子顕微鏡を発明．

＊7 電子顕微鏡の開発の功績で1986年に80歳でノーベル物理学賞を受賞した．クノールの没後17年も経ったあとであった．

＊8 bacteria．細菌，古細菌，真核生物は全生物界を三分するドメイン（系統）の一つである．細菌は，1〜10 μmほどの微生物で，球菌，桿菌，螺旋菌など，さまざまな形状を示す．真核生物に対して，細菌，古細菌を合わせて原核生物と呼ぶ．細菌の一部のものは病原菌として，ヒトや動物の感染症の原因となる．酸素を発生するシアノバクテリアも細菌の仲間である．

＊9　E・ルスカの弟．ドイツの外科医であり生物学者．

＊10　米国の電気工学者．SEM の分解能を上げるなどで英国ケンブリッジ大学で学位取得．

＊11　6時間から12時間ぐらい静置する．

＊12　ペーハーだとかピーエイチと発音する．ドイツ語読みと英語読みのどちらでもよい．水溶液の性質（酸性，アルカリ性）の程度を表す単位．希薄水溶液では，水溶液中の水素イオン（H^+）の濃度と考えることができるので「pH は水素イオン濃度（H^+）の逆数の常用対数である」と定義できる．

＊13　高濃度のアルコールに入れると急激に脱水されて試料が変形してしまう．そのため，徐々にアルコール濃度を上げる．

＊14　*t*-butyl alcohol．凝固温度が 25.5 ℃と高いことを利用して，脱水のために用いたアルコールを *t*-ブチルアルコール溶液に置換し，その試料を凍結したまま真空中で昇華させて乾燥する．

＊15　真空の度合いは単位面積あたりの力（圧力）で表され，その単位として Pa（パスカル）が使われる．これは SI 単位の N/m^2 を真空特有の単位にしたもの．真空を圧力の範囲によって，低真空（low vacuum）10^5〜10^2 Pa，中真空（medium vacuum）10^2〜10^{-1} Pa，高真空（high vacuum）10^{-1}〜10^{-5} Pa，超高真空（ultra-high vacuum）10^{-5}〜10^{-8} Pa，極高真空（extremely high vacuum）10^{-8} Pa 以下と呼ぶようになって，五つの段階に分類されることもある．

＊16　Google Scholar や，Chrome や Firefox などなどのブラウザで「scanning electron microscopy living insect」などで検索をかける．論文だけが結果として欲しいときは Google Scholar が便利．

＊17　1969 年から 1993 年までオーストラリア国立大学の教授．節足動物の視覚を中心に研究推進し，世界中から集まってきた若者を研究者として輩出した．紹介を受けた Technician のお名前を失念してしまったことがとても残念である．

＊18　固体表面に対する液体の付着のしやすさのこと．固体表面が液体および気体と接触しているとき，この 3 相の接触する境界線において液体面が固体面と成す角度を接触角（contact angle）という．接触角が小さい性質を親水性，大きい性質を撥水性といい，とくに撥水性，親水性が強い性質を，それぞれ超撥水，超親水という．

＊19　NanoSuit 溶液の濃度を上げると試料表面に厚い膜を形成させることができる．逆に NanoSuit 溶液を希釈して濃度を下げると薄い膜を形成させられる．

＊20　浜松科学館みらいーら．https://www.mirai-ra.jp/floorguide/nature/1005-info/

第 11 章

＊1　人間は，個人や家族から構成され，それぞれの役割分担をもって，全体として集団生活が営まれていることを「社会」といっている．一方，生物学的視点では，生得的に（習性として）集団をつくる動物を社会性動物という．動物としてのヒトは，村や都市の社会を形成する生得的な情動があるとは考えにくく，文化によって社会を形成していると思われるので，ここでは亜社会性とした．

＊2　*Homo sapiens* は，分類学の父といわれるリンネによってつくられた二命名法によるヒトの種名．リンネによって命名された．「賢い（sapiens）ヒト（Homo）」という意味をもつ．現在棲息しているヒトを *Homo sapiens sapiens* と記載し，直接の先祖であると考えられているヒトを *Homo sapiens idaltu* と記載して区別する

ことも提唱されている．

＊3　元素記号を，ピアニストのショパンに真似て並べたもの．炭素（C），水素（H），酸素（O），リン（P），窒素（N）と並ぶ．途中のiは，語呂合わせではあるが，ミネラルのイオンとしている．イオウ（S）を加えてCHOPiNSと呼ぶこともある．

＊4　生物の素材としてCHOPiNが用いられていることに注目してほしい．ユビキタス（ubiquitous）は「同時にどこにでも存在する」ことを意味するが，ユビキタス元素と呼ばれる，地表にありふれた元素がすべて生物の素材になっていない．ちなみに地表を構成する元素の存在量（重量換算）を表す「クラーク数」のトップ10は，酸素，シリコン，アルミニウム，鉄，カルシウム，ナトリウム，カリウム，マグネシウム，水素，チタンである．

＊5　プラトンは紀元前427年から紀元前347年に生きた．ソクラテスの弟子にして，アリストテレスの師である．

＊6　ヒトの五感を受容する感覚器は，触覚以外はすべて頭部に集まっている．触覚だけを例にしても，触覚，痛覚，温度覚などの表在感覚，圧覚，位置覚，振動覚などの深部感覚など多様な機能を含んでいる．また，感覚として内臓感覚，平衡感覚などが存在することで生命維持されている．

＊7　暗黒時代とはローマ帝国の衰退以降，ルネッサンスまでの時代とされてきたが，現在ではその間の時代にも，数多くの業績があり，人々の精神的活動もなされてきたことがわかっており，暗黒時代という否定的な表記法そのものも見直すべきだという見解もある．ここでは，現代の闇と比較するために，あえて暗黒時代という用語を用いている．

＊8　ornithopter．人間が模倣できるほとんどの飛翔する生物は，羽ばたき飛行を行なっている．レオナルドは羽ばたき式飛行機の設計図を1490年に記載した．

＊9　Umweltはドイツ語で環境を意味する．同時に「周囲の人々」いう意も含まれている．

＊10　日本に動物行動学を広めた生物学者．多くの著作がある．日高先生から私は「環世界」という用語をつくり上げたというお話を，研究会の懇親会に行く道すがら直接お聞きした．そのとき日高先生は著作で忙しく，懇親会には出席されずにホテルに戻られた．

＊11　「信号刺激」ともいう．同じ種内の，異なる個体に同一の行動を引き起こす．

＊12　オランダ人大気化学者で，ノーベル化学賞受賞者．

＊13　持続可能な開発目標（sustainable development goalsの略称）．2015年9月25日に国連総会で採択され，2030年までにわれわれの世界を変えて持続可能な開発をするための17の国際目標．日本では企業が積極的に経営に導入するなど，多様な団体で取り組まれている．

＊14　たとえばインド洋ベンガル湾内の北センチネル島に住むセンチネル族のような非接触部族．人口は多くても数百人とされる．

＊15　genocideは，国や民族などを計画的に破壊すること．民族や文化，宗教などのイデオロギーの違いが理由で相手を意図的に抹殺する行為．

＊16　van der Waals force．原子や分子などの間にはたらく分子間力の一つ．剛毛が壁などの物体にとても近づくことで力が発生すると考えられている．

＊17　夜行性の蛾は，暗い夜でも自由に飛翔する．蛾（moth）の複眼の表面にナノレベルの微細な突起構造が一定間隔で並び，その構造によって，光の反射を低減している．眼への光の入射量を増やしていることが重要だとか，捕食者から見えない

ように反射を防いでいることが重要だとか，種々の議論がある．第4章も参照.
＊18　nanopillar構造．pillarは，柱という意味．小さな柱状の構造が集積しているのがモスアイ構造.

第12章

＊1　クオリティ・オブ・ライフ（quality of life）．生活の質のことをいい，自分の望む日常生活を送れているかという尺度.
＊2　毛細管現象は，細い管状構造の内側の液体が，外部からエネルギーを与えられることなく管の中を移動する現象.
＊3　解剖学には，生物の軸に沿って種々の用語がある．遠位側，近位側もその例で，体幹に近い側を近位，遠い側を遠位という.
＊4　気体・液体・固体中に，分散してコロイドの状態にある微粒子のこと．直径数nm～数百nm程度の比較的大きな粒子をいう.
＊5　粒径のよく揃ったコロイド粒子が周期的に配列したものを，通常の結晶との類似性からコロイド結晶という.
＊6　三次元に周期配列したコロイド結晶は，二次元平面状の粒子層を等間隔で積層したものと見なすことができる．この粒子層がつくる平面は格子面と呼ばれる（図12－6Aの点線）．光を照射すると，結晶内の積層した格子面群による干渉によって特定の波長が反射する現象が起こる．これをBragg反射という.

第13章

＊1　ecosystem services．生物あるいは生態系が，人類の利益になるサービスを供することをいう．食料や水といったものの生産・提供（供給），気候や病気・害虫などの制御・調節（調整），レクリエーションなど精神的・文化的利益（文化），栄養塩循環や光合成による酸素の供給など（基盤），および多様性を維持し，不慮の出来事から環境を保全すること（保全）があげられることが多い.
＊2　河川などで，川底を管理しやすいように3面をコンクリートで固める工法．生物多様性，環境保全などの面から問題があることがわかり改善が図られているが，各地に多数の三面張りが残っているのが現状.
＊3　Manteau（仏）は，屋外で着用される袖なしの肩から身体を被う外套．マントの起こりは人間が狩猟を始め，その毛皮などをそのまま羽織って防寒具としたことからともされる．ここでいう〝マント〟は，人が纏う知的なものである．ヒト（人）が着る服のようなものだが，羽織ることで自由度が制限されることもあることを強調したく，袖のある服やコートではなく〝マント〟ということにした.
＊4　洞とは，木の内部にできた洞穴のこと．洞察は，奥深い場所を見通すことを意味しているのだろう.
＊5　霊長目は，Primatesのこと．primateは「第1位の」を意味し霊長.
＊6　心理学の一学派であるゲシュタルト心理学の創始者の一人．ゲシュタルトとは，全体性をもったまとまりのある構造のことをいう.
＊7　mitochondrial eveは，ヒトの起源を探るために各地に住む民族のミトコンドリア内に含まれるDNAを解析し分子系統樹から共通女系祖先（matrilineal most recent common ancestor）に対し名づけられた名称．アフリカ単一起源説を支持する証拠の一つとされる.
＊8　ここで「風土」とは，和辻哲郎が著した『風土』で述べられている，哲学的思考

としての人間を論じるのに「土地」を重要視したことを私は意識している．ただし，私がいう「風土」とは，〝マント〟の集合体としての「個体群が形成している地域的な文化」のことである．西洋の風土論が培ってきた風土という自然が人間に影響を与えるという考え方を否定しないが，自然と人間との関わりのなかで誕生する〝マント〟の集団をここでは「風土」と記載させていただく．〝マント群〟といってもよいのかもしれないが，造語の使用をなるべく避けるために．

＊9　下村政嗣が発案したフレーズ．電車の車両に乗ると，ほとんどすべての人がスマホとにらめっこ．「正解」を一瞬のうちに手に入れるのには最適．仮想空間で人同士がつながるのに最適．自然とつながらない生命のような「風土」や「文化」の進化の方向は破滅に向かうのかもしれない．

＊10　人間の性なのか，あらゆることに正解を求めて暮らしていくことに疑問をもたない．宗教にしろ，哲学にしろ，そして国の理念にしろ，ヒト（人）が正解を摑むことはない．

＊11　第5章で，分類学上の「目」を，ある日本の偉い先生が簡単な表記のほうがよいとされたことを述べた．その先生は「霊長目」を「サル目」とされたようだが，この分類表記に関しては相変わらず「霊長目」のほうが多用されているようだ．イヌを「ネコ目」にすることは容認しても，人が自分のことを「サル目」と称するのは嫌なのだろうか．

＊12　ロボットとは，生物がもつ機能を利用するためにその形態を真似て創りあげた機械なのだから，「奴らロボットと同じだぜ！　単純な機械だ」と叫ぶのは，自明のことをいっている軽薄な発言に過ぎないのだが，ここでは，生物が持続性をもって生存し続ける自然との「調和」を無視していることを問題にしている．

＊13　第11章「人新世，COVID-19（新型コロナウイルス）に象徴される現代世界の脆弱性」参照．

参考文献

第１章

（１） Hariyama, T. *et al.* Diurnal changes in structure and function of the compound eye of *Ligia exotica*. *J. Exp. Biol.*, **123**, 1-26（1986）

（２） 針山孝彦『生き物たちの情報戦略―生存をかけた静かなる戦い』化学同人（2007）

第２章

（１） 芦澤七郎『タマムシの生態と飼い方―環境が悪いと長生きするヤマトタマムシの研究』知玄舎（2007）

（２） 芦澤七郎『タマムシの飼い方入門「４つの飼育法」―こんなに簡単，玉虫を自然に殖やす環境づくり』知玄舎（2022）

（３） Kwon, O. Report on the current status of Korean jewel beetle, *Chrysochroa coreana*（Coleoptera: Buprestidae）. *J. Ecol. Environ.*, **36**, 113-116（2013）

（４） Kim, S. K. *et al*. Three different genetic lineages of the jewel beetle *Chrysochroa fulgidissima*（Buprestidae; Chrysochroinae）inferred from mitochondrial COI gene. *J. Ecol. Environ.*, **37**, 35-39（2014）

（５） バックミンスター・フラー『宇宙船地球号操縦マニュアル』（芹沢高志 訳）筑摩書房（2000）

（６） Watson, J. D. and Crick, F. H. C. Molecular structure of nucleic acids: a structure for deoxyribose nucleic acid. *Nature*, **171**, 737-738（1953）

（７） Kimura, M. Evolutionary rate at the molecular level. *Nature*, **217**, 624-626（1968）

（８） 金子章道「網膜―デジタルカメラとは違う構造と機能」『日生誌』**67**, 102-110（2005）

（９） Gullan, P. J. and Cranston, P. S. *The Insects: An Outline of Entomology*, 5 th Edition, Wiley-Blackwell（2014）

（10） Suderman, R. J. *et al*. Model reactions for insect cuticle sclerotization: participation of amino groups in the cross-linking of *Manduca sexta* cuticle protein MsCP36. *Insect Biochem. Mol. Biol.*, 36, 610-611（2006）

（11） Andersen, S. O. Aspects of cuticular sclerotization in the locust, *Scistocerca gregaria*, and the beetle, *Tenebrio molitor*. *Insect Biochem. Mol. Biol.*, **38**, 877-882（2008）

第３章

（１） 伊地智昭亘，宇月原貴光「日本の化学の父　宇田川榕菴のライフワーク」『函館工業高等専門学校紀要』**51**, 1-10（2017）

（２） 中島秀人『ニュートンに消された男ロバート・フック』KADOKAWA（2018）

（３） 寺田寅彦『寺田寅彦全集』（第三巻）岩波書店，199-201（1997）

第 4 章

（1） ロバート・フック『ミクログラフィア―微小世界図説：図版集』(永田英治，板倉聖宣 訳）仮説社（1985）
（2） Futahashi, R. *et al*. Molecular basis of wax-based color change and UV reflection in dragonflies. *eLife*, **8**, e43045（2019）
（3） ウィキペディア，ミウラ折り．https://ja.wikipedia.org/wiki/ミウラ折り
（4） 玉虫研究所．https://tamamushikenkyujyo.jimdofree.com/
（5） Minami, R. *et al*. An RNAi screen for genes involved in nanoscale protrusion formation on corneal lens in *Drosophila melanogaster*. *Zoological Science*, **33**, 583-591（2016）

第 5 章

（1） 虫用分光放射照度計 CP160. https://www.colorpyxis.com/
（2） ユクスキュル，クリサート『生物から見た世界』（日高敏隆，羽田節子 訳）岩波文庫（2005）
（3） Fox, D. L. *Animal Biochromes and Structural Colours*, 2nd Edition, Univ. of California Press（1976）
（4） 梅鉢幸重『動物の色素―多様な色彩の世界』内田老鶴圃（2000）
（5） 木下修一「発色原理が異なる色―構造色―」『日本画像学会誌』50, 543-555（2011）
（6） 木下修一『モルフォチョウの碧い輝き―光と色の不思議に迫る』化学同人（2005）
（7） 木下修一『生物ナノフォトニクス―構造色入門』朝倉書店（2010）
（8） Yoshioka, S. *et al*. Origin of tow-color iridescence in rock dove's feather. *J. Phys. Soc.Jpn.*, **76**, 01381-1-4（2007）
（9） 構造色研究会．http://www.syoshi-lab.sakura.ne.jp/kozoshoku2.html
（10） エクセルで多層膜干渉．http://syoshi-lab.sakura.ne.jp/excelde/excelde.html
（11） Yoshioka, S. and Kinoshita, S. Direct determination of the refractive index of natural multilayer systems. *Physical Review E*, **83**, 051917（2011）
（12） 構造色事始め，タマムシの色の仕組み３．https://ameblo.jp/kozoshoku/entry-12543597560.html
（13） Neville, A. C. *Biology of Fibrous Composites*, Cambridge University Press（1993）
（14） Noh, M. Y. *et al*. Development and ultrastructure of the rigid dorsal and flexible ventral cuticles of the elytron of the red flour beetle, *Tribolium castaneum*. *Insect Biochemistry and Molecular Biology*, **91**, 21-33（2017）
（15） Adachi, E. Unexpected variability of millennium green: structural color of japanese jewel beetle resulted from thermosensitive porous organic multilayer. *Journal of Morphology*, **268**, 826-829（2007）
（16） 加納喜光『動物の漢字語源辞典』東京堂出版（2007）
（17） 文化庁，現代仮名遣い　前書き．https://www.bunka.go.jp/kokugo_nihongo/sisaku/joho/joho/kijun/naikaku/gendaikana/maegaki.html

第 6 章

（1） アーサー・V・エヴァンス，チャールス・L・ベラミー『甲虫の世界―地球上で

最も繁栄する生きもの』（加藤義臣，廣木眞達 訳）シュプリンガー・フェアラーク東京（2000）
（２） 中瀬悠太『かがやく昆虫のひみつ』ポプラ社（2017）
（３） Tran, G. T. H. *et al*. Rapid Growth of colloidal crystal films from the concentrated aqueous ethanol suspension. *Langmuir*, **36**, 10683-10689（2020）
（４） 不動寺浩，澤田勉「変形により色の変わる弾性構造色材料「フォトニックラバー」」『日本画像学会誌』**60**，511-519（2021）
（５） 物質・材料研究機構，タマムシが老朽化したインフラの発見を容易に!?. https://www.nims.go.jp/publicity/digital/movie/mov140212.html
（６） 原滋郎「ブロック共重合体を用いた構造色材料とフォトニック結晶」『高分子』**60**, 317-318（2011）
（７） Yamanaka, T. *et al*. A narrow band-rejection filter based on block copolymers. *Opt. Express*, **19**, 24583-24588（2011）

第７章

（１） リチャード・フォーティ『生命 40 億年全史』（渡辺正隆 訳）草思社（2003）
（２） Fox, D. What sparked the Cambrian explosion? *Nature*, **530**, 268-270（2016）
（３） Chena, J-Y. *et al*. Complex embryos displaying bilaterian characters from Precambrian Duoshantou phosphate deposits, Weng'an, Guizhou, China. *PNAS*, **106**, 19056-19060（2009）
（４） 『生き物たちの情報戦略』，前掲
（５） Schoenemann, B. *et al*. The sophisticated visual system of a tiny Cambrian crustacean: analysis of a stalked fossil compound eye. *Proc. R. Soc. B*, **279**, 1335-1340（2011）
（６） Scholtz, G. *et al*. Trilobite compound eyes with crystalline cones and rhabdoms show mandibulate affinities. *Nature Communications*, **10**, 2503（2019）
（７） チャールズ・ダーウィン『種の起源』（渡辺正隆 訳）光文社（2009）
（８） Nilsson, D.-E. and Pelger, S. A pessimistic estimate of the time required for an eye to evolve. *Proc. R. Soc. Lond. B*, **256**, 53-58（1994）
（９） アンドリュー・パーカー『眼の誕生』（渡辺正隆 訳）草思社（2006）
（10） McDonald, L. T. *et al*. Brilliant angle-independent structural colours preserved in weevil scales from the Swiss Pleistocene. *Biol. Lett*., **16**, 20200063（2020）
（11） 関東農政局，４．太陽エネルギーを地上に蓄積できるのは植物だけ！. https://www.maff.go.jp/kanto/nouson/sekkei/kagaku/nani/04.html
（12） 小柳光正「オプシンファミリーの分子進化と機能多様性」『比較生理生化学』**25**, 50-57（2008）
（13） Matsui, S. *et al*. Adapation of a deep-sea chephalopod to the photic environment. *Journal of General Physiology*, **92**, 55-66（1988）
（14） Bridges, C. D. B. The rhodopsin-porphyropsin visual system. In *Handbook of Sensory Physiology VII / 1*, Edited by Dartnall, H. H. A., Springer（1972）, pp. 417-480.
（15） Toyama, M. *et al*. Presence of rhodopsin and porphyropsin in the eyes of 164 fishes, representing marine, diadromous, coastal and freshwater species — a qualitative and comparative study. *Photochemistry and Photobiology*, **84**, 996-

1002 (2008)
(16) Hasegawa, E. I. *et al*. The visual pigments of a deep-sea myctophid fish (*Myctophum nitidulum*); an HPLC and spectroscopic description of a non-paired rhodopsin and porphyropsin system. *J. Fish Biol*. **72**, 1-9 (2008)
(17) Gleadall, I. G. *et al*. The visual pigment chromophores in the retina of insect compound eyes, with special reference to the coleoptera. *J. lnsecl. Physiol.*, **35**, 787-795 (1989)
(18) Smith, W. C. and Goldsmith, T. H. Phyletic aspects of the distribution of 3-hydroxyretinal in the class insecta. *J. Mol. Evol.*, **30**, 72-84 (1990)
(19) Goldsmith, T. H. Evolutionary tinkering with visual photoreception. *Visual Neuroscience*, **30**, 21-37 (2013)
(20) 今元泰「視細胞の光受容メカニズム」『生物物理』**55**, 299-304 (2015)
(21) Cronin, T. W. and Marshall, N. J. A retina with at least ten spectral types of photoreceptors in a mantis shrimp. *Nature*, **399**, 138-139 (1989)
(22) Sim, N. *et al*. Measurement of photon statistics with live photoreceptor cells. *PRL*, **109**, 113601 (2012)
(23) Lillywhite, P. G. Single photon signals and transduction in an insect eye. *J. Comp. Physiol.*, **122**, 189-200 (1977)
(24) Rushton, W. A. H. Pigments and signals in colour vision. *Journal of Physiology*, **220**, 1-31 (1972).
(25) Müller, J. *Zur vergleichenden Physiologie des Gesichtssinnes des Menschen und der Thiere*, Leipzig (1826)
(26) Exner, S. *The Physiology of the Compound Eyes of Insects and Crustaceans* (1891). Translated and annotated by Hardie, R. C. Springer-Verlag Berlin (1988)
(27) Nilsson, D.-E. A new type of imaging optics in compound eyes. *Nature*, **332**, 76-78 (1988)
(28) Nilsson, D.-E. and Kelber, A. A functional analysis of compound eye evolution. *Arthropod Structure & Development*, **36**, 373e385 (2007)
(29) Frolov, R. V. and Ignatova, I. I. Electrophysiological adaptations of insect photoreceptors and their elementary responses to diurnal and nocturnal lifestyles. *J. Comp. Physiol. A*, **206**, 55-69 (2020)
(30) 『タマムシの生態と飼い方』, 前掲

第8章

(1) 「少年ケニヤの友」東京支部 企画・編『アフリカを知る— 15 人が語るその魅力と多様性』スリーエーネットワーク (2000)
(2) 小池千恵子, 古川貴久「網膜視細胞の細胞極性と細胞内オルガネラの制御—外節形成, 繊毛内輸送, 核のポジショニングから網膜変性症まで—」『生化学』**80**, 224-232 (2008)
(3) Curcio, C. A. *et al.* Human photoreceptor topography. *The Journal of Comparative Neurology*, **292**, 497-523 (1990)
(4) Hofer, H. *et al.* Organization of the human trichromatic cone mosaic. *The Journal of Neuroscience*, **25**, 9669-9679 (2005)
(5) Imamoto, Y. and Shichida, Y. Cone visual pigments. *Biomimetica et Biophysica*

Acta, **1837**, 664-673 (2014)
(6) Mollon, J. D. and Bowmaker, J. K. The spatial arrangement of cones in the primate fovea. *Nature*, **360**, 677-679 (1992)
(7) Beltran, W. A. Canine retina has a primate fovea-like bouquet of cone photoreceptors which is affected by inherited macular degenerations. *PLoS One*, **9**, e90390 (2004)
(8) Rieke, F. and Baylor, D. A. Single-photon detection by rod cells of the retina. *Rev. Mod. Phys.*, **70**, 1027 (1998)

第9章

(1) Rossel, S. and Wehner, R. Polarization vision in bees. *Nature*, **323**, 128-131 (1986)
(2) Scholtz, C. H. Unique foraging behaviour in *Pachysoma* (=*Scarabaeus*) *striatum* Castelnau (Coleoptera: Scarabaeidae): an adaptation to arid conditions? *Journal of Arid Environments*, **16**, 305-313 (1989)
(3) Dacke, M. *et al.* Twilight orientation to polarised light in the crepuscular dung beetle *Scarabaeus zambesianus*. *J. Exp. Biol.*, **206**, 1535-1543 (2003)
(4) Physiology News Magazine, How nocturnal insects see in the dark. https://www.physoc.org/magazine-articles/how-nocturnal-insects-see-in-the-dark/
(5) Haidinger, W. In Poggendorf, J. C. (Ed.), *Annalen der Physik und Chemie*, **63**, 29 (1844)
(6) Drikos, G. *et al.* Polarized UV-absorption spectra of retinal isomers—I. Measurements in extremely thin monocrystal platelets. *Photochemistry and Photobiology*, **40**, 85-91 (1984)
(7) Drikos, G. and Ruppel, H. Polarized UV absorption spectra of retinal isomers — II. On the assignment of the low and high energy absorption bands. *Photochemistry and Photobiology*, **40**, 93-104, 1984
(8) Cone, R. A. Rotational diffusion of rhodopsin in the visual receptor membrane. *Nature*, **236**, 39-43 (1972)
(9) Moody, M. F. and Parriss, J. R. The discrimination of polarized light by *Octopus*: a behavioural and morphological study. *Z. Vergl. Physiol.*, **44**, 268-291 (1961)
(10) Israelachvili, J. N. and Wilson, M. Absorption characteristics of oriented photopigments in microvilli. *Biol. Cybernetics*, **21**, 9-15 (1976)
(11) Saibil, H. R. An ordered membrane-cytoskeleton network in squid photoreceptor microvilli. *J. Mol. Biol.*, **158**, 435-456 (1982)
(12) Labhart, T. and Meyer, E. P. Detectors for polarized skylight in insects: A survey of ommatidial specializations in the dorsal rim area of the compound eye. *Microsc. Res. Techn.*, **47**, 368-379 (1999)
(13) Ribi, W. A. Do the rhabdomeric structures in bees and flies really twist? *J. Comp. Physiol.*, **134**, 109-112 (1979)
(14) Stavenga, D. G. *et al.* Polarized iridescence of the multi-layered elytra of the Japanese jewel beetle, *Chrysochroa fulgidissima*. *Phil. Trans. R. Soc. B*, **366**, 709-723 (2011)

第 10 章

（1） Krüger, D. H. *et al.* Helmut Ruska and the visualization of viruses. *Lancet*, **355**, 1713-1717 (2000)
（2） Pease, R. F. *et al.* Electron microscopy of living insects. *Science*, **154**, 1185-1186 (1966)
（3） Bozzola, J. J. and Russell, L. D. *Electron microscopy: Principles and techniques for biologists*, Jones & Bartlett Learning (1999)
（4） Arro, E. *et al.* High resolution SEM of cultured cells: Preparatory procedures. *Scanning Electron Microscope*, **II**, 159-168 (1981)
（5） Jensen, O. A. *et al.* Schrinkage in preparatory steps for SEM: a study on rabbit corneal endothelium. *Graef. Arch. Clin. Exp. Ophthal.*, **215**, 233-242 (1981)
（6） Danilatos, G. D. Review and outline of environmental SEM at present. *J. Microscopy*, **162**, 391 (1991)
（7） Mohan, A. *et al.* Secondary electron imaging in the variable pressure scanning electron microscope. *J. Scan. Microsc.*, **20**, 436 (1998)
（8） Symondson, W. O. C. and Williams, I. B. Low-vacuum electron microscopy of carabid chemoreceptors: a new tool for the identification of live and valuable museum specimens. *Entomol. Exp. Appl.*, **85**, 75 (2003)
（9） Crawford, S. A. *et al.* Nanostructure of the diatom frustule as revealed by atomic force and scanning electron microscopy. *J. Phycol.*, **37**, 543-554 (2001)
（10） Ishigaki, Y. *et al.* Ionic liquid enables simple and rapid sample preparation of human culturing cells for scanning electron microscope analysis. *Microsc. Res. Tech.*, **74**, 415 (2011)

第 11 章

（1） コンラート・ローレンツ『攻撃—悪の自然誌』（日高敏隆・久保和彦 訳）みすず書房（1985）
（2） 特定非営利活動法人バイオミメティクス推進協議会. http://www.biomimetics.or.jp/
（3） Bhushan, B. Biomimetics: lessons from nature - an overview. *Phil. Trans. R. Soc. A*, **367**, 1445-1486 (2009)
（4） Bernhard, C. Structural and functional adaptation in a visual system. *Endeavour,* **26**, 19-84 (1967)
（5） Sun, J. *et al.* Biomimetic moth-eye nanofabrication: enhanced antireflection with superior self-cleaning characteristic. *Scientific Reports*, **8**, 5438 (2018)
（6） Gao, X. *et al.* The dry-style antifogging properties of mosquito compound eyes and artificial analogues prepared by soft lithography. *Adv. Mater.*, **19**, 2213-2217 (2007)
（7） Autumn, K. *et al.* Adhesive force of a single gecko foot-hair. *Nature*, **405**, 681-685 (2000)
（8） Federle, W. Why are so many adhesive pads hairy? *J. Exp. Biol.*, **209**, 2611-2621 (2006)
（9） 三菱ケミカル株式会社，モスアイ型反射防止フィルム　モスマイト™. https://www.m-chemical.co.jp/products/departments/mcc/industrial-medical/

product/1200589_7256.html

第 12 章

（1） Cartmill, M. The volar skin of primates: its frictional characteristics and their functional significance. *Am. J. Phys. Anthropol.*, **50**, 497-509 (1979)

（2） Warman, P. H. and Ennos, A. R. Fingerprints are unlikely to increase the friction of primate fingerpads. *J. Exp. Biol.*, **212**, 2016-2022 (2009)

（3） Jones, L. A. and Lederman, S. J. *Human Hand Function*, Oxford University Press (2006)

（4） Scheibert, J. *et al.* The role of fingerprints in the coding of tactile information probed with a biomimetic sensor. *Science*, **323**, 1503-1506 (2009)

（5） Kim, D. and Yun, D. A study on the effect of fingerprints in a wet system. *Scientific Reports*, **9**, 16554 (2019)

（6） Kristen, K. *et al.* Chemotherapy-induced hand-foot syndrome and nail changes: a review of clinical presentation, etiology, pathogenesis, and management. *Dermatology*, **71**, 787-794 (2014)

（7） Al-Ahwal, M. S. Chemotherapy and fingerprint loss: beyond cosmetic. *Oncologist*, **17**, 291-293 (2012)

（8） Autumn, K. *et al.* Adhesive force of a single gecko foot-hair. *Nature*, **405**, 681-685 (2000)

（9） Tian, Y. *et al.* Adhesion and friction in gecko toe attachment and detachment. *Proc. Natl. Acad. Sci. USA*, **103**, 19320-19325 (2006)

（10） Niewiarowski, P. H. *et al.* Sticky gecko feet: the role of temperature and humidity. *PLoS ONE*, **3**, e2192 (2008)

（11） Betz, O. Adhesive exocrine glands in insects: morphology, ultrastructure, and adhesive secretion. In *Biological adhesive systems - From nature to technical and medical application*; von Byern, J. and Grunwald, I. eds., Springer (2010), pp. 111-152

（12） 下村政嗣「生物の多様性に学ぶ新世代バイオミメティック材料技術の新潮流」『科学技術動向』**110**, 9-28 (2010)

（13） Haseyama, M. *et al.* A review of video retrieval based on image and video semantic understanding. *ITE Transactions on Media Technology and Applications*, **1**, 2-9 (2013)

（14） 帝人フロンティア株式会社, NANOFRONT®. https://www2.teijin-frontier.com/product/post/59/

（15） Kamiyama, M. *et al.* Development and application of high-strength polyester nanofibers. *Polymer Journal*, **44**, 987-994 (2012)

（16） 様々な機能を発揮する超極細繊維. https://www2.teijin-frontier.com/product/post/59/#link-feature

（17） 針山孝彦, 堀口弘子「節足動物の吸水機構」『昆虫ミメティックス』(下澤楯夫, 針山孝彦監修) NTS (2008), p.192

（18） 針山孝彦, 堀口弘子「節足動物の脚による吸水機構」『表面科学』**31**, 290-293 (2010)

（19） 針山孝彦「自然界における超撥水表面」『撥水・撥油の技術と材料』(辻井薫監修)

シーエムシー出版（2008），p.25
(20) Seely, M. K. Irregular fog as a water source for desert dune beetles. *Oecologia*, **42**, 213-227 (1979)
(21) Ishii, D. *et al.* Water transport mechanism through open capillaries analyzed by direct surface modifications on biological surfaces. *Sci. Rep.*, **3**, 3024 (2013).
(22) Parker, A. R. and Lawrence, C. R. Water capture by a desert beetle. *Nature*, **414**, 33-34 (2001).
(23) 不動寺浩，針山孝彦「バイオミメティックによるタマムシの構造色の再現と応用」*Jpn. Soc. Colour Mater.*, **93**, 149-153 (2020)
(24) タマムシがインフラ老朽化の発見を容易に!? 最新研究映像 NIMS の力 9. https://www.youtube.com/watch?v=d_GjM1zvRjg
(25) SoftBank「インフラ老朽化問題の現状と事故事例」. https://www.softbank.jp/biz/blog/business/articles/202203/aging-infrastructure/
(26) 夢ナビトーク「化学と生物学の接点：自然に学ぶ構造色材料」. https://talk.yumenavi.info/archives/2088?site=p
(27) Urase, M. *et al.* Crack-free structural color materials prepared without disrupting the particle arrangement by controlling the internal stress relaxation and interactions of the melanin particles. *Langmuir*, **39**, 8725-8736 (2023)

第 13 章

(1) 弘中満太郎，針山孝彦「昆虫が光に集まる多様なメカニズム」『日本応用動物昆虫学会誌』**58**，93-109 (2014)

針山　孝彦（はりやま・たかひこ）

1952 年、東京都生まれ。東京都大田区、兵庫県宝塚市育ち。横浜市立大学卒業後、岡山大学臨海実験所で修士を取得、東北大学応用情報科学研究所助手、浜松医科大学医学部教授を経て、現在、浜松医科大学光医学総合研究所特命研究教授。理学博士（九州大学）。専門はバイオミメティクス、視覚生理学、NanoSuit® を用いた超微細構造観察、光生物学。
著書に『生き物たちの情報戦略』（化学同人）、『生き物たちが先生だ』（くもん出版）などがある。

DOJIN 選書　099

タマムシの翅《はね》はなぜ輝《かがや》いているのか

自然《しぜん》への感性《かんせい》を育《はぐく》む生物学《せいぶつがく》

第 1 版　第 1 刷　2024 年 7 月 10 日

検印廃止

著　　者　針山孝彦
発 行 者　曽根良介
発 行 所　株式会社化学同人
600-8074　京都市下京区仏光寺通柳馬場西入ル
編 集 部　TEL：075-352-3711　FAX：075-352-0371
企画販売部　TEL：075-352-3373　FAX：075-351-8301
振替　01010-7-5702
https://www.kagakudojin.co.jp　webmaster@kagakudojin.co.jp
装　　幀　BAUMDORF・木村由久
印刷・製本　創栄図書印刷株式会社

ISBN978-4-7598-2373-8
落丁・乱丁本は送料小社負担にてお取りかえいたします。

本書のご感想を
お寄せください

DOJIN選書・好評既刊

ヒトとカラスの知恵比べ
——生理・生態から考えたカラス対策マニュアル

塚原直樹

多種多様なカラス被害の現場を見てきた著者が、科学的根拠に基づいた現場別の被害対策を伝授。カラスの行動や生態を理解すれば、対抗手段が見えてくる。

あなたの知らない食虫植物の世界
——驚きの生態から進化の秘密まで、その魅力のすべて

野村康之

趣味で食虫植物研究を続ける著者が、捕虫方法、生息環境、進化の過程などをくわしく解説。ダーウィンも虜にした摩訶不思議な植物の世界をご堪能あれ。

チョウの翅は、なぜ美しいか
——その謎を追いかけて

今福道夫

構造色で、キラキラと翅を輝かす小さなチョウ、ミドリシジミ。中学生のとき、その姿に魅せられた動物行動学者が、日本の野山に分け入り彼らの生態を探し求める。

昆虫食スタディーズ
——ハエやゴキブリが世界を変える

水野　壮

「虫は資源」と考えれば、害虫として嫌われてきたハエやゴキブリも、飼料、宇宙、培養肉など、活躍の場は無限大。昆虫との新しい共存のかたちを探る。毛利衛氏推薦！

ゾウが教えてくれたこと
——ゾウオロジーのすすめ

入江尚子

ゾウを知り、ゾウから学ぶ「ゾウオロジー」。記憶力、絵を描く能力、そして家族愛まで。知っているようで知らないゾウの魅力を、あたたかな筆致で綴る。